礁滩储层地震识别

文晓涛　黄德济　等著

科学出版社
北　京

内 容 简 介

礁滩相储层是我国乃至世界最重要的油气储层之一。尽管我国碳酸盐岩礁滩储层的分布广、层位多、资源量大，有着广阔的勘探开发前景，但遇到的难题也不少。发展高精度的针对礁滩储层的地震储层及预测和流体识别技术对于指导井位的部署和资源量的评价及预测有着重要的意义，同时对国家油气资源战略接替和可持续发展具有重要的战略意义。本书以礁滩储层地震预测理论和方法为重点，系统地介绍了礁滩储层地震响应特征、礁滩储层地震预测机理、礁滩储层地震预测方法、礁滩储层流体识别方法、多源信息（地质、测井、钻井、地震等）储层综合预测方法。并以川东北 YB 区和珠江口盆地 LH、HZ 等区为例介绍了礁滩储层地震预测和综合预测的工作流程与应用效果。

本书可供从事油气地球物理和油气地质勘探的科技人员参考，也可供相关专业的高校研究生和高年级大学生参考。

图书在版编目(CIP)数据

礁滩储层地震识别 / 文晓涛等著. —北京：科学出版社，2014.12
（地球探测与信息技术丛书）
ISBN 978-7-03-042640-6

Ⅰ.①礁… Ⅱ.①文… Ⅲ.①储集层–地震识别 Ⅳ.①P618.13

中国版本图书馆 CIP 数据核字 (2014) 第 279208 号

责任编辑：杨 岭 黄 桥 / 责任校对：韩雨舟
责任印制：余少力 / 封面设计：墨创文化

科 学 出 版 社 出版
北京东黄城根北街16号
邮政编码：100717
http://www.sciencep.com

成都创新包装印刷厂印刷
科学出版社发行 各地新华书店经销

*

2014 年 12 月第 一 版 开本：787×1092 1/16
2014 年 12 月第一次印刷 印张：15 1/2
字数：370 千字
定价：108.00 元
（如有印装质量问题，我社负责调换）

前　　言

　　《礁滩储层地震识别》（*Seismic Prediction of Reef-Bank Reservoirs*）一书主要介绍利用地震勘探方法预测礁滩相储层并识别储层内的流体性质。书中的主要内容和结论是作者及其所在的研究团队近年来在理论研究和实践过程中获得的成果与认识。本书较全面地探讨了礁滩及礁滩相储层的地震响应特征、礁滩性油气藏地震预测的方法理论，礁滩相储层及储层内流体地震响应特征及其数值模拟方法、礁滩相储层综合预测等。虽然其中的一些内容还需要进一步的研究，但目前已经取得的部分进展与突破可为后续的研究奠定基础并提供可借鉴的思路，为我国礁滩性油气藏勘探整体科技水平的提高及相关油田油气储量和产量的增长提供技术支持。

　　本书受以下项目资助：①基于复杂弱信号检测的礁滩相储层预测及油气检测技术研究，国家自然科学基金青年基金（编号：40904034，研究期限：2010 年 1 月～2012 年 12 月）；②裂缝性储层地震识别机理及相应方法研究，国家自然科学基金（编号：41174115，研究期限：2012 年 1 月～2015 年 12 月）；③海相碳酸盐岩礁滩储层地震预测与识别方法研究，国家自然科学基金“石油化工联合基金”重点项目（编号：40839905，研究期限：2009 年 1 月～2012 年 12 月）。本书同时受成都理工大学“复杂储层地震检测”科研优秀创新团队培育计划资助。

　　研究工作是在贺振华教授、黄德济教授的指导下，由作者及其所在团队内的研究生完成。这些研究生主要有：蒋炼、许平、高刚、蔡涵鹏、刘开元、李如山、杨小江、李福强、杨璐、贾雨婷、周东勇、陈程、胡军辉、李小霞、朱恒、李文博、徐艳秋等。由于研究生人数较多，这里不便一一列举，他们的姓名及其成果将在参考文献中标出。本书作者在此向贺振华教授、黄德济教授的悉心指导表示感谢，并向所有参考文献的作者表示敬意。另外，郝亚炬硕士在整理书稿和校稿过程中，做了大量工作，对本书的出版极为重要。作者对郝亚炬硕士表示感谢。

　　全书共分七章，前五章以理论方法为主，后两章为应用实例及结论。其中第 1 章绪论部分主要介绍了礁滩性油气藏地球物理预测研究的目的和意义以及国内外的研究现状与发展方向。

　　第 2 章主要论述礁滩储层的测井及岩石物理特征。包括不同相带、同一相带不同流体的测井响应特征及岩石物理特征的差异。

　　第 3 章主要介绍礁滩储层地震波场特征。包括生物礁滩几何外形特征、储层的数值模拟及储层地震波场特征分析、含流体介质的数值模拟及地震波场特征分析。

　　第 4 章主要介绍储层预测的地震方法，包括常规阻抗反演、匹配追踪阻抗反演、基于孔隙结构的孔隙度反演、渗透率预测及其他。

　　第 5 章主要介绍礁滩储层内部流体的识别，包括叠前弹性反演、AVO 分析、低频伴影分析技术、频率衰减梯度、储层约束下的流体识别等。

第 6 章以珠江口盆地 LH、HZ 等区为例介绍礁滩储层地震识别及储层内部的流体并给出礁滩储层多源信息综合预测的原则与思路。

第 7 章对礁滩性油气藏地球物理预测的理论和技术方法进行了总结，并提出了获得较好预测效果应具有的前提条件。

由于我们的水平和研究能力有限，尽管我们非常细心，书中可能仍然存在谬误之处，请各位专家、同仁批评指正。

作者

2014 年 6 月

目　　录

第1章　绪论 ……………………………………………………………… 1

1.1　研究目的和意义 ……………………………………………………… 1

1.2　礁滩储层地震预测技术及流体识别研究现状 ……………………… 2

1.2.1　礁滩储层地震预测技术研究现状 ……………………………… 2

1.2.2　流体识别研究现状 ……………………………………………… 3

第2章　礁滩储层测井及岩石物理特征分析 …………………………… 6

2.1　灰岩与其他岩性测井参数比较 ……………………………………… 6

2.1.1　灰岩与碎屑岩测井参数比较 …………………………………… 6

2.1.2　火成岩的识别 …………………………………………………… 10

2.2　灰岩中不同测井参数之间关系 ……………………………………… 13

2.2.1　碳酸盐岩密度与纵波速度关系 ………………………………… 13

2.2.2　碳酸盐岩孔隙度与阻抗关系 …………………………………… 17

2.2.3　碳酸盐岩中含流体时不同参数之间的关系 …………………… 18

2.3　不同相带测井统计分析 ……………………………………………… 19

2.3.1　相带对孔隙度及阻抗的宏观影响 ……………………………… 19

2.3.2　不同相带基本物性参数分析 …………………………………… 21

2.3.3　相带与孔隙度对测井参数影响的比较 ………………………… 21

2.3.4　岩石组分与孔隙度对测井参数影响的比较 …………………… 28

2.4　流体敏感参数分析 …………………………………………………… 28

2.4.1　现有主要的流体识别因子 ……………………………………… 28

2.4.2　礁滩储层流体识别因子优选 …………………………………… 29

2.5　测井统计规律及可靠性分析 ………………………………………… 34

第3章　礁滩储层地震波场特征 ………………………………………… 36

3.1　生物礁滩的地震响应特征 …………………………………………… 36

3.1.1　生物礁的地震响应特征 ………………………………………… 36

3.1.2　生物滩的地震响应特征 ………………………………………… 38

3.2　礁滩储层的数值模拟 ………………………………………………… 39

3.2.1　建模方法 ………………………………………………………… 39

3.2.2　地震地层格架控制下储层模型的建立 ………………………… 43

3.2.3　数值模拟 ………………………………………………………… 44

3.3　含流体介质数值模拟 ………………………………………………… 54

3.3.1　弥散-黏滞波动方程数值模拟 …………………………………… 54

3.3.2　低频伴影现象的数值模拟 ……………………………………… 56

3.3.3 叠前黏滞-弥散数值模拟原理及参数讨论 ·········· 58
3.4 AVO特征分析 ········· 64
3.4.1 AVO理论数理基础 ········· 64
3.4.2 AVO地震特征响应分析 ········· 68
3.5 生物礁识别陷阱研究 ········· 78
3.5.1 与火成岩岩隆的差别 ········· 78
3.5.2 与其他地质体地震响应特征差异 ········· 81
3.6 礁滩相带地震资料的特点及进行储层预测需注意的问题 ········· 82
3.6.1 地震同相轴的对比 ········· 82
3.6.2 古地貌恢复及礁滩复合体空间分布预测 ········· 85
3.6.3 地震低频信息的充分利用 ········· 87

第4章 礁滩储层预测的地震方法 ········· 90
4.1 多属性的提取与优化 ········· 90
4.1.1 属性的概念、分类与提取方式 ········· 90
4.1.2 振幅类属性 ········· 92
4.1.3 相位、频率类属性 ········· 93
4.1.4 曲率属性 ········· 94
4.1.5 属性的优化 ········· 102
4.2 地震相分析 ········· 108
4.2.1 方法原理 ········· 108
4.2.2 应用效果分析 ········· 110
4.3 关联维分析 ········· 113
4.3.1 EMD方法基本原理 ········· 113
4.3.2 关联维的计算 ········· 115
4.4 匹配追踪阻抗反演 ········· 116
4.4.1 常规阻抗反演原理及不足 ········· 116
4.4.2 常规匹配追踪反演 ········· 117
4.4.3 双极子匹配追踪反演原理 ········· 124
4.5 基于孔隙结构的孔隙度反演 ········· 129
4.5.1 岩石物理模型的建立 ········· 130
4.5.2 岩石物理测试和测井分析 ········· 134
4.5.3 孔隙度预测 ········· 138
4.6 基于非规则曲线拟合的孔隙度反演 ········· 140
4.6.1 阻抗-孔隙度关系的非规则曲线拟合 ········· 141
4.6.2 基于距离加权的横向孔隙度预测 ········· 144
4.6.3 相约束孔隙度预测 ········· 145
4.7 礁滩储层的裂缝检测 ········· 147
4.7.1 小波多尺度边缘检测 ········· 147
4.7.2 时频空域分析 ········· 152

4.8 地质体突出显示 ·· 153
　4.8.1 基于值域变换的地质体突出显示 ······················ 153
　4.8.2 各向异性扩散滤波 ·································· 158
4.9 礁滩储层渗透率的地震响应特征 ·························· 165
　4.9.1 Johnson 模型 ···································· 165
　4.9.2 渗透率的地震响应特征 ······························ 167

第5章 礁滩储层内部流体识别 ·························· 170
5.1 弹性反演 ·· 170
　5.1.1 叠前弹性波阻抗反演三项式 ·························· 170
　5.1.2 叠前弹性波阻抗反演二项式 ·························· 171
　5.1.3 实际测井数据试算 ·································· 172
　5.1.4 应用效果分析 ······································ 173
5.2 高灵敏度流体识别 ·· 175
　5.2.1 流体识别可行性分析 ································ 175
　5.2.2 实例应用 ·· 176
5.3 流体的低频伴影分析 ······································ 178
　5.3.1 低频伴影现象 ······································ 178
　5.3.2 高精度时频分析 ···································· 178
　5.3.3 实际地震资料应用实例 ······························ 182
5.4 频率衰减梯度 ·· 187
　5.4.1 方法原理 ·· 188
　5.4.2 仿真模拟 ·· 190
　5.4.3 应用实例分析 ······································ 192
5.5 流度属性及渗透率预测 ···································· 193
　5.5.1 流度属性的物理含义及提取方法 ······················ 194
　5.5.2 模型试算 ·· 196
　5.5.3 实例应用 ·· 197
　5.5.4 黏滞系数反演 ······································ 198
5.6 时频谱等效属性 ·· 202
5.7 储层约束下的流体识别 ···································· 205
　5.7.1 D-S证据理论与信息熵结合的新算法 ·················· 205
　5.7.2 应用实例 ·· 206

第6章 应用实例 ·· 207
6.1 HZ地区礁滩储层预测及流体识别 ························ 207
　6.1.1 区域构造特征 ······································ 207
　6.1.2 沉积相特征 ·· 209
　6.1.3 油气运移通道 ······································ 209
　6.1.4 储层有利区带划分原则 ······························ 210
　6.1.5 有利区带 ·· 211

6.2　YB 地区礁滩储层预测及流体识别 ···················· 215

6.2.1　过已知井的地震联井剖面分析 ···················· 215

6.2.2　有利储层的级别分类 ···················· 217

6.2.3　储层综合预测 ···················· 218

6.3　LH 地区礁滩储层预测及流体识别 ···················· 223

第 7 章　结论与建议 ···················· 228

7.1　结论 ···················· 228

7.2　建议 ···················· 229

参考文献 ···················· 231

索引 ···················· 237

第 1 章　绪　　论

1.1　研究目的和意义

油气资源的供给，是我国经济和社会可持续发展的重要保证。然而，我国的油气勘探和生产还远远赶不上快速发展的社会需求。中国原油对外依存度在 2007 年首次突破 50％的警戒线，而中石油经济技术研究院发布的《2013 年国内外油气行业发展报告》显示，2013 年原油对外依存度达到 58.1％，并预测到 2014 年原油净进口量仍将进一步增长 7.1％。2013 年中国天然气进口量为 530 亿立方米，对外依存度达到 31.6％，成为全球第三大天然气消费国。从目前形式来看，"增储上产"是摆在我国油气工作者面前的重要而艰巨的任务。

礁滩相储层是重要的油气储集空间。生物礁是由固着生物所形成的本质上是原地沉积的碳酸盐建造。白云岩化后的礁体内部孔隙和孔洞非常发育，因而成为油气和其他流体的有利富集场所。台内滩储层通常较生物礁厚度薄，但白云岩化后有较大的孔隙度，且分布范围广，也是油气勘探的重要目的岩层。两者在沉积环境方面有相关性，人们将两者统称为礁滩储层。这一类储层具有储量大、产量高的特点，如加拿大的油气资源约有 60％产自生物礁油气藏，墨西哥的石油资源约有 70％产自生物礁油气藏，世界上最大的油田——沙特的 Chawar 油田为典型的滩相储层，伊拉克的 Kirkuk、哈萨克斯坦的 Kashagan 等大油田也以礁滩相储层为主。在我国，海相碳酸盐岩主要有三大类储层：生物礁滩、白云岩、岩溶风化壳。目前的重大发现主要集中在台地边缘生物礁滩相储层和岩溶风化壳储层。1987 年在南海北部发现了储量达 2 亿多吨的 LH11-1 油田。2005 年在塔克拉玛干大沙漠的塔中Ⅰ号坡折带上发现了我国第一个奥陶系生物礁型亿吨级整装凝析大油气田，该油田探明加控制油气当量约 1.4 亿吨。近年来，中石化先后在普光、元坝等地上二叠统长兴组和下三叠统飞仙关组有重大发现。其中，普光气田天然气探明储量为 5000 亿～5500 亿立方米，是国内最大的气田之一，目前已完成钻井 7 口。元坝气田目前累计探明天然气地质储量 2194.57 亿立方米。在相应的沉积相带，中石油在龙岗地区也打到了日产近 200 万立方米的高产天然气井。

虽然近年来我国在礁滩储层有大发现，但遇到的问题仍然很多。其中面临的主要难题有三个。第一，台地边缘浅滩分布范围广，资源量大，但储层较薄，多为厚度小于 1 米的薄互层。第二，该类油气藏的油水或气水关系复杂。中海油自发现 LH11-1 大型油田之后，先后在惠州、陆丰及 LH11-1 东钻井几十口，虽然生物礁解释的成功率高达 92％，但除 LH4-1-1、LH4-2-1 等井有较大发现外，其余井在礁滩储层内部多钻遇水。中石油在龙岗地区上二叠统长兴组生物礁内除个别井钻遇气层外，其余大多数井钻遇水层或气水同层。第三，某些地区虽钻遇气层，但孔隙度较低，为三类储层。以元坝地区为例，目前已钻井中，长兴组有效储层孔隙度范围为 $2.01\%\sim24.63\%$，平均孔隙度 4.51%，主要为孔隙度小于 4.0% 的三类储层。其中在生物礁内三类气层占 42%，台地边缘浅滩内三类气层（孔隙度仅 $2\%\sim5\%$）占 62%。这种低孔储层地震响应很弱。

综上所述，尽管我国碳酸盐岩礁滩储层的分布广、层位多、资源量大，有着广阔的勘探开发前景，但仍然存在很多急需解决的难题。概括起来有三大难题：①针对薄储层的高分辨研究；②储层内部的气-水或油-水识别；③储层内部连通性问题（针对低孔储层，连通性尤其重要）。

1.2 礁滩储层地震预测技术及流体识别研究现状

1.2.1 礁滩储层地震预测技术研究现状

目前针对礁滩储层的地震预测包括礁滩体的地震识别和礁滩体物性的地震检测两个部分。对于前者目前研究较多，相关方法主要基于地震反射外形特征（生物礁的岩隆外形、礁两翼上超、披覆、杂乱的内部反射、反射缺失、明显的振幅、频率差异等）。例如：Bake（2011）利用地震切片技术对澳大利亚布鲁斯盆地新生界台地边缘礁、台内弧形礁带、补丁礁发育带的分布进行了刻画。Ma 和 Wu（2011）通过对 2D 地震剖面的分析，成功识别了中国南海西沙群岛的点礁、台地边缘礁等。滩与礁相比虽无明显的几何外形和反射特征，但两者的沉积环境有很大的相关性，常以礁滩复合体的形式出现。因此许多学者在沉积相的控制下，结合地震反射特征对其展布规律进行了预测（Zampetti et al.，2004；郭旭升等，2011）。总体来看，对于礁滩体的识别目前较准确，即便无法区分礁与滩的分界线，但结合沉积相、井资料、地震资料获得礁滩复合体的范围一般是可实现的。对于后者，则包括定性预测和定量预测两方面。对储层的定性预测，涉及储层物性的好坏和储层的分布等问题。目前采用的方法主要有地震属性分析、阻抗反演等。如殷积峰等（2007）利用地震属性分析技术对川东北黄龙场生物礁储层的分布进行了预测。Huuse 等（2005）采用地震声学反演对大澳大利亚湾的碳酸盐岩进行了孔隙度预测。Wu（2009）等利用该方法对琼东南盆地深水礁滩储层进行了定性分析，并取得了很好的效果。对储层的定量预测，目前主要集中在储层孔隙度和储层厚度研究两方面，且对孔隙度的预测研究较多。利用地震资料预测孔隙度的主要方法大致可分为四类：第一，根据 Willie 时间平均方程，利用岩石物理测试数据分别求出速度与孔隙度关系，密度与孔隙度关系，二者结合可求得阻抗与孔隙度关系，并最终利用该关系式从阻抗反演体获得孔隙度数据体（邹冠贵等，2009）；第二，直接利用测井资料拟合阻抗（或其他测井参数）与孔隙度的线性和非线性公式，进而从阻抗反演体（或其他测井参数反演体）获得孔隙度数据体（Parra et al.，2009）；第三，神经网络反演方法。通过提取地震波的多个特征参数，用这些参数与孔隙度测井资料建立非线性映射关系函数，应用神经网络求得三维体各点的孔隙度（Hampson et al.，2001）。第四，基于孔隙结构的孔隙度预测。2004 年，美国得克萨斯 A & M大学的 Sun 教授提出，孔隙结构是继孔隙度之后影响地震波速度的重要因素。贺振华等（2011）在实际资料分析中也发现这一现象，并发展了基于孔隙结构的孔隙度预测技术。

尽管利用地震资料进行礁滩相储层的识别近年来取得了较大的进展，但仍然存在很大的困难。我们的研究发现，我国生物礁滩相储层地球物理预测的主要困难在于：①国外的滩相油气田多为构造型，我国的滩相油气储层则以岩性-构造型为主；国外的生物礁油气藏虽然也多为岩性圈闭，但类型较为单一。我国的则多属于更复杂隐蔽的礁滩相复合圈闭，其空间分布很不规则，基于常规地震同相轴对比追踪的"地震相面法"，或构造勘探方法，难以准确地成图、成像；②我国有意义的礁滩储层埋藏深度大，礁与非礁岩石物性差异小，非均质性强，地球物理异常差异不明显，储层属性反演结果模糊不清；③礁滩储层类型多，内部结构复杂，具有多尺度性，地球物理响应特征多变，识别生物礁储层的判别准则常常彼此矛盾；④由于地震分辨率的限制，定量解释程度低，多解性强；⑤识别"陷阱"多，生物礁的岩隆外形与火成岩岩隆（如白云 7-1 构造）、泥岩刺穿易混淆；⑥反映有效储层的地震资料往往还要受到复杂地下界面和复杂起伏地表及表层结构不均匀的影响，易产生识别陷阱；⑦滩没有礁那样特殊的几何外形，因此预测难度更大。这些困难和问题在很大程度上制约了礁滩相油气的勘探开发步伐和进程，需要认真思考和持续不断的研究。

1.2.2　流体识别研究现状

近年来，随着各大油田高含水井的出现，流体识别的研究已刻不容缓。目前来看，研究者主要从以下几个方面入手。

1.亮点、平点、暗点等技术

该技术是一项古老的技术。1963 年，Churlin 和 Sergeyev 报道了几项直接烃类指示的技术，这几项技术包括亮点测定、油藏边界的干涉模式、平点和吸收。在石油界，亮点技术的广泛应用大约是在 20 世纪 70 年代。与亮点技术几乎同时发展起来的还有平点、暗点、同相轴下拉等。平点是油水界面（或气水界面）产生的，暗点是由于含油（气）区的振幅衰减产生的，同相轴下拉是储层位置速度较低所致。以上技术目前虽然仍在使用，但在礁滩相的油气田应用较少。原因在于：①礁滩储层内部波场复杂，很难观测到由油气产生的亮点或暗点；②礁滩储层非均质性强，一般无统一的油水或气水界面（即便在小范围内也是如此），因此也很少有平点现象产生。

2.以振幅随偏移距变化（Amplitude Versus Offset，AVO）分析为基础的找油气标志

AVO 技术研究地震反射振幅随炮检距或入射角变化而变化的规律。其理论基础为 Zoeppritz 方程，但由于该方程比较复杂，一直以来多用其近似形式。Shuey 给出的不同角度项表示的反射系数近似公式是目前应用最广泛的近似方法。Hilterman 在此基础上建立了泊松比与反射系数之间的联系，并据此求取泊松比等岩性参数，进一步可推断流体的存在，使 AVO 分析又上了一个台阶。而后郑晓东、杨绍国等人给出了平面波反射和透射的统一公式，Goodway 给出主要体现拉梅常数对油气敏感的反射系数公式。以上方法和理论为 AVO 在流体识别方面的应用进一步奠定了基础。尽管 AVO 分析在很多地区的实践中取得了很好的应用效果，但还存在以下不足：①目前气层的 AVO 分类和 AVO 检测标志是针对砂岩储层的，针对碳酸盐岩尤其是礁滩储层没有明确的 AVO 分类和检

测标志。②通过正演模拟我们发现，饱水和饱气的 AVO 特征差异较明显，但含水与饱气之间的 AVO 特征无明显差异。

3. 以弹性阻抗为基础的高灵敏度流体识别因子

1999 年，Connolly 发展了弹性阻抗反演技术，弹性阻抗充分利用了叠前地震资料，包含了丰富的岩性及流体信息。2002 年，Whitcombe 通过对 Connolly 公式的修正，推导了扩展弹性阻抗的方程(EEI)，并可直接用于岩性和流体预测。从 2003 年起，我国马劲风、甘利灯、倪逸、王保丽等先后提出了射线弹性阻抗、广义弹性阻抗的概念，推动了弹性阻抗的进一步发展。通过弹性反演获得的纵、横波速度和密度，可计算获得纵、横波速度比和泊松比等多个参数。近年来，许多学者发现，组合流体识别因子在识别流体方面具有更高的灵敏度，并提出了多个流体识别因子(Russell，2003；贺振华，2006)。利用该方法在礁滩储层内部进行流体识别近年来也较普遍(Mohamed，2010)。这类方法的不足在于：①需要较大角度的道集，这种条件在某些地区很难满足；②解释存在多解性，例如：速度的降低可能是流体引起的，也有可能是岩性或物性引起的。因此该类方法需要与其他信息结合进行解释。

4. 以时频属性为基础的找油气标志

此类方法包括两种。第一种是分别分析高频与低频剖面，即通常我们所用的低频伴影技术。Taner 等指出在储层的正下方，经常可以看到地震低频伴影，但是这种现象是经验性的，存在多解性，而且当时对产生地震低频伴影的机理尚未搞清。后来，Ebrom (2004)的研究指出了产生含气层地震低频伴影的 10 个可能的影响因素。Goloshubin (2012)对气层下方低频伴影现象给出了一个猜测，即由于快、慢横波相互转换所致。因地震低频伴影的影响因素较多，因此定量化识别的目标至今未能实现，但低频伴影现象确实可以作为油气识别的一个重要标志。Castagna 等(2003)利用地震记录的时−频分析，将低频伴影识别碳氢化合物的应用效果提高到了一个新水平。Goloshubin(2006)在厚页岩裂缝性储层中使用该方法，取得了较好的效果。陈学华、贺振华等(2009)利用广义 S 变换提取单频剖面进行低频伴影现象分析，取得了较好的效果。第二种是直接求取吸收衰减参数，如频率衰减梯度等。该方法主要利用高频端振幅谱包络进行研究。Wang (2007，2010)利用匹配追踪算法获取子波，并得到子波的吸收衰减属性。该方法与以往方法不同的是，以往的谱分解用的是对称的、非因果的子波作为基小波，而 Wang 采用 Morlet 小波作为基小波，该小波可反映地震波在传播过程中产生的吸收、衰减。

这一类方法目前遇到的困难在于：储层含油气后，地震波的吸收衰减特征往往表现得没有我们想象的那么明显。Marc-Andréndr 等于 2013 年成功地模拟了含油 77％与饱水情况下地震波 V_p、V_s、Q_p、Q_s 随频率的变化，从模拟结果来看，尽管地震波的衰减特征与含油饱和度密切相关，但考虑到表层噪声等因素，这种吸收衰减的变化在实际地震记录中很难被检测出来。

5. 储层约束下的流体识别

相对流体识别，利用地震资料进行储层预测难度较小，其结果也相对可靠。因此，

　　许多研究者在进行流体识别之前一般先进行储层预测，在储层预测结果的约束下进行流体识别。例如：王香文、于常青等(2006)在对鄂尔多斯盆地定北区块的流体识别研究中，先利用地震属性分析获得研究区的有利储层分布，在此基础上，再利用 AVO 技术对储层内部进行含气性识别。Henrique 等(2013)在对 Blackfoot 油田进行含气性评价时同时考虑了储层厚度、孔隙度和含气性多种因素。该类研究目前存在的问题在于：尽管研究者在进行含气性评价时一般会首先考虑储层的好坏，但这两者的结合多采用人工干预的方式，主观性较强。

第 2 章　礁滩储层测井及岩石物理特征分析

不同地区，同一地区不同深度的地层由于受沉积环境、成岩作用、埋藏深度等多种因素的影响，测井参数及岩石物理参数的变化很大。但不同岩性、不同孔隙度、不同流体所表现出来的参数的变化规律是较稳定的，如通常情况下，同一地区灰岩的自然伽马(GR)值较碎屑岩小，孔隙度增大时引起声波速度和岩石密度降低等。鉴于此，本书以珠江口盆地 LH、HZ 等地区为例，分析不同岩性、不同孔隙度、不同流体测井参数及岩石物理参数的变化规律。

2.1　灰岩与其他岩性测井参数比较

2.1.1　灰岩与碎屑岩测井参数比较

碎屑岩是由于机械破碎的岩石残余物，经过搬运、沉积、压实、胶结，最后形成的新岩石。又称陆源碎屑岩。一般情况下，碎屑岩的速度、密度、阻抗及弹性参数均较灰岩小。

1. 灰岩与碎屑岩测井参数比较

GR 可有效区分灰岩与碎屑岩。一般而言，灰岩 GR 较小，碎屑岩 GR 较大。图 2-1 为 LH4-2-1 井不同参数的交会图，色标代表 GR 值，图中红色充填区域(注意：右侧曲线充填色与左边交会图充填颜色均反映岩性，且两者一致，以下同)为 GR 较低区域(区域内为绿色散点，对应 GR 约 38API 以下)，图中天蓝色充填区域为 GR 较高区域(区域内为粉红色散点，对应 GR 约 109API 以上)。比较图 2-1(a~f)，可以得出以下结论：

(1)灰岩 V_p、V_s、Z_p、Z_s、λ、μ 均大于碎屑岩；灰岩的 σ(泊松比)小于碎屑岩。一般而言，当孔隙度较大且含油时，泊松比会更小，LH4-2-1 井在灰岩段的有效孔隙度较大，该井灰岩上部含油，因此泊松比小是符合常规认识的。

(2)灰岩和碎屑岩 V_p、V_s、Z_p、Z_s 随密度，Z_p、Z_s 随 V_p、V_s 变化规律均有良好的正比关系。

(3)灰岩与碎屑岩密度差异不明显(见图 2-1(b))，此参数不宜用于识别灰岩。

(4)相对碎屑岩而言，灰岩受孔隙度的影响大。

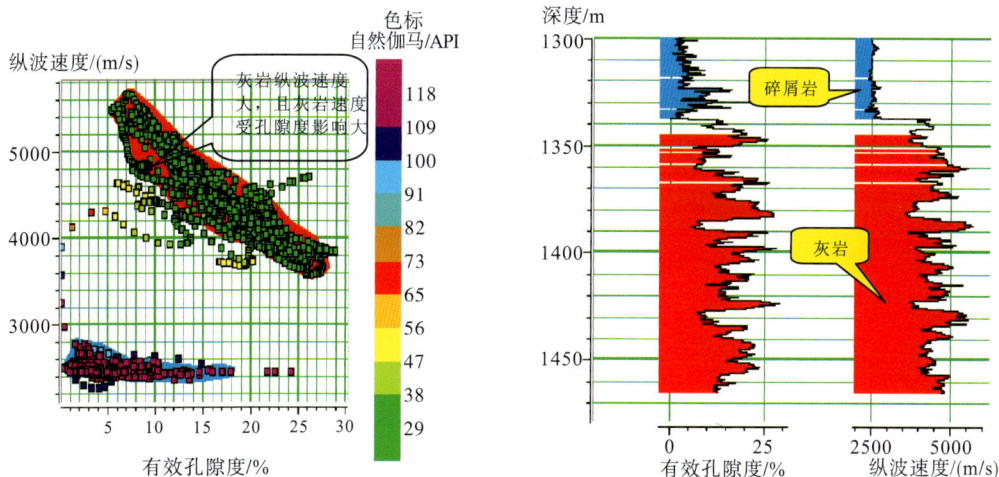

（a）有效孔隙度与纵波速度交会图（左）及有效孔隙度、纵波速度曲线（右）

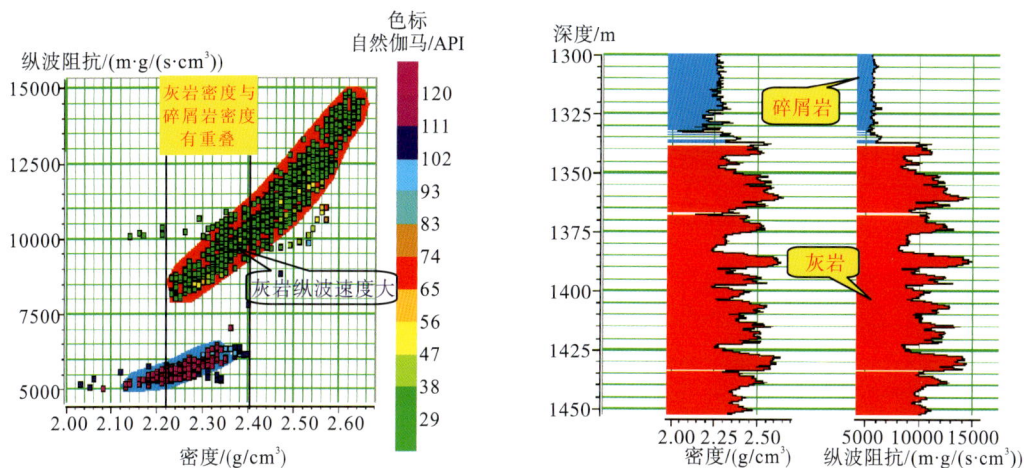

（b）密度与纵波阻抗交会图（左）及密度、纵波阻抗曲线（右）

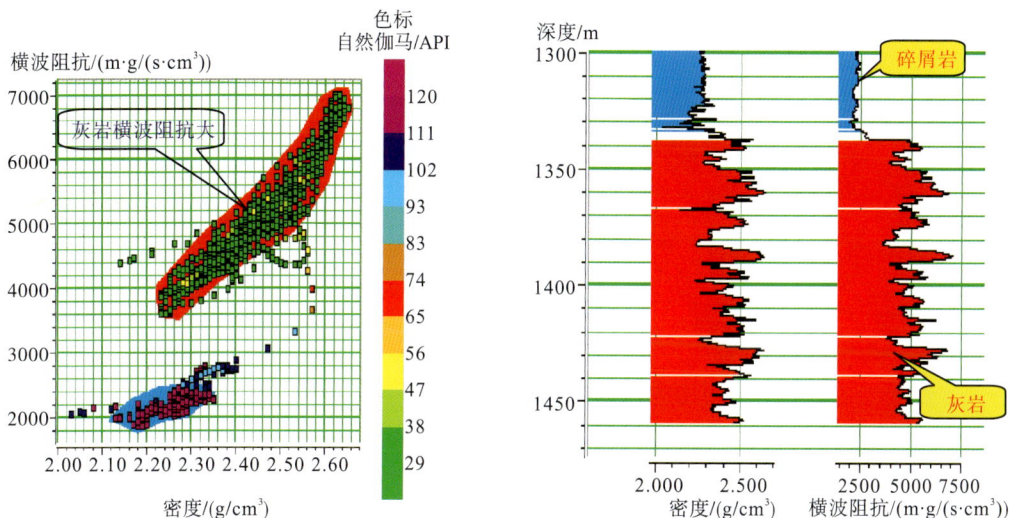

（c）密度与横波阻抗交会图（左）及密度、横波阻抗曲线（右）

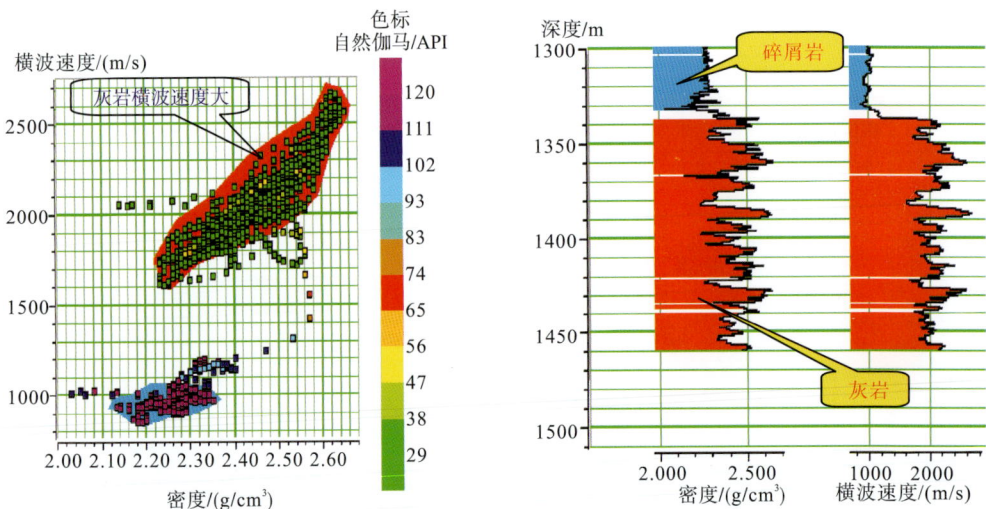

（d）密度与横波速度交会图（左）及密度、横波速度曲线（右）

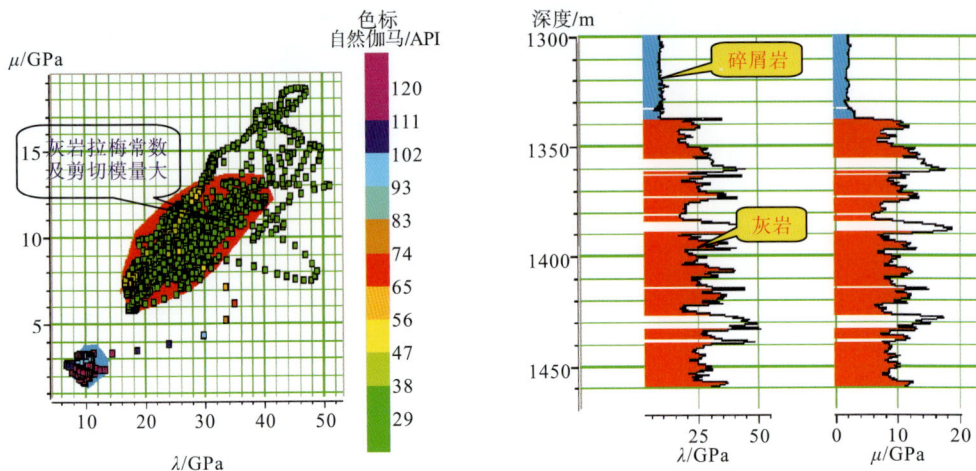

（e）λ 与 μ 交会图（左）及 λ、μ 曲线（右）

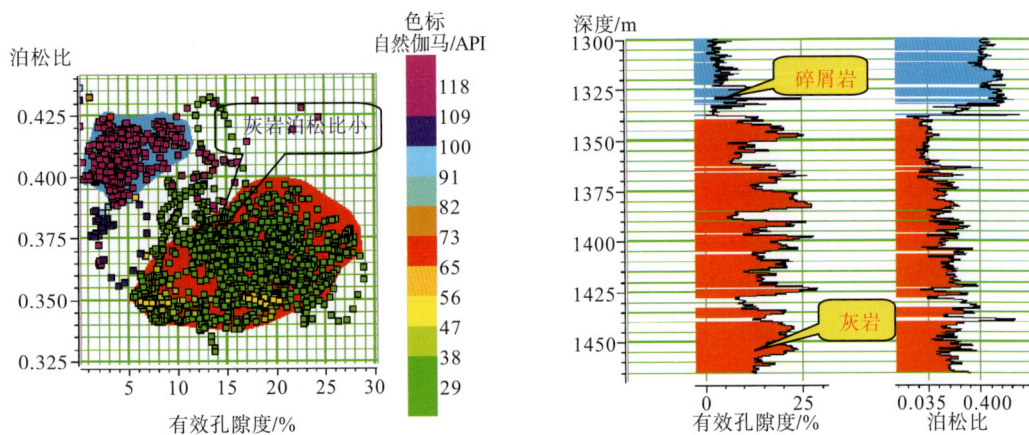

（f）有效孔隙度与泊松比交会图（左）及有效孔隙度、泊松比曲线（右）

图 2-1　LH4-2-1 不同参数的交会图

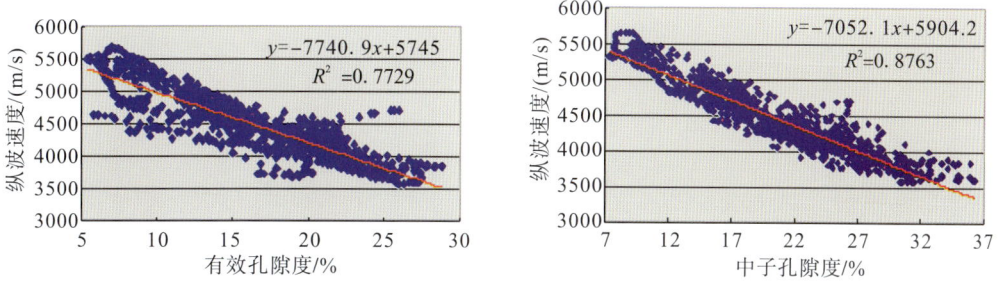

（a）有效孔隙度与纵波速度关系　　　　（b）中子孔隙度与纵波速度关系

图 2-2　孔隙度与纵波速度的关系

图 2-2(a)、图 2-2(b)分别为有效孔隙度与纵波速度关系及中子孔隙度与纵波速度关系，从图中可看出，有效孔隙度对纵波速度影响大（左图斜率为 -7740.9，右图斜率为 -7052.1）。

但值得注意的是，该井碎屑岩段上覆在灰岩之上。对于下伏的碎屑岩是否有类似的规律呢？图 2-3 为图 LH18-2-1 井各测井参数交会图，从图中可看出类似规律。虽然下伏砂岩速度较上覆泥岩大，但依然小于灰岩速度（图 2-3(a)）。该井由于无有效孔隙度资料，故只统计了中子孔隙度与速度关系（图 2-3(c)），从该图仍可看出，灰岩受孔隙度的影响大。

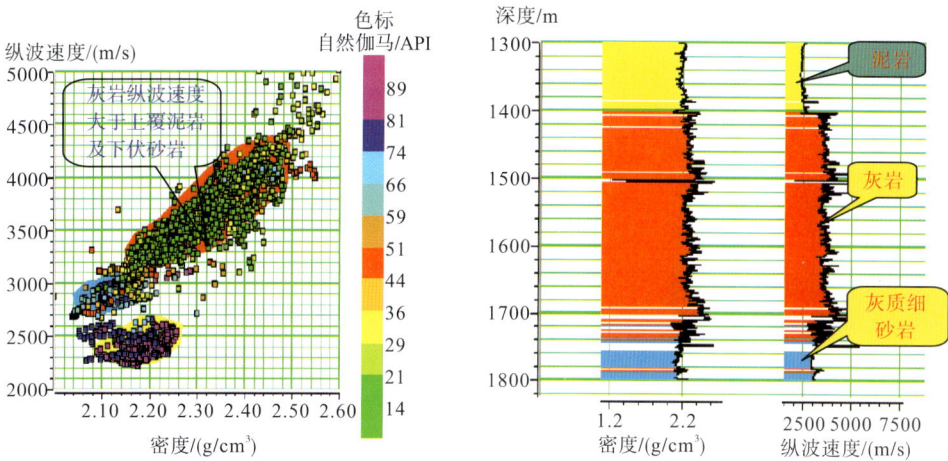

（a）密度与速度交会图（左）及密度、速度曲线（右）

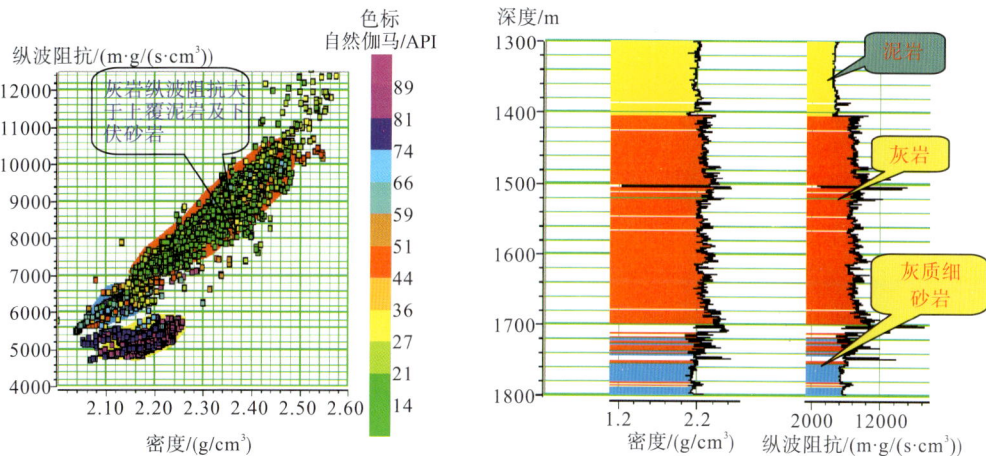

（b）密度与阻抗交会图（左）及密度、阻抗曲线（右）

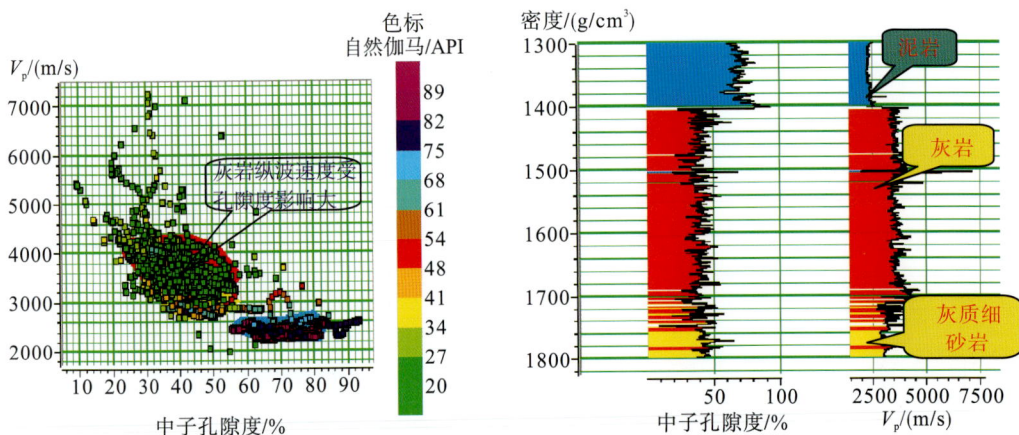

(c)速度与中子孔隙度交会图(左)及速度、中子孔隙度曲线

图 2-3　LH18-2-1 井各参数交会图

2.1.2　火成岩的识别

火成岩又称岩浆岩,是由地幔或地壳的岩石经熔融或部分熔融作用形成的岩浆经过冷却固结形成的。岩浆可以是由全部为液相的熔融物质组成,称为熔体;也可以含有挥发成分及部分固体物质,如晶体及岩石碎块。根据产状,也就是根据岩石侵入到地下还是喷出到地表,岩浆岩又可以分为侵入岩和喷出岩。侵入岩根据形成深度的不同,又细分为深成岩和浅成岩。下面我们分析火成岩与其他岩性的测井参数差异,从而寻找出较好的灰岩识别参数。

图 2-4 为 BY7-1-1 井不同测井参数的交会图。BY7-1-1 井火成岩主要发育在 2400～2700 m,约 350 m 厚,该段上部主要发育玄武岩、下部主要发育火山集块岩,火山集块岩中夹有含白垩灰岩,比较三者的测井参数可以看出,对 BY7-1-1 而言:

(1)灰岩 V_P、密度、阻抗大于火山集块岩,但和玄武岩差异不大,略大于玄武岩;

(2)灰岩 V_P、阻抗随总孔隙度成反比关系,火山集块岩、玄武岩这种关系不太明显;

(3)火山集块岩与玄武岩孔隙度差异不大。

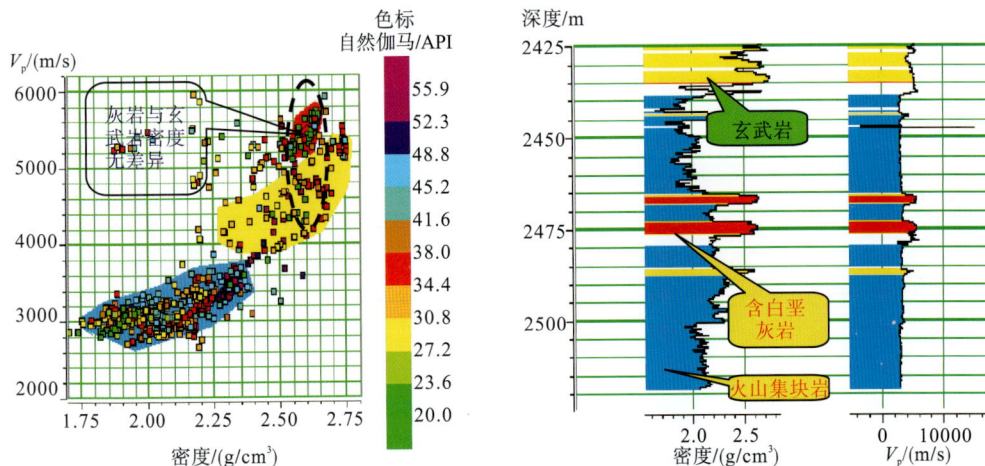

(a)纵波速度与密度交会图(左)及纵波速度、密度曲线

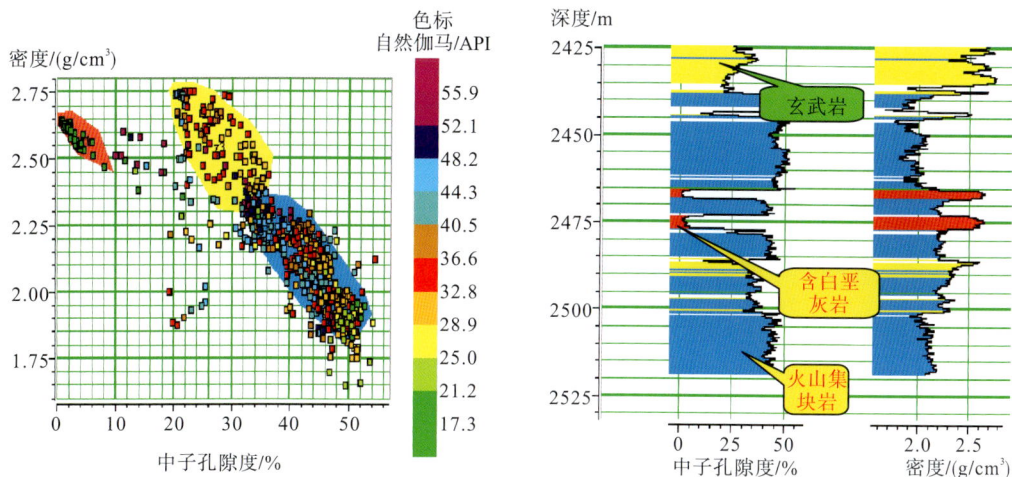

(b)密度与孔隙度交会图(左)及密度、孔隙度曲线(右)

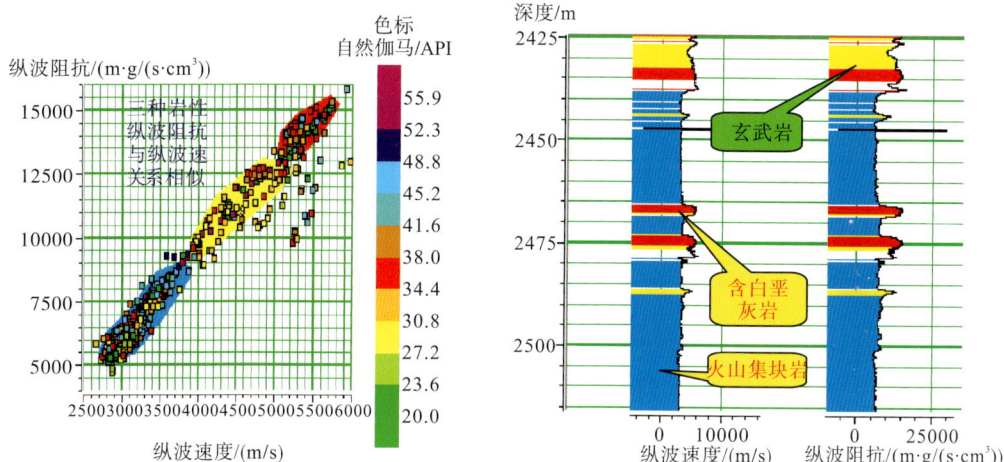

(c)纵波阻抗与纵波速度交会图(左)及纵波阻抗、纵波速度曲线(右)

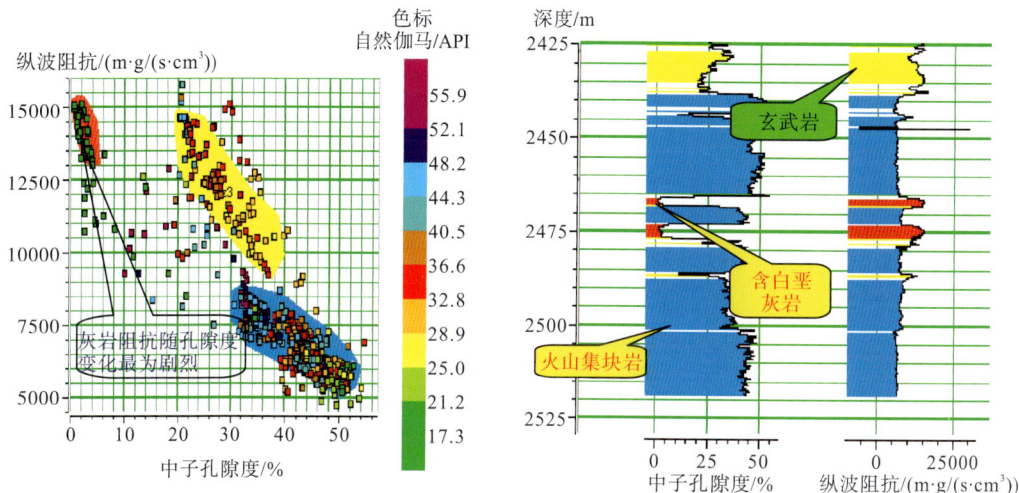

(d)纵波阻抗与中子孔隙度交会图(左)及纵波阻抗、中子孔隙度曲线(右)

图 2-4　BY7-1-1 井不同测井参数的交会图

　　为检验以上规律的普适性,本书又分析了 BY6-1-1 井的规律,BY6-1-1 在4000 m以下发育灰岩、大套火山岩夹薄泥页岩、泥灰岩、火山岩与砂泥岩互层。图2-5 以 GR 来区分火山岩和灰岩,可认为图中绿色散点(左图中红色椭圆圈范围内)为灰岩。从图中可以看出,灰岩的纵波速度、密度、阻抗均小于火山岩。因此,阻抗、速度、密度虽可作为区分火成岩与灰岩的标志,但不同地区规律有差异。在利用这些差异区分火成岩与灰岩之前,应对研究区已钻井进行深入分析。

　　众所周知,影响速度、密度、阻抗等参数的因素很多,除岩性以外,孔隙度也是重要因素之一。现考虑孔隙度固定的情况下,火成岩、灰岩、砂岩、泥岩等不同岩性测井参数的差异。

　　比较图 2-6 中各图可以发现,在相同孔隙度情况下,火成岩速度>灰岩速度>砂、泥岩速度,阻抗有类似规律,密度不能很好地区分灰岩与砂、泥岩,GR 能较好地区分灰岩与其他岩性。

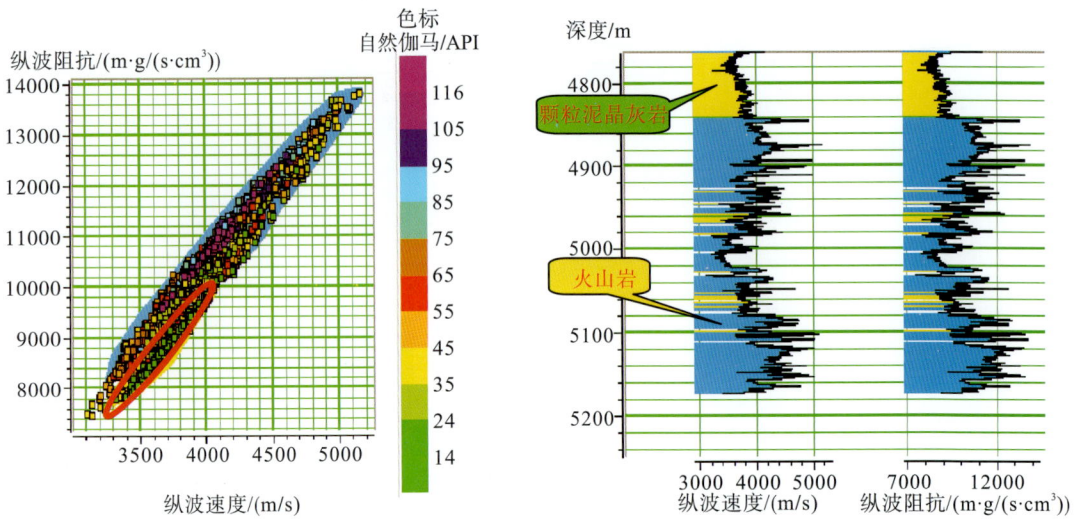

图 2-5　纵波阻抗与纵波速度交会图(左)及纵波阻抗、纵波速度曲线(右)

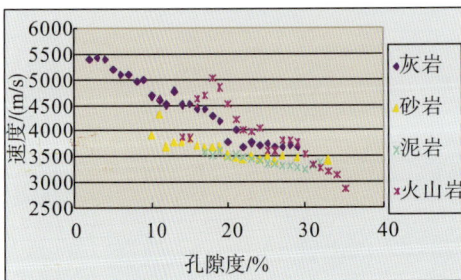

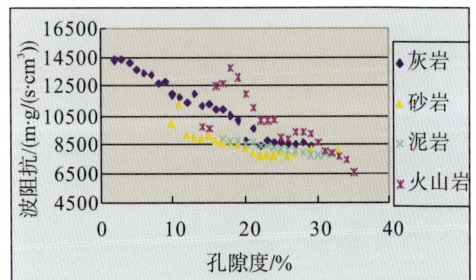

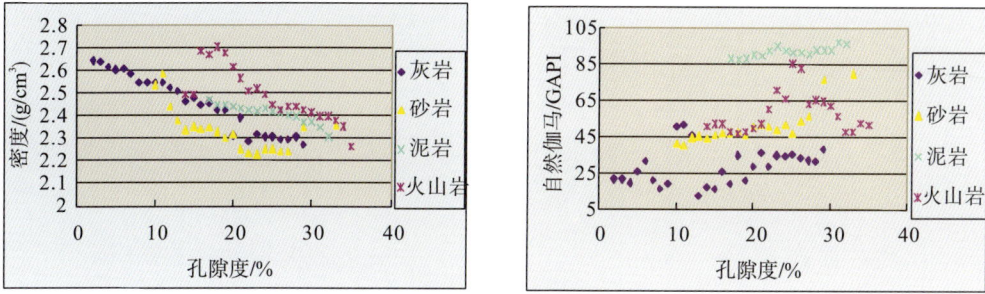

图 2-6 孔隙度与速度(左上)、阻抗(右上)、密度(左下)、自然伽马(右下)交会图

2.2 灰岩中不同测井参数之间关系

2.2.1 碳酸盐岩密度与纵波速度关系

密度与速度的关系是研究岩石物理性质的重要内容之一。从前面的分析来看,速度与密度成正比关系,但具体的关系式是怎样的呢? 前人曾经给出过速度-密度关系式,如最常用的 Gardner 经验公式,但这些公式主要是针对碎屑岩提出来的。那么,在碳酸盐岩地区,Gardner 经验公式是否适用,若不适用,如何修正? 针对这一问题,本书分别用最小二乘法和切比雪夫曲线法拟合出 LH 地区密度与纵波速度关系的拟合公式,并对两种拟合方法得出的公式进行误差分析。从结果来看,最小二乘曲线拟合公式计算出的密度与实测密度的误差小于切比雪夫曲线所拟合公式的误差。把 LH 地区得出的密度与纵波速度关系推广到其他地区,与实测数据进行误差分析后我们发现具有一定的普适性。

1. 曲线拟合的方法

曲线拟合方法有最小二乘曲线拟合、切比雪夫曲线拟合和最佳一致逼近的列梅兹算法曲线拟合。其中前两者适用于离散观测点的拟合,因此本书主要讨论了前两种拟合方法。通过曲线的拟合,可得出两个变量之间的一般统计关系式,有助于分析变量变化的规律。

1)最小二乘曲线拟合

设有 $N+1$ 个观测数据点 (x_i,y_i), $i=0,1,\cdots,N$, 现用一个 m 次多项式 $f(x)=a_mx^m+a_{m-1}x^{m-1}+\cdots+a_1x+a_0=\sum_{j=0}^{m}a_jx^j$ 拟合 $N+1$ 个观测数据点,一般 $m\ll N$。

最小二乘法是希望使得观测数据与拟合曲线误差平方和最小,所以要求

$$\frac{\partial Q(a_0,a_1,\cdots,a_m)}{\partial a_j}=2\sum_{i=0}^{N}[f(x_i)-y_i]x_i^j=0, \qquad j=0,1,\cdots,m \qquad (2\text{-}1)$$

于是建立起 $m+1$ 个方程组成的方程组,由该方程组可唯一地确定 m 次多项式的系数 a_0, a_1, $\cdots$, a_m, 得到由 $N+1$ 个观测数据点 (x_i,y_i), $i=0,1,\cdots,N$ 所确定的拟合多项式。

2)切比雪夫曲线拟合

有 $N+1$ 个观测数据点 (x_i,y_i), $i=0,1,\cdots,N$; $x_0<x_1<\cdots<x_N$, 求 m 次多项式 $R_m(x)=a_mx^m+a_{m-1}x^{m-1}+\cdots+a_1x+a_0$, $(m<n$ 且 $m<21)$, 使 $N+1$ 个给定观测点

上偏差的最大值为最小，即

$$\max_{0 \leqslant i \leqslant N} \left| R_m(x_i) - y_i \right| = \min \tag{2-2}$$

先在 $N+1$ 个数据点中选出 $m+1$ 个不同点 α_0，α_1，$\cdots$，α_m 组成一个初始参考点集并设一参考多项式 $\varphi(x)$，在参考点集上参考多项式的偏差为 δ，则

$$\varphi(\alpha_i) = y(\alpha_i) + (-1)^i \delta, \qquad i = 0,1,\cdots,m \tag{2-3}$$

$\varphi(\alpha_i)$ 的差商 $\varphi(\alpha_0,\alpha_1,\cdots,\alpha_i) = \sum_{j=0}^{i} \dfrac{\varphi(\alpha_i)}{\prod\limits_{\substack{k=0 \\ k \neq j}}^{i} (\alpha_j - \alpha_k)}$，都是偏差 δ 的线性函数，且 m

$+1$ 阶差商为 0，从而求出偏差 δ。根据牛顿插值公式可以得出

$$\varphi(x) = a_m x^m + a_{m-1} x^{m-1} + \cdots + a_1 x + a_0 \tag{2-4}$$

设 $\delta\delta = \max\limits_{0 \leqslant i \leqslant N} \left| \varphi(x_i - y_i) \right|$，当 $\delta\delta = \delta$ 时，则求出的 $R_m(x)$ 即为拟合多项式；当 $\delta\delta > \delta$ 时，用能达到偏差最大值的点 x_i 去代替初始参考点集 $\{\alpha_i\}$（$i=0$，1，$\cdots$，m）当中离偏差最大值点 x_k 最近且与 $\varphi(\alpha_k) - y_k$ 的符号相同的点，构建一个新的参考点集。用新的参考点集进行上述过程，一直到 $\delta\delta = \delta$ 为止，从而求出 m 次多项式 $R_m(x)$，该多项式即为切比雪夫意义下的 m 次拟合多项式。

3）最佳一致逼近的列梅兹（Remez）算法曲线拟合

该方法适用于连续点的曲线拟合，为了确定函数 $y(x)$ 在区间 $[u, v]$ 上的 m 次最佳一致逼近多项式 $Q_m(x) = a_m x^m + a_{m-1} x^{m-1} + \cdots + a_1 x + a_0$，主要是要在区间上找到 $m+2$ 个交错点组 $x_i (i=0$，1，$\cdots$，$m+1)$ 并满足

$$y(x_i) - \sum_{j=0}^{m} a_j x_i^j = (-1)^i \delta, \qquad i = 0,1,\cdots,m-1 \tag{2-5}$$

式中：$\delta = \max\limits_{x \in [u,v]} \left| y(x) - Q_m(x) \right|$。

2. 不同拟合方法、拟合形式的效果分析

1）线性拟合形式

一般认为，速度与密度成正比，因此，最简单的拟合形式即为 $\rho = ax + b$，但这种线性拟合形式是否适用碳酸盐岩礁滩储层呢？图 2-7 为 LH4-2-1 井作线性拟合的结果。

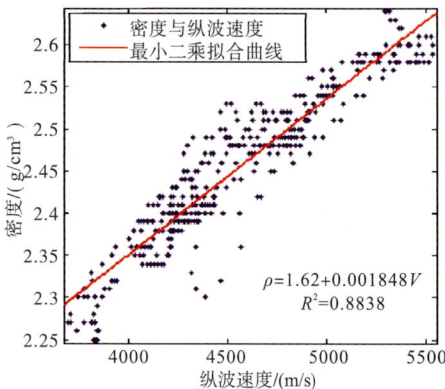

（a）最小二乘法拟合的纵波速度与密度的线性关系　　（b）切比雪夫法拟合的纵波速度与密度的线性关系

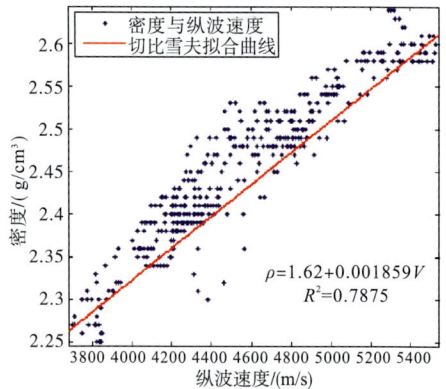

图 2-7　纵波速度与密度的线性关系

从图中可以看出，最小二乘法的拟合效果好于切比雪夫法的拟合效果，最小二乘法拟合的结果相关系数可达 0.8838。因此，可采用线性拟合方式拟合纵波速度与密度的关系。

2)Gardner 公式及改进 Gardner 公式

在碎屑岩中，Gardner 公式可较好地反映纵波速度与密度的关系。Gardner 经验公式为：$\rho = 0.31V_p^{0.25}$，该公式在碳酸盐岩中是否适用呢？图 2-8(a) 为 Gardner 公式计算的密度-纵波速度曲线，图 2-8(b) 为改进 Gardner 公式计算的密度-纵波速度曲线。修正的 Gardner 公式为：

$$\rho = 0.1335V_p^{0.3457} \tag{2-6}$$

比较两图可以看出，传统 Gardner 公式不适合碳酸岩礁滩储层，但修正后的 Gardner 公式所反映的密度-纵波速度关系较好(相关系数可达 0.89)。

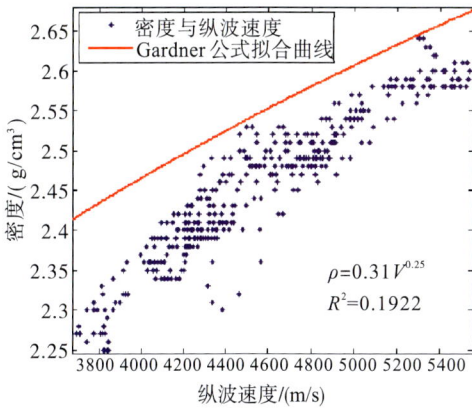

(a) Gardner 公式计算的密度-纵波速度曲线　　　　(b)修正 Gardner 公式计算的密度-纵波速度曲线

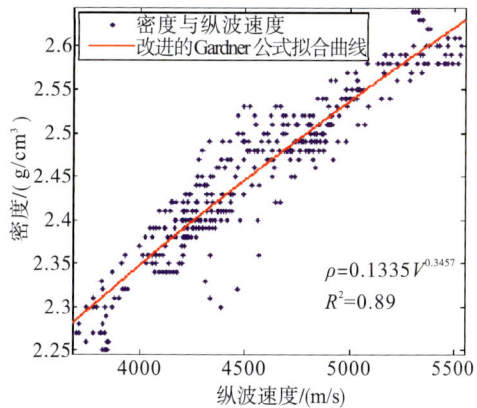

图 2-8　纵波速度与密度的指数拟合

3)其他非线性拟合形式

图 2-9 为采用 $\rho = a + \dfrac{b}{V_p}$ 拟合形式拟合的纵波速度-密度拟合曲线，图 2-9(a) 和图 2-9(b)分别为最小二乘法、切比雪夫法的拟合结果。

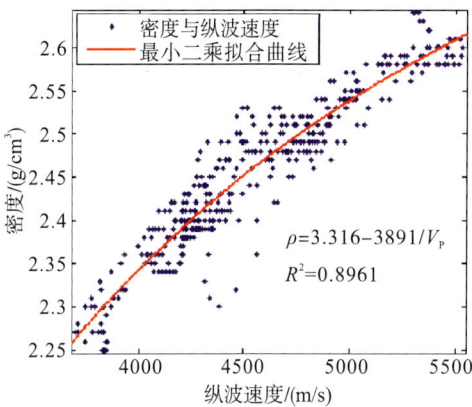

(a)最小二乘法拟合的纵波速度与密度的非线性关系　　　(b)切比雪夫法拟合的纵波速度与密度的非线性关系

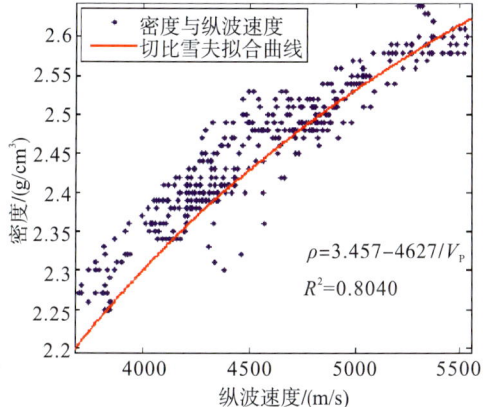

图 2-9　纵波速度与密度其他形式的拟合

拟合公式分别为：

$$\rho = 3.316 - 3891/V_p \tag{2-7}$$

$$\rho = 3.457 - 4627/V_p \tag{2-8}$$

从图 2-9 中可看出，最小二乘法的拟合效果依然好于切比雪夫法，拟合结果相关系数达 0.8961。根据以上分析，可得出如下结论：

(1)最小二乘法拟合效果好于切比雪夫拟合效果；

(2)传统 Gardner 公式不适用于碳酸盐岩；

(3)非线性拟合效果略好于线性拟合。

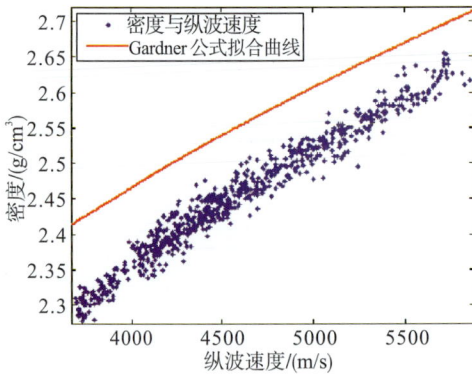

(a)Gardner 公式的计算结果

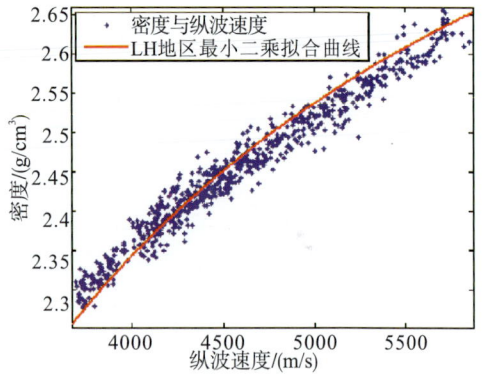

(b)公式(2-7)的计算结果

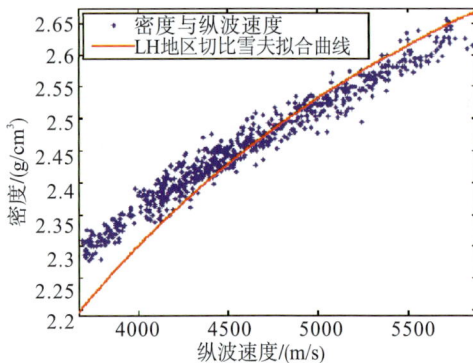

(c)公式(2-8)的计算结果

图 2-10　不同拟合公式对 HZ35-1-1 井的计算结果

现在我们把在 LH 地区得出的密度与纵波速度拟合公式推广到 HZ 地区，来分析其适用性。图 2-10 是利用 LH 地区得出的密度与纵波速度关系对 HZ35-1-1 井的拟合曲线。图 2-10(a)~图 2-10(c)分别为 Gardner 公式、公式(2-7)和公式(2-8)的计算结果，表 2-1 为对三个拟合公式的误差分析。分析图 2-10 及表 2-1 可以看出：在该地区原始 Gardner 公式不适用，切比雪夫曲线拟合出的公式在速度较小时求出的密度与观测值误差较大，而最小二乘曲线拟合的公式计算出的密度与实际观测值误差较小。LH 地区得出的密度与速度关系的经验公式在 HZ 地区也适用，这说明在 LH 碳酸盐岩储层密度与速度关系 $\rho = 3.316 - \dfrac{3891}{V_p}$ 具有一定的普适性。

表 2-1 三个拟合公式的误差统计

曲线拟合方式	均方根误差	最大绝对误差	相关系数
Gardner 公式拟合：$\rho = 0.31 V_{\mathrm{p}}^{0.25}$	0.09728	6.86	-0.2509
最小二乘曲线拟合公式拟合：$\rho = 3.316 - 3891/V_{\mathrm{p}}$	0.02172	0.3422	0.9376
切比雪夫曲线拟合公式拟合：$\rho = 3.457 - 4627/V_{\mathrm{p}}$	0.0397	1.143	0.7917

2.2.2 碳酸盐岩孔隙度与阻抗关系

孔隙度反映储集层储集流体的能力，孔隙度越大，意味着岩石的孔隙空间越大，能容纳流体的能力越强。因此，要对研究区储层做出评价，获得高精度的孔隙度数据体是关键。但遗憾的是，利用地震数据不能直接得到孔隙度信息，为此，需建立阻抗或其他地震属性与孔隙度之间的关系，进而根据反演获得的阻抗数据体进一步计算研究区目的层的孔隙度。

根据上节的讨论，最小二乘法的拟合效果好于切比雪夫的拟合效果。因此，本节以 HZ34-1-1 为例利用最小二乘法采用不同的形式进行了阻抗-孔隙度关系拟合，见图 2-11 和表 2-2。从表 2-2 中可以看出，多项式的拟合效果最好。而其他几种拟合形式相关度也较高，可根据精度要求选择使用。

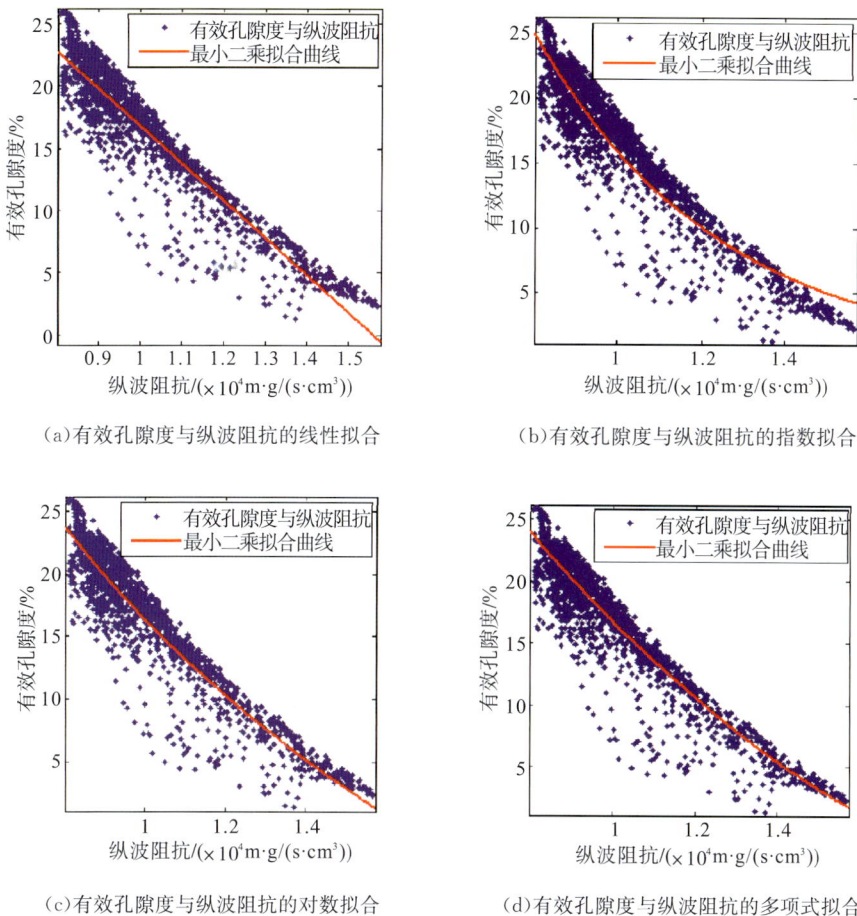

(a)有效孔隙度与纵波阻抗的线性拟合

(b)有效孔隙度与纵波阻抗的指数拟合

(c)有效孔隙度与纵波阻抗的对数拟合

(d)有效孔隙度与纵波阻抗的多项式拟合

图 2-11 HZ34-1-1 井不同拟合形式拟合的有效孔隙度-阻抗关系曲线

表 2-2   拟合曲线精度对比（PIGN：有效孔隙度，Z：阻抗）

拟合曲线表达式	相关系数	误差平方和	均方根误差
$PIGN=-0.003001\times Z+46.8$	0.8725	7390	2.087
$PIGN=153.3\times\exp(-0.0002269\times Z)$	0.8696	7558	2.111
$PIGN=-33.29\times\log(Z)+323$	0.8809	6904	2.018
$PIGN=1.274\times10^{-7}Z^2-0.005899Z+63.12$	0.9303	4044	1.545

2.2.3   碳酸盐岩中含流体时不同参数之间的关系

从上面的分析可知，虽然非线性关系对不同测井参数之间关系的拟合效果好于线性拟合，但若选用合适的拟合方法，线性拟合也可达到较好的效果，且线性拟合便于定性地讨论测井参数之间的关系。为此，本书采用线性拟合的方式对不同参数的关系进行了拟合，旨在讨论含不同流体时各参数间的关系。

以 LH4-1-1 为例，如图 2-12(a)～图 2-12(c)为油层、水层、干层中密度与孔隙度交会图，图 2-12(d)为该井的测井曲线。从图中可以发现孔隙度与密度成反比关系，但对于不同流体的储层，这种关系有一定差异，相对来说，在干层段密度随孔隙度的变化要剧烈（注意：拟合公式中的斜率可反映变化的剧烈程度）。所以含油、含水、干层、致密层不能用同一个公式拟合。为了精细描述不同流体情况下各测井参数之间的关系，书中利用了 LH 及 HZ 区内的所有井分别拟合了纵波速度与密度、纵波速度与有效孔隙度、自然伽马与纵波速度、密度与有效孔隙度的关系。并统计了拉梅常数与剪切模量的平均值（见表 2-3）。从表中可以看出：

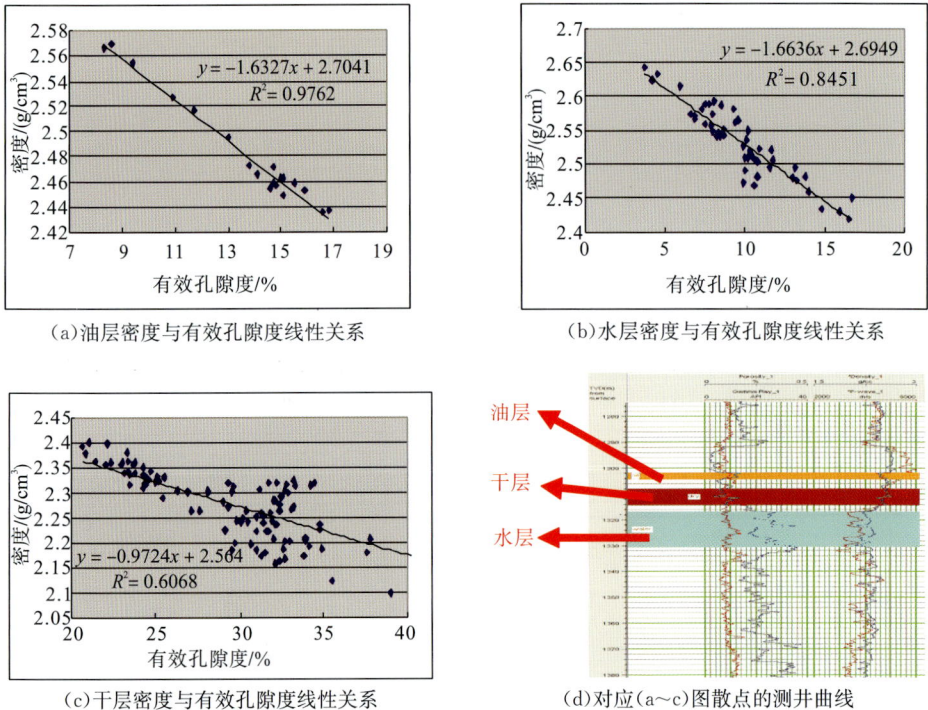

(a)油层密度与有效孔隙度线性关系

(b)水层密度与有效孔隙度线性关系

(c)干层密度与有效孔隙度线性关系

(d)对应(a～c)图散点的测井曲线

图 2-12   LH4-1-1 井灰岩段含不同流体密度与有效孔隙度交会图

（1）速度（V）与密度（RHOB）成正比关系，干层的速度随密度的变化最剧烈，其次是油层，水层相对变化最缓；

（2）速度和有效孔隙度（PIGN）成反比关系，在水层中这种反比关系最缓，干层速度随有效孔隙度的增加减小最快；

（3）在油层段速度与自然伽马（GR）无明显的关系，水层段速度随 GR 变化有略微的增加，干层段却有稍微减小；

（4）RHOB 与 PIGN 成反比关系，在干层段这种趋势相对最强烈，其次为油层段，水层段 RHOB 随 PIGN 的增加其减小趋势最缓。（符合这种关系的井约占 70%）；

（5）λ 与 μ 相比，含流体 λ 变化更大，油层变化 8%，水层变化 17.9%，而 μ 变化分别为 5.2% 和 12%。

表 2-3 含不同流体测井参数的线性关系及拉梅常数值

项目	线性关系中的斜率				拉梅常数值	
	V 与 RHOB	V 与 PIGN	GR 与 V	RHOB 与 PIGN	λ/GPa	μ/GPa
干层	5341.35	−7026.8	−0.019	−1.39347	14.30	8.86
油层	4209.075	−4947.3	无明显关系	−1.36416	13.18	8.40
水层	3541.72	−4101.9	0.0044	−1.00103	11.80	7.75

2.3 不同相带测井统计分析

沉积环境对碳酸盐岩储层的发育具有重要的控制作用。沉积相主要控制储层岩石的组分和原始储层的质量（如孔渗性的好坏等），滩相、礁相、潮坪相、浊积相等均为有利的沉积相带。对地震资料而言，由于岩石的组分、孔隙度和孔隙中流体的性质均会造成地震波速度和岩石密度的变化，从而导致阻抗的变化，因此在地震剖面上有所反映。那么，以上因素中何种因素起主要作用呢？

2.3.1 相带对孔隙度及阻抗的宏观影响

由于沉积环境的变化，不同相带的沉积物特征和暴露时间有较大的差异，这种差异会导致孔隙度的变化。图 2-13 为研究区 SQ2 总孔隙度平面分布图，图 2-14 为 SQ2 沉积相平面图。比较两图，可以发现总孔隙度与相带分布有一定的相关性：

（1）从图 2-13 可以看出，研究区 SQ2 孔隙度东部大于西部，南部大于北部，而研究区西部和北部为陆棚区，说明陆棚区孔隙度不如台地区发育；

（2）孔隙度最大区域位于 LH4-1-1、LH11-1-1A、LH11-2-1、LH11-1-2，而该区域正好为台缘礁发育区，证明在台地内部，台缘区孔隙度最发育。

图 2-15 为研究区 SQ2 阻抗平面分布图，从图中我们可以看出，该图与图 2-13 相似。前已提及，岩石的组分、孔隙度和孔隙中流体的性质均会造成地震阻抗的变化，图 2-15 与图 2-13 的相似性证明了这一点。

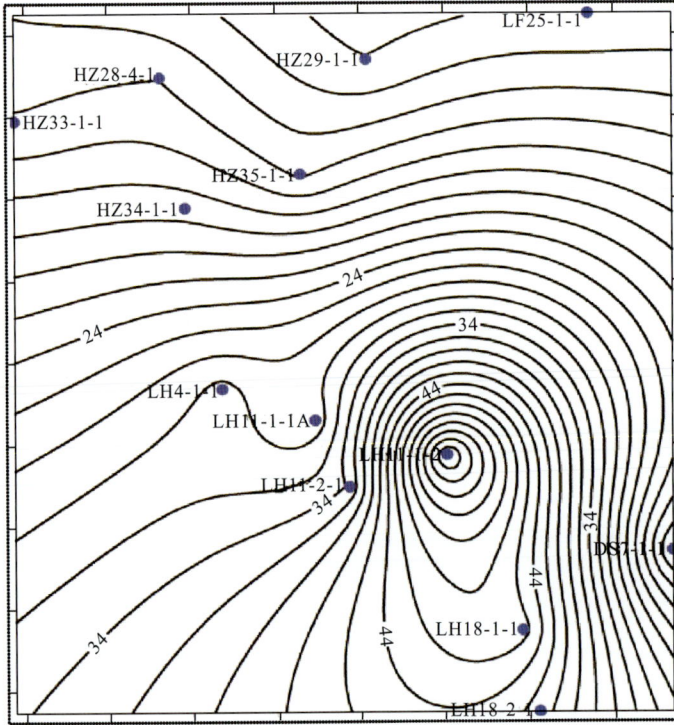

图 2-13 研究区 SQ2 总孔隙度平面分布

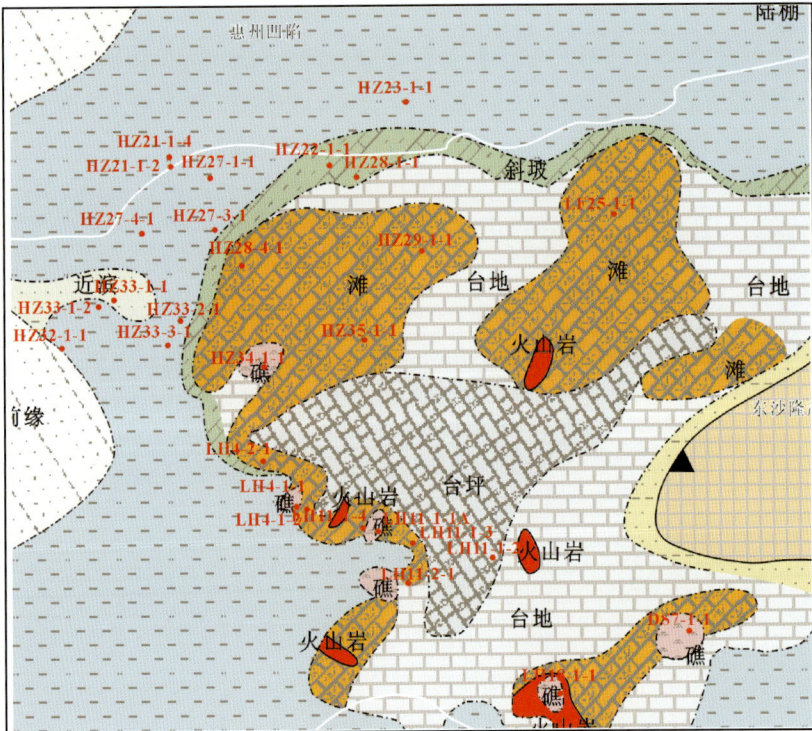

图 2-14 研究区 SQ2HST 沉积相平面分布图(傅恒，2010)

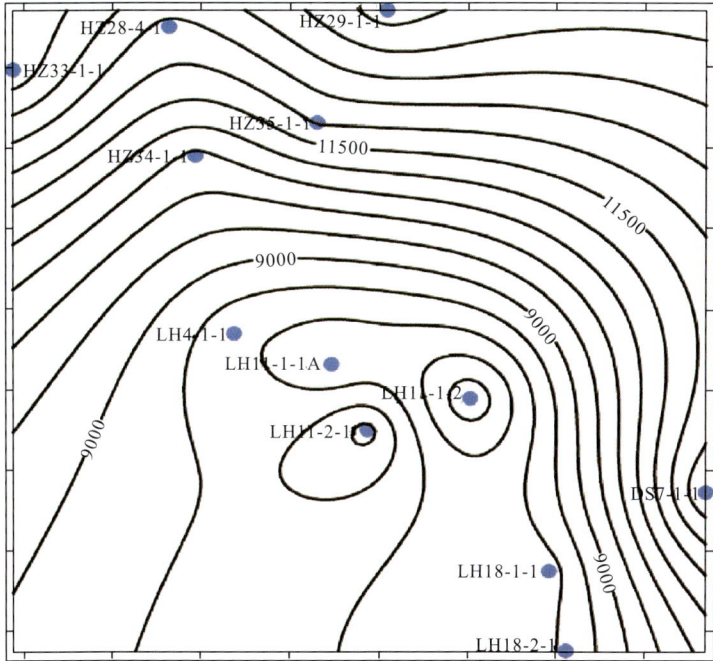

图 2-15　研究区 SQ2 阻抗平面分布图

2.3.2　不同相带基本物性参数分析

对于不同相带速度、密度、阻抗、孔隙度的详细情况，本书对 SQ1、SQ2、SQ3 不同地区、不同相带分别进行了统计，统计见表 2-4～表 2-7，从表中可以看出：

（1）在 LH 地区 SQ3 礁相有效孔隙度大于滩相，HZ 地区 SQ2 礁相有效孔隙度大于滩相，SQ1 礁相有效孔隙度小于滩相。中子孔隙度除 LHSQ3 外，其余与有效孔隙度规律相同。

（2）在 LH 地区礁相阻抗小于滩相，HZ 地区 SQ2 礁相阻抗小于滩相，SQ1 礁相阻抗与滩相基本相同。速度、密度有类似规律。

（3）台坪相孔隙度大，速度、密度、阻抗小，对此异常现象 2.3.3 节有详细分析。

2.3.3　相带与孔隙度对测井参数影响的比较

上节已说明孔隙度对速度、密度、阻抗有较大影响，那么，相带的影响有多大呢？图 2-16 是 LH 地区 SQ2 台坪相和礁相有效孔隙度和其他测井参数的交会图。从图中可以看出，在有效孔隙度相同的情况下，不同相带的速度、密度、阻抗差异很小。图 2-17 是 LH 地区 SQ3 各相带有效孔隙度和其他测井参数的交会图，从图中可以看出，当有效孔隙度较小时，礁的速度、密度、阻抗大于滩；有效孔隙度较大时，相同有效孔隙度情况下，在 SQ3 礁、滩、台地速度、密度、阻抗无明显差异。图 2-18 是 LH 地区 SQ3 各相带中子孔隙度和其他测井参数的交会图，从图中可以看出，在中子孔隙度相同的情况下，不同相带的速度、密度、阻抗差异很小。由此可以看出，在 LH 地区，孔隙度是影响密度、速度和阻抗的决定性因素。为探究该规律在其他地区是否适用，现分析 HZ 地区不同相带的情况。如图 2-19，在 HZ 地区 SQ2 段相同孔隙度情况下，礁、滩的速度、密度、阻抗大于台地；但礁、滩无明显差异。该区不同相带的速度、密度、阻抗差异大于 LH 地区。

表 2-4 LHSQ3 不同相带测井参数统计

岩性	分析项目	纵波速度/(m/s)	横波速度/(m/s)	密度/(g/cm³)	中子孔隙度/%	有效孔隙度/%	纵波阻抗/(m·mg/(s·cm³))	横波阻抗/(m·mg/(s·cm³))	λ/GPa	μ/GPa	σ
礁相	最小值	2921.443	1606.26	2.049	2.4	1.6	6193.35	3598.45	16.4	5.78	0.338
	最大值	6266.96	2666.5	2.697	49.4	33.92	16839.85	6993.985	47.23	18.63	0.401
	平均值	3940.24	2070.28	2.335	25.37	20.88	9299.71	5060.685	27.15	10.69	0.359
滩相	最小值	3179.77	1638.77	2.167	4.4	1.23	7052.73	3763.51	17.16	6.18	0.341
	最大值	5532.46	2566.63	2.64	63.48	34.91	14410.96	6772.02	50.98	17.37	0.432
	平均值	4152.134	2019.08	2.393	26.14	14.58	10000.26	4940.34	30.15	10.08	0.374
台坪相	最小值	1974.17	—	1.23	14.40	12.05	2661.208	—	—	—	—
	最大值	7109.37	—	2.616	68.51	44.81	15552.6	6	—	—	—
	平均值	3603.611	—	2.227	36.48	29.68	8066.927	2	—	—	—

表 2-5 LHSQ2 不同相带测井参数统计

岩性	分析项目	纵波速度/(m/s)	横波速度/(m/s)	密度/(g/cm³)	中子孔隙度/%	有效孔隙度/%	纵波阻抗/(m·mg/(s·cm³))	横波阻抗/(m·mg/(s·cm³))	λ/GPa	μ/GPa	σ
滩相	最小值	3188.385	—	2.176	29.09	—	6999.34	—	—	—	—
	最大值	3975.22	—	2.378	55.35	—	9414.15	—	—	—	—
	平均值	3482.55	—	2.25	41.64	—	7829.68	—	—	—	—
台坪相	最小值	1226.175	—	1.596	28.30	—	2391.106	—	—	—	—
	最大值	4544.78	—	2.46	81.5	—	10472.71	—	—	—	—
	平均值	3481.644	—	2.163	48.93	—	7554.81	—	—	—	—

表 2-6　HZ 地区 SQ2 不同相带测井参数统计

岩性	分析项目	纵波速度 /(m/s)	横波速度 /(m/s)	密度 /(g/cm³)	中子孔隙度 /%	有效孔隙度 /%	纵波阻抗 /(m·mg/(s·cm³))	横波阻抗 /(m·mg/(s·cm³))	λ/GPa	μ/GPa	σ
礁相	最小值	3511.44	—	2.203	2	1.77	8077.096	—	—	—	—
	最大值	6039.35	—	2.657	32.8	25.96	16010.37	—	—	—	—
	平均值	4667.81	—	2.48	15.73	12.12	11642.26	—	—	—	—
滩相	最小值	3373.99	1779.13	2.261	1	0.6	8111.02	4109.8	18.35	7.32	0.33
	最大值	6278.84	2662.87	2.71	29	23.37	16839.85	6870.21	66.99	18.29	0.41
	平均值	5105.317	2228.34	2.52	9.95	9.81	12781.43	5515.36	37.92	12.48	0.37

表 2-7　HZ 地区 SQ1 不同相带测井参数统计

岩性	分析项目	纵波速度 /(m/s)	横波速度 /(m/s)	密度 /(g/cm³)	中子孔隙度 /%	有效孔隙度 /%	纵波阻抗 /(m·mg/(s·cm³))	横波阻抗 /(m·mg/(s·cm³))	λ/GPa	μ/GPa	σ
礁相	最小值	4356.589	—	2.41	3	0.89	10630.08	—	—	—	—
	最大值	5924.544	—	2.665	14.8	12.20	15596.66	—	—	—	—
	平均值	5256.411	—	2.542	6.52	5.06	13375.61	—	—	—	—
滩相	最小值	3047.509	2380.17	2.036	0.2	0.11	7080.37	6021.83	16.400	14.350	0.267
	最大值	6519.23	3256.31	2.729	37.6	25.19	16979.08	8657.05	54.930	28.200	0.337
	平均值	5168.694	3081.415	2.573	8.2	8.10	13340.08	8023.61	38.888	24.777	0.304
台坪相	最小值	3337.272	1663.941	2.388	2	1.08	8328.39	4138.89	11.519	6.909	0.241
	最大值	6284.628	3196.656	2.702	24	18.25	16943.29	8618.15	51.384	27.549	0.366
	平均值	5203.272	2675.476	2.579	10	8.27	13471.46	6924.75	33.826	18.904	0.319

注:"—"表示无资料

综合两个地区不同层系不同相带测井参数统计可以发现，不同地区，相带对速度、密度、阻抗的影响略有差异，速度、密度、阻抗都随孔隙度的增加而减小。

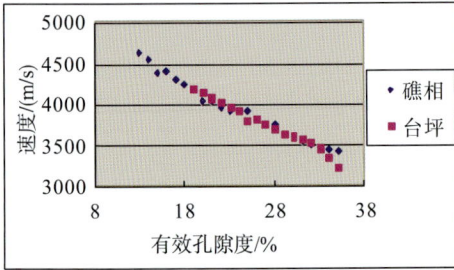

（a)速度与有效孔隙度交会图

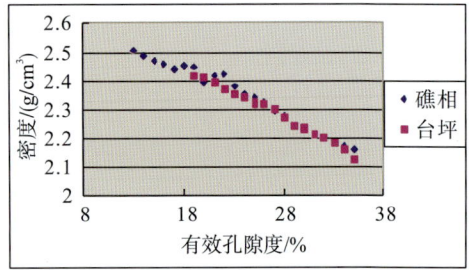

（b)密度与有效孔隙度交会图

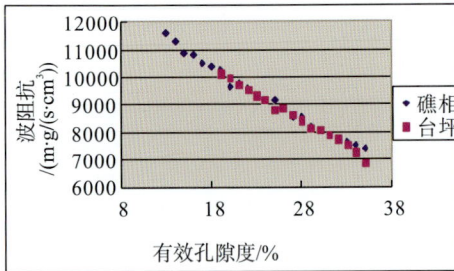

（c)波阻抗与有效孔隙度交会图

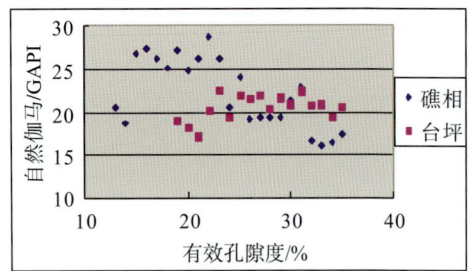

（d)GR 与有效孔隙度交会图

图 2-16　LH 地区 SQ2 速度、密度、波阻抗、GR 与有效孔隙度交会图

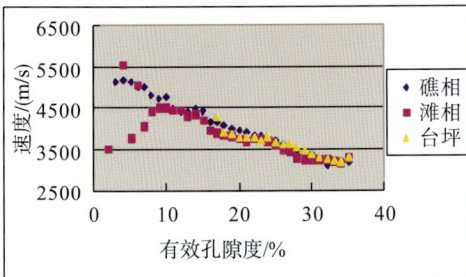

（a)速度与有效孔隙度交会图

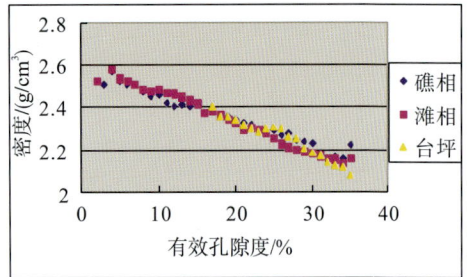

（b)密度与有效孔隙度交会图

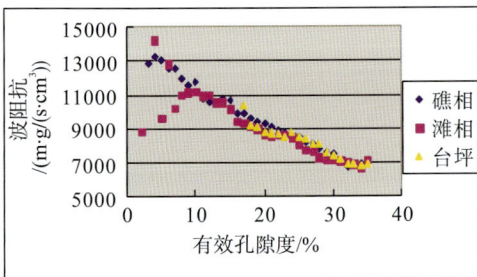

（c)波阻抗与有效孔隙度交会图

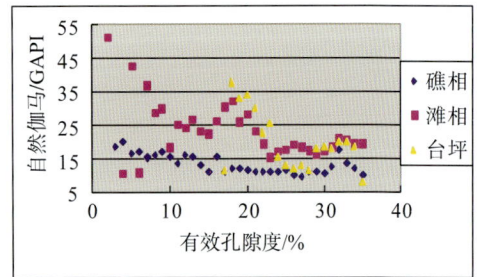

（d)GR 与有效孔隙度交会图

图 2-17　LH 地区 SQ3 速度、密度、波阻抗、GR 与有效孔隙度交会图

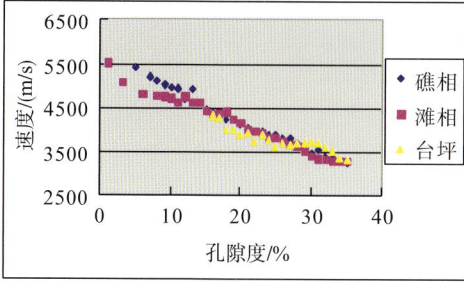

（a）速度与中子孔隙度交会图　　　　　　　　　　（b）密度与中子孔隙度交会图

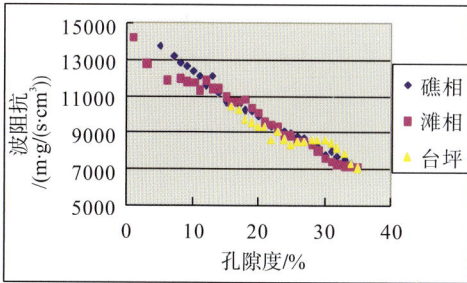

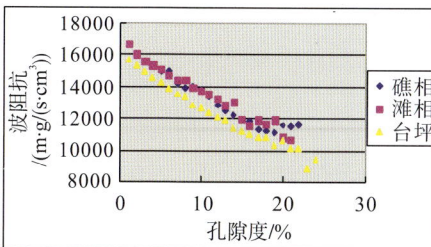

（c）波阻抗与中子孔隙度交会图　　　　　　　　　（d）GR 与中子孔隙度交会图

图 2-18　LH 地区 SQ3 速度、密度、波阻抗、GR 与中子孔隙度交会图

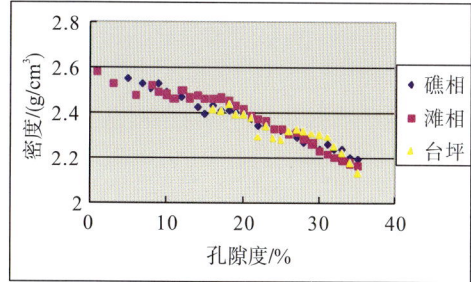

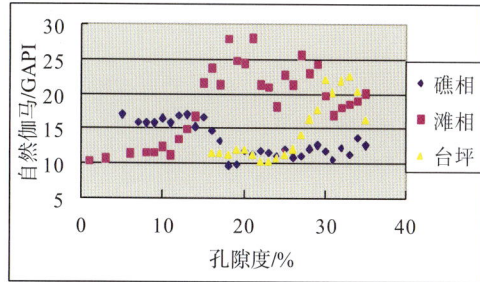

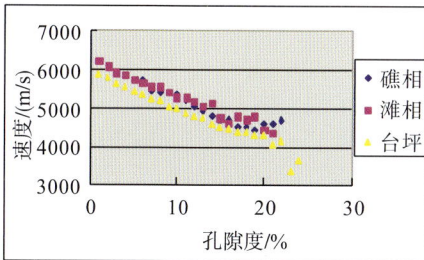

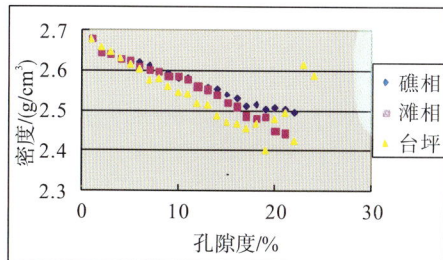

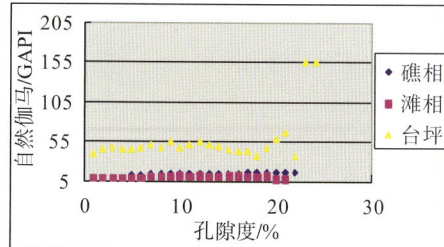

（a）速度与中子孔隙度交会图　　　　　　　　　　（b）密度与中子孔隙度交会图

（c）波阻抗与中子孔隙度交会图　　　　　　　　　（d）GR 与中子孔隙度交会图

图 2-19　HZ 地区 SQ2 中子孔隙度与速度、密度、波阻抗、GR 交会图

据统计，在珠江口盆地灰岩中存在一个异常的现象，即台坪相的孔隙度偏大。其原因在于：

（1）部分井位于断层附近，由于受到构造应力作用使得孔隙度较大，见图 2-20。

（2）在本研究区，台坪相通常位于礁或滩的下部（见图 2-21、图 2-22），尤其在 LH 地区更是如此，此时台坪受水的溶蚀，白垩化严重，故孔隙度较大。

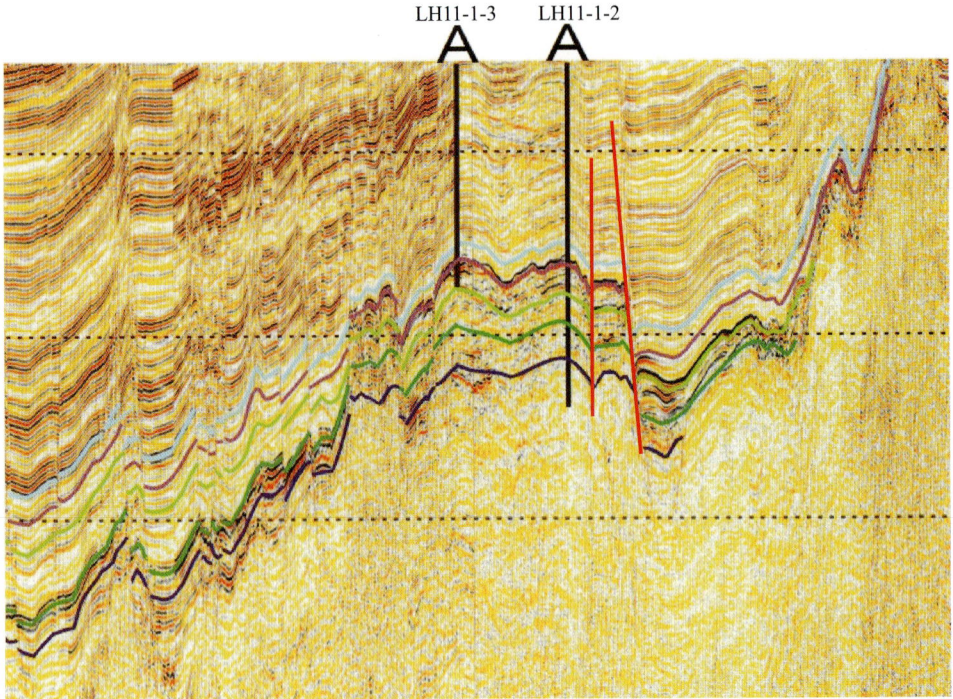

图 2-20　过 LH11-1-2 及 LH11-1-3 井地震剖面

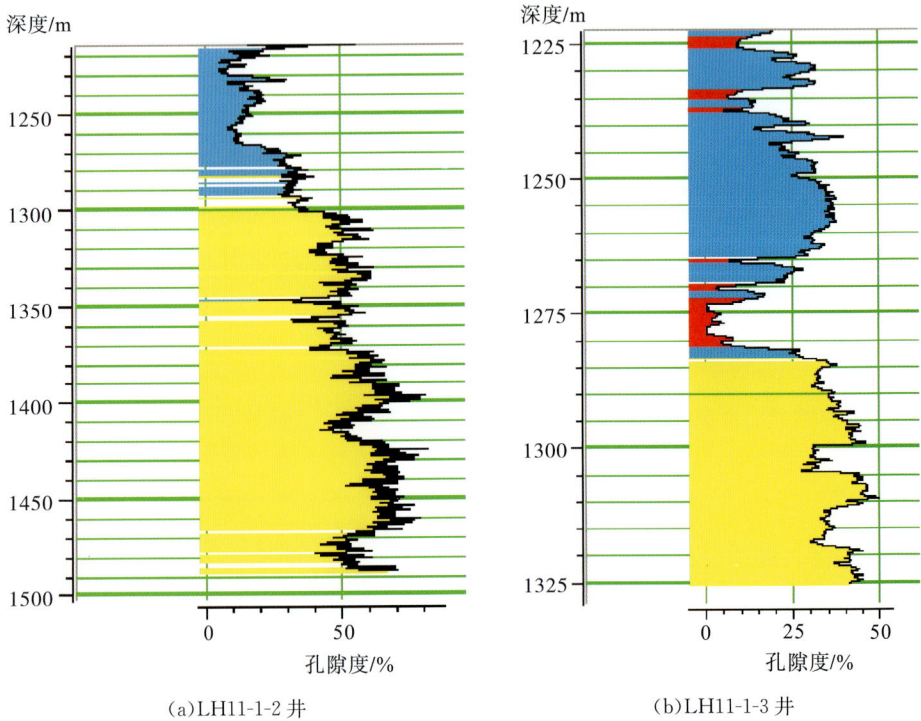

（a）LH11-1-2 井　　　　　　　　　（b）LH11-1-3 井

图 2-21　灰岩段中子孔隙度曲线（黄色段为台坪）

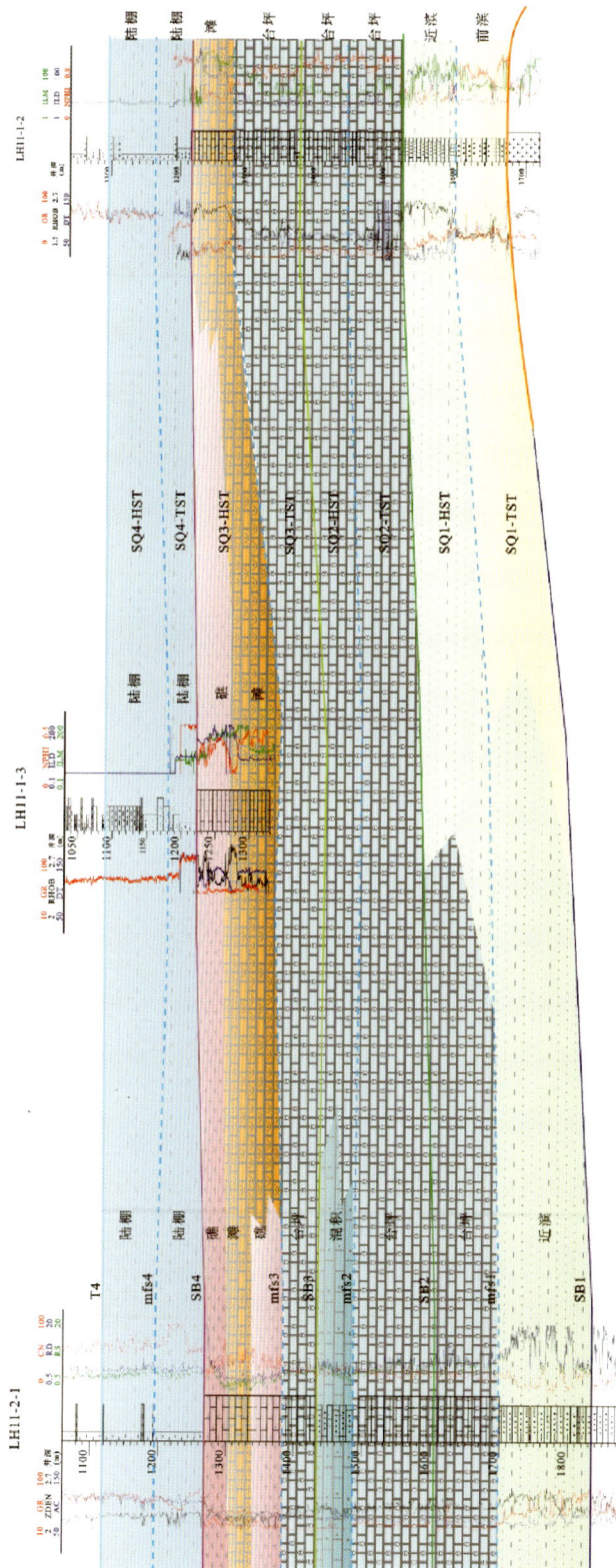

图 2-22　珠江口盆地东部 LH11 -2 -1～LH11 -1 -3～LH11 -1 -2 新近系中新统珠江组层序地层及沉积相剖面图（傅恒,2010）

2.3.4　岩石组分与孔隙度对测井参数影响的比较

不同相带岩石的组分略有差异，这种差异对测井参数的影响究竟有多大呢？图 2-23 为不同岩石组分纵波速度、纵波阻抗、密度、自然伽马与孔隙度交会图，从图中可以看出，相同孔隙度情况下，不同岩石组分的纵波速度、纵波阻抗、密度基本一致，自然伽马略有差异。因此，影响速度、密度、阻抗的主要因素为孔隙度而非岩石组分。

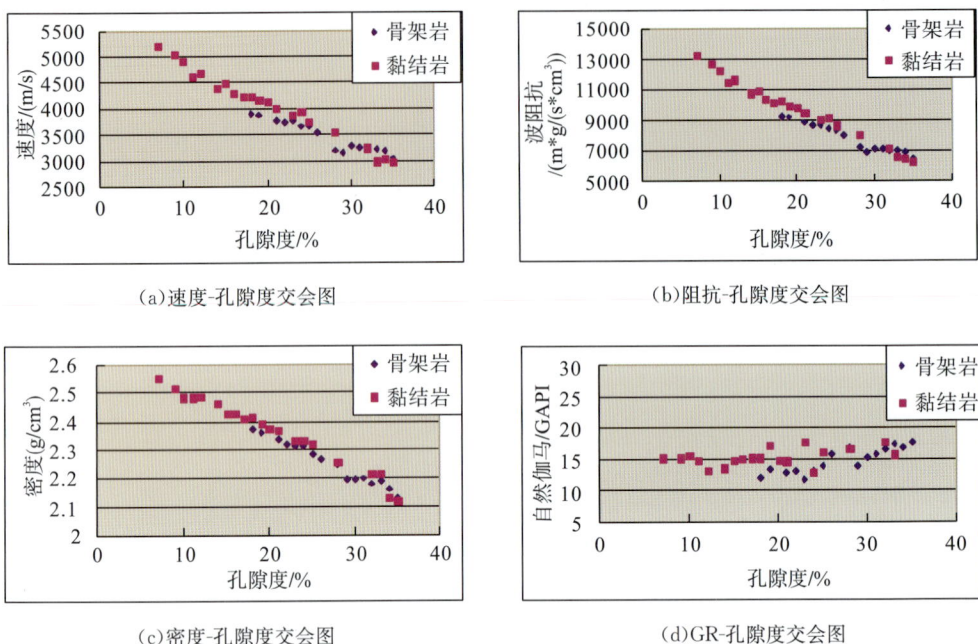

(a)速度-孔隙度交会图　　　　　　　　　　(b)阻抗-孔隙度交会图

(c)密度-孔隙度交会图　　　　　　　　　　(d)GR-孔隙度交会图

图 2-23　不同岩石组分纵波速度、纵波阻抗、密度、自然伽马与中子孔隙度交会图

2.4　流体敏感参数分析

2.4.1　现有主要的流体识别因子

在储层预测中，人们为了识别流体提出了许多流体识别因子。通常，流体识别因子可以写成纵波(P)与横波(S)的波阻抗的形式，并通过某种组合来进行流体识别，为此，人们提出了流体识别因子函数。以波阻抗量纲的幂次方为基础，把流体识别因子归纳为以下几种基本类型：

(1)波阻抗量纲的零次方类，即无量纲类：$\dfrac{I_p}{I_s}$，$\left(\dfrac{I_p}{I_s}\right)^2$，…；

(2)波阻抗量纲的一次方类：I_p，I_s，I_p+I_s，I_p-I_s，…；

(3)波阻抗量纲的二次方类：I_p^2，I_s^2，I_pI_s，$I_p^2-I_s^2$，…；

其中 I_p 和 I_s 分别为 P 波波阻抗和 S 波波阻抗，$I_p=\rho v_p$，$I_s=\rho v_s$，ρ、v_p、v_s 分别为岩石的密度、P 波速度和 S 波速度。实际处理时，提取的流体识别因子是 P 波和 S 波波阻抗的函数。

利用流体识别因子的基本类型，可以构造出其他的识别因子。流体识别因子可以写成下面的函数形式：

$$F = F(I_p, I_s, c) \tag{2-9}$$

式中，c 为调节参数，不同的识别因子可以有不同的形式和意义。下面给出几个常用的流体识别因子。

（1）泊松比：

$$\sigma = \frac{\lambda}{2(\lambda + \mu)} = \frac{\dfrac{I_p}{I_s} - 2}{2\left(\dfrac{I_p}{I_s} - 1\right)} \tag{2-10}$$

式中，λ 和 μ 为第 1 和第 2 拉梅系数，这是一个波阻抗量纲为零次方的识别因子。

（2）Goodway（1997）等提出的识别因子：

$$\lambda\rho = I_p^2 - 2I_s^2 \mu\rho = I_s^2 \tag{2-11}$$

（3）Russell（2003）等提出的流体属性：

$$\rho f = I_p^2 - cI_s^2 \tag{2-12}$$

式中，f 为流体因子，c 为调节参数。

（4）贺振华等（2006）提出波阻抗量纲为一次方的流体识别因子：

$$\sigma_{HSFIF} = \frac{I_p}{I_s}I_p^2 - BI_s^2 \tag{2-13}$$

式中，B 为调节参数。公式（2-13）是零次方类和二次方类流体识别因子的组合。

2.4.2　礁滩储层流体识别因子优选

前面提到的流体识别因子究竟哪个在礁滩相储层对流体敏感，本书利用珠江口盆地礁滩相储层测井资料结合试油资料进行分析。图 2-24 为 LH4-2-1 井纵、横波速度、密度、阻抗与有效孔隙度交会图。从图中可以看出，灰岩中的油层与水层的纵波速度、阻抗有较大差异，密度也有差异，但横波速度几乎无差异，因此纵波速度、阻抗可作为区分油、水的参数。

但是，岩性的变化也可造成纵波速度、阻抗的变化，因此利用纵波速度、阻抗识别流体会有多解性。如图 2-25 所示，图中黄色散点为碎屑岩。从图中可以看出，虽然流体的差异会造成纵波速度、阻抗的差异，但碎屑岩的纵波速度、阻抗与油水的差异更大，因此，需结合横波速度、阻抗来识别流体。若纵、横波速度、阻抗均减小，则为岩性引起；若纵波速度、阻抗减小，而横波速度不变，则为流体引起。

除了纵波速度与阻抗之外，拉梅常数 λ、泊松比 σ 也可有效地识别流体，图 2-26 为 LH4-2-1 井拉梅常数 λ、μ、泊松比 σ 与有效孔隙度交会图。从图中可以看出，含不同流体时拉梅常数 λ、泊松比 σ 有明显差异，这也是弹性参数识别流体的基础。

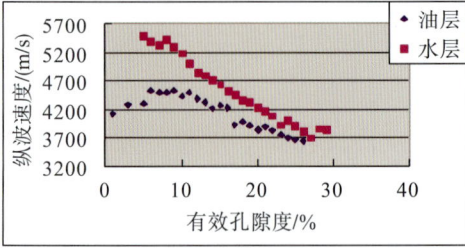

(a)纵波速度与有效孔隙度交会图

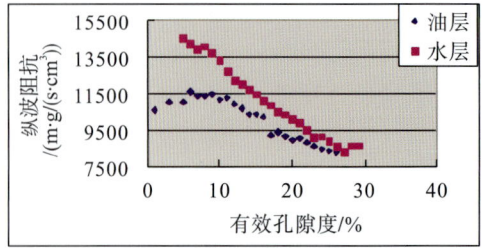

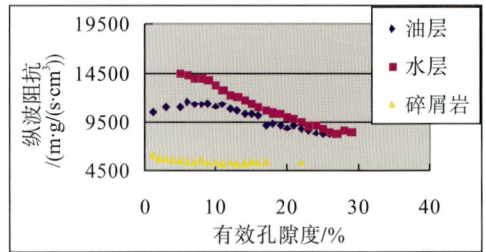

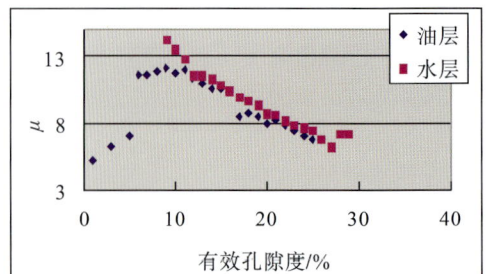

(b)纵波阻抗与有效孔隙度交会图

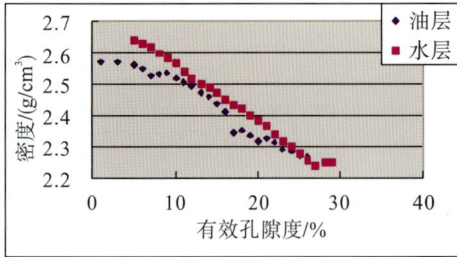

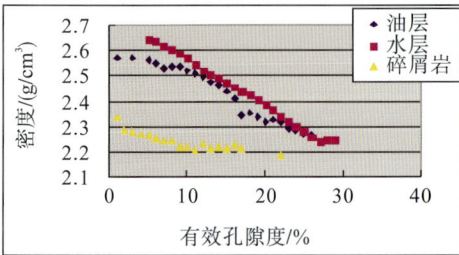

(c)密度与有效孔隙度交会图

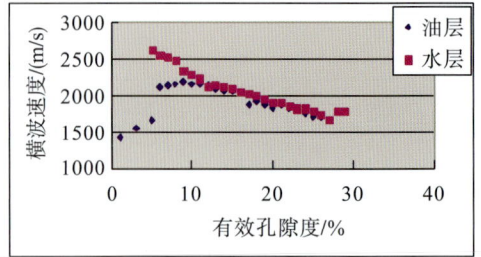

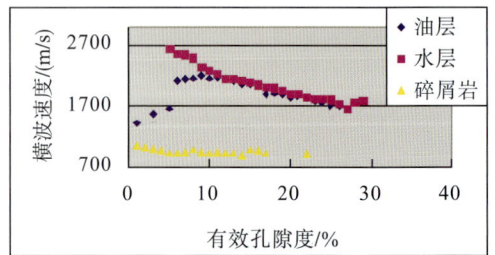

(d)横波速度与有效孔隙度交会图

图 2-24　含不同流体纵、横波速度、密度、阻抗与有效孔隙度交会图

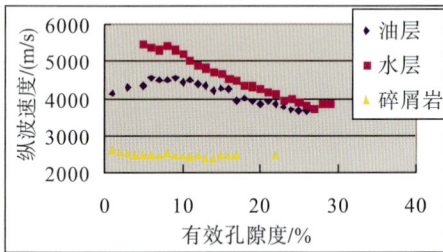

(a)纵波速度与有效孔隙度交会图

(b)纵波阻抗与有效孔隙度交会图

(c)密度与有效孔隙度交会图

(d)横波速度与有效孔隙度交会图

图 2-25　不同流体与岩性纵、横波速度、密度、阻抗与有效孔隙度交会图

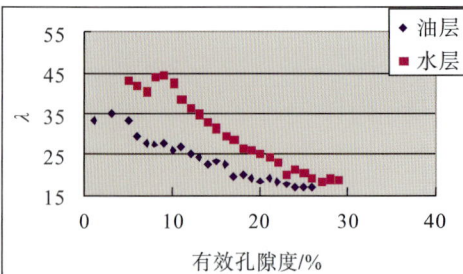

(a)λ 与有效孔隙度交会图

(b)μ 与有效孔隙度交会图

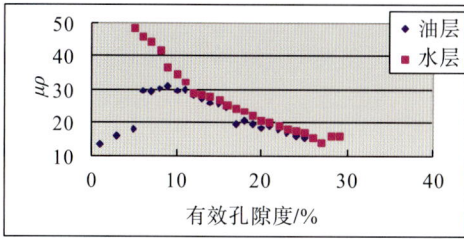

（c）$\mu\rho$ 与有效孔隙度交会图 　　　　　　　　（d）泊松比与有效孔隙度交会图

图 2-26 不同流体弹性参数与有效孔隙度交会图

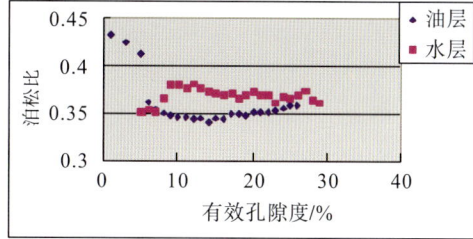

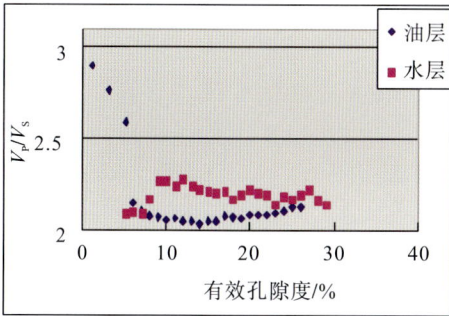

（a）纵横波速度比与有效孔隙度交会图 　　　　　（b）纵横波阻抗差与有效孔隙度交会图

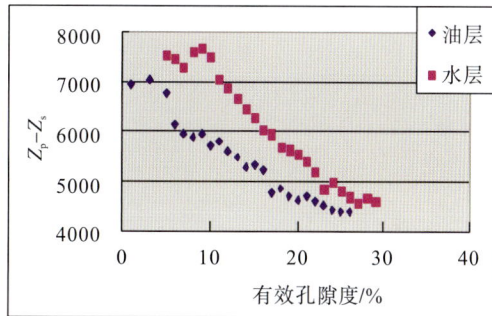

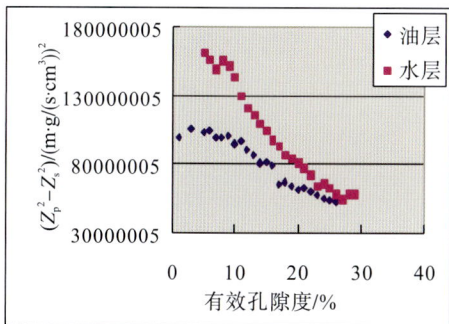

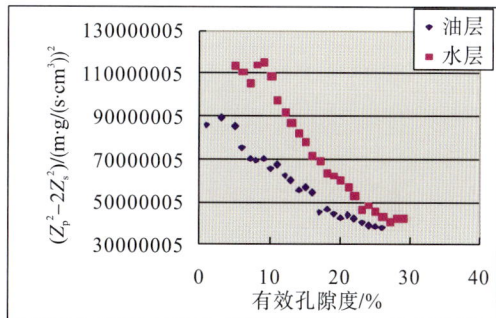

（c）纵横波阻抗平方差与有效孔隙度交会图 　　　（d）其他组合参数与有效孔隙度交会图

图 2-27 组合参数与有效孔隙度交会图

前面曾经提到过综合纵、横波来识别流体，若将两者以一定的形式组合是否能有效识别流体呢？图 2-27 为组合参数与有效孔隙度交会图，从图中可以看出：

（1）组合参数可有效识别流体，尤其是阻抗平方差类效果最好；

（2）当有效孔隙度增加时，这种差异变小。

除了以上参数之外，其他测井参数有时也对不同流体有不同的响应，如图 2-28 所示，图中油层和水层在相同有效孔隙度条件下自然伽马也存在差异，但由于这些参数从地震数据中很难直接获得，因此很少用作流体识别因子。

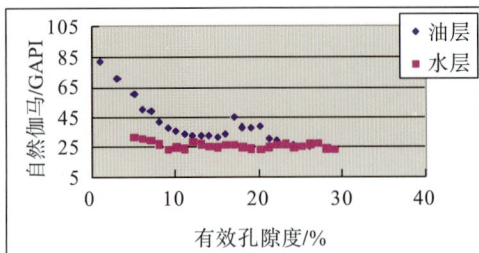

图 2-28　自然伽马与有效孔隙度交会图

　　以上是针对 LH 地区的流体识别因子讨论，以上结论是否具有普适性？现对 HZ 地区进行分析，由于 HZ 地区的井含油层段很少，且有效孔隙度资料也很少，因此只讨论了水层、干层与中子孔隙度的关系。

　　图 2-29 对 HZ 地区 HZ27-3-1 井、HZ28-4-1 井的流体敏感因子进行了统计分析，总体来说，λ、V_p、V_s、V_p/V_s、纵、横波阻抗差及纵、横波阻抗平方差等在相同有效孔隙度含流体时存在较大异常，以上参数可作为流体识别的依据。

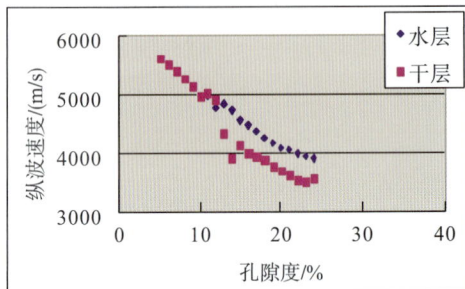

（a）纵波速度与孔隙度交会图

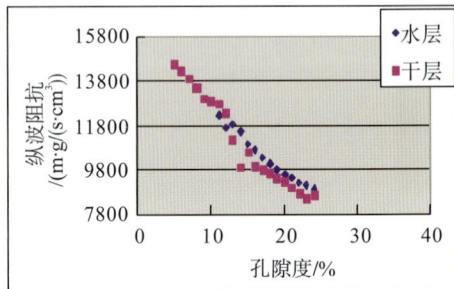

（b）纵波阻抗与孔隙度交会图

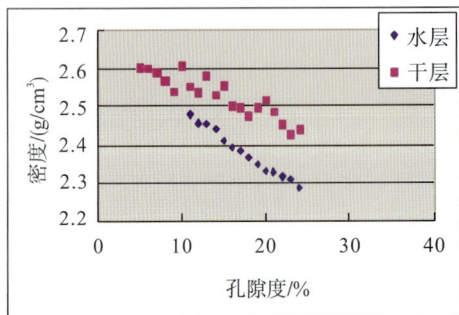

（c）密度与孔隙度交会图

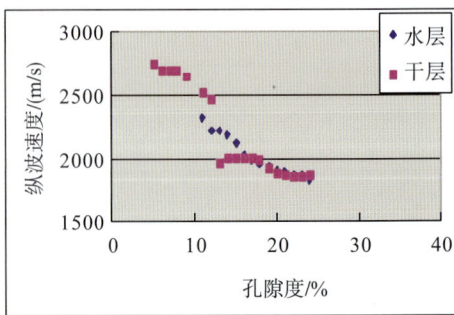

（d）横波速度与孔隙度交会图

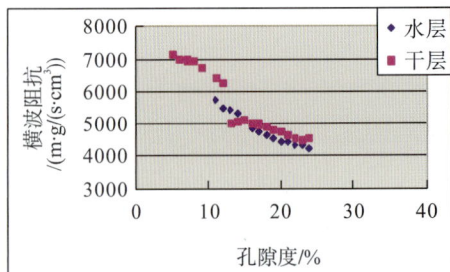

（e）横波阻抗与孔隙度交会图

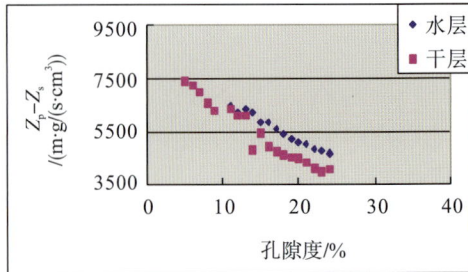

（f）纵横波阻抗差与孔隙度交会图

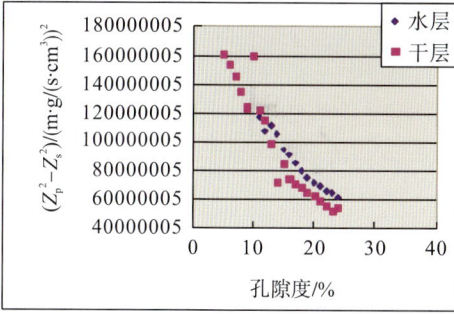

(g)纵横波阻抗平方差与孔隙度交会图

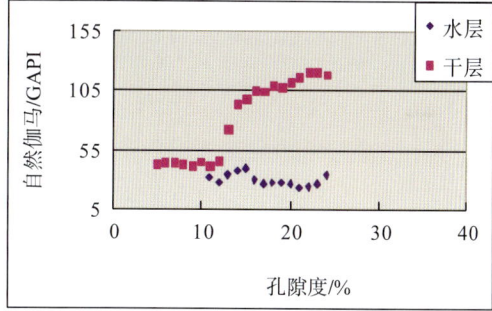

(h)自然伽马与孔隙度交会图

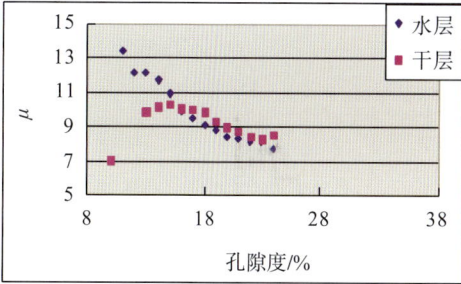

(i)μ 与孔隙度交会图

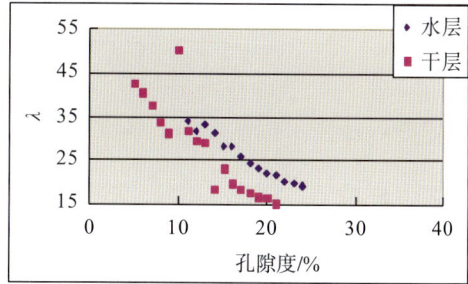

(j)λ 与孔隙度交会图

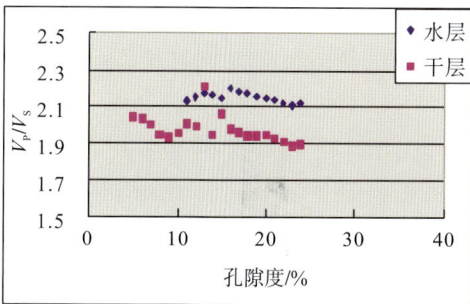

(k)纵横波速度比与孔隙度交会

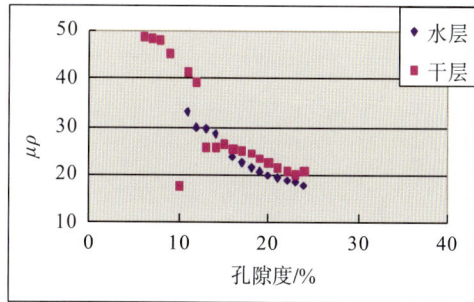

(l)$\mu\rho$ 与孔隙度交会图

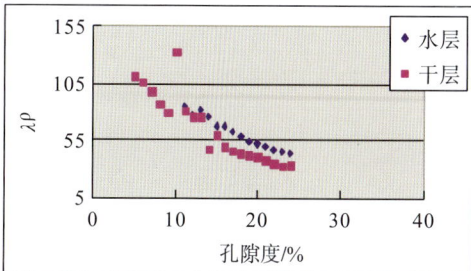

(m)$\lambda\rho$ 与孔隙度交会图

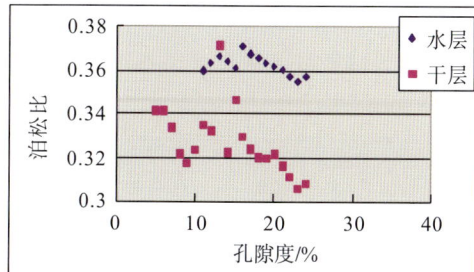

(n)泊松比与孔隙度交会图

图 2-29　HZ27-3-1、HZ28-4-1 井水层与干层不同参数及其组合与孔隙度交会图

2.5 测井统计规律及可靠性分析

通过对珠江口盆地约 40 口井测井参数的统计分析，可以得出以下结论：

(1)灰岩的 V_p、V_s、Z_p、Z_s、λ、μ 均大于碎屑岩，灰岩的 GR 小于碎屑岩。以上 7 种参数中 V_p、V_s、Z_p、Z_s、λ、μ 可从地震数据体反演得到，而 GR 数据体很难通过地震数据体直接获得，因此可利用前 6 种参数来区分灰岩和碎屑岩。灰岩和碎屑岩的密度差异不大，不宜作为识别灰岩的标志。

(2)火成岩速度、密度、阻抗变化较大，规律性较差。欲区分火成岩与碳酸盐岩，需针对具体研究区域进行井中的分析。

(3)V_p、Z_p、λ 虽对流体有所响应，但岩性的变化同样可引起以上参数的变化，为此，需结合 V_s、Z_s、μ 等参数，采用组合参数进行流体识别，经统计分析，V_p/V_s、泊松比、纵、横波阻抗差及纵、横波阻抗平方差等在相同有效孔隙度含不同流体时(油层、水层)存在较大差异，以上参数可作为流体识别的依据。

(4)孔隙度对速度、密度、阻抗的影响远大于相带对这三种参数的影响。

(5)原始的 Gardner 公式对于碳酸盐岩不适用。经实验，最小二乘法拟合效果好于切比雪夫拟合，非线性拟合效果好于线性拟合。改进后的速度-密度公式适用性较强。

(6)速度与孔隙度成反比关系、速度与密度成正比关系，但在干层速度随孔隙度、密度变化最为剧烈；油层次之，水层最缓慢。

(7)与岩石物理测试分析比较后，可看出测井参数的绝对数值虽与岩石物理测试结果有差异，但两者的变化规律是一致的。

我们知道，测井参数的影响因素很多。那么，以上的一些规律是否可靠呢？我们将测井统计分析的结果与岩石物理测试分析的结果作了比较。表 2-8 和表 2-9 分别是岩石物理测试、测井参数统计在基础数据及基本规律方面的比较。从表 2-8 可以看出，除 LH 地区外，其余地区及相带岩石物理测试数据与测井参数统计数据相对差异不超过 10%，即两者基本一致。LH 地区差异较大的原因在于，LH 地区孔隙度普遍较大，岩石物理测试很难测出高孔隙岩样的基本数据(岩样易碎)，而测井无此限制，因此 LH 地区的岩石物理测试结果不能与测井参数进行比较。从表 2-9 可以看出，岩石物理测试与测井参数统计在基本规律方面是一致的。这种基础数据与基本规律的一致性验证了测井统计结果的准确性。

表 2-8 基础数据的岩石物理测试与测井参数统计对比

比较项目		岩石物理测试	测井参数统计	绝对差异	相对差异
孔隙度/%	LH 地区	13.39	21.65	8.26	38.1%
	HZ 地区	5.65	7.52	1.87	24.9%
	礁相	11.86	13.36	1.5	11.2%
	滩相	10.34	11.30	0.96	8.49%
	台坪	6.82	7.2766	0.46	6.27%

续表

比较项目		岩石物理测试	测井参数统计	绝对差异	相对差异
速度/(m/s)	LH 地区	4842	3925.8	916.2	23.3%
	HZ 地区	5530	5128.6	401.4	7.8%
	礁相	5136	4753	383	8.1%
	滩相	5164	4997.4	166.6	3.3%
	台坪	4629	4502.2	126.8	2.8%
密度/(g/cm³)	LH 地区	2.32	2.26	0.06	2.7%
	HZ 地区	2.55	2.56	0.01	0.4%
	礁相	2.37	2.50	0.13	5.2%
	滩相	2.40	2.53	0.13	5.1%
	台坪	2.51	2.56	0.05	2%
波阻抗 /(m·g/(s·cm³))	LH 地区	11848	8872.3	2975.7	33.5%
	HZ 地区	14263	13129.2	1133.8	8.6%
	礁相	11477	11931	454	3.8%
	滩相	12077	12725.6	648.6	5.1%
	台坪	11785	11525.6	259.4	2.3%

表 2-9　岩石物理测试与测井参数统计有关基础规律的对比

比较项目		岩石物理测试	测井参数统计	一致性
不同参数之间的关系	速度与密度	正比	正比	一致
	孔隙度与阻抗	二次多项式	二次多项式	一致
流体敏感因子	单参数	V_p、Z_p、λ、σ 对流体敏感	V_p、Z_p、λ、σ 对流体敏感	一致
	多参数组合	$\dfrac{Z_p}{Z_s}Z_p^2 - AZ_s^2$、纵横波阻抗平方差等较敏感	V_p/V_s、纵、横波阻抗差及纵、横波阻抗平方差等较敏感	基本一致
不同相带参数比较	孔隙度	礁相略大于滩相	礁相大于滩相	一致
	速度、密度及阻抗	礁相略小于滩相	礁相小于滩相	一致
不同地区参数比较	孔隙度	LH 大于 HZ	LH 大于 HZ	一致
	速度、密度及阻抗	LH 小于 HZ	LH 小于 HZ	一致

第3章 礁滩储层地震波场特征

3.1 生物礁滩的地震响应特征

3.1.1 生物礁的地震响应特征

1. 生物礁在地震剖面上常见的特征

生物礁是一种特殊的碳酸盐岩沉积体，它的沉积建造和分布与沉积环境密切相关。由于经历了特殊的沉积作用和成岩过程，生物礁具有独特的地貌及岩石学特征，与一般的碳酸盐岩建造有明显区别。因此，生物礁独特的地貌、结构、构造和岩石学特征决定了来自生物礁的反射波振幅、频率、连续性等与围岩不同，使得生物礁的地震反射具有以下特性：

(1)生物礁外形在地震剖面上多表现为丘状或透镜状凸起的反射特征。其规模大小不等，形态各异，有的呈对称状，有的呈不对称状，这与礁的生长环境及所处的地理位置有关。

(2)生物礁内部在地震剖面上多表现为断续、杂乱或无反射空白区等特征。但当生物礁在生长发育过程中伴随海水的进退而出现礁、滩互层，礁、滩沉积显现出旋回性时，也可出现层状反射结构。

(3)两翼上超，礁体附近也容易出现顶超现象。

(4)若上覆泥岩，礁的顶面一般具有强反射特征。

(5)生物礁的底部可因地质条件的不同而出现不同的反射结构特征。当礁体速度高于围岩速度时，底部反射界面上凸(上拉)，形如弯月状；当礁体速度低于围岩速度时，底部反射界面下凹(下拉)。

(6)由于力学性质突变，生物礁相两侧断层非常发育。当油、气、水充填在这些裂缝断层中时，某些部位反射波突然出现杂乱反射、振幅大幅度减弱，容易在地震剖面上形成一个地震模糊带，常常也将这个地震模糊带称为气烟囱效应，是生物礁地震响应的重要识别标志之一。

(7)陡崖带的边缘都可使礁体的边界内部及基底出现绕射波。

(8)礁体顶部往往会产生披覆构造，披覆程度向上递减。

上述地震反射特征不一定同时在同一礁体上出现，多数情况下只是出现几种特征。图3-1是珠江口盆地第三系生物礁实际地震响应剖面特征。图中显示了生物礁通常具有丘状外形、内部杂乱，两翼有上超、底部有下拉等特征。

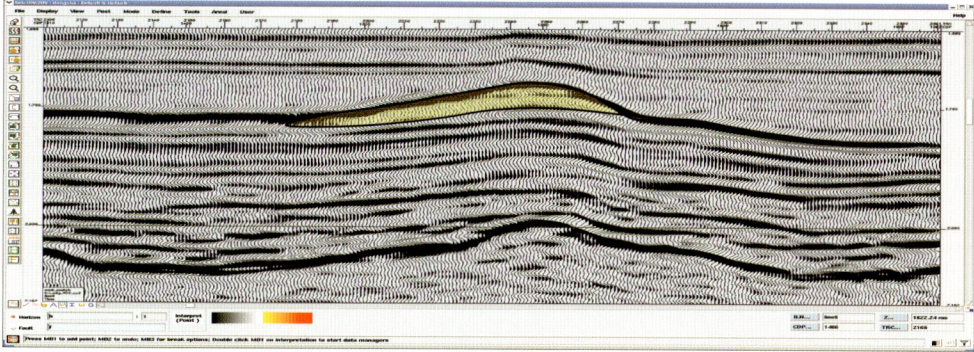

(a)礁体丘状外形，内部成层，两翼上超

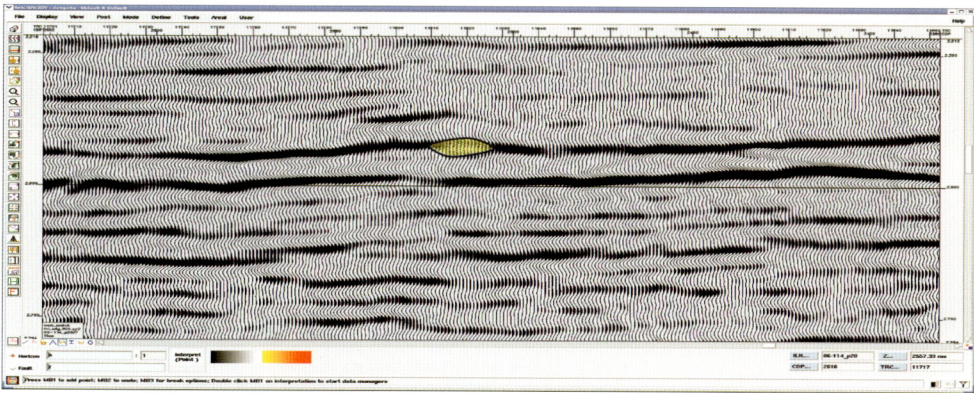

(b)可能的点礁，透镜状，上下弱反射，底部下拉

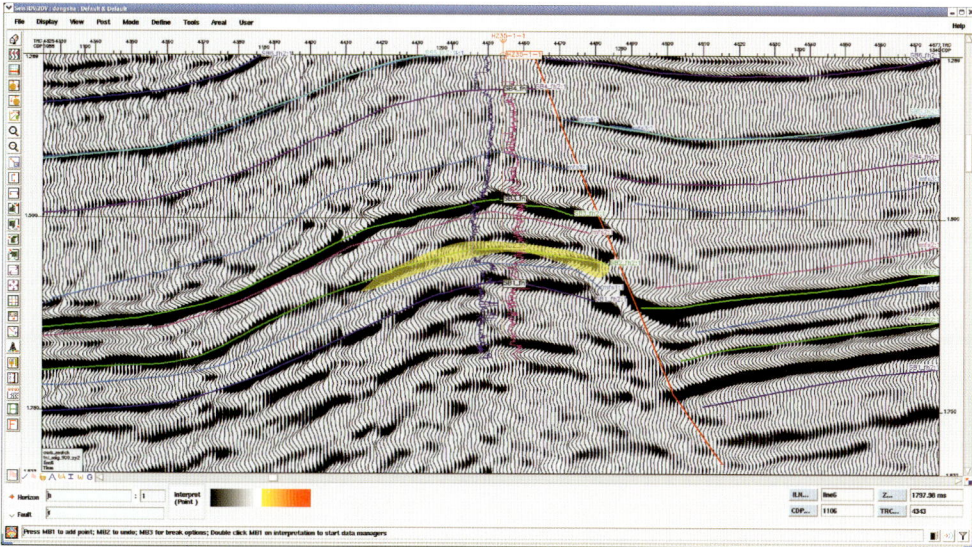

(c)礁滩互层，礁呈丘状，滩为平行反射，内部弱反射或无反射

(d)礁前缘外形呈楔状，内部弱反射或杂乱反射，底为下超反射终止；台地边缘礁厚度突然增大，
内部S形前积反射，局部弱反射

图 3-1   生物礁实际地震响应特征

2. 不同类型礁的特征差异

生物礁的分类标准非常多，本书对油气勘探领域常见的几种礁的外形特征、沉积环境、储集性能进行了归纳，见表 3-1。

表 3-1   不同类型礁特征分析

类型	位置	地震反射特征	形态	平面分布	对油气勘探重要性
台地边缘礁	台地边缘坡折带	呈带状延伸，内部断续弱反射，厚度突然增大，内部S形前积反射	不对称凸起状	线状或弧带状分布	极重要
块礁	台缘礁后侧	厚度增大，但增大幅度不大，分布范围较大，呈现层状反射	层状礁	孤立大面积分布	重要
塔礁	盆地相带	高度往往大于其宽度，顶部反射较明显。两翼上超，有披覆现象	对称丘状	散点状分布	重要
补丁礁	开阔泻湖相	范围小于一个地震相位，常规地震剖面上难以识别，在高分辨地震剖面上有时有反映	对称丘状或扁丘状	散点状分布	一般
环礁	泻湖相带	四周杂乱反射，中部水平反射	桌状礁	孤立分布	一般

3.1.2   生物滩的地震响应特征

与礁相比，滩无明显的几何外形。在地震剖面上成层性好，但经常以薄互层的形式出现，横向上岩性、物性变化大，不均质性强，振幅时强时弱。图 3-2 展示了川东北某区处于沉积斜坡相带的飞仙关储层，黄色区带内为有勘探前景的鲕粒滩白云岩储层。

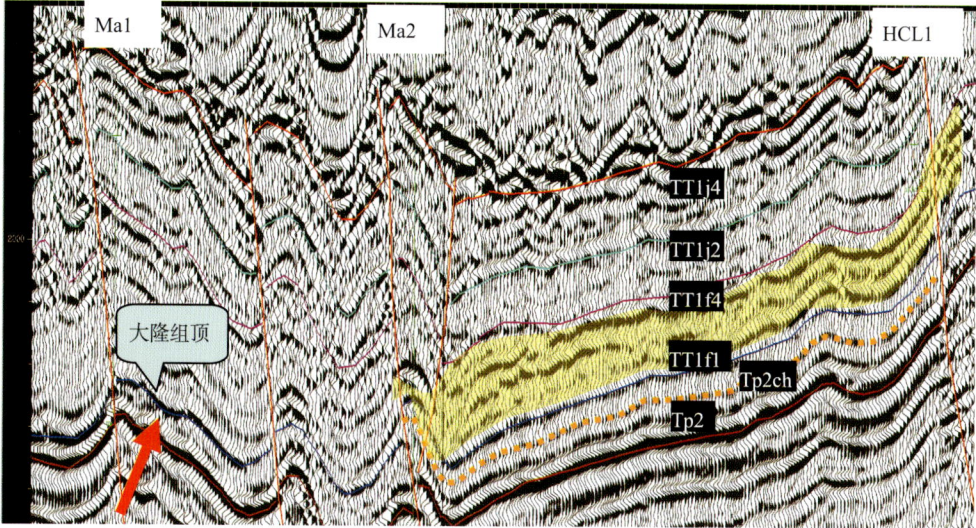

图 3-2　川东北 Ma2 和 HCL1 井间的飞仙关地层处于沉积斜坡带上黄色区为有勘探
前景的鲕粒白云岩储层

3.2　礁滩储层的数值模拟

3.2.1　建模方法

1.地层反射界面自动追踪的地震沉积学依据

标准的地震处理通常把零相位的地震数据作为最终输出结果。零相位数据体解释的优点包括子波的对称性、最大振幅与地震反射界面的一致性(Brown，1991)。当地震反射是来自一个单一的界面(如海底、主要不整合面等)时，零相位地震数据的上述优点才是真实的。对于薄储层，其地震响应混合了来自顶、底界面的反射，地震最大振幅值已经不再是岩性段的特定指示(Zeng，1998；2005)。对于单反射界面的情况，如图 3-3，在零相位地震反射中，地质体与地震同相轴之间无直接对应关系，地震极性和振幅既不能很好地指示岩性，又不是岩性界面位置和几何形态可信赖的参考点。采用 90°相移处理后，上半部的泥层与反射波峰对应，下半部的灰岩对应波谷，使得地震同相轴与地质上限定的不同岩层相一致。因此，地震响应经过 90°相移后，将使岩性界面的追踪与解释变得相对容易。

图 3-4 是双反射界面的情况，按实际测井数据计算的一段包含目的储层的波阻抗曲线，从零相位的合成地震记录可见，储层顶底的反射界面分别对应波峰和波谷，即地震振幅正负极值对应反射界面，由于振幅的幅值和极性均不同，故难以作为岩性界面可靠参考点；通过 90°相移后，地震反射的波峰和波谷分别对应储层和围岩，而同相轴的过零点正好对应岩性反射界面的参考点。

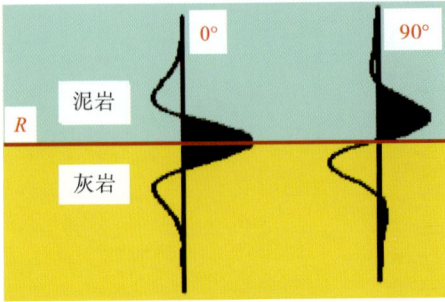

图 3-3　不同相位地震反射与岩性界面的关系

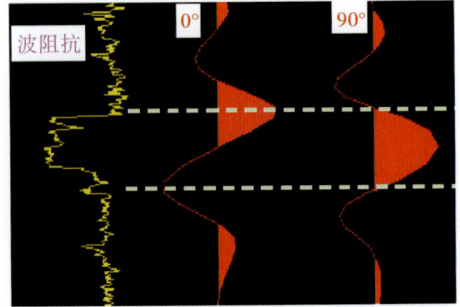

图 3-4　波阻抗界面与不同相位地震记录关系

2. 基于蚂蚁追踪的精细建模

目前，常规建模方式更多地依靠地震资料和测井资料，加以约束条件，再结合一些建模方法建立模型。这种建模方式过多地依赖于地震层位的对比追踪和断层的人工解释，建立的模型人为因素的影响较大，模型不够精细。为此，本书将蚂蚁追踪结果应用到建模过程中，可更准确地获取地层边界、细小断层的位置，使模型更为精细。

1）蚂蚁追踪原理及对地层和裂缝带的识别

蚂蚁在爬行中能够分泌一种被同伴感知的信息素，信息素的积累使同伴在觅食过程中随机选择路径时，选择某条路径的概率增大，从而得到最优觅食路径。结合蚂蚁特殊觅食方式，Dorigo 通过严格并行、选择和信息素更新三个步骤实现了这种特殊觅食方式。如下所示：

（1）严格并行：算子在同一轮的寻觅过程中不会考虑本轮留下的信息素，依旧以先前算子的信息素为标准；

（2）选择：单个算子依照信息素的多少寻求下一个节点，其转移概率 P_{ij} 如下：

$$P_{ij} = \begin{cases} \dfrac{\tau_{ij}^{\alpha}(t) \cdot \mu_{ij}^{\beta}(t)}{\sum \tau_{ij}^{\alpha}(t)\mu_{ij}^{\beta}(t)} & j \in \text{蚂蚁 } k \text{ 允许走的下一节点} \\ 0 & j \notin \text{蚂蚁 } k \text{ 允许走的下一节点} \end{cases} \tag{3-1}$$

（3）信息素更新：随着往返次数的增加，路径上信息量随着增加，信息量方程如下：

$$\tau_{ij}(t+n) = \rho \cdot \tau_{ij}(t) + (1-\rho) \cdot \Delta\tau_{ij} \tag{3-2}$$

$$\Delta\tau_{ij} = \sum_{k=1}^{m} \Delta\tau_{ij}^{k} \tag{3-3}$$

式中：$\tau_{ij}(t)$ 为 t 时刻在节点 ij 连线上残留的信息量；

μ_{ij} 为节点 i 转移到下个节点 j 的期望程度；

ρ 为信息素残留程度，$(1-\rho)$ 为信息素挥发程度；

$\Delta\tau_{ij}^{k}$ 为第 k 个算子在该次循环中残留在路径 ij 上的信息。

2）蚂蚁追踪识别地层与裂缝带

1996 年 Dorigo 提出蚂蚁算法，奠定了蚂蚁追踪裂缝识别方法的基础；2002 年 Perderson 第一次提出了蚂蚁追踪裂缝识别技术，并成功运用在实际数据中；2011 年 Aqrawi 将改进的三维 Sobel 滤波和倾角滤波方法与蚂蚁算法结合，成功应用于小断层和裂缝的精确解释，得到了精细的小尺度断层信息；同年 Sun 将谱分解技术和蚂蚁算法结合用于对微裂隙和小断层的识别，使裂缝解释尺度更加精细；国内 2009 年唐琪凌将蚂蚁算法应用在任丘潜山断裂系统解释中，分析得出了高精度的断层信息；同年，赵伟利用灰度突变蚂蚁体对裂缝进行识别；2011 年严哲实现了方向约束蚂蚁算法在裂缝识别的运用；2013 年王军提出基于蚂蚁体各向异性的裂缝表征方法，提高了蚂蚁追踪识别裂缝的精度。

根据蚂蚁追踪原理，将蚂蚁类似功能的算子放置于地震数据中，当算子在地震数据中追踪到满足预设条件的地层（或裂缝带）痕迹时，就会将其标记并留下信息素，不满足条件的地层（或裂缝带）痕迹不会被标记或留下信息素。其他算子按照预设条件继续追踪标记，直至完成地层（或裂缝带）构造识别。这就是蚂蚁追踪识别地层与裂缝带的原理。

蚂蚁追踪的研究进程表明，先前的研究都侧重于如何追踪得到尺度更小、描述更精细的断层信息。相比其他裂缝识别方法，这些研究使蚂蚁追踪在加强显示地质构造形态上更具优势。因此，可对蚂蚁追踪预处理方式和参数进行分析，得出最有利于建模的预处理方式和参数设定，将蚂蚁追踪精细描述的地质构造形态用于建模依据，得到更精准的模型。

选取 PG 地区作为研究对象，在蚂蚁密度为 5 和搜索步长为 5，其他参数相同的情况下，做不同预处理然后进行蚂蚁追踪。过井剖面 crossline1163 不同预处理后的蚂蚁追踪结果如图 3-5 所示。观察各处理结果：在相同处理参数下，只经构造平滑处理的蚂蚁追踪剖面与原始剖面结果相差很大，地质构造形态刻画不够精细。图 3-5(c) 中在构造平滑处理基础上，经过混沌处理，地质构造形态显现十分明显，与原始剖面相比相似度高。图 3-5(d) 为在构造平滑处理和混沌处理基础上计算的方差体。从图中可看出，剖面构造形态显现不够明显，与图 3-5(c) 相比地质体构造形态信息较少。因此，在蚂蚁追踪预处理流程中，构造平滑处理和混沌处理有助于地质构造形态的显现，但方差体结果不适合再作蚂蚁追踪。

蚂蚁追踪处理参数对断层的描述有着巨大的影响，不同的参数选择得出的断层信息差异很大。一般而言，主要受 6 个参数的影响：蚂蚁密度、蚂蚁追踪偏离的角度、蚂蚁搜索步长、蚂蚁追踪允许的非法步长、蚂蚁追踪要求的合法步长、蚂蚁追踪停止标准。蚂蚁追踪实践证明：影响蚂蚁追踪结果的主要参数为蚂蚁密度和蚂蚁搜索步长。

经对蚂蚁追踪预处理流程分析，对 PG 地区原始地震数据作构造平滑处理和混沌处理，做不同参数蚂蚁追踪，对比分析得出能够加强显示构造形态的合理参数。以过井剖面 crossline1163 为研究剖面，不同蚂蚁密度和搜索步长的蚂蚁追踪结果如图 3-5(e、f) 所示。在预处理对比过程中，图 3-5(c) 展示了蚂蚁密度和搜索步长都为 5 的蚂蚁追踪结果，其断层带刻画清晰，说明此参数有助于地质构造形态的刻画；图 3-5(e) 中断层带刻画较明显，与如图 3-5(c) 相比，地质构造形态不够清晰明确；图 3-5(f) 中蚂蚁追踪主要显示了大断层，剖面地质体构造形态不够精细。综合上述，选择图 3-5(c) 预处理方式和参数进行蚂蚁追踪处理有助于 PG 地区地下地质体构造形态的刻画。

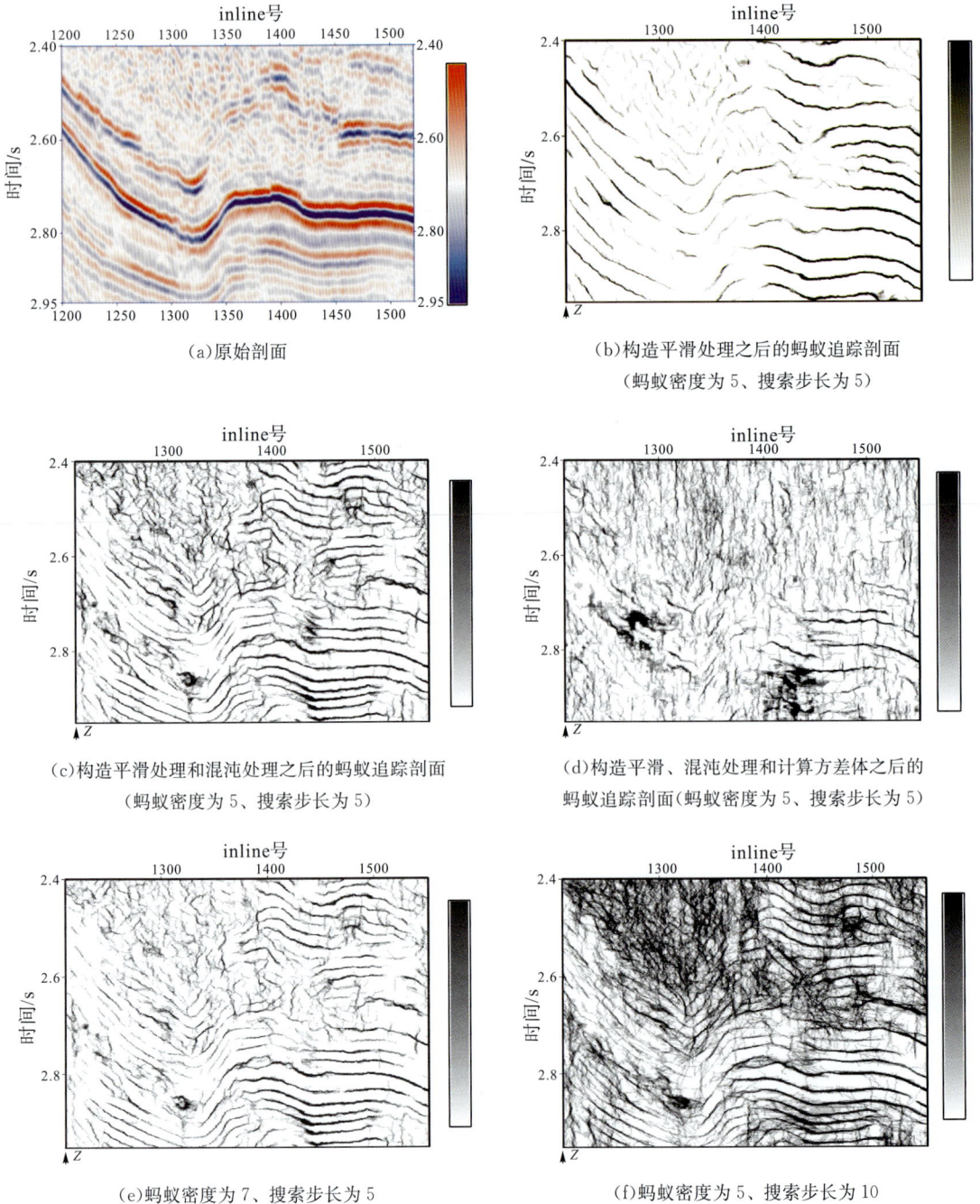

(a)原始剖面

(b)构造平滑处理之后的蚂蚁追踪剖面
（蚂蚁密度为 5、搜索步长为 5）

(c)构造平滑处理和混沌处理之后的蚂蚁追踪剖面
（蚂蚁密度为 5、搜索步长为 5）

(d)构造平滑、混沌处理和计算方差体之后的
蚂蚁追踪剖面（蚂蚁密度为 5、搜索步长为 5）

(e)蚂蚁密度为 7、搜索步长为 5

(f)蚂蚁密度为 5、搜索步长为 10

图 3-5　蚂蚁追踪分析对比

3)基于蚂蚁追踪精细模型的建立

首先依据层位对比和断层解释给出构造模型，并结合井资料给出各层速度、密度，即完成初始模型的建立。在此基础上，依据蚂蚁追踪结果对初始模型进行调整、细化。具体流程见图 3-6。

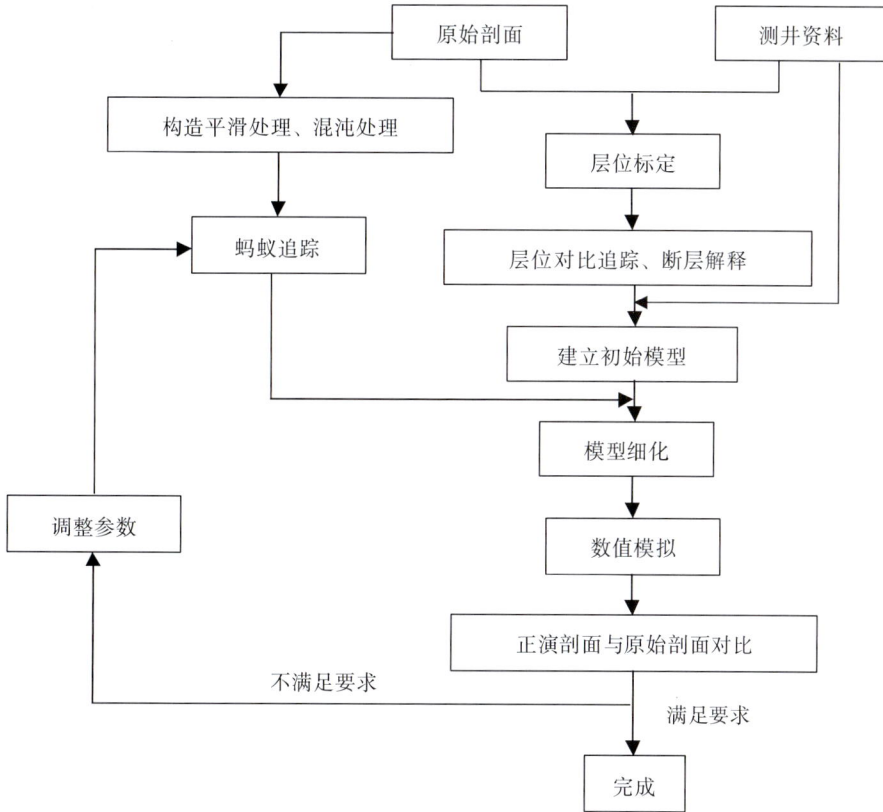

图 3-6 基于蚂蚁追踪建模的数值模拟流程图

3.2.2 地震地层格架控制下储层模型的建立

在蚂蚁追踪的基础上，可对初始模型进行细化。但值得注意的是，礁滩储层的储层物性严格受相带控制，不同相带储层的物性及物性参数与地震波参数之间的关系是不同的，这一点从上一章的分析中可明显看出。因此，要让所建的地质模型更接近实际，更能为地质解释服务，需建立地震地层格架控制下的地质模型。图 3-7 为 YB 地区长兴组地震层序地层格架，图 3-8 为在层序格架控制下的精细模型。虽然两图非常相似，但图 3-8 在不同相带内部进行了细化（细化时可借助蚂蚁追踪结果）。

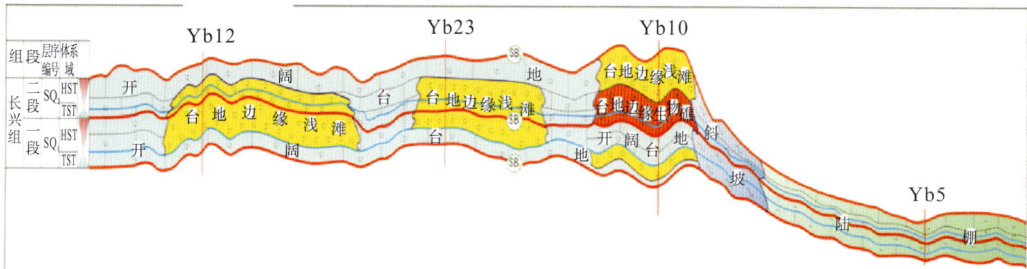

图 3-7 Yb12-Yb123-Yb10 井北东-南西向长兴组地震层序地层格架

图 3-8　Yb12-Yb123-Yb10 井北东-南西向长兴组层序地层格架控制下的储层模型(局部放大)
黄色点圈区域为通过蚂蚁追踪结果进行的细化

3.2.3　数值模拟

基于频率波数域的单程波数值模拟具有精度高、稳定性好、适应地层大倾角,且可利用快速傅里叶变换迅速实现等优点。目前常用的频率-波数域数值模拟技术按照延拓算子分类,主要有五种:相移法、相移加插值法、分步傅里叶法、广义屏法和傅里叶有限差分法。本书所用方法为相移加插值法。

1. 相移加插值正演与偏移原理(叠后)

相移加插值算法源于对标量波动方程的求解,取二维标量声波方程:

$$\frac{\partial^2 P}{\partial x^2} + \frac{\partial^2 P}{\partial z^2} - \frac{1}{v^2}\frac{\partial^2 P}{\partial t^2} = 0 \tag{3-4}$$

公式(3-4)中 $P = P(x, z, t)$ 代表地震波场, $v = v(x, z)$ 是地下介质的速度场。其中地震波场 $P = P(x, z, t)$ 可用二维傅里叶级数表达为:

$$P(x,z,t) = \sum_{k_x}\sum_{\omega} P(k_x,z,\omega)\mathrm{e}^{\mathrm{i}(k_x x - \omega t)} \tag{3-5}$$

将方程(3-5)代入到方程(3-4)中可以得到(3-6):

$$\sum_{k_x}\sum_{\omega}\left[\frac{\partial^2 P(k_x,z,\omega)}{\partial z^2} - k_x^2 P(k_x,z,\omega) + \frac{\omega^2}{v^2(x,z)}P(k_x,z,\omega)\right]\mathrm{e}^{\mathrm{i}(k_x x - \omega t)} = 0$$
$$\tag{3-6}$$

方程(3-6)应该包含所有的 k_x 和 ω 值。式(3-6)中,只有当方括号内为零时才成立。因此可由方程(3-6)推导出:

$$\frac{\partial^2 P(k_x,z,\omega)}{\partial z^2} = \left(k_x^2 - \frac{\omega^2}{v^2(x,z)}\right)P(k_x,z,\omega) \tag{3-7}$$

上式对任意的 k_x 和 ω 值均成立。但是当方程写成频率-波数域($k_x - \omega$)形式时,波场的 x 坐标在波数域,这使得任意一点的地震波场 $P(x, z, t)$ 与(x, z)处的速度场没有直接的对应关系。

当速度为常速时，可以定义 k_z 为：

$$k_z = \mp \left[\frac{\omega^2}{v^2} - k_x^2 \right]^{\frac{1}{2}} \tag{3-8}$$

其中当 k_x 和 ω 确定时，则 k_z 也为常量。上式即为著名的色散方程。将方程(3-8)写为常微分方程：

$$\frac{\partial^2 P}{\partial z^2} = -k_z^2 P \tag{3-9}$$

当 k_z 为常量时，则方程(3-9)有解析解：

$$P(k_x, z_0 + z, \omega) = P(k_x, z_0, \omega) \mathrm{e}^{\mathrm{i}k_z z} \tag{3-10}$$

由方程(3-10)可知，在均匀介质中，当知道任意深度 z_0 的 $P(k_x, z_0, \omega)$，则可求出深度面 $z_0 + z$ 的地震波场 $P(kx, z_0 + z, \omega)$。

对于速度横向变化的介质，Gazdag 和 Sguazzero(1984)提出在小的延拓深度间隔内使用几个不同的速度进行延拓。在正演时，同样可以借鉴这种思路，采用不同的速度向上延拓波场。

当考虑上行波波场延拓时，对于横向速度变化的介质，假设横向速度区间为(v_1，v_2，…)，然后利用速度区间中的速度向上延拓波场 $P(k_x, z_0, \omega)$ 至 $P(k_x, z_0 - \Delta z, \omega)$，则一组速度可以得到一组波场：

$$(P_1(k_x, z_0 - \Delta z, \omega), P_2(k_x, z_0 - \Delta z, \omega), \cdots)$$

对以上波场在 x 轴进行傅里叶反变换可得：

$$(P_1^*(x, z_0 - \Delta z, \omega), P_2^*(x, z_0 - \Delta z, \omega), \cdots)$$

为了得到每个深度点 $z_0 - \Delta z$ 对应速度 $v(x, z_0 - \Delta z)$ 的波场值，取横向速度与 $v(x, z_0 - \Delta z)$ 速度最接近处的波场值进行插值。

此外，为了保证垂直入射处延拓的上行波场没有失真，还需要在 PSPI 正演算法加入新的处理(Gazdag and Sguazzero，1984)。该处理过程是通过对原始波场 $P(x, z_0, \omega)$ 在 x 方向进行傅里叶变换后 $P_j(k_x, z_0, \omega)$ 再乘以因子：

$$\mathrm{e}^{-\mathrm{i}\frac{\omega}{v_j}\Delta z} \tag{3-11}$$

公式(3-11)中，j 为波场延拓时每层延拓速度中使用多个速度的下标，即 $\mathrm{e}^{-\mathrm{i}\frac{\omega}{v(x,z)}\Delta z}$。对于零倾角入射可得：

$$k_z = \mp \frac{\omega}{v} \tag{3-12}$$

公式(3-12)实质上相当于在波场延拓之前先使用每点的速度 $v(x, z)$ 对波场进行一次校正，而后再用多个速度的插值结果进行延拓。

2. 叠前单程波数值模拟

前面章节所介绍的正演偏移方法，实际上是模拟自激自收剖面，然后再对其进行偏移处理。在对实际地震数据进行偏移处理前，必须先对实际地震数据进行动校正，水平叠加，然后将叠加后的地震数据等价认为是自激自收剖面，所以其处理有一定程度的近似。本节将介绍基于傅里叶域的叠前正演和叠前深度偏移算法，该算法没有对数据进行自激自收的假设，它直接对叠前单炮记录进行叠前偏移处理，然后叠加得到地下地质模型，此种数值模拟方法更能逼近实际地震波场。

1)叠前单程波正演与偏移原理

F-K 域波动方程叠前偏移最早由 Stolt(1978)提出，Stolt 希望通过 F-K 域波动方程叠前偏移一次完成地震资料处理中的：动校正，叠加，偏移。本书主简要介绍基于傅里叶域的共炮点记录正演与偏移。

基于傅里叶域的共炮点记录叠前正演的要点如下：

(1)首先设定地表观测系统，将设定好的炮源按照选定好的波场延拓算子，从地表向地下延拓，按照惠更斯原理，波场在地下每延拓一个深度间隔都会产生新的波场，故在延拓过程中，每延拓一个深度间隔将炮源与反射系数做褶积运算，得到初始波场，且将炮源产生的波场一直延拓到模型设置的最深点，得到整个模型的初始波场。

(2)将得到的初始波场，从模型的最深点向地表延拓，每延拓一个深度采样间隔，还是按照惠更斯原理成像，即每一点的波场值等于新波场的值加上老波场的值，直至将波场按照不同频率逐一延拓到地表。

基于傅里叶域的共炮点记录的叠前偏移的要点如下：

(1)首先设定地表观测系统，将设定好的炮源按照选定好的波场延拓算子，从地表向地下延拓。

(2)将正演的单炮记录或实际地震数据的单炮记录按照偏移的延拓算子，从地表向地下逐一延拓。

(3)每延拓一个深度采样间隔，将炮源延拓的波场与记录延拓的波场按照时间一致性成像原理成像。

2)叠前单程波正演与偏移计算示例

依照前面介绍的叠前共炮记录正演与偏移的原理，以下通过理论的地堑模型来说明共炮记录正演和偏移的效果：

模型网格设置大小为 128×128，正演时，设置参数分别为：道间距 $\mathrm{d}x$ 等于 35m，接收时间点数 512，时间采样间隔为 2ms。偏移时，深度采样点为 1 到 128，深度采样间隔设置为 5m，设置炮数为 128 炮，地面接收点也为 128。

地堑模型图 3-9(a)的正演记录的第 1 炮炮集上，见图 3-9(b)。由于炮点位置关系，炮集主要反映该炮下方四个水平层。图 3-9(b)对应的叠前深度偏移剖面见图 3-9(c)，图上界面成像清晰，信噪比高。第 64 炮和第 89 炮的炮集分别见图 3-9(d)和图 3-9(f)，这两个炮集对应地堑位置。在图 3-9(e)和图 3-9(g)的偏移剖面上可以清晰地反映出地堑的整体轮廓和局部形态。图 3-9(h)为所有叠前偏移道集的叠加，由图可知偏移结果理想，完全反映出模型深度特征。

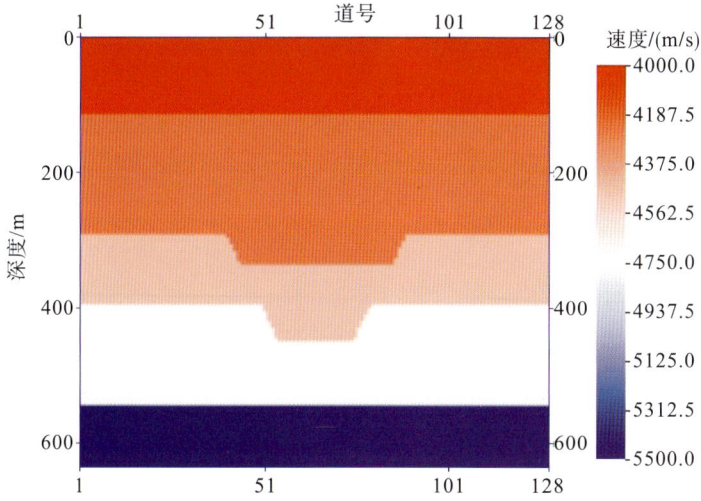

（a）速度模型

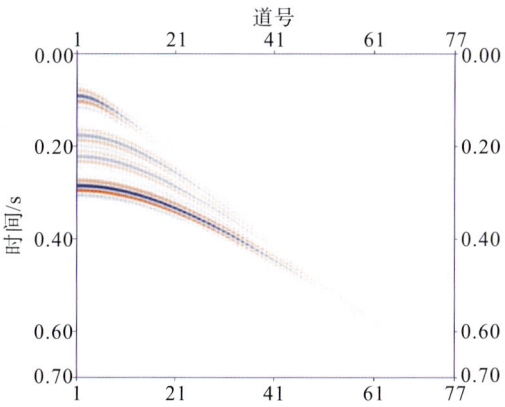

（b）第 1 炮记录

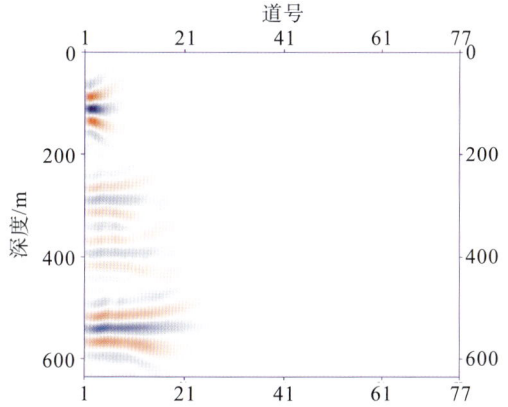

（c）第 1 炮叠前深度偏移记录

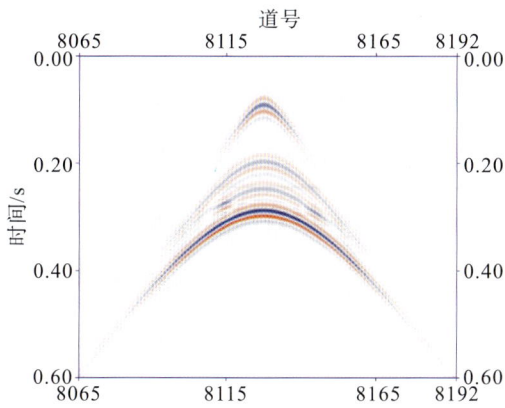

（d）第 64 炮记录

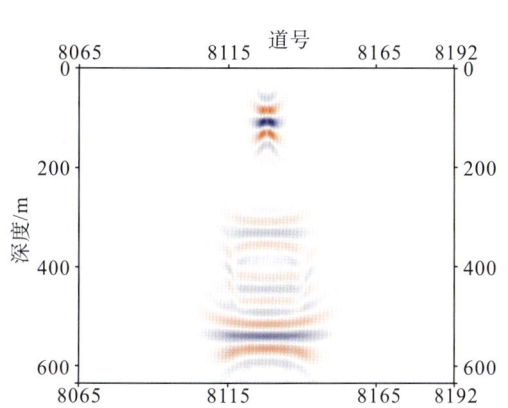

（e）第 64 炮叠前深度偏移记录

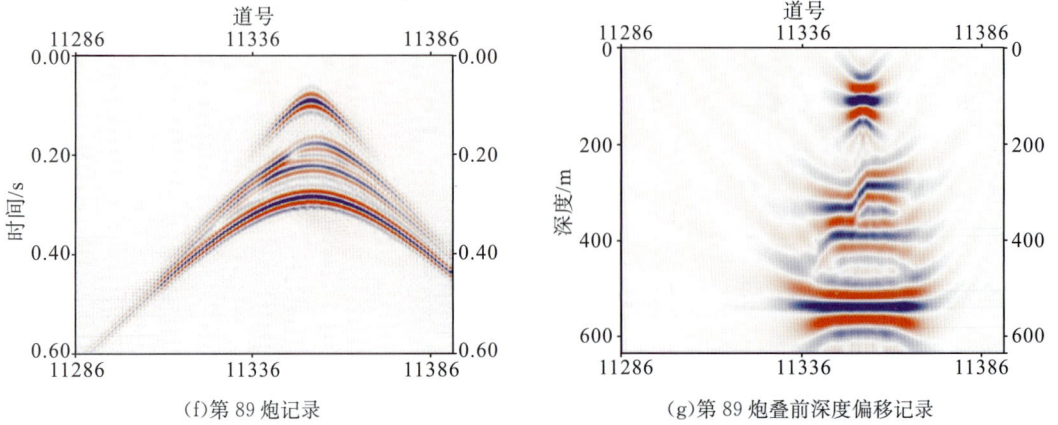

(f)第 89 炮记录

(g)第 89 炮叠前深度偏移记录

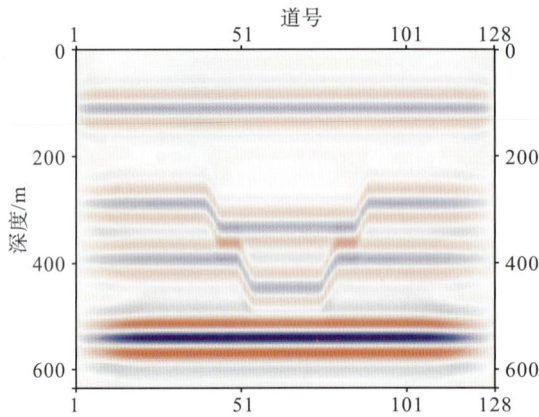

(h)128 炮叠前偏移记录叠加剖面

图 3-9　地堑模型叠前正演与偏移

3. 生物礁滩储层的数值模拟及地震波场特征

1)实例 1——礁边缘地层内部储层的地震波场特征

在 HZ33-1 井区北东-南西向地震剖面上时常出现厚度起伏的现象(见图 3-10),这些低幅度的"隆起"是由于地层本身变厚,还是存在高孔低速层所致,需要通过正演模拟来解释。图 3-11 分别针对速度横向变化、碳酸盐岩中存在低速层、厚度横向变化三种情况设计了模型并进行模拟。比较模拟剖面形态,三种情况地震剖面形态相似,即仅通过剖面形态很难区分以上三种情况。图 3-12 为针对剖面厚度变化位置提取的碳酸盐岩顶部的振幅曲线。比较左右两图可以发现,如含有高孔低速夹层,则碳酸岩盐顶部振幅有变化;若只是有厚度变化,则碳酸岩盐顶部振幅无变化或仅存在细微变化。从中我们可以得到这样的启示:可通过振幅横向分布来判断这些异常区是否有高孔低速夹层存在。

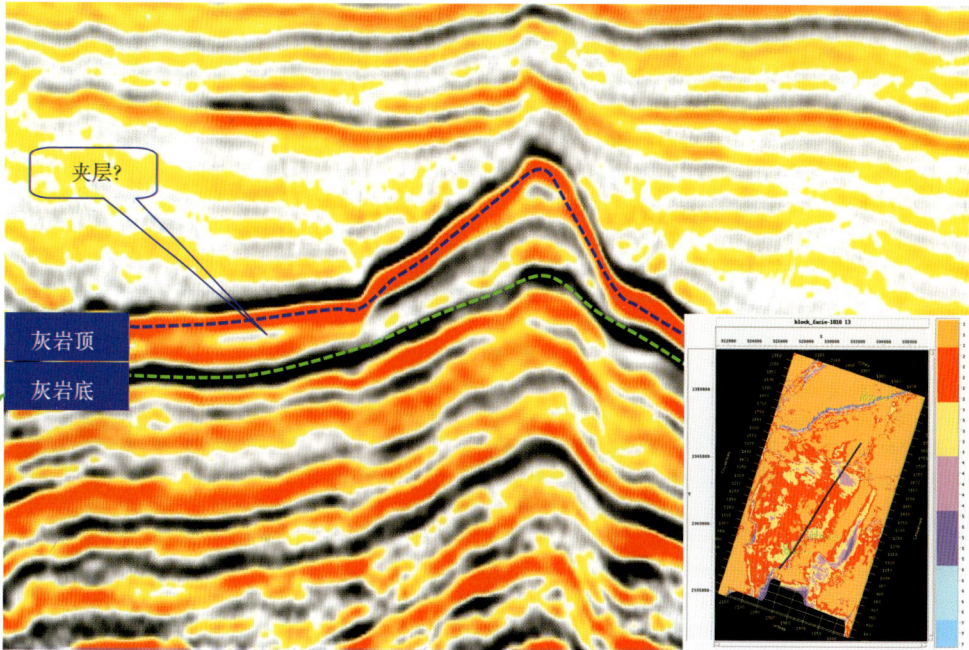

图 3-10 HZ33-1 井区北东-南西向地震剖面

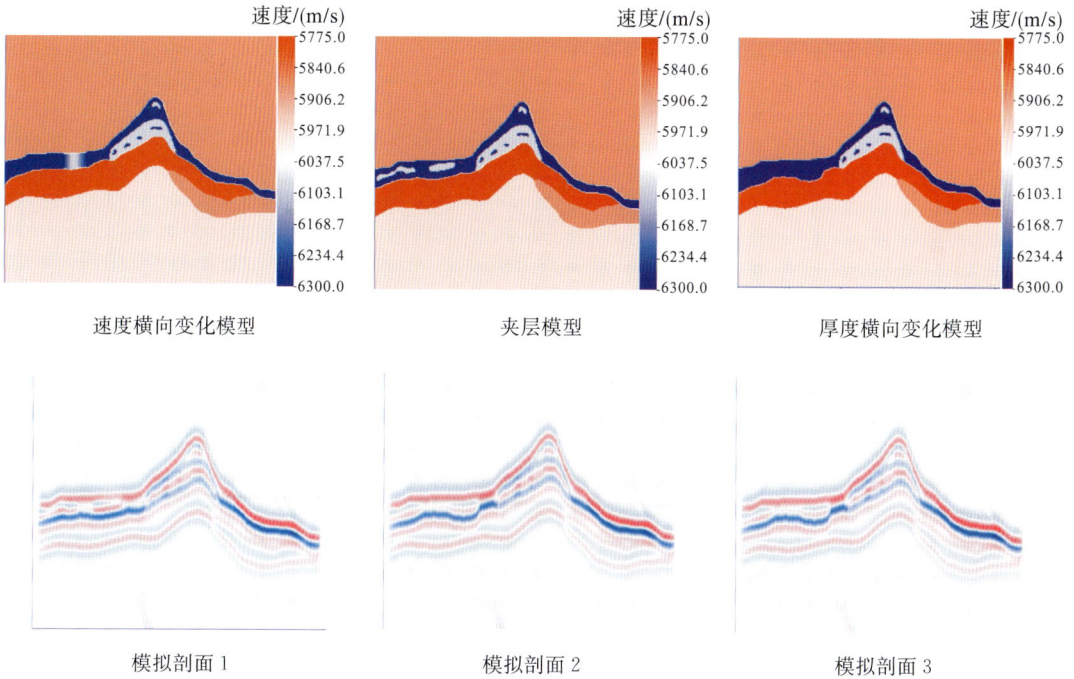

图 3-11 不同情况的速度模型(上)及模拟剖面(下)

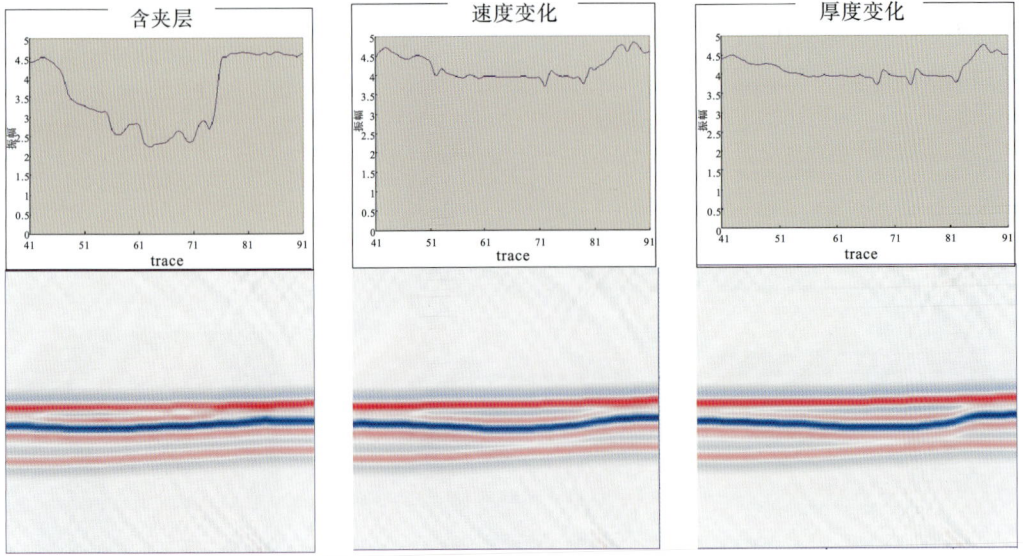

（a)含夹层及其检测　　　　　　　(b)速度变化及其检测　　　　　　　(c)厚度变化及其检测

图 3-12　不同模型检测结果

　　图 3-13 为碳酸盐岩顶部均方根振幅切片。从图中可以看出，HZ33-1-1 西北部存在多块弱振幅区，根据前面正演模拟的结果，这些弱振幅区很能存在高孔隙度的低速层。

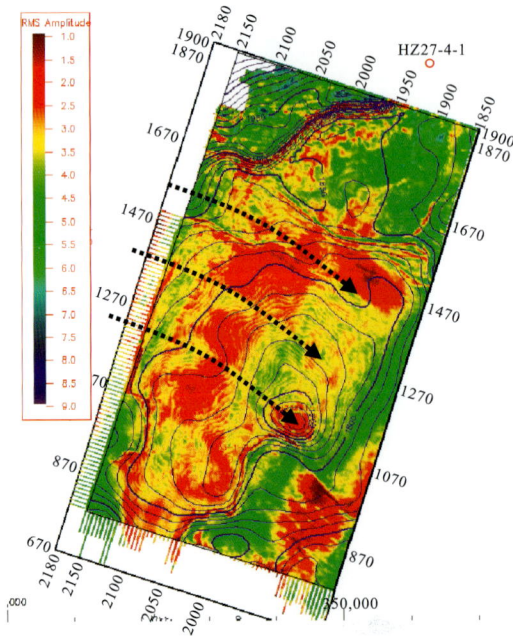

图 3-13　研究区碳酸盐岩顶部均方根振幅切片

　　2)实例 2——滩相储层的地震波场特征

　　与生物礁相比，滩无明显的几何外形，因此从地震剖面上直接识别滩较为困难。但滩储层往往在地震剖面上还是有一定响应的，如"亮点"反射。图 3-14 即为对滩相储层亮点反射的数值模拟，模型来源于过 Lh11-1-1A 井的剖面。一般情况下，滩较致密，而当滩受溶蚀后，孔隙度大幅度增高，速度则大幅度降低，储层段与非储层段速度差最大可达 1500m/s 以上，此时滩与围岩间形成中-强振幅反射，即所谓的"亮点"反射。从井资料来看，Lh11-1-1A 井在碳酸岩段下部为礁，上部为滩，顶部先后经历过两次暴露，因此形成了低孔-高孔互层。偏移剖面与原始剖面非常相似，证明了猜测模型的正确性。从原始记录及偏移剖面来看，滩体外形隆起幅度小，若滩内部高孔层含油，则易形成强反射，该强反射连续性强，局部可连续对比追踪。

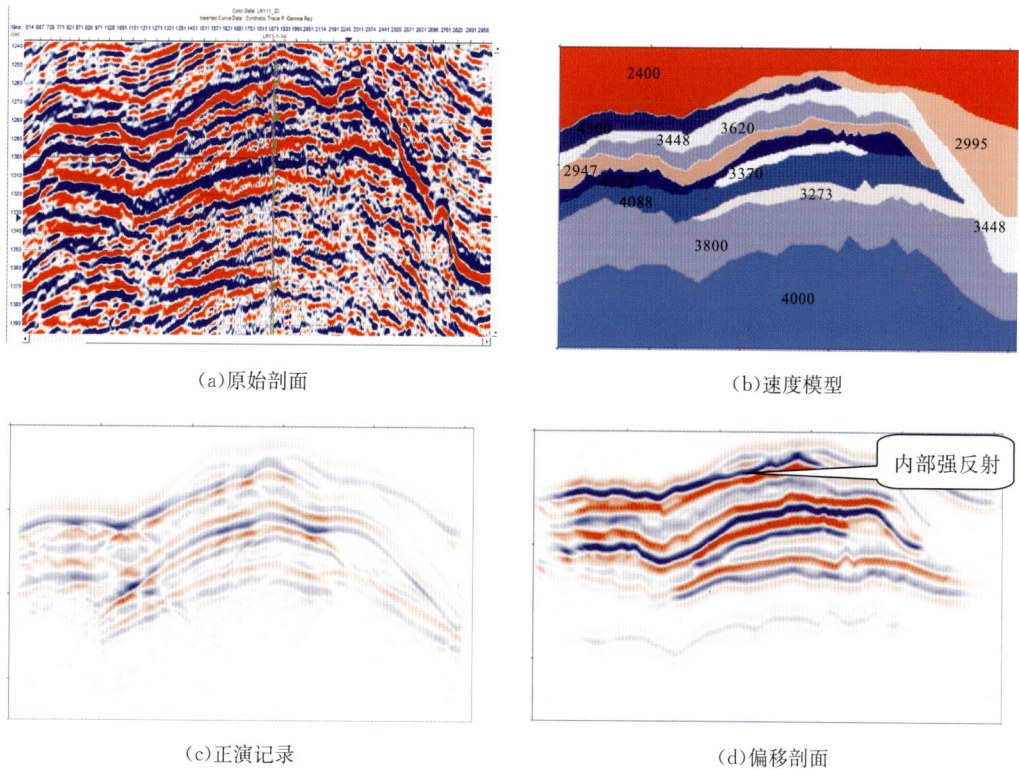

（a）原始剖面

（b）速度模型

（c）正演记录

（d）偏移剖面

图 3-14　Lh11-1-1A 过井剖面的数值模拟

3）实例 3——潮道的地震波场特征

在台地边缘相带内，由于海水的进退，会产生类似于河道的潮道。以川东北 YB 地区为例，该区台地边缘呈港湾状，发育多个北东-南西展布的海湾，该海湾从斜坡延伸至台地内部，称之为潮道。一般而言，潮道地势低洼，海水能量低，以沉积泥晶灰岩及泥灰岩为主，因此不是好储层。钻井时应避开潮道。为此，必须深入分析潮道的地震响应特征，以便选择合适的方法准确识别潮道。

图 3-15 为对该区台地内潮道的波动方程数值模拟，图 3-15（a）为沿长兴组底部层拉平后的地震剖面，图 3-15（b）为结合该区测井、地质所建立的速度模型，图 3-15（c）为正演模拟剖面，图 3-15（d）为对模拟剖面进行偏移处理后的偏移剖面。

图 3-15（d）与图 3-15（a）非常相似，证实了猜测模型是合理的。从地震剖面及偏移剖面上可看到：潮道呈短段的强反射，且有下拉现象。图 3-16 为长兴组底部 30Hz 的振幅切片。根据数值模拟结果，强振幅解释为潮道，图中清晰地显示潮道为北东-南西走向

（图中箭头所示）。

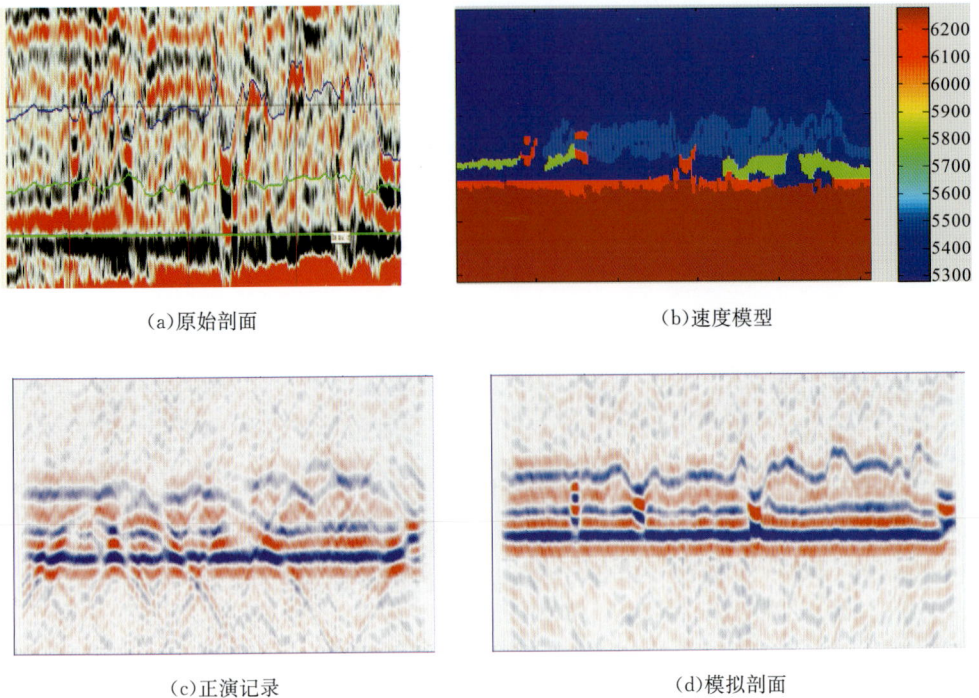

(a)原始剖面

(b)速度模型

(c)正演记录

(d)模拟剖面

图 3-15　潮道的模拟

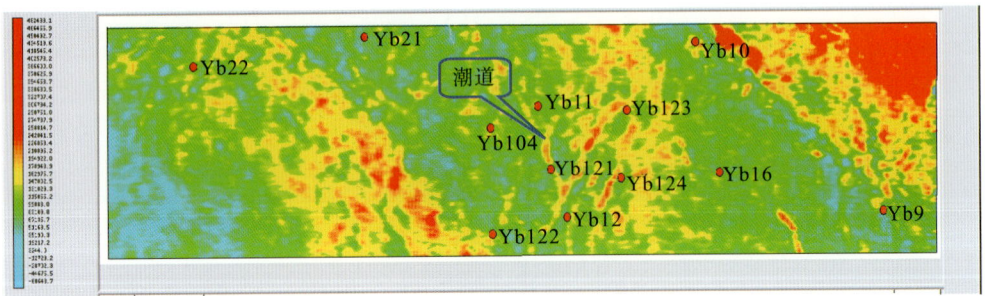

图 3-16　长兴组底部 30Hz 振幅切片

4）实例 4——跨相带的数值模拟

对 Yb12-Yb123-Yb10 井北东-南西向长兴组地震层序地层格架地震波数值模拟如图 3-17 所示。

其中海侵体系域：由长一段下部组成的区域。Yb10 井附近为台地边缘浅滩相沉积，具有中振幅-杂乱反射特征，岩性为亮晶生屑灰岩。南部 Yb123 与 Yb12 井之间为开阔台地沉积，具有中弱振幅-亚平行-连续地震反射特征，岩性为含生屑泥晶灰岩；由长二段下部组成的区域，厚度较薄。北部 Yb10 井附近为台地边缘生物礁相沉积，具中强振幅-丘状-杂乱-不连续的地震反射特征，岩性为生物礁灰岩。Yb123 井及 YbB12 井附近为台地边缘浅滩相生屑滩亚相沉积，具中振幅-微丘状-亚平行-不连续地震反射特征，岩性为亮晶生屑灰岩。

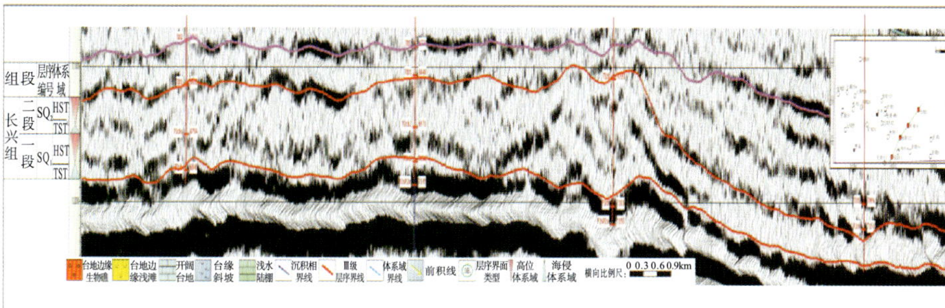

（a）原始剖面

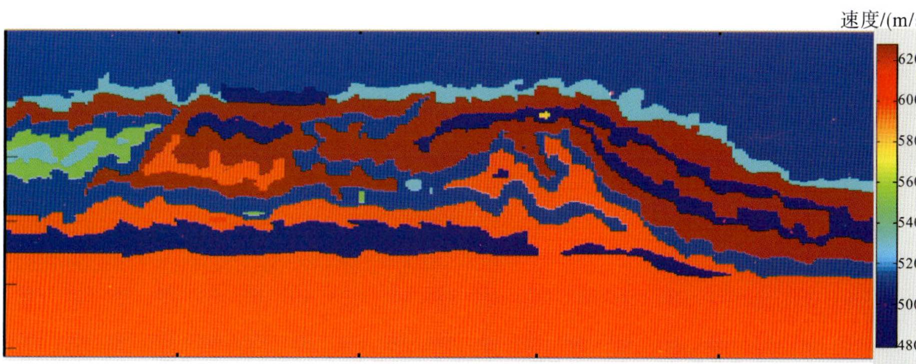

（b）速度模型

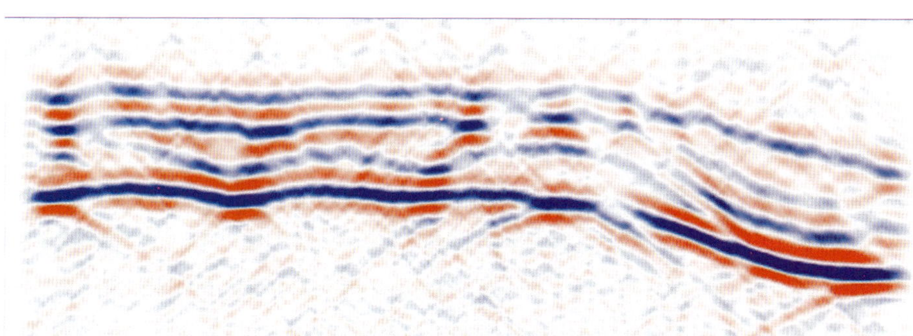

（c）正演记录

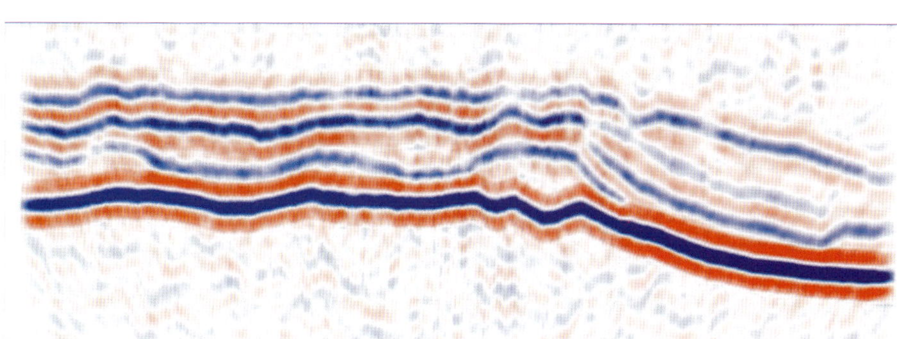

（d）模拟剖面

图 3-17 YB12-123-10 井北东-南西向长兴组地震层序地层格架模拟

高位体系域：由长一段上部组成的区域。北部 Yb10 井附近为开阔台地相沉积，具中弱振幅-亚平行-连续地震反射特征，岩性为含生屑泥晶灰岩。Yb123 井及 Yb12 井附近为台地边缘浅滩相生屑滩亚相沉积，具中振幅-微丘状-亚平行-不连续地震反射特征，岩性为亮晶生屑灰岩及亮晶生屑白云岩；由长二段上部组成的区域。北部 Yb10 井附近为台地边缘生物礁相沉积，具中强振幅-丘状-杂乱-不连续的地震反射特征，岩性为生物礁灰岩及亮晶生屑灰岩。Yb123 井及 Yb12 井附近下部为台地边缘浅滩相生屑滩亚相沉积，具中振幅-微丘状-亚平行-不连续地震反射特征，岩性为亮晶生屑灰岩及亮晶生屑白云岩。

3.3 含流体介质数值模拟

地震波在地下介质中的传播特征与含流体介质的关系由多方面因素决定，如储层岩石的孔隙度、渗透率、储层中流体的黏滞性、抗压性和流体的饱和度、储层的厚度以及围岩的物理性质等。国际上许多学者在含流体介质与地震响应特征的关系上做了大量研究并取得了一些重要发现，如 Goloshubin(1996) 和 Bakulin(1998) 对比含水和含气储层条件下地震波的传播特征，发现地震波穿过流体后，不同频率的地震波会有不同的相位移动，且不同频率的地震波能量衰减分布不同。本章主要基于 Korneev 等于 2002 年提出的弥散(Diffusive)-黏滞(Viscouss)理论，在该理论的基础上，分析讨论弥散-黏滞理论中不同系数对地震波传播的影响。

3.3.1 弥散-黏滞波动方程数值模拟

Valeri A. Korneev，Gennady M. Goloshubin 等在 2004 年通过大量的超声波实验来研究超声波穿过孔隙介质中含不同饱和度流体时的超声波特征，希望通过超声波实验结果来指导解释实际地震波穿过地下含流体介质时的地震响应特征。

Valeri A. Korneev 等进行超声波实验的实验模型和实验得到的模拟剖面见图 3-18。图 3-18(a)是超声波实验过程中所采用的二维物理模型，整个模型分为三层，该模型上下由两个 3mm 厚的树脂材料构成，模型的中间由 7mm 高的密闭砂岩空间组成，该砂岩空间的厚度也为 3mm，远小于超声波的主波长。密封空间充填人工砂岩，主要采用自然界的砂子和泥土的混合而成。上、下两层的树脂玻璃在实验中代表均匀介质中的常速介质，高度都为 50cm。实验过程中，将中间密封空间分为两部分，左边为干层，右边为含流体层。为了防止重力原因，造成右边的含流体层流体分布不均匀，将该模型水平放置在平坦的桌面上进行实验。

实验进行时，各实验参数见表 3-2。

表 3-2 实验详细参数

材料	纵波速度/(m/s)	密度/(kg/m³)
树脂玻璃	2300	1200
干砂岩	1700	1800
饱和流体砂岩	2100	2100

由上表可知，含流体层的波阻抗大于干层的波阻抗。树脂材料的波阻抗值最低。实

验结果见图 3-18。

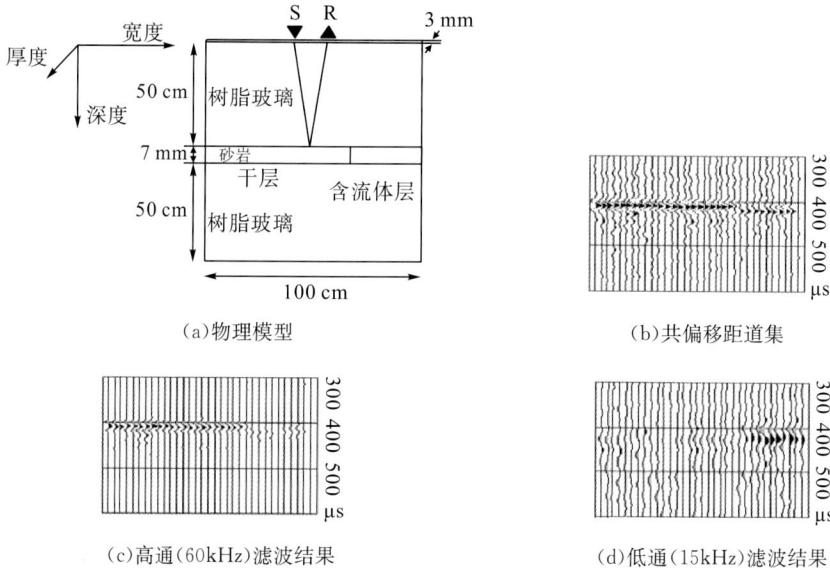

(a)物理模型　　　　　　　　　　(b)共偏移距道集

(c)高通(60kHz)滤波结果　　　　(d)低通(15kHz)滤波结果

图 3-18　超声波物理模拟结果

由图 3-18(b)可知超声波穿过砂岩储层后，在含流体介质处的地震反射特征明显不同于干层处的特征：含流体介质处的地震波同相轴相比干层处的同相轴能量明显变弱，且同相轴有下拉现象。为了更清楚地研究这种现象，Valeri A. Korneev 等对图 3-18(b)分别进行了高通滤波和低通滤波，得到图 3-18(c)和图 3-18(d)。在图 3-18(c)中显示当高频超声波穿过干层和含流体层时，超声波的高频能量在含流体一侧明显衰减更多，如图中含流体一侧超声波的振幅基本衰减完毕。在图 3-18(d)中显示在低频时，在含流体层下方还有同相轴能量显示，而在干层下方则没有，综合图 3-18(c)分析可知，当超声波穿过含流体介质时，超声波的频率会发生低移现象，即频率能量向低频方向移动。

为了解释上面的超声波实验结果，Valeri A. Korneev 等提出了黏滞-弥散的波动方程理论。现将分别介绍该理论的一维，二维弥散-黏滞波动方程理论：

1. 一维弥散-黏滞型波动方程

图 3-18 中物理模拟的结果，Valeri A. Korneev 等认为可以用如下形式的一维弥散-黏滞波动方程来近似解释以上超声波实验结果：

$$\frac{\partial^2 u}{\partial t^2} + f\frac{\partial u}{\partial t} - \eta\frac{\partial^3 u}{\partial z^2 \partial t} - v^2\frac{\partial^2 u}{\partial z^2} = 0 \tag{3-13}$$

公式(3-13)中，f 为该理论中对应的弥散系数，其单位为 Hz，η 为理论中对应的黏滞系数，其单位为 m^2/s，v 为波在非耗散介质中传播的速度场，$u=u(x,t)$ 代表地震波的地震波场的位移矢量。公式(3-13)中，方程的第 2 项主要刻画地震波在传播过程中的扩散耗损，方程的第 3 项主要表征地震波在岩石中传播时的黏滞性衰减。

Korneev 给出了方程(3-13)中地震波场的位移矢量场 u 的如下谐波形式的解：

$$u(x,t) = e^{ik_z x} \cdot e^{-i\omega t}, \quad k_z = k + i\alpha \tag{3-14}$$

式(3-14)中，k 代表波数，α 为衰减系数，ω 为角频率。其中

$$k = k_0 \cdot \sqrt{\frac{\sqrt{(1-dg)^2 + (d+g)^2} + (1-dg)}{2(1+g^2)}} \qquad (3\text{-}15)$$

$$\alpha = k_0 \cdot \sqrt{\frac{\sqrt{(1-dg)^2 + (d+g)^2} - (1-dg)}{2(1+g^2)}} \qquad (3\text{-}16)$$

$$k_0 = \omega/\nu, \quad d = f/\omega, \quad g = \omega\eta/\nu^2 \qquad (3\text{-}17)$$

结合式(3-14)到式(3-17)，地震波场的正演延拓时，可将式(3-14)写成一维形式：

$$\bar{u}(x_{i\pm1},\omega) = \bar{u}(x_i,\omega)\mathrm{e}^{ik\Delta x}\mathrm{e}^{-\alpha\Delta x} \qquad (3\text{-}18)$$

式(3-18)中的 k 与 α 可按照公式(3-15)~公式(3-16)求得。

2.二维弥散-黏滞型波动方程

公式(3-13)是一维形式的，难以应用于复杂二维地质体的模拟，我国学者贺振华，陈学华等将其扩展到二维形式：

$$\frac{\partial^2 u}{\partial t^2} + f\frac{\partial u}{\partial t} - \eta\left(\frac{\partial^3 u}{\partial^2 z\partial t} + \frac{\partial^3 u}{\partial^2 x\partial t}\right) - \nu^2\left(\frac{\partial^2 u}{\partial z^2} + \frac{\partial^2 u}{\partial x^2}\right) = 0 \qquad (3\text{-}19)$$

解此方程，可得

$$\bar{u}(k_x, z_{i\pm1}, \omega) = \bar{u}(k_x, z_i, \omega)\mathrm{e}^{\pm ik_z\Delta z}\mathrm{e}^{\mp\alpha\Delta z} \qquad (3\text{-}20)$$

使用式(3-20)对地震波场进行延拓的时候，还应该考虑地震波通过含流体介质时，地震波的频散现象严重，而在方程(3-20)中速度取的是常速度，在对实际地质体进行黏滞-弥散波动方程数值模拟时，我们还考虑了 Futterman 等于 1962 年提出的相速度频散理论，其具体表达式如下：

$$\begin{cases} \dfrac{\nu(\omega)}{\nu(\omega_c)} = \left[1 + \dfrac{1}{\pi Q}\ln\left(\dfrac{\omega}{\omega_c}\right)\right] & \omega < \omega_c \\[2mm] \nu(\omega) = 常数 & \omega \geqslant \omega_c \end{cases} \qquad (3\text{-}21)$$

3.3.2 低频伴影现象的数值模拟

低频伴影，又称低频阴影(Low Frequency Shadow)，它是指含油气储层下方可能出现的低频相对强能量特征。它最早由 Taner(1979)等提出。随后经过国内外学者的大量研究，目前已成为油气储层的重要标志。本书主要采用二维黏滞-弥散波动方程模拟低频伴影现象，并讨论储层厚度对其的影响。

本节采用的数值模拟模型见图 3-19，其相应参数(参数选取参考了 Korneev 的文献)见表 3-3。对模型采用二维黏滞-弥散波动方程进行数值模拟后，再采用广义 S 变换对其分频得图 3-20。改变储层的厚度，得图 3-21 的数值模拟结果。图 3-20 为储层厚度为 50 米的低频伴影数值模拟结果，图 3-21 为储层厚度为 10 米的低频伴影数值模拟结果。比较两图，可以看出：①图 3-20 低频剖面有明显下拉现象，而图 3-21 低频剖面下拉现象不明显。②图 3-20 高频成分衰减明显，而图 3-21 高频无明显衰减，即无"低频上强下强，高频上强下弱"的低频伴影现象。换句话说，就是利用低频伴影现象识别薄储层有难度。

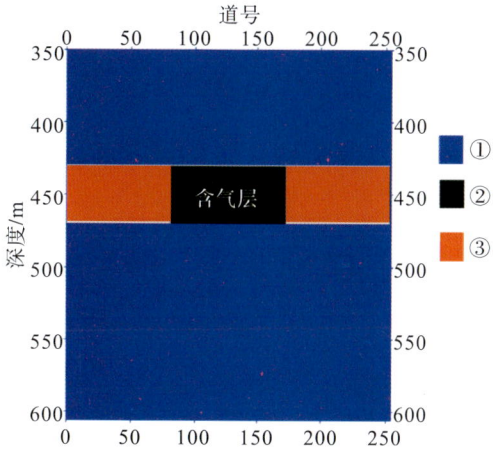

图 3-19　原始模型

表 3-3　对应图 3-19 模型的参数表

层号	V_p /(m/s)	ρ /(g/cm³)	ζ /(Hz)	η /(m²/s)
	2300	1.5	0	0
	1500	1.5	20	30
	2300	1.5	0	0

注：表中 V_p、ρ、ζ、η 分别为纵波速度、密度、弥散系数、黏滞系数。

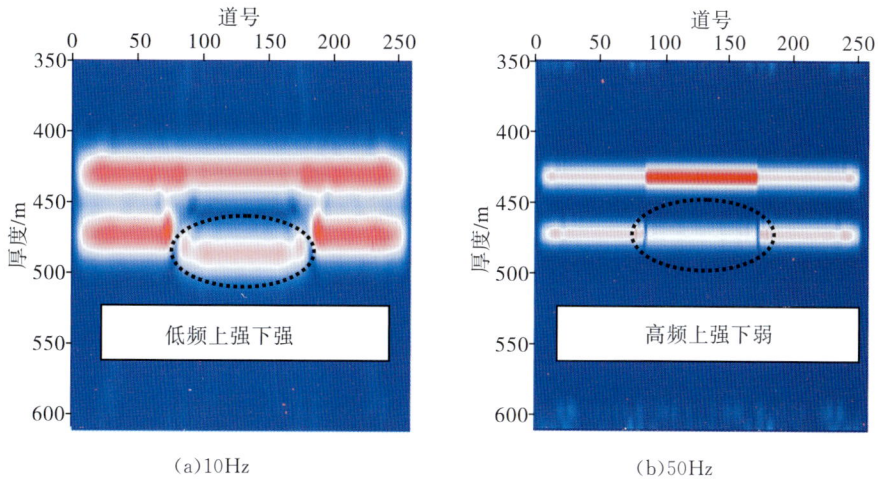

（a）10Hz　　　　　　　　（b）50Hz

图 3-20　低频伴影数值模拟结果（厚度为 50 m）

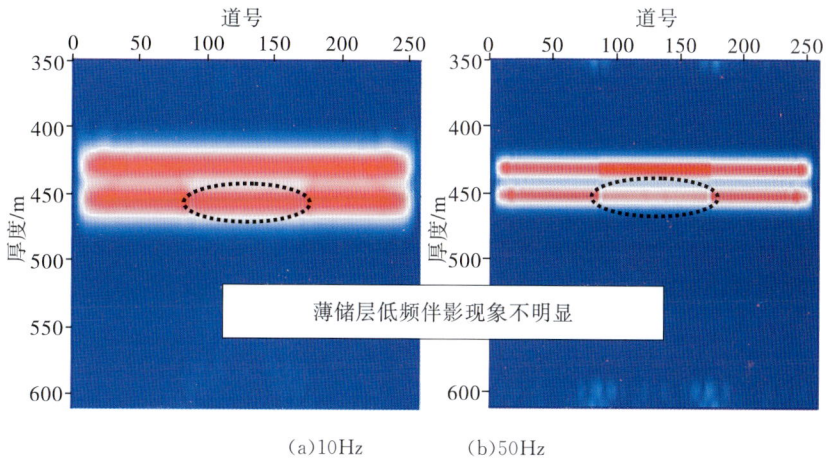

（a）10Hz　　　　　　　　（b）50Hz

图 3-21　低频伴影数值模拟结果（厚度为 10 m）

3.3.3 叠前黏滞-弥散数值模拟原理及参数讨论

1. 叠前黏滞-弥散数值模拟原理

本节方法的实质是将基于速度色散的黏滞-弥散波动方程引入到叠前求解，从而得到含流体介质在叠前单炮记录上的地震响应特征。其具体的正演流程图见图 3-22。对于偏移采用 3.1.2 节中介绍的偏移方法即可。

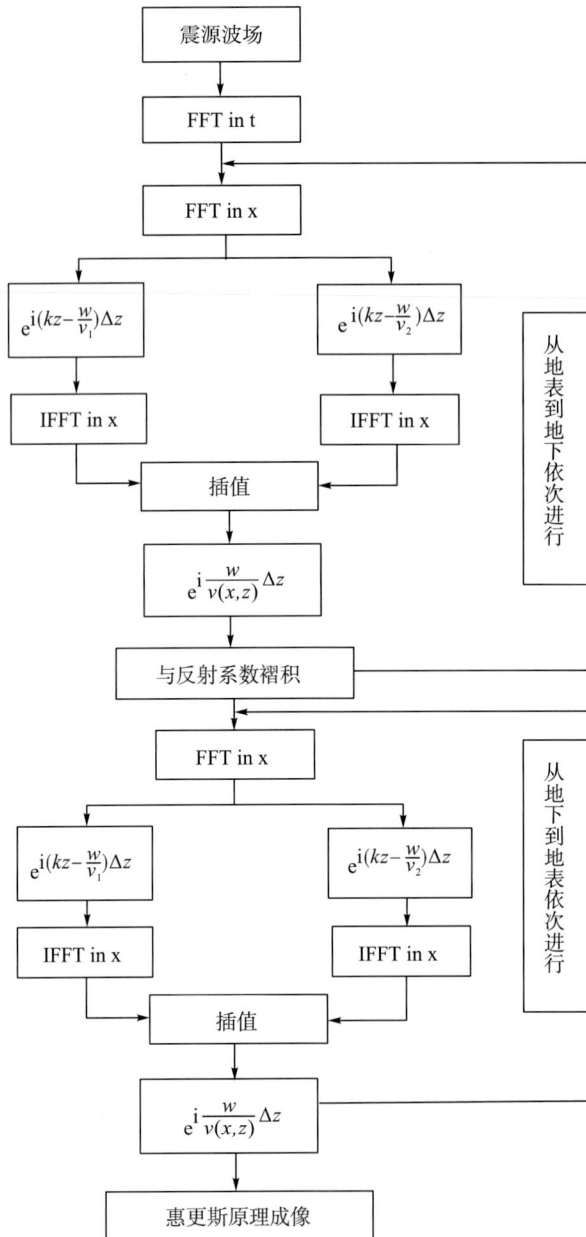

图 3-22 叠前黏滞-弥散正演流程图

2.叠前黏滞-弥散数值模拟参数讨论

本部分采用均匀层状模型进行数值模拟，研究各个参数(黏滞系数、弥散系数、品质因子、储层厚度)对地震波响应的影响。地质模型如图 3-23 所示，盖层速度为 2300m/s，中间层(图中阴影部分为含流体储层)速度为 2800m/s，下伏地层速度为 3500m/s，采样点数为 256×256。图 3-23(b)为模拟 128 道处放炮所得的单炮记录，下层反射界面的反射波在含流体储层下方可能出现低频伴影现象，因此红色方框所示部分为我们将要研究的重点区域。我们现提取红色方框内的波形，并分析其相位、能量、频谱，研究各个参数对地震响应的影响。

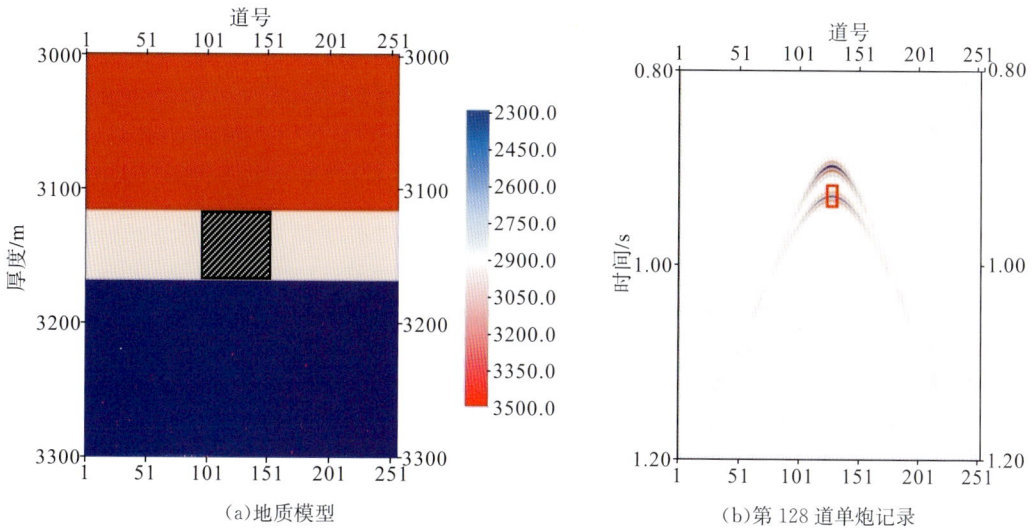

(a)地质模型　　　　　　　　　(b)第 128 道单炮记录

图 3-23　地质模型及单炮记录

图 3-24(a)为黏滞系数变化时红色方框内反射波的变化规律，图 3-24(b)为该反射波的频谱变化规律。图 3-24(a)中横坐标表示采样点数，纵坐标为振幅大小；图 3-24(b)中横坐标为频率，纵坐标为能量大小，下文类似不再赘述。观察图 3-24(a)可知，随黏滞系数增大，反射波的相位基本没有变化。反射波的振幅衰减随之不断加剧，且从图 3-24(b)中可看出，高频部分的衰减更加剧烈，表现出频率依赖特性。

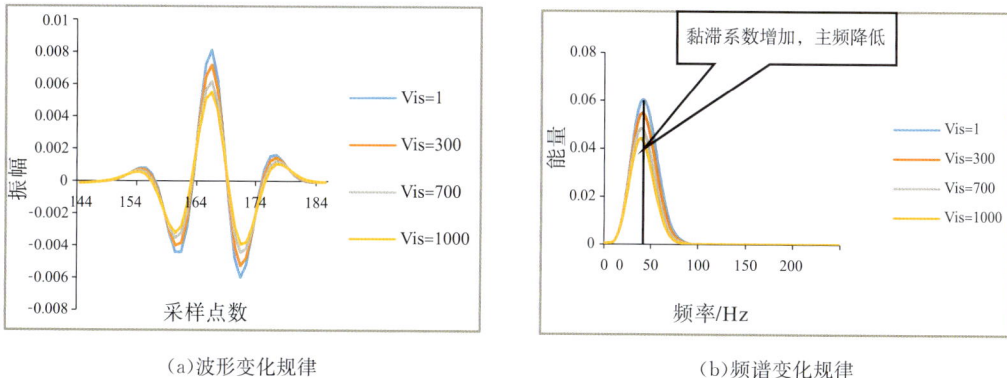

(a)波形变化规律　　　　　　　　　(b)频谱变化规律

图 3-24　不同黏滞系数时反射波波形及频谱变化规律

图 3-25(a)为弥散系数变化时，红色方框内反射波变化规律，图 3-25(b)为该反射波的频谱变化规律。观察图 3-25(a)可知，随弥散系数增大，反射波的相位变化不大，振幅衰减随之不断加剧。从频谱上看，反射波主频基本没变化，即弥散系数的衰减并没有表现出频率依赖特性。

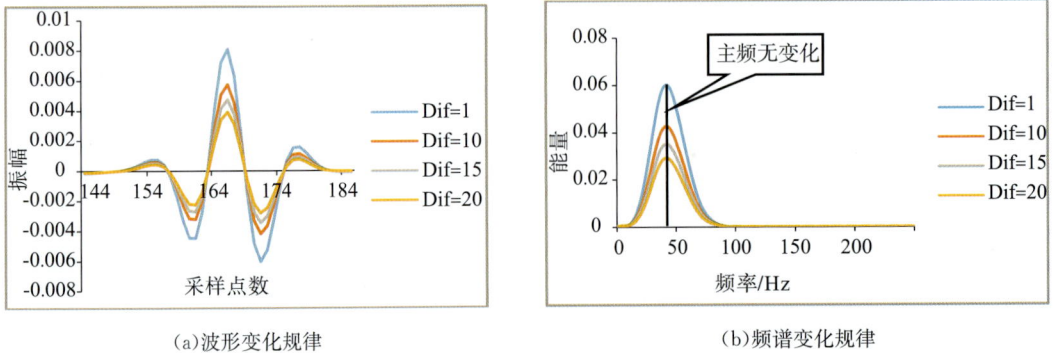

(a)波形变化规律　　　　　　　　　　　　　(b)频谱变化规律

图 3-25　不同弥散系数时反射波波形及频谱变化规律

图 3-26(a)为品质因子(Q)变化时，红色方框内反射波变化规律，图 3-26(b)为该反射波的频谱变化规律。观察图 3-26(a)可知，随着品质因子(Q)减小，反射波相位发生变化，即反射同相轴畸变，反射波主频基本不变。但是当品质因子较小时，反射波振幅、频谱能量有略微增加。其原因是由于品质因子小，速度频散现象严重，相速度更低，下层反射界面反射系数更大。如图 3-27 所示，该图是根据 Futterman 的相速度频散关系式绘制出的不同品质因子时频率和相速度的关系。可以看出，频率越小，品质因子越低，则对应的相速度越小。

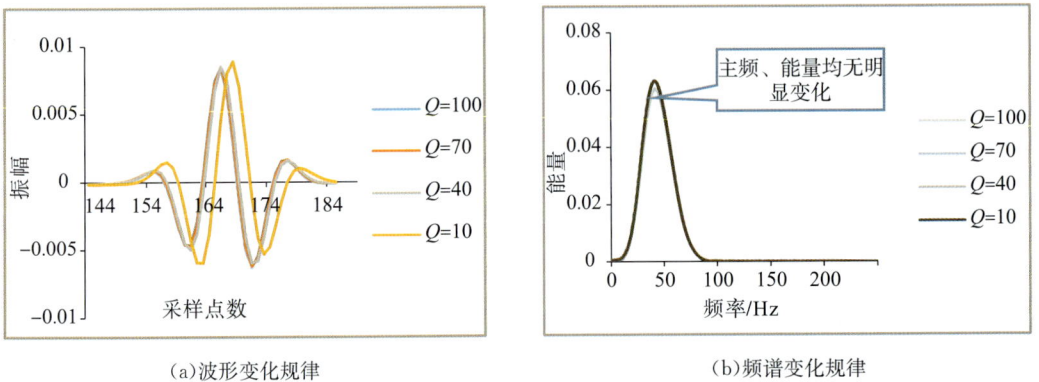

(a)波形变化规律　　　　　　　　　　　　　(b)频谱变化规律

图 3-26　不同品质因子时反射波波形及频谱变化规律

图 3-28(a)为储层厚度(h)变化时，红色方框内反射波变化规律，图 3-28(b)为该反射波的频谱变化规律，黏滞系数、弥散系数及 Q 值已给定。从图 3-27 中可以看出，随着储层厚度增加，反射波的振幅衰减渐渐加强，高频衰减也增强，反射波相位基本不变。即随着厚度的增加，除了品质因子 Q，其他各个参数对反射波的影响加剧。由于储层越厚，地震波在其中传播得越久，受到的影响也就越大，因此储层越厚，低频伴影效果越明显。

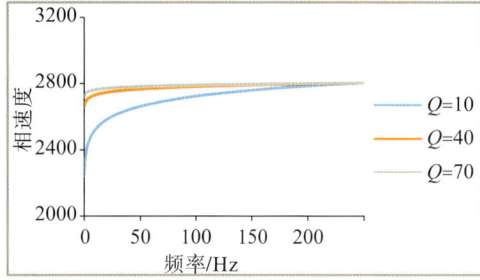

图 3-27　不同品质因子时频率与相速度的关系

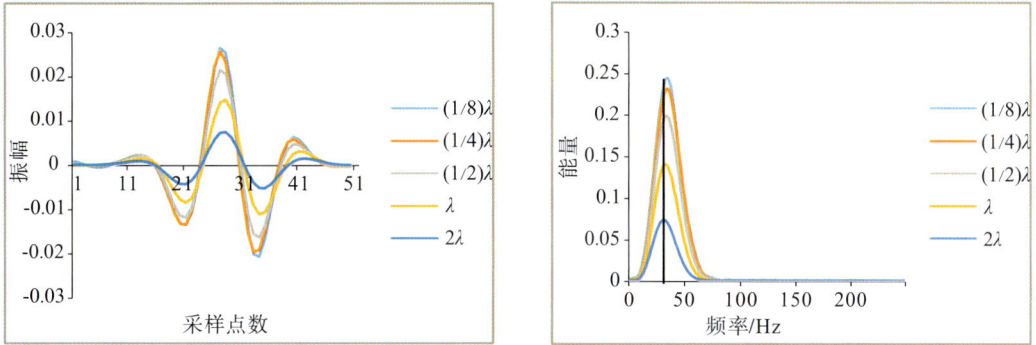

（a）波形变化规律　　　　　　　　　　　　（b）频谱变化规律

图 3-28　不同储层厚度时反射波波形及频谱变化规律

　　从以上分析可以看出，不同流体造成的同相轴的畸变、下拉等现象是有差异的，同样的流体对不同频率地震波的影响也是不同的。图 3-29 为叠前偏移剖面经广义 S 变换后所得的分频剖面，从图中可看到低频剖面储层部位同相轴"上强下强"，同相轴下拉（图 3-29(a)）；高频剖面同相轴"上强下弱"，同相轴不明显畸变（图 3-29(b)）。

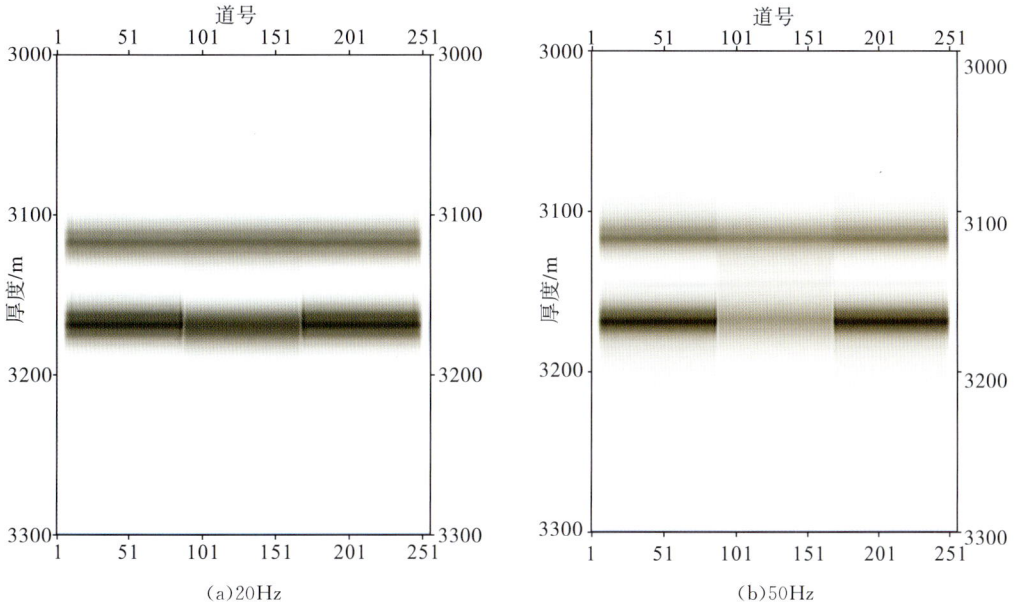

（a）20Hz　　　　　　　　　　　　　　（b）50Hz

图 3-29　叠前偏移剖面的分频剖面

将黏滞-弥散波动方程中的弥散项 $\zeta(x,y,z)\dfrac{\partial P}{\partial t}$ 置零,并根据公式(3-20)得仅包含黏滞项的频率-波数域波场延拓公式

$$k_z^2 = \frac{\omega^2 v^2}{v^4 + \omega^2 \eta^2} - (k_x^2 + k_y^2) + \mathrm{i}\,\frac{\eta \omega^3}{v^4 + \omega^2 \eta^2} \tag{3-22}$$

$$P(k_x, k_y, z_0 + \Delta z, \omega) = P(k_x, k_y, z_0, \omega)\mathrm{e}^{\mathrm{i}k_z \Delta z} \tag{3-23}$$

使用上述延拓公式即可得出仅有黏滞系数影响的地震反射波。将此地震反射波的能量谱与常规方法数值模拟所得的地震反射波的能量谱进行对比,可得出不同频率时地震波能量的衰减比例,如图3-30(a)所示。同理,将黏滞项 $\eta(x,y,z)\left(\dfrac{\partial^3 P}{\partial x^2 \partial t} + \dfrac{\partial^3 P}{\partial y^2 \partial t} + \dfrac{\partial^3 P}{\partial z^2 \partial t}\right)$ 置零也可推导出仅包含弥散项的频率-波数域波场延拓公式

$$k_z^2 = \frac{\omega^2}{v^2} - (k_x^2 + k_y^2) + \mathrm{i}\,\frac{\zeta \omega v^2}{v^4} \tag{3-24}$$

$$P(k_x, k_y, z_0 + \Delta z, \omega) = P(k_x, k_y, z_0, \omega)\mathrm{e}^{\mathrm{i}k_z \Delta z} \tag{3-25}$$

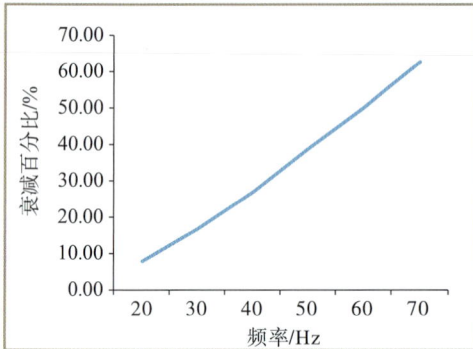 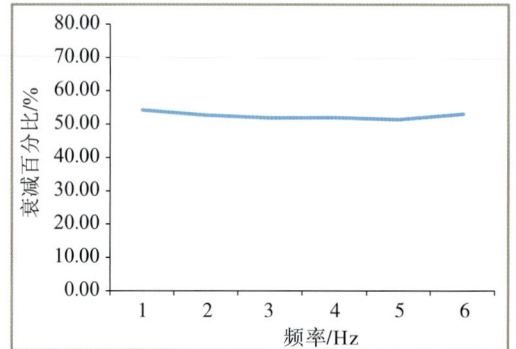

(a)黏滞系数 　　　(b)弥散系数

图 3-30　衰减幅度随频率变化关系

使用上述延拓公式即可得出仅有弥散系数影响的地震反射波。将此地震反射波的能量谱与常规方法数值模拟所得的地震反射波的能量谱进行对比,可得出不同频率时地震波能量的衰减比例,如图3-30(b)所示。对比图3-30(a)和3-30(b)可知,黏滞系数对地震波能量的影响与频率有关,频率越高,能量衰减幅度越大;弥散系数对地震波能量的影响与频率相关度不大。由此可证实,黏滞系数对地震波的影响有着较强的频率依赖特性,而弥散系数对地震波的影响无频率依赖性。

3.研究中相关问题的探讨

1)低频伴影产生的原因

对于含油气储层中低频伴影及低频剖面同相轴畸变产生的原因,可能如下:

储层中流体对地震波的高频能量衰减强,低频能量衰减稍弱。对此从实际产生机理上猜测,同一速度、相同传播距离内,地震波高频成分相对低频成分振动次数多,受到介质黏滞性影响更多,因此被吸收的能量更多。根据地震波动力学中关于速度频散的理论可知,地震波经过含流体介质会发生频散。一般情况下,相速度等于地震波的传播速度,但当存在频散时,相速度随着频率的不同会发生改变。由 Futterman 相速度频散关

系式可以看出，随频率减小，相速度也减小，高频波的相速度更接近地震波的传播速度。低频剖面在含油气位置同相轴有畸变现象。

由上述的两个因素综合影响，就产生了含油气储层中的低频伴影现象及低频剖面同相轴畸变。

2）相速度频散关系式存在的问题

在研究品质因子变化时，我们发现 Futterman 相速度频散关系式存在的一个问题。当品质因子取值十分小(比如 $Q=1$)，相速度会出现负值。如图 3-31 所示，品质因子的值取 1，在低频下相速度出现负值，与实际物理意义相悖。这说明相速度频散关系式在极端情况(品质因子很小)存在较大偏差。而实际储层的 Q 值都较小(如含气砂岩的品质因子范围为 5~50)，在这种情况下使用 Futterman 相速度频散关系式会产生一定误差。

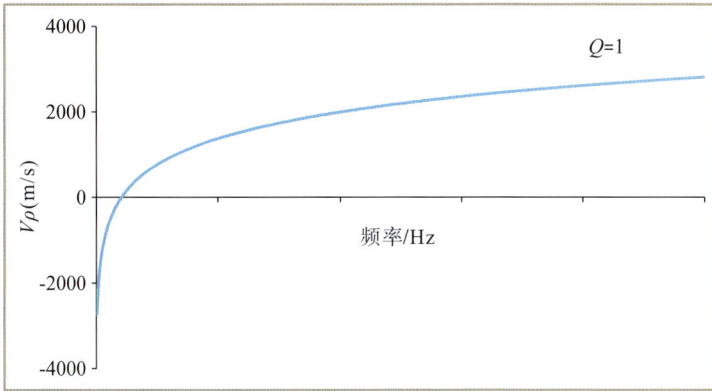

图 3-31　当 $Q=1$ 时，频率与速度关系图

3）研究薄储层时遇到的问题及解决办法

在储层厚度对低频伴影影响的研究中，当储层厚度小于 1/4 波长时，根据地震分辨率极限准则中的 Widess 准则，上层波、下层波已不能被分辨。此时，由于上层波、下层波的调谐作用，无法很好地提取想要研究的下层波，这对薄储层低频伴影现象的研究十分不利。对此，胡军辉等(2013)根据地震波调谐的本质，提出了一种解决方法，并验证了该方法的可行性。

地震波调谐可看作是若干个波由于之间旅行时差较小而叠合到一起的结果。针对本书，就是上层波与下层波叠合的结果。既然是叠合的结果，只要将调谐波减去上层波，便可以得到我们想要研究的下层波。理论上来说，在各向同性完全弹性介质中，反射波只与反射界面上下介质的性质有关。因此我们可以根据只包含原模型中第一层和第二层介质的模型提取出上层波，根据只包含原模型中第二层和第三层介质的模型提取出下层波。如图 3-32 所示，从图 3-32(a)可提取调谐波 wave_t，从图 3-32(b)可提取未调谐的上层波 wave_u，从图 3-32(c)可提取未调谐的下层波 wave_d。设各个波的函数分别为 $\text{wave}_t(t)$，$\text{wave}_u(t)$，$\text{wave}_d(t)$，t 为传播时间。令

$$\text{wave}'_d(t) = \text{wave}_t(t) - \text{wave}_u(t) \tag{3-26}$$

式中的 $\text{wave}'_d(t)$ 即为通过上述方法消除调谐后所得的下层波。

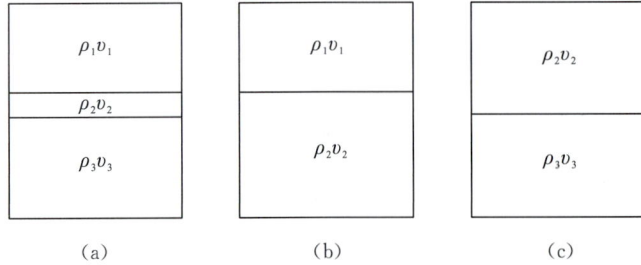

图 3-32 提取上层波、下层波示意图

比较 $\text{wave}_d'(t)$ 和 $\text{wave}_d(t)$，若两者相似度很高，则说明此方法可行。图 3-33 为两者的归一化对比图，横坐标为传播时间，纵坐标为归一化后的相对振幅。从图 3-33 中可观察到，通过上述去调谐方法所得的下层波与作为标准的下层波基本吻合。由此可充分证明，上述的这种预先获得调谐波中的某些反射波，然后间接求得调谐波中我们感兴趣的反射波的方法是可行的。

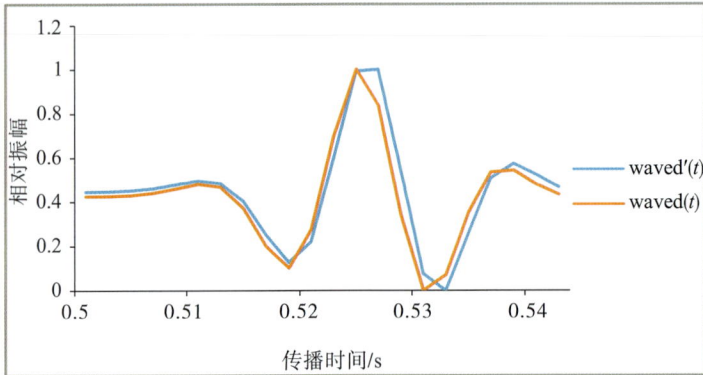

图 3-33 $\text{wave}_d'(t)$ 和 $\text{wave}_d(t)$ 归一化对比图

3.4 AVO 特征分析

3.4.1 AVO 理论数理基础

1. Zoeppritz 方程

AVO 技术的理论基础是完全形式的 Zoeppritz 方程。平面弹性波在弹性分界面上的反射和透射理论是地震勘探的理论基础。在各向同性弹性介质中，当一个平面纵波非垂直入射到两种介质的分界面上，就要产生反射波和透射波。在界面上，根据应力连续性和位移连续性条件，并引入反射系数、透射系数，就可以得出相应波的位移振幅方程，即 Zoeppritz 方程。对于给定的反射界面，Zoeppritz 方程的解取决于两种介质的纵横波速度和密度差异，以及入射角。

假定弹性分界面两侧介质的密度为 ρ_1 和 ρ_2，纵波速度为 α_1 和 α_2，横波速度为 β_1 和 β_2，泊松比为 σ_1 和 σ_2，如图 3-34 所示。假设有一平面纵波自介质 I 以入射角 i_1 入射到界面上，可能会产生四个波。它们分别是反射 P 波、透射 P 波、反射 S 波和透射 S 波。根据 Snell 定律，反射 P 波的反射角为 i_1，设反射 S 波的反射角为 j_1，透射 P 波和透射 S 波的透射角分别为 i_2 和 j_2，它们之间满足：$\dfrac{\sin i_1}{\alpha_1} = \dfrac{\sin j_1}{\beta_1} = \dfrac{\sin i_2}{\alpha_2} = \dfrac{\sin j_2}{\beta_2}$。

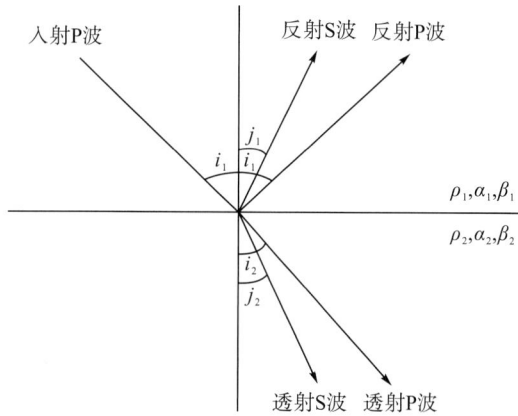

图 3-34 P 波反射透射示意图

根据在介质分界面上的连续性条件，即界面两侧介质中质点所受的正应力、切应力、法向位移和切向位移都应该相等，据此可以得到四个方程。将五个波的波函数代入，并使用虎克定律，经过复杂的推导后得到著名的 Zoeppritz 方程：

$$\begin{bmatrix} \sin i_1 & \cos j_1 & -\sin i_2 & \cos j_2 \\[4pt] -\cos i_1 & \sin j_1 & -\cos i_2 & -\sin j_2 \\[4pt] \sin 2i_1 & \dfrac{\alpha_1}{\beta_1}\cos 2j_1 & \dfrac{\rho_2}{\rho_1}\dfrac{\beta_2^2 \alpha_1}{\beta_1^2 \alpha_2}\sin 2i_2 & -\dfrac{\rho_2 \beta_2 \alpha_1}{\rho_1 \beta_1^2}\cos 2j_2 \\[4pt] \cos 2j_1 & -\dfrac{\beta_1}{\alpha_1}\sin 2j_1 & -\dfrac{\rho_2 \alpha_2}{\rho_1 \alpha_1}\cos 2j_2 & -\dfrac{\rho_2 \beta_2}{\rho_1 \alpha_1}\sin 2j_2 \end{bmatrix} \begin{bmatrix} R_{pp} \\[4pt] R_{ps} \\[4pt] T_{pp} \\[4pt] T_{ps} \end{bmatrix} = \begin{bmatrix} -\sin i_1 \\[4pt] -\cos i_1 \\[4pt] \sin 2i_1 \\[4pt] -\cos 2j_1 \end{bmatrix}$$

$$(3\text{-}27)$$

2. 常见的 AVO 近似方程

由于 Zoeppritz 方程较为复杂，在 AVO 分析过程中，常采用 AVO 的近似形式，常见的 AVO 近似方程有：

1）Bortfeld 近似方程

1961 年，Bortfeld 利用地层厚度趋于零来逼近单界面的方法计算了平面纵波和横波的反射系数，第一个给出了反射系数近似计算公式，并用不同的表示项对流体和固体进行了区分。其中有反射振幅近似公式

$$R_{pp} = \frac{1}{2}\ln\frac{\alpha_2 \rho_2 \cos i_1}{\alpha_1 \rho_1 \cos i_2} + \frac{\sin^2 i_1}{\alpha_1^2}(\beta_1^2 - \beta_2^2)\left[2 + \ln\frac{\rho_2}{\rho_1} \Big/ \left(\ln\frac{\alpha_2}{\alpha_1} - \ln\frac{\alpha_2 \beta_2}{\alpha_1 \beta_1}\right)\right] \quad (3\text{-}28)$$

Bortfeld 公式对流体和固体进行了区分。其中，第一项只包含纵波的速度和密度，不包含横波的任何信息；第二项则包含了纵、横波速度和密度。因此可以将第一项称为流体因子，第二项称为刚体因子。Bortfeld 公式虽然简化了反射系数与岩石物理参数之间的关系，但是并没有明确地给出反射系数与入射角之间的方程式。

2）Aki 和 Richards 近似方程

1976 年，Richards 和 Frasier 研究了性质相近的反射场的半空间之间反射和透射问题，给出了以速度和密度相对变化表示的反射系数近似公式。1980 年，Aki 和 Richards 在《定量地震学》经典专著中对 Richards 和 Frasier 研究的近似公式进行了综合整理，给出了类似的近似公式：

$$R_{pp} = \frac{1}{2\cos^2 i}\frac{\Delta\alpha}{\alpha} - 4p^2\beta^2\frac{\Delta\beta}{\beta} + \frac{1}{2}(1 - 4p^2\beta^2)\frac{\Delta\rho}{\rho} \tag{3-29}$$

该近似方法第一次给出了能够满足大多数地球物理介质中的近似反射系数，提供了复杂问题简化的途径，为其他后继的研究工作提供了坚实的基础。

3）Shuey 近似方程

1985 年，Shuey 对前人各种近似进行重组，并进一步研究了泊松比对反射系数的影响。他的开创性工作奠定了 AVO 处理的基础，首次提出了反射系数的 AVO 截距梯度的概念，证明了相对反射系数随炮检距的变化梯度主要由泊松比的变化来决定，给出了用不同角度项表示的反射系数近似公式

$$R_{pp} = \frac{1}{2}\left(\frac{\Delta\alpha}{\alpha} + \frac{\Delta\beta}{\beta}\right) + \left[\frac{1}{2}\frac{\Delta\alpha}{\alpha} - 4\frac{\beta^2}{\alpha^2}\frac{\Delta\beta}{\beta} - 2\frac{\beta^2}{\alpha^2}\frac{\Delta\rho}{\rho}\right]\sin^2 i + \frac{1}{2}\frac{\Delta\alpha}{\alpha}(\tan^2 i - \sin^2 i)$$

$$\tag{3-30}$$

写成泊松比的形式

$$R_{pp} = R_p + \left[R_p A_0 + \frac{\Delta\sigma}{(1-\sigma)^2}\right]\sin^2 i + \frac{1}{2}\frac{\Delta\alpha}{\alpha}(\tan^2 i - \sin^2 i) \tag{3-31}$$

式中

$$A_0 = B - 2(1+B)\frac{1-2\sigma}{1-\sigma}, B = \frac{\Delta\alpha/\alpha}{\Delta\alpha/\alpha + \Delta\rho/\rho}, R_p = \frac{1}{2}\left(\frac{\Delta\alpha}{\alpha} + \frac{\Delta\beta}{\beta}\right)$$

当入射角较小且 $\alpha/\beta \approx 2$ 时，Shuey 近似方程第三项可以忽略，则反射系数具有如下线性形式：

$$R_{pp} = \frac{1}{2}\left(\frac{\Delta\alpha}{\alpha} + \frac{\Delta\beta}{\beta}\right) + \left[\frac{1}{2}\frac{\Delta\alpha}{\alpha} - 4\frac{\beta^2}{\alpha^2}\frac{\Delta\beta}{\beta} - 2\frac{\beta^2}{\alpha^2}\frac{\Delta\rho}{\rho}\right]\sin^2 i \tag{3-32}$$

或

$$R_{pp} = \frac{1}{2}\left(\frac{\Delta\alpha}{\alpha} + \frac{\Delta\rho}{\rho}\right) + \left[\frac{1}{2}\left(\frac{\Delta\alpha}{\alpha} + \frac{\Delta\rho}{\rho}\right) - \left(\frac{\Delta\beta}{\beta} + \frac{\Delta\rho}{\rho}\right)\right]\sin^2 i \tag{3-33}$$

即为：$R_{pp} = [R_p - 2R_s]\sin^2 i$

式中：$R_s = \left(\frac{\Delta\beta}{\beta} + \frac{\Delta\rho}{\rho}\right), R_{pp} = P + G\sin^2 i$

其中：P 为垂直入射时的反射系数，称为 AVO 截距，G 称为 AVO 梯度，$R_s = (P - G)/2$。

该简化方程清晰地表达了纵波反射系数与介质弹性参数及入射角之间的关系，使 AVO 异常的识别由定性阶段进入定量阶段，带动了 AVO 技术的深刻变革。该近似的主要目的是为证明反射系数随炮检距变化的梯度主要由泊松比的变化决定，其最大优点在于方程右端以不同的项表示了不同角度入射的近似情形，是目前应用最为广泛的一种近似方法。另外，第一项表示法向入射时的反射系数；第二项表示了中等角度入射的反射

系数；第三项主要控制大角度入射时的情形。该方法同时表明，相对反射系数随炮检距的变化梯度主要取决于 $\Delta\sigma$，反射振幅与 $\sin^2 i$ 呈线性关系。但是，当入射角较大时，方程的线性关系将不再成立。因此，该近似方法主要应用于中小角度，且以假设 $V_p/V_s\approx 2$ 为前提。

4）Hilterman 近似方程

Hilterman 于 1989 在 Shuey 近似方程的基础上给出了基于 $\Delta\sigma$ 的另一种近似

$$R_{pp} = R_p\cos^2 i + \frac{\Delta\sigma}{(1-\sigma)^2}\sin^2 i \tag{3-34}$$

该式完全体现了泊松比及其变化对反射系数的影响，可以不受任何约束地提取泊松比等有关岩性参数，并识别流体的存在。但由于该近似略去了 Shuey 公式中的第三项，所以不适用于大角度入射的情形。另外，与 Shuey 近似相同该近似假定 $V_p/V_s\approx 2$。

5）郑晓东、杨绍国近似方程

以上近似都存在一个共同的问题：弹性参数和入射角、反射角、透射角交织在一起，不易于利用振幅信息研究地层弹性参数。为了解决该问题，人们提出了利用幂级数展开来近似反射系数。1991 年和 1994 年，郑晓东、杨绍国等分别提出了平面弹性波反射和透射的统一公式，阐明了转换波和非转换波动力学特征的差异，并利用幂级数形式对 Zoeppritz 方程进行了近似，给出了如下近似公式

$$R_{pp} = A_0^R + A_2^R\sin^2 i + A_4^R\sin^4 i \tag{3-35}$$

其中

$$\begin{cases} A_0^R = C_{p0} = \dfrac{1}{2}\dfrac{\Delta(\rho V_p)}{\rho V_p} \\ A_2^R = C_a - 4\left(\dfrac{V_s}{V_p}\right)^2(C_{s0}+C_\beta) \\ A_4^R = C_a \end{cases} \qquad \begin{cases} C_a = \dfrac{1}{2}\dfrac{\Delta V_p}{V_p} \\ C_{s0} = \dfrac{1}{2}\dfrac{\Delta(\rho V_s)}{\rho V_s} \\ C_\beta = \dfrac{1}{2}\dfrac{\Delta V_s}{V_s} \end{cases}$$

该方法将纵波表示为射线参数 p 的偶次幂级数，把横波表示为射线参数的奇次幂级数。该方法具有形式简单、物理意义明确、岩性关系清晰等优点。利用该级数表达式可以得到任意精度的近似式，易识别和分离纵波和横波，适用于界面两侧弹性参数变化较大的情形。另外，该幂级数表达式的系数仅是介质的密度和波速的函数，而幂级数的底则是入射角的函数，幂级数的常数项正好是垂直入射时的反射和透射系数。因此，利用曲线拟合法可以容易地实现地震岩性参数的反演，并可以提取零偏移距剖面。

3. AVO 近似方程精度比较

对以上的近似方程进行某些定量计算，针对 Goodway 含气砂岩模型，对以上方程的精度进行分析，其参数如图 3-35。

对 Goodway 模型，图 3-36 反射系数随着角度增加逐渐增加。在小角度范围内简化公式得出纵波反射与 Zoeppritz 计算的反射系数比较接近，但是随角度变大，误差也在逐渐增大。在 $50°$ 以内，图中 5 个公式误差不到 1%。

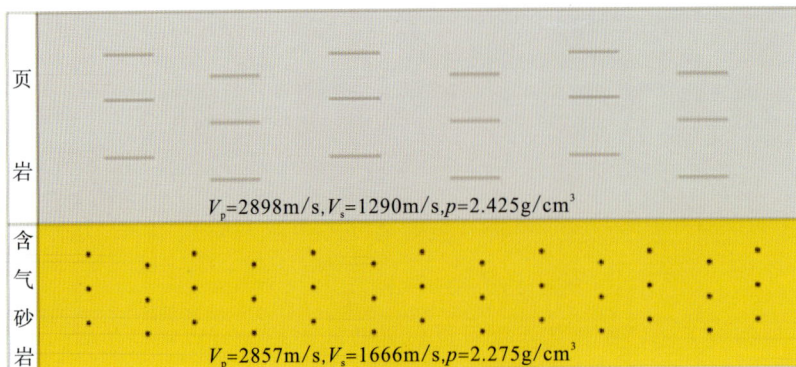

图 3-35 Goodway(1997)模型

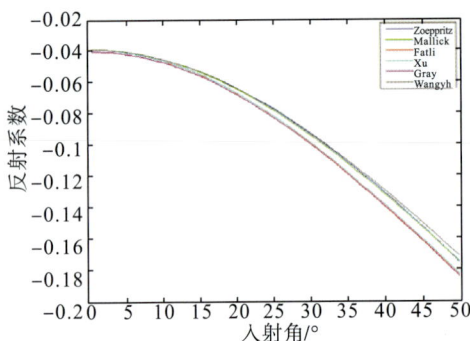

图 3-36 反射系数图

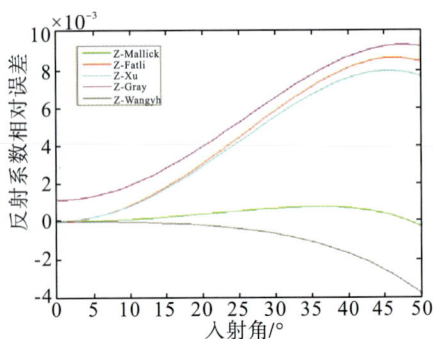

图 3-37 反射系数相对误差图

3.4.2 AVO 地震特征响应分析

AVO 技术目前较多用于砂岩含气性分析，该方法对于碳酸盐岩礁滩储层的含气性的分析是否有用，需注意哪些问题。本书结合 YB 地区实际资料建立了不同模型进行分析。

1. 理论模型的 AVO 特征分析

我们针对不同情况设计了礁滩储层的 AVO 模型。包括：①含气(油或水)层位于礁滩相地层顶部，上覆泥岩。②含气(油或水)层位于礁滩相地层内部，该类含气(油或水)层周围的岩性变化不大，主要为物性及含油性变化。

1)储层位于层位顶部的情况

该类储层的上覆盖层为低速低阻的泥岩，储层为孔隙度较大的白云岩，相关地质模型如图 3-38(a)所示，其所对应的 AVO 模型如图 3-38(b)所示，该类储层顶部的 AVO 响应特征为第 I 类 AVO 曲线。

图 3-39 为在原始模型的基础上仅改变含水饱和度的 AVO 模型对比图，图 3-40 为与之对应的储层顶 AVO 曲线变化图。从图中可看出，AVO 特征曲线属于第一类，临界角内随入射角增大反射系数减小，大于临界角后反射系数增大。随含水饱和度增大，AVO 曲线法线入射反射系数增大，远角道集 AVO 曲线变陡。

（a）地质模型　　　　　　　　　　　（b）AVO 模型

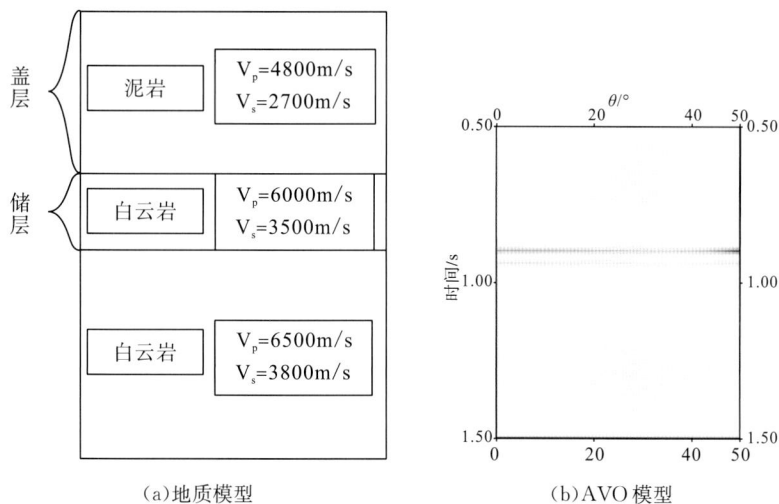

图 3-38　储层位于地层顶部的 AVO 数值模拟

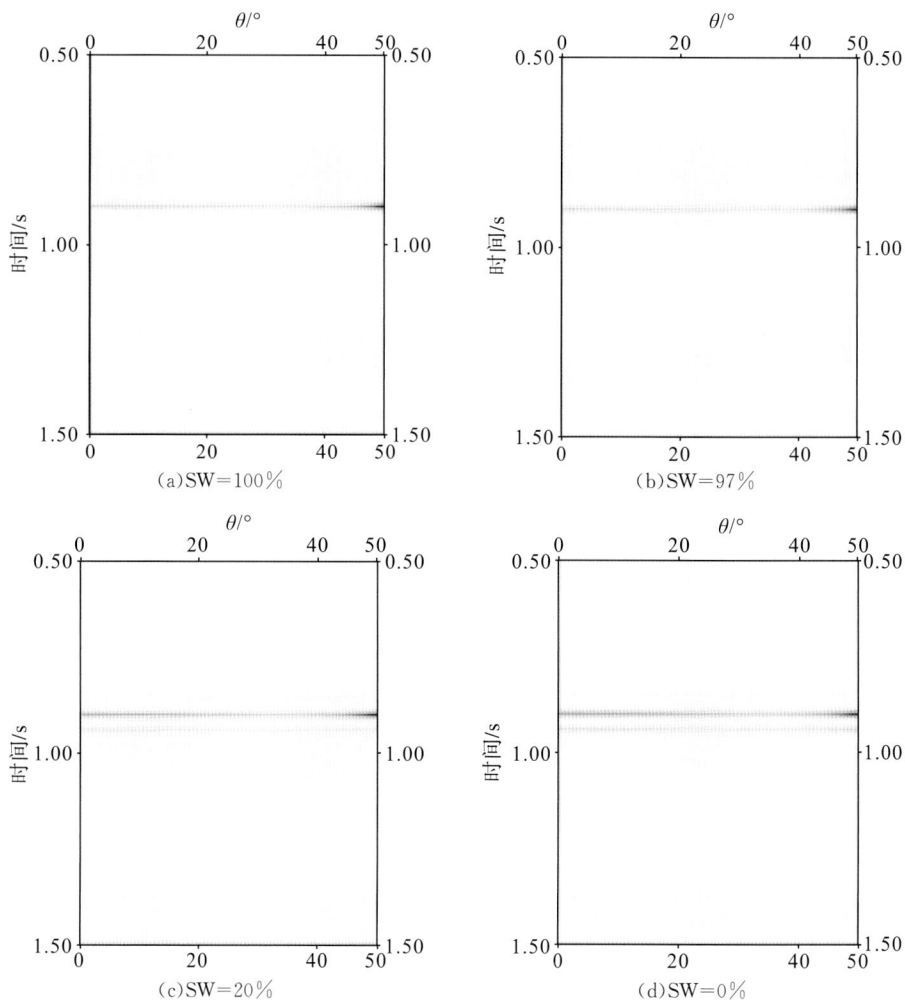

（a）SW=100％　　　　　　　　　　　　（b）SW=97％

（c）SW=20％　　　　　　　　　　　　（d）SW=0％

图 3-39　不同含水饱和度的 AVO 数值模拟

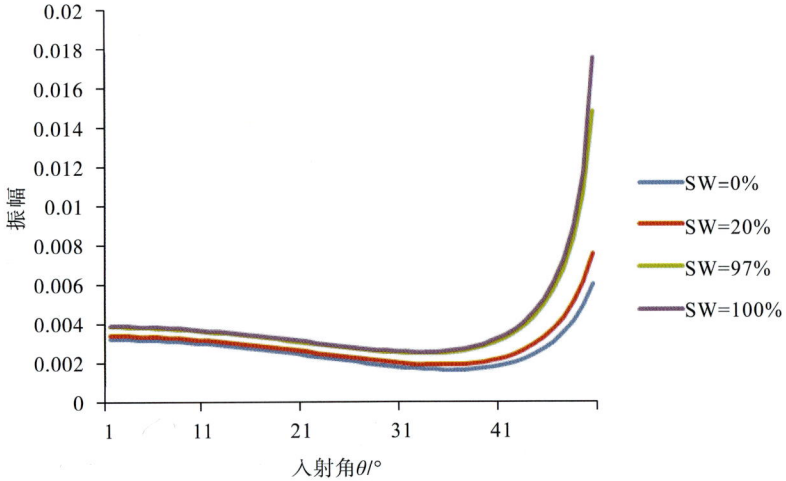

图 3-40　含水饱和度对 AVO 的影响

　　图 3-41 为在原始模型的基础上仅改变孔隙度的 AVO 模型对比图，图 3-42 为与之对应的储层顶 AVO 曲线变化图。从图中可以看出，AVO 特征曲线同样属于第一类，临界角内随入射角增加反射系数减小，大于临界角后随入射角增加反射系数增大。但随孔隙度增大，法线入射的反射系数减小，远角道集的 AVO 曲线变缓。

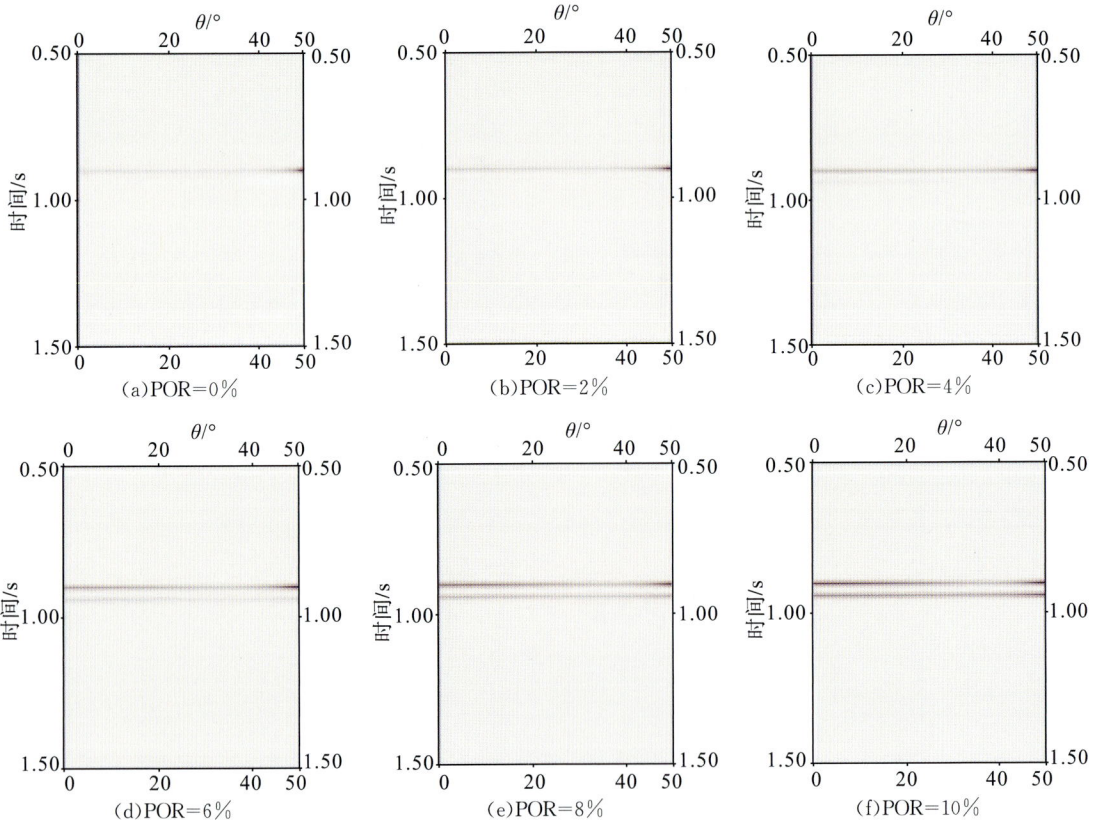

图 3-41　不同孔隙度的 AVO 数值模拟

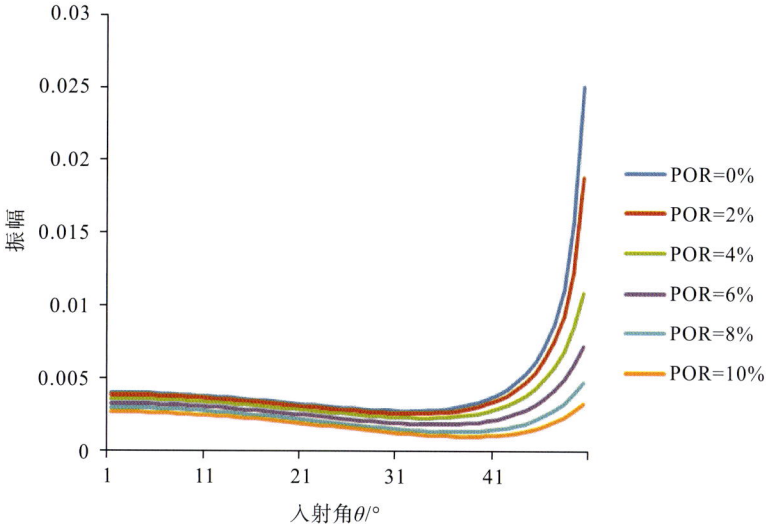

图 3-42　孔隙度对 AVO 曲线的影响

图 3-43 为在原始模型的基础上仅改变储层厚度的 AVO 模型对比图，图 3-44 为与之对应的储层顶 AVO 曲线变化图。从图中可以看出，AVO 特征曲线属于第一类，临界角内随入射角增加反射系数减小，大于临界角后随入射角增加反射系数增大。随储层厚度减小，由于薄层调谐的影响，法线入射的反射系数先减小后增加，但远角道集反射系数接近相同。

2）储层位于层位内部的情况

此类储层的上下层岩性变化不大，上覆地层多为致密的高速单元，储层内部为压实不足的多孔白云化的灰岩或溶蚀后的灰岩。相关地质模型如图 3-45 所示，其所对应的 AVO 模型如图 3-45（b）所示，该类储层顶部的 AVO 响应特征多为第四类 AVO 曲线，垂直入射的反射系数是负的，且随入射角的增大，反射系数的绝对值减小。

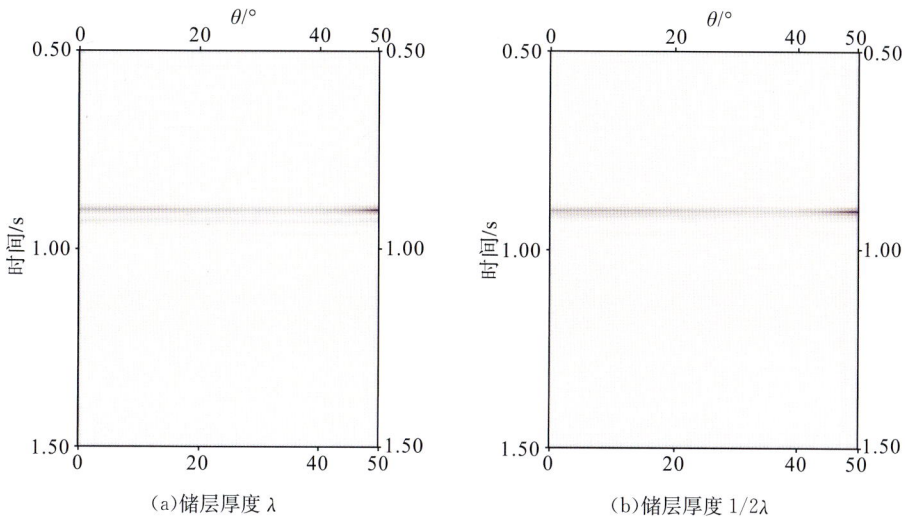

（a）储层厚度 λ　　　　　　　　　　　　（b）储层厚度 1/2λ

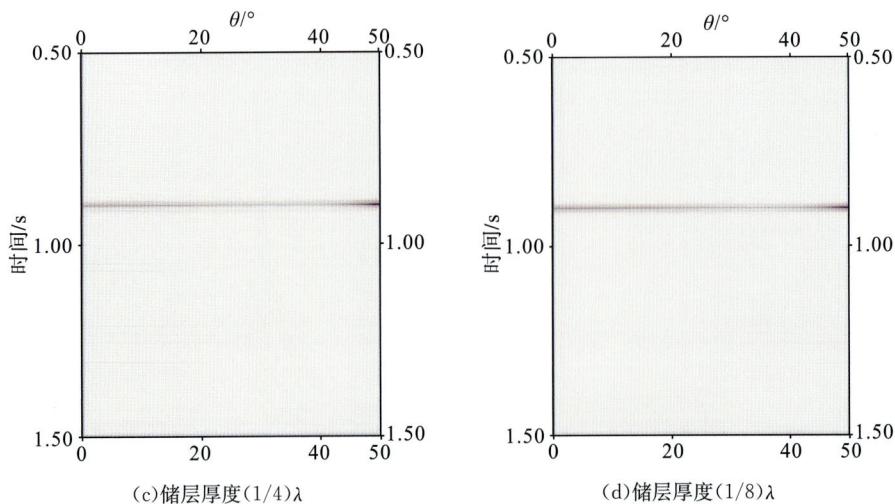

(c)储层厚度(1/4)λ　　　　　(d)储层厚度(1/8)λ

图 3-43　不同储层厚度的 AVO 数值模拟

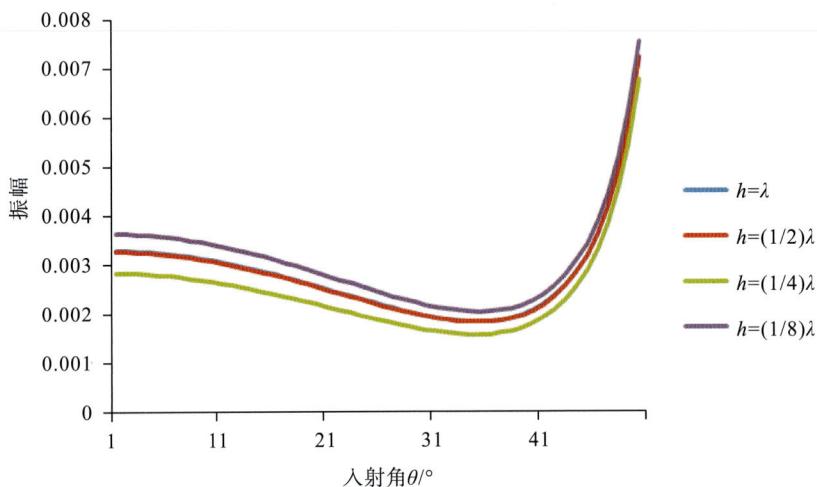

图 3-44　储层厚度对 AVO 的影响

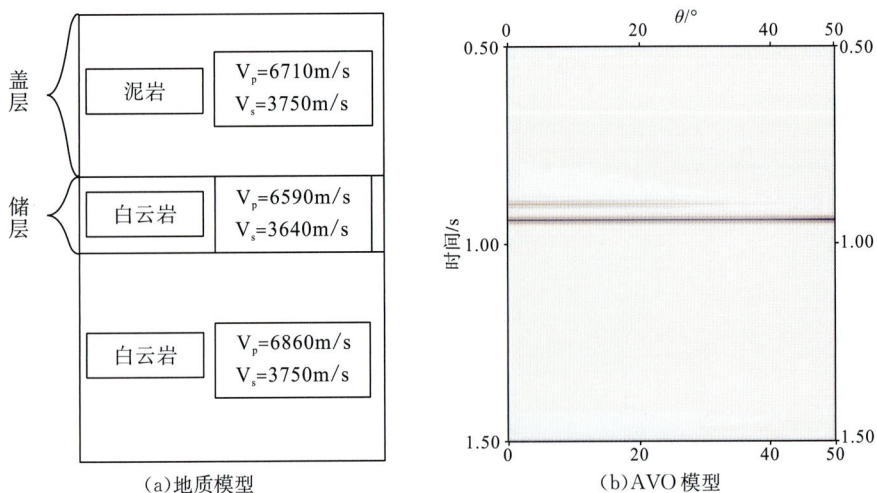

(a)地质模型　　　　　(b)AVO 模型

图 3-45　储层位于地层内部的 AVO 数值模拟

　　图 3-46 为在原始模型的基础上仅改变含水饱和度的 AVO 模型对比图，图 3-47 为与之对应的储层顶 AVO 曲线变化图。从图中可以看出，AVO 特征曲线属于第四类，垂直入射的反射系数是负的，远角道集反射系数绝对值减小。随含水饱和度的增大，AVO 曲线法线入射的反射系数增大（绝对值减小），AVO 曲线变陡。

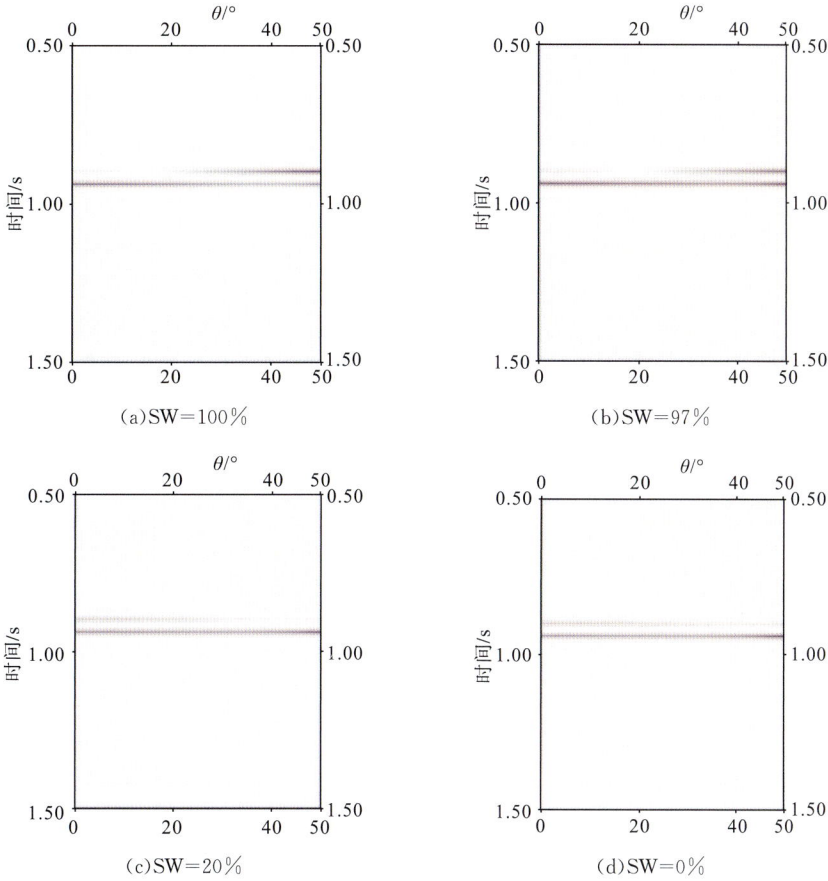

(a)SW=100%　　　　　　　　　　　(b)SW=97%

(c)SW=20%　　　　　　　　　　　(d)SW=0%

图 3-46　不同含水饱和的 AVO 数值模拟

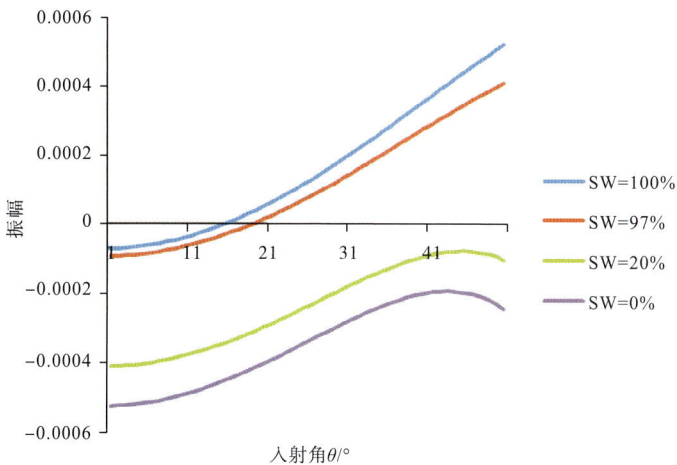

图 3-47　储层含水饱和度对 AVO 的影响

图 3-48 为在原始模型的基础上仅改变孔隙度的 AVO 模型对比图，图 3-49 为与之对应的储层顶 AVO 曲线变化图。从图中可以看出，随孔隙度增大，AVO 曲线法线入射的反射系数绝对值变大，AVO 曲线由第四类变为第三类。

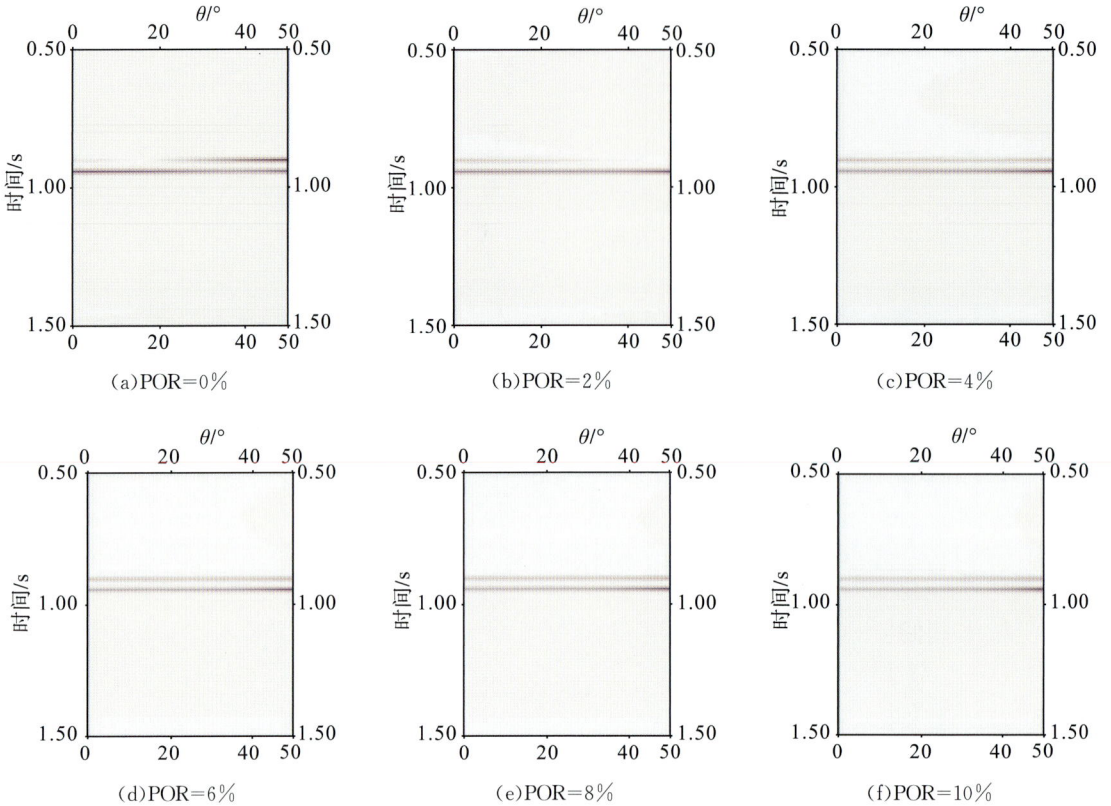

(a)POR=0%　　　　　(b)POR=2%　　　　　(c)POR=4%

(d)POR=6%　　　　　(e)POR=8%　　　　　(f)POR=10%

图 3-48　不同孔隙度的 AVO 数值模拟

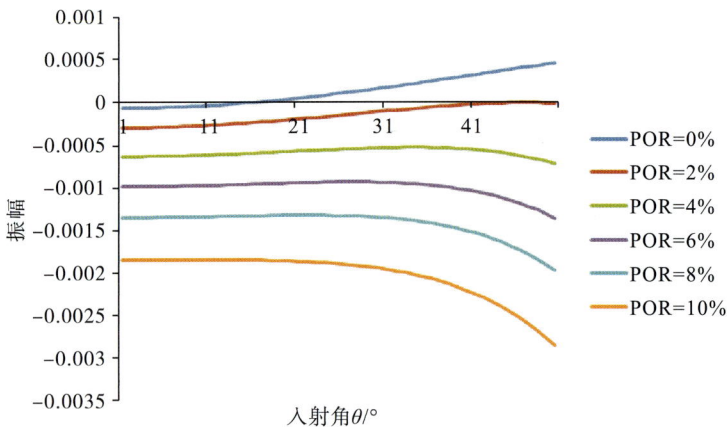

图 3-49　储层孔隙度对 AVO 的影响

图 3-50 为在原始模型的基础上仅改变储层厚度的 AVO 模型对比图，图 3-51 为与之对应的储层顶 AVO 曲线变化图。从图中可以看出，随储层厚度减小，由于薄层调谐影响，AVO 曲线在法线反射时的反射系数绝对值先增大后减小，且各条曲线陡缓相近。

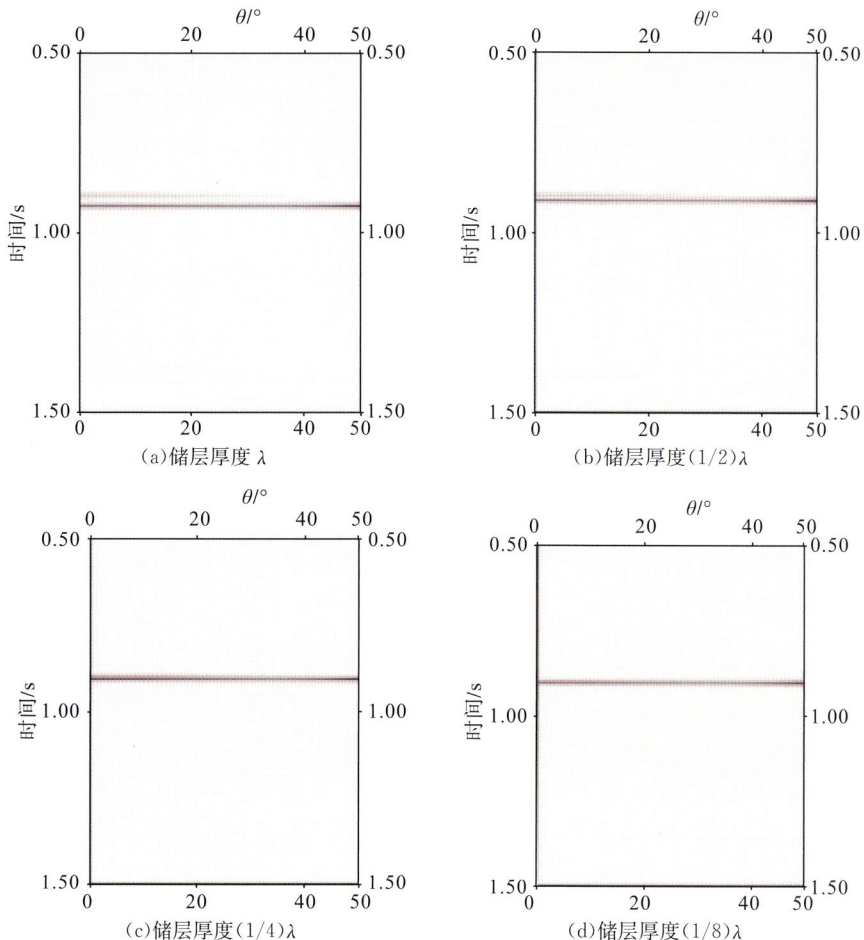

θ/°

(a)储层厚度 λ

(b)储层厚度(1/2)λ

(c)储层厚度(1/4)λ

(d)储层厚度(1/8)λ

图 3-50　不同储层厚度的 AVO 数值模拟

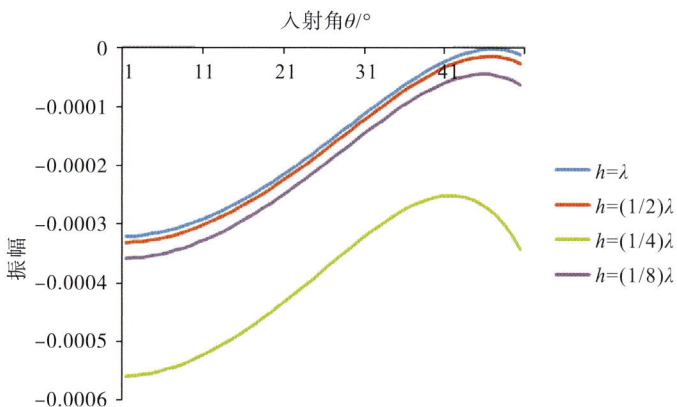

入射角θ/°

$h=\lambda$
$h=(1/2)\lambda$
$h=(1/4)\lambda$
$h=(1/8)\lambda$

振幅

图 3-51　储层厚度对 AVO 特征的影响

3）小结

上述 AVO 正演总共包括两种类型的储层：

（1）类型一为储层位于层位顶部，该储层的 AVO 特性曲线为第 I 类 AVO 曲线，反射系数为正数，临界角内随入射角增加反射系数减小，大于临界角后随入射角增加反射系数增大。随含水饱和度增大，AVO 曲线法线入射反射系数增大，远角道集 AVO 曲线变陡。随孔隙度增大，法线入射的反射系数减小，远角道集的 AVO 曲线变缓。

(2)类型二为储层位于层位内部，该储层的 AVO 特性曲线多为第四类 AVO 曲线，垂直入射的反射系数是负的，且随入射角的增大，反射系数的绝对值减小。随含水饱和度的增大，AVO 曲线法线入射的反射系数绝对值减小，AVO 曲线变陡。随孔隙度增大，AVO 曲线法线入射的反射系数绝对值变大，AVO 曲线由第四类变为第三类。随储层厚度减小，由于薄层调谐影响，AVO 曲线在法线反射时的反射系数绝对值先增大后减小，各条曲线陡缓相近。

2. 实际模型的 AVO 特征分析

1)含水饱和度的影响

为了比较含水饱和度对单层 AVO 模型的影响，首先根据 YB12 井长兴组气层进行了流体替换，所用参数和地质情况见表 3-4，气层反射振幅都随炮检距的增大而增大，并且随着含水饱和度增加，AVO 反射振幅曲线近似向零值平移(图 3-52、图 3-53)。

表 3-4　YB 地区含气饱和度地震模型参数

	原始纵波速度/(m/s)	原始横波速度/(m/s)	原始密度/(g/cm³)	孔隙度/%	含水饱和度/%	替换饱气纵波速度/(m/s)	替换饱水纵波速度/(m/s)	替换饱水密度/(g/cm³)	替换饱气密度/(g/cm³)
上覆地层	6337	3068	2.68	0.6	34.3	6343	6348	2.69	2.67
气层	5689	3063	2.53	10	11	5697	5741	2.6	2.52
下伏地层	6337	3068	2.68	0.6	34.3	6343	6349	2.69	2.67

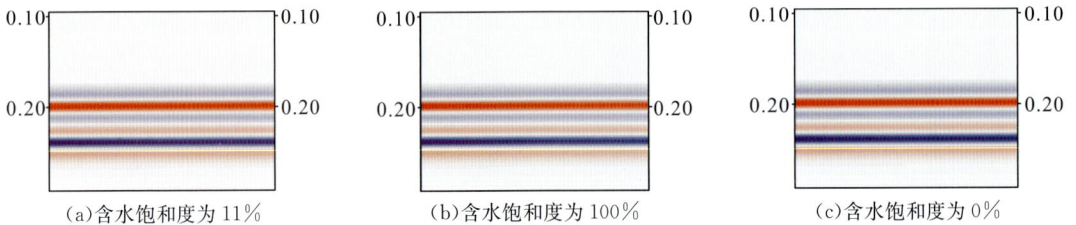

(a)含水饱和度为 11%　　(b)含水饱和度为 100%　　(c)含水饱和度为 0%

图 3-52　含水饱和度地震模型地震响应剖面

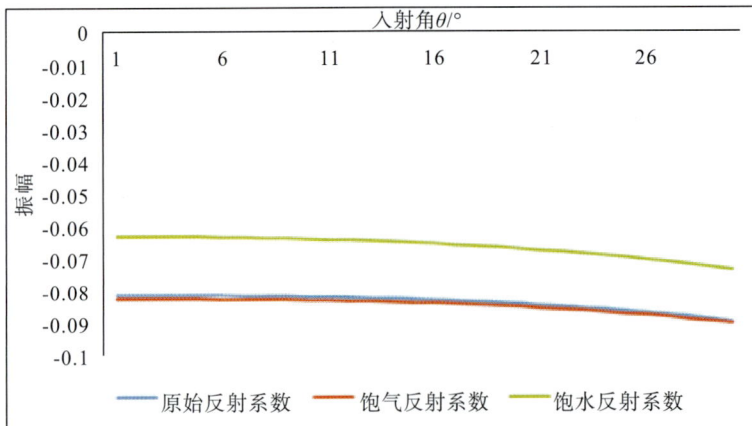

图 3-53　含水饱和度地震模型反射系数曲线

2）薄层厚度的影响

针对表 3-4 所示模型，我们改变气层厚度，分析 AVO 曲线。从图 3-54 和图 3-55 可看出：气层反射振幅都随炮检距的增大而增大，并且随着时间厚度减小到 4ms 时，界面之间产生了调谐现象，改变了原有的单层 AVO 反射特征。

3）品质因子的影响

我们仍采用表 3-4 所示模型，品质因子分别设置为 100、60、10。模拟地震剖面和 AVO 曲线见图 3-56 和图 3-57。从图中可以看出，气层反射振幅都随炮检距的增大而增大，但随着储层品质因子变小，这种特征越来越不明显。原因在于，当不考虑储层的吸收作用时，界面反射振幅都随炮检距的增大而增大，当考虑储层的吸收作用后，随炮检距的增加，地震波旅行距离增长，能量吸收更加剧烈，因此反射振幅增大不太明显甚至会出现反射振幅减弱的情况。

应用 AVO 技术寻找气藏具有一定的多解性，因为 AVO 异常反映的是低泊松比地层，而含气储层仅为低泊松比地层的一种，且泊松比的降低与含气储层的含气饱和度有关外，还受到储层厚度、薄互层的组合关系、叠前偏移精度、子波反褶积、品质因子补偿、动校正等一系列因素的影响，因此在流体性质鉴别过程中，除应用 AVO 技术外，还必须综合气层的其他反射特征和各种地质资料，进行综合判断。

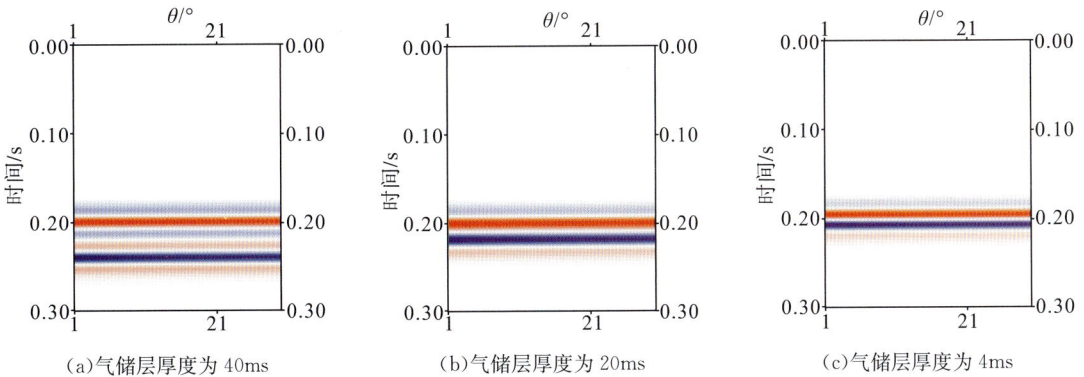

(a)气储层厚度为 40ms　　　(b)气储层厚度为 20ms　　　(c)气储层厚度为 4ms

图 3-54　储层厚度变化地震模型地震响应剖面

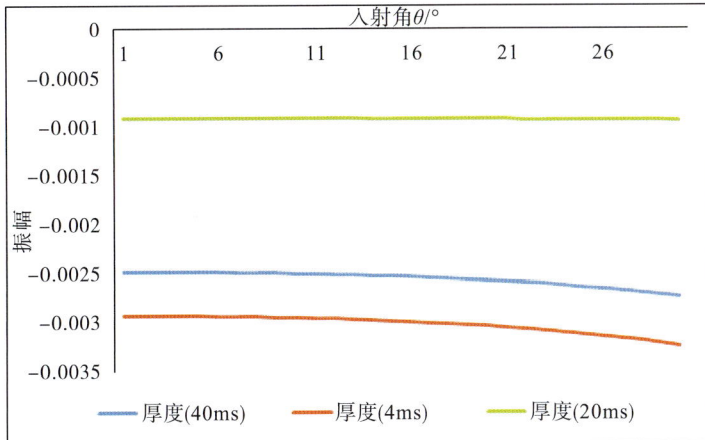

图 3-55　储层厚度变化地震模型反射系数曲线

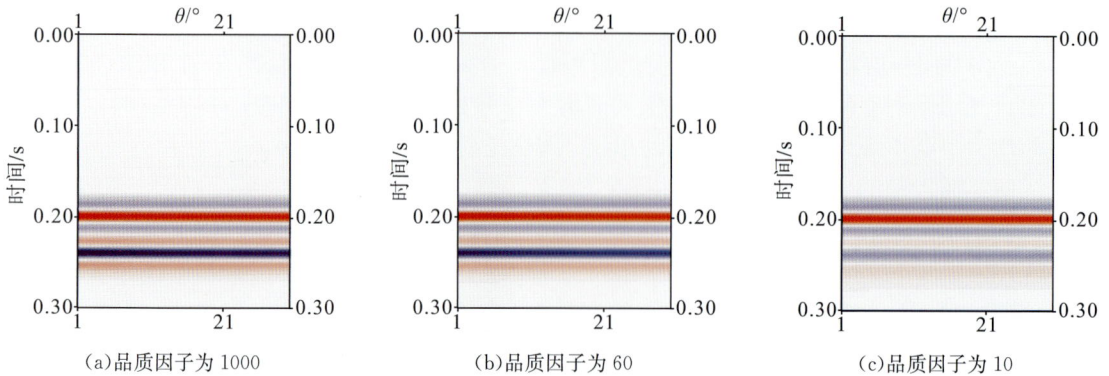

(a)品质因子为1000   (b)品质因子为60   (c)品质因子为10

图 3-56　储层品质因子变化地震模型地震响应剖面

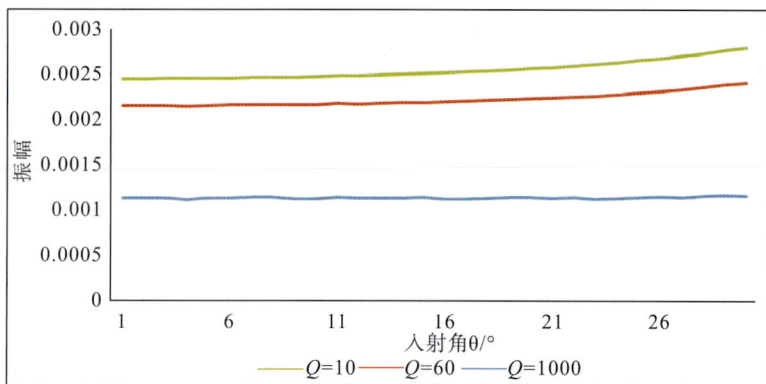

图 3-57　储层品质因子变化地震模型反射系数曲线

3.5　生物礁识别陷阱研究

从外形来看，一般的碳酸盐岩台地无独特的几何外形，但碳酸盐岩台地边缘或台内的生物礁有明显的岩隆形态。这也是识别生物礁的重要标志之一，但其他的一些地质体（如：火成岩岩隆、古潜山等）具有与生物礁类似的一些特征。那么，如何区分这些地质体与生物礁呢？我们结合实际剖面来总结出一些地震响应特征差异。

3.5.1　与火成岩岩隆的差别

1. 实际剖面差异

火成岩岩隆的许多地震反射特征都与礁相似，如顶界面具强反射、两翼有上超反射结构、内部呈杂乱反射、外形呈凸起状且上部地层具披覆现象等，确实难以区分。但其底界面总会留下火成岩侵入或喷发的通道，这种通道可大可小，有的只有一个，有的可能有几个，有的与基底断裂有关，有的下部呈漏斗状，这类通道不仅破坏了火成岩体底界面的反射连续性，也破坏了其下伏沉积层反射相位的连续性，与某些礁体底界面具有很好的连续性有着根本的区别。

图 3-58 为珠江口盆地地震剖面图，该区 HZ33-1-1 井钻遇生物礁。图 3-59 为某区过

井地震剖面图，该区 YL7 井钻遇火成岩，从两图来看，最大区别在于从图 3-59 中可清楚地看到火成岩上升通道。

2. 解释错误实例

图 3-60 为 BY7-1 地震剖面。从该剖面形态来看。蓝色充填部分有较明显的生物礁特征，但钻探结果却出人意料，该层段钻遇火成岩(其中夹十层生物灰岩)。

究其判断失误的原因，有以下几点：

(1)底面反射相位连续性不好，有几处相位发生错断，可能就是火山喷发的通道。

(2)该区沉积环境未搞清楚。

(3)忽略了火山活动的干扰。

(4)火山凝灰岩与灰岩速度虽有差异，但差异不大。

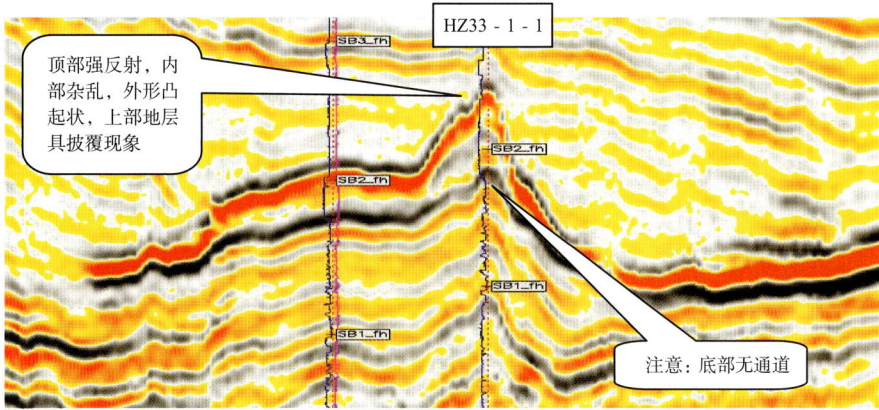

图 3-58　珠江口盆地地震剖面图

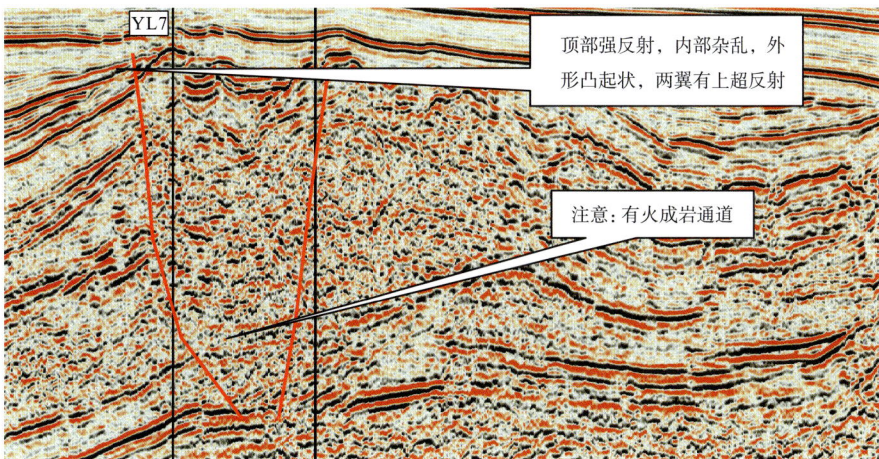

图 3-59　某区地震剖面图

图 3-60　BY7-1 构造的地震剖面

3.火成岩的数值模拟

在火成岩充填区，由于同相轴杂乱，火成岩上升通道可能并不清楚。但由于火成岩冷却时不同位置收缩程度不一致，火成岩分布中心火成岩体积大，冷却时收缩明显，因此呈下凹现象。为验证这一现象，我们取 BY6-1 井区某实际剖面进行了数值模拟（见图 3-61），其中模型的速度参数来自 BY6-1-1 井，模型的构造型态参照实际剖面及蚂蚁追踪结果。图 3-61(c)的模拟剖面与图 3-61(a)的实际记录非常相似，证实了猜测模型是合理的，同时也验证了上述地震响应特征是存在的。

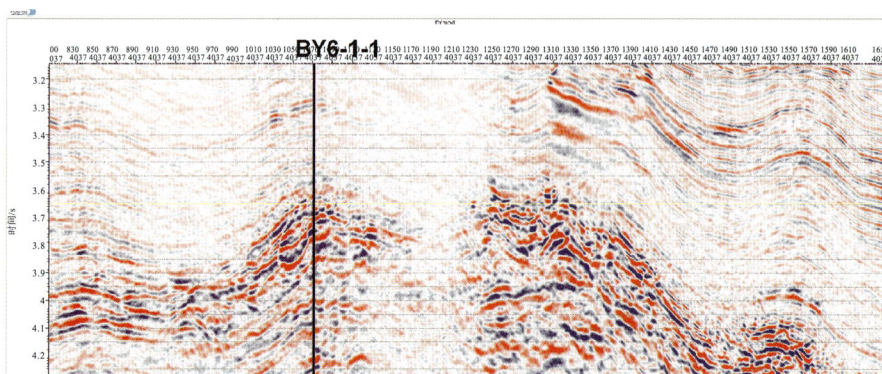

（a）原始过井剖面

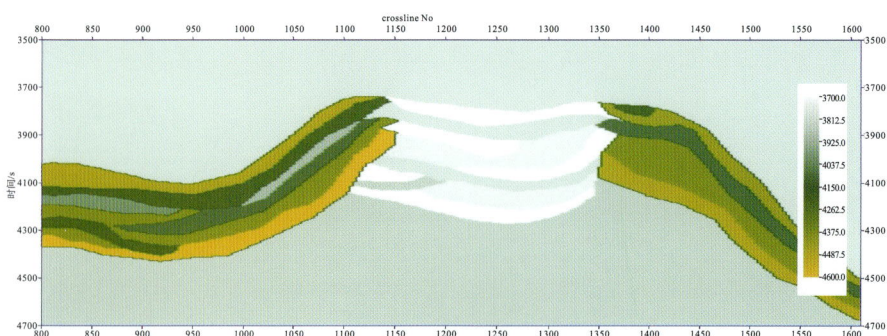

（b）速度模型

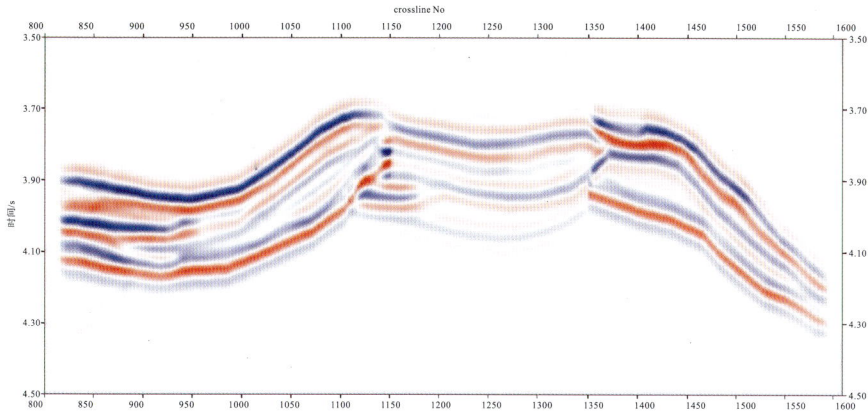

(c)数值模拟剖面

图 3-61　火成岩地震数值模拟

3.5.2　与其他地质体地震响应特征差异

1. 与泥岩刺穿的差别

泥岩刺穿有与礁反射特征相似之处：外形呈隆起状，上覆沉积有披覆现象，两侧上超，但它没有底界面，顶面也缺乏连续完整的反射相位。这是与礁的反射特征有明显区别之处(见图 3-62)。

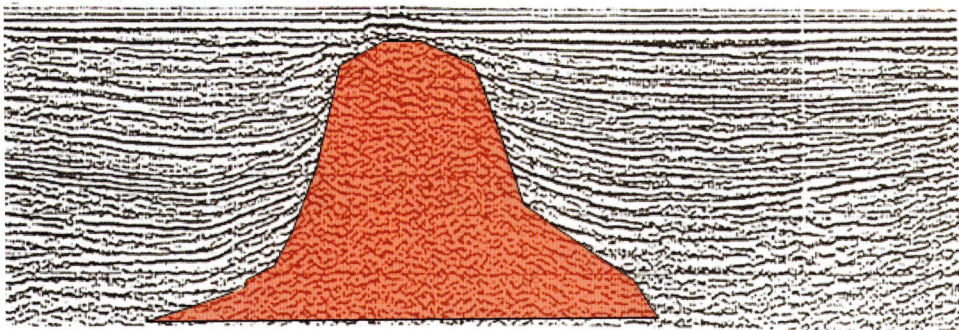

图 3-62　珠江口盆地泥岩刺穿现象(胡平忠，1996)

2. 与古潜山的差别

古潜山的外貌也呈凸起状，两侧也有上超反射结构，内部也具有杂乱反射特征，顶部也有披覆现象，顶界面为强振幅连续反射，这些特征与礁的反射特征均相似，但古潜山没有底界面，而且其顶界面常为平行的双相位，只要在较大范围内追踪对比，就能与生物礁区分(见图 3-63)。

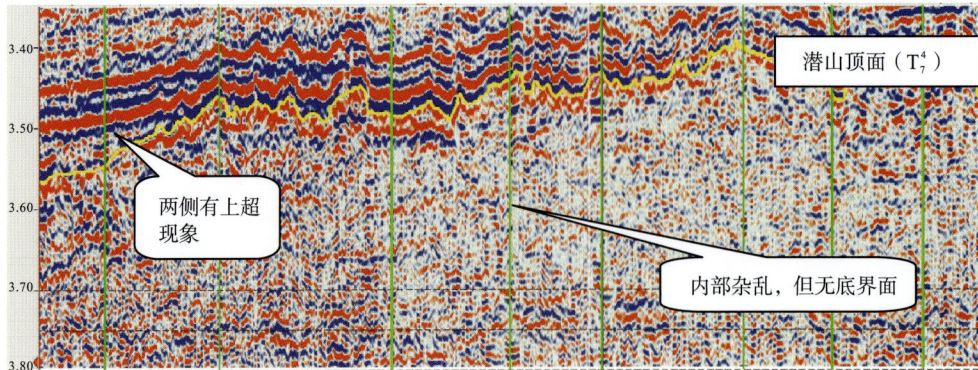

图 3-63　某区连井地震剖面

该区奥陶系古潜山(图中黄线为潜山顶部)内部储层发育

3.6　礁滩相带地震资料的特点及进行储层预测需注意的问题

3.6.1　地震同相轴的对比

礁滩相带地震资料能量变化大,同相轴杂乱,连续性不强。因此层位对比追踪存在一定的困难,但该项工作又是进行储层预测的基础。为此,我们提出了以下解决方案。

1.借助相位剖面进行层位对比

相位受能量影响较小,因此在振幅弱的地方可能上下层的相位差异仍然比较明显。如图 3-64 所示,(a)图为振幅剖面,剖面上箭头所指位置振幅较弱,连续性不强,不易追踪;而在(b)图(相位剖面)上该处同相轴连续性好,可以追踪。

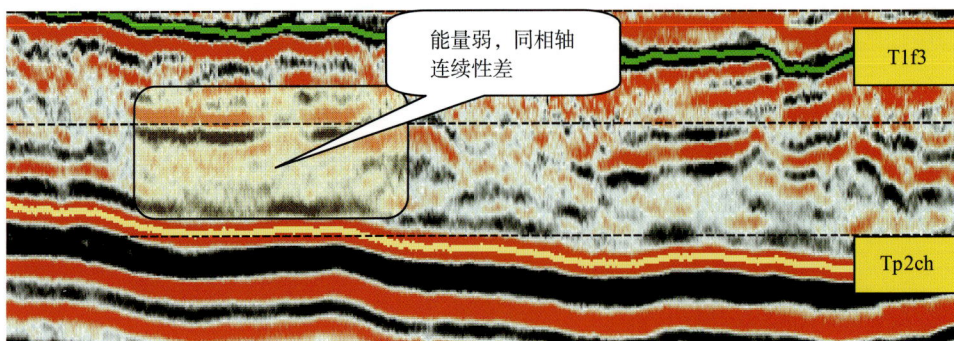

(a)振幅剖面

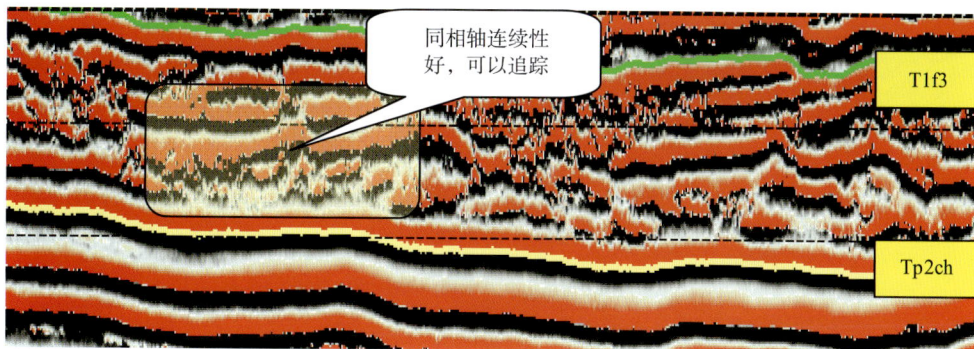

（b）相位剖面

图 3-64 某区振幅剖面及相位剖面对比

2.多剖面相互对比或三维显示

我们可以多条剖面相互对比或进行三维显示，从而从宏观上把握生物礁的形态。我们称此方法为生物礁的三维地震成像。根据生物礁的地震反射特征和反射波波组关系等特征，鉴于台地边缘礁一般具有一定规模，可多条剖面对比追踪，以提高层位对比的可靠性。如图 3-65（a）～图 3-65（d）黄圈所示，Xline1015 线黄圈内看不到生物礁，Xline1005 线生物礁隐约可见，Xline995、Xline985 可清楚看到生物礁轮廓。

三维立体显示也有助于从宏观上识别生物礁，从而进行精细的层位追踪，图 3-66 为 Yb1 井附近的生物礁，箭头所指位置即为生物礁。

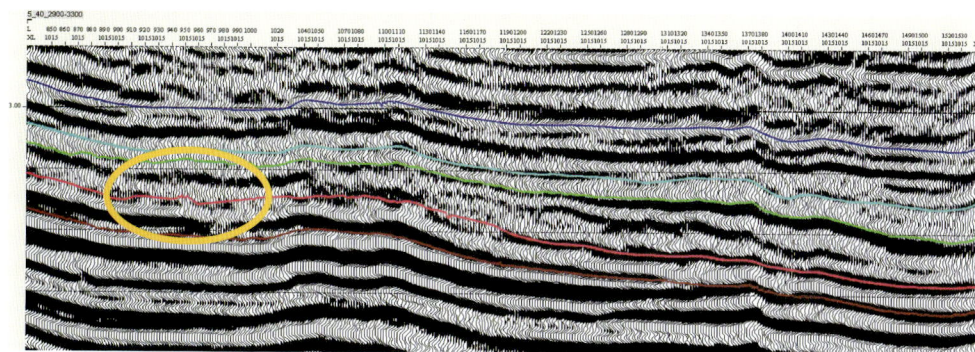

（a）Xline1015

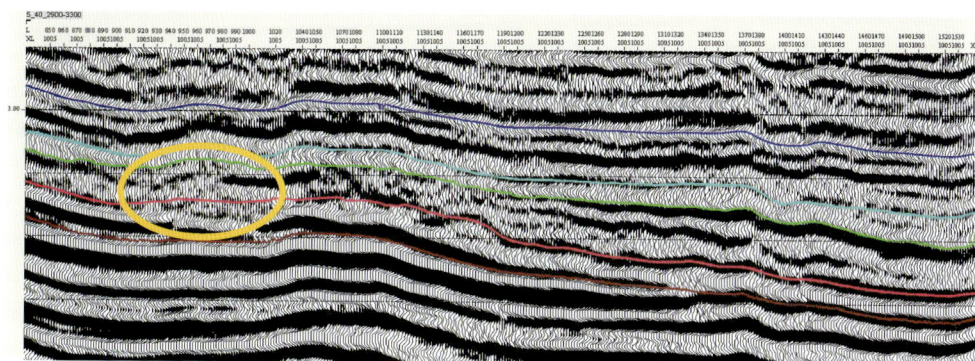

（b）Xline1005

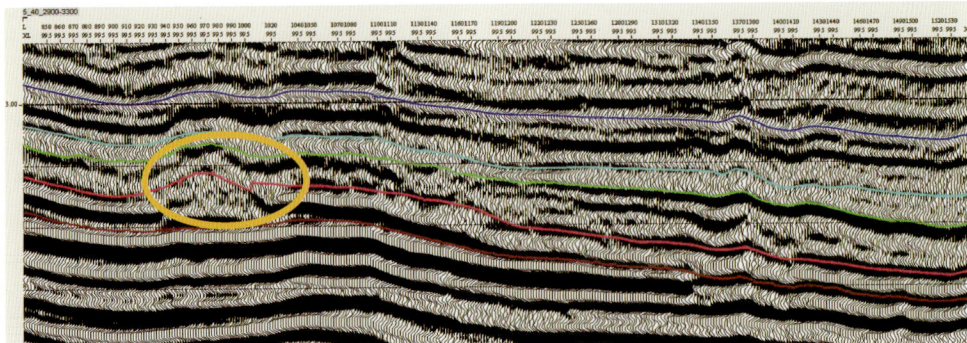

(c)Xline995

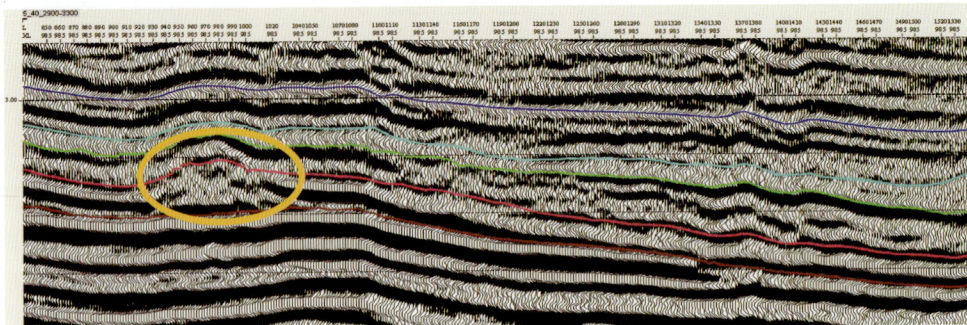

(d)Xline985

图 3-65　研究区东西向地震剖面

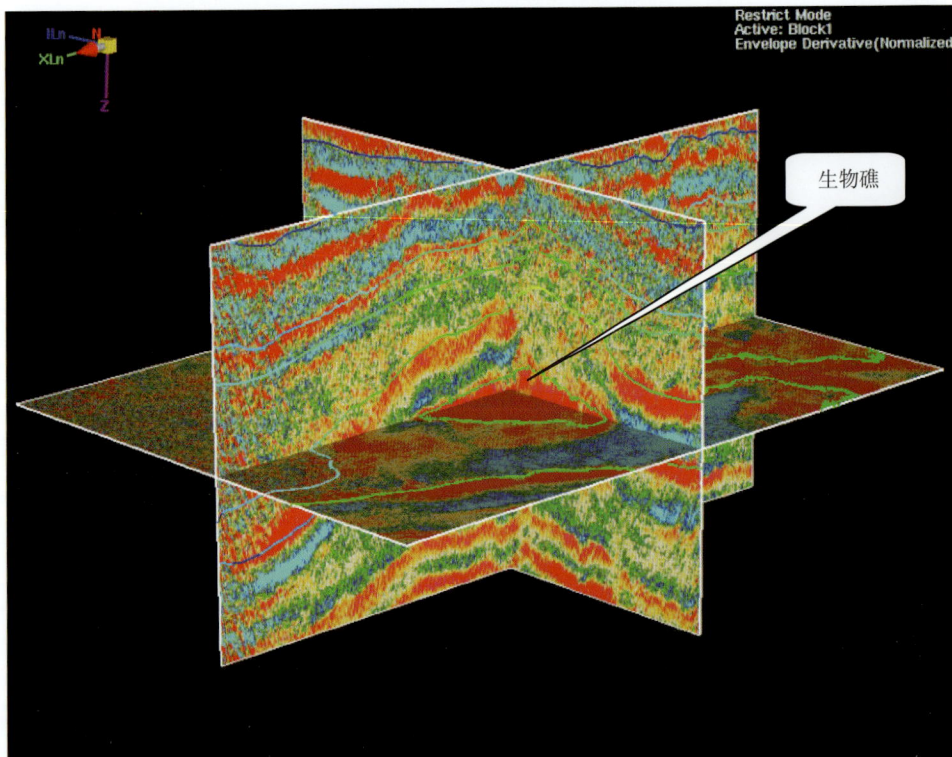

图 3-66　生物礁的立体显示

3. 沿底拉平观察生物礁的丘状形态

生物礁主体一般呈岩隆形态，由于后期构造作用的影响，往往会扭曲生物礁的丘状形态。沿底拉平后有利于观察生物礁外部形态。图 3-67 为沿长兴底层拉平后的剖面，从图中可以看出生物礁位置的厚度明显厚于两侧，丘状形态明显，有利于层位的对比。

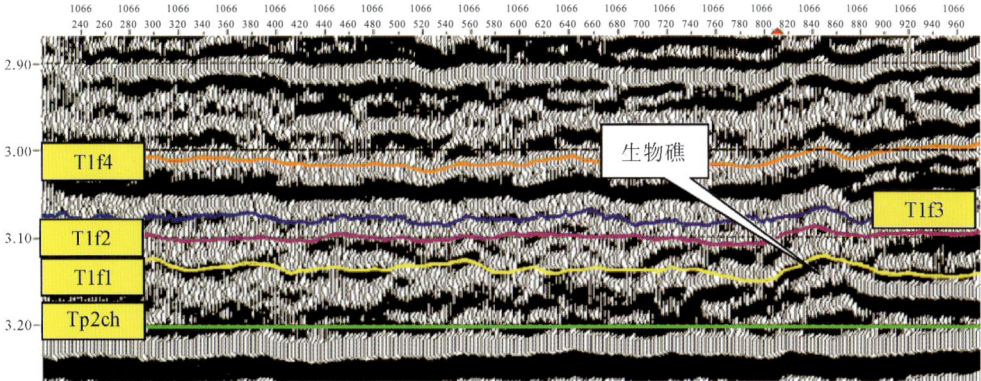

图 3-67 沿长兴底层拉平后剖面

3.6.2 古地貌恢复及礁滩复合体空间分布预测

相带分布与古地貌有密切的联系。利用以上的对比方法，对长兴组顶底和生物礁及礁滩复合体的顶底进行了精细对比。并据此进行了古地貌恢复。古地貌恢复常用的方法有残余厚度法和标准层法，残余厚度法是运用不整合面上覆层地层厚度与侵蚀面起伏的镜像关系反映古地貌的大致形态。标准层法是运用两个标准层之间的厚度差反映古地貌的形态。本项研究采取前一种方法。鉴于飞四底同相轴能量较强，全区易于连续追踪，因此采用下面各层沿飞四底拉平的方法来恢复各时期的古地貌。

图 3-68(a) 为 YB 区沿飞四底层拉平后长兴顶 t_0 图，从图中可以看出，黑色虚线位置位于古地貌较高位置。图中 Yb1 井位于黑色虚线外侧，而 Yb_c1 井位于黑色虚线内侧。实钻 Yb1 井钻遇斜坡相而 Yb_c1 井钻遇台缘礁滩相。其他已钻井（Yb101、Yb102、Yb12 井）均钻遇台缘礁滩相，其中 Yb101、Yb102 井以生物礁为主，而 Yb12 井以台内滩为主。证明黑色虚线所示范围即为台缘礁滩分布范围。由于台缘礁滩的生长位置位于浅水环境，并有岩隆外形，因此台缘礁滩顶部的古地貌较高，接近于开阔台地的高度。这一点在图 3-68(a) 中显示得很清楚。图 3-68(b) 为沿飞四底层拉平后飞三顶 t_0 图，与图 3-68(a) 比较，可发现飞三顶的起伏幅度（50ms）比长兴顶起伏幅度（100ms）小得多，说明飞仙关组有填平补齐的趋势，且台地边缘有向海一侧迁移的趋势。

图 3-69 为长兴组生物礁及礁滩复合体厚度图，图中生物礁（图中红黄色丘状隆起）及礁后台内滩形态明显。

图 3-70 为沿龙潭低层拉平后长兴底的 t_0 图，图中潮道（图中鲜绿色细条）清楚。这些潮道可能是涨潮或落潮时海水的通道，为高能水环境。潮道宏观上垂直于海岸线。

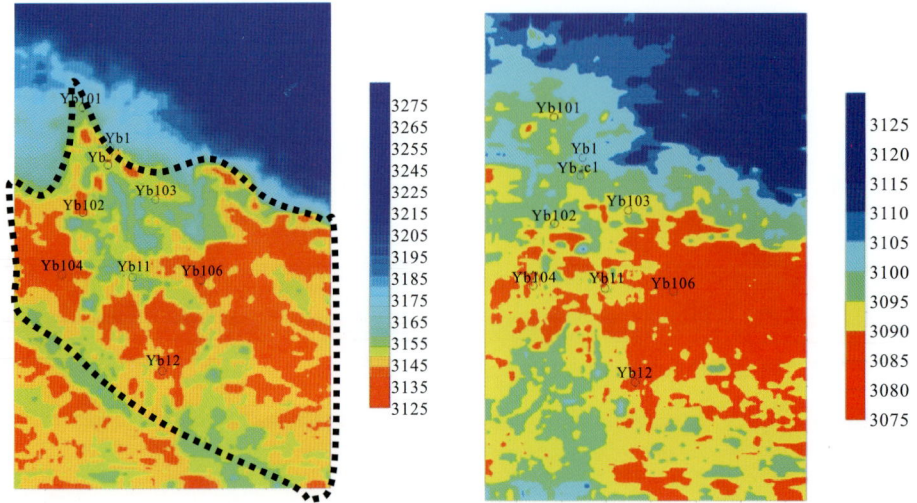

(a)长兴顶 t_0 图　　　　　　　　　　(b)飞三顶 t_0 图

图 3-68　沿飞四底层拉平后各层 t_0 图

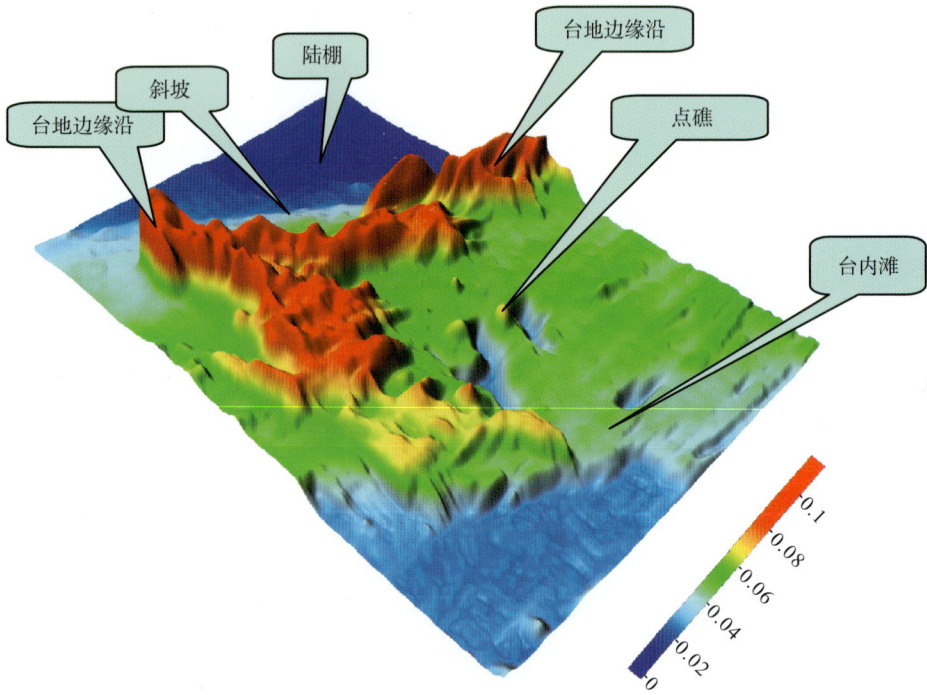

图 3-69　根据三维地震资料绘制的生物礁的空间展布图

该生物礁在二叠系长兴组地层中，现今埋深大于 6000 m。较大的台地边缘礁，

其高度有时可达 300 m 以上，延伸 10 余千米。

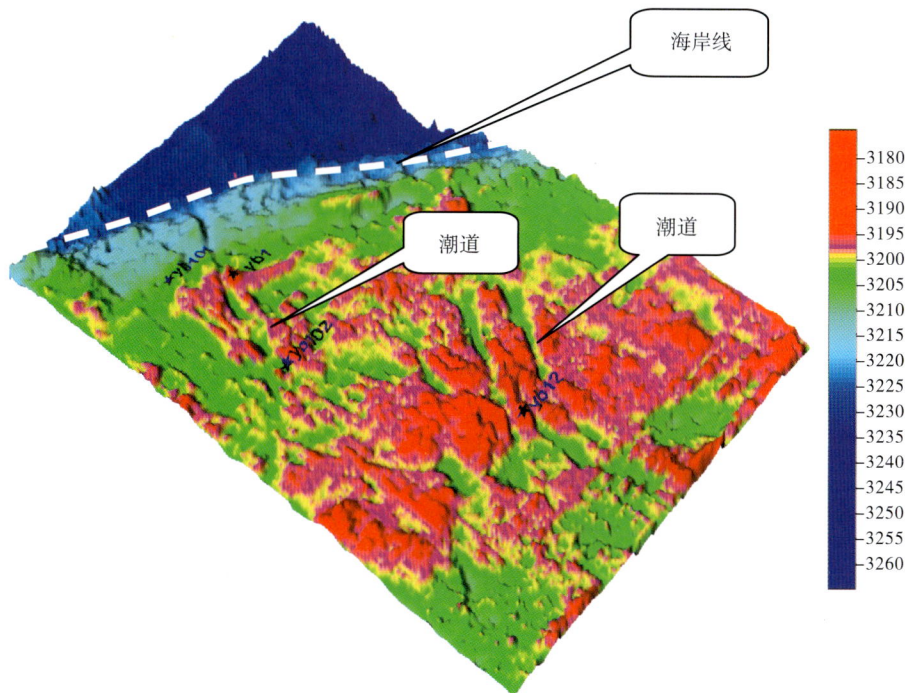

图 3-70　沿龙潭低层拉平后长兴底的 t_0 图

3.6.3　地震低频信息的充分利用

由于礁滩储层内部非均质性较强，地震波的主频较低，尤其高频成分吸收衰减严重，影响了地震分辨率。为此，需更加注意保护地震波低频成分，以便获得尽可能高的分辨率。为说明低频成分对分辨率的影响，以下给出了某区不同频带资料反演结果的比较。

研究区位于珠江口盆地东沙隆起，南海北部大陆架南缘。如图 3-71 所示为研究区的时间构造图，沉积相带大致从东到西为开阔台地-台地边缘陆棚(图 3-71 中橘色线为台地边缘与斜坡的大致分界线)。台地边缘为储层最有利的发育相带，发育大规模碳酸盐岩沉积，并有礁灰岩发育，发现了一批生物礁和礁滩复合型油藏，储量巨大。研究区内有 ZJ28、ZJ34 两口井(黑色圆圈)，ZJ28 位于台地边缘相带的西北角，ZJ34 位于礁后的台地或泻湖。本书针对这一工区不同时期采集的不同品质的地震数据进行了波阻抗反演，并比较了两个反演结果的差异。

如图 3-72 所示，ZJNew 勘探数据(对应红线)比 ZJOld 勘探数据(对应蓝线)有更多的低频成分。

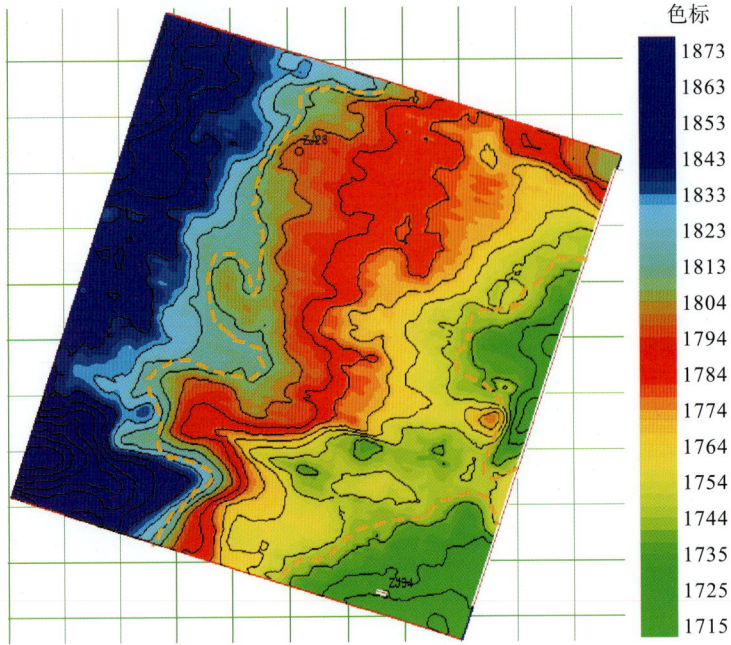

图 3-71   研究区时间构造图(胡平忠,1996)
图中包含相带分界线(橘色)。两口井(黑色圆圈),用于波阻抗反演。

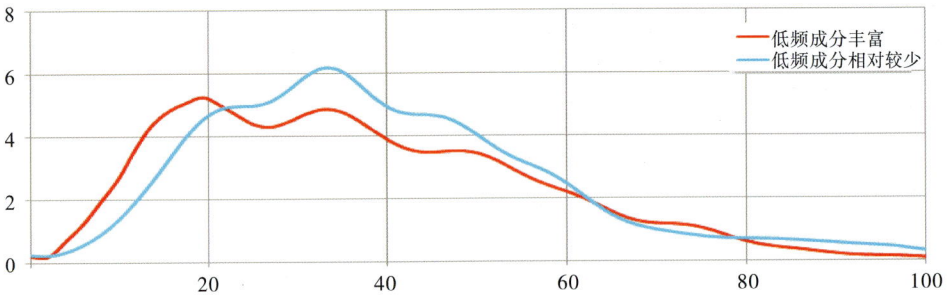

图 3-72   ZJNew 勘探数据(对应红线)与 ZJOld 勘探数据(对应蓝线)频谱比较

图 3-73 所示为过井 ZJ34 的反演阻抗剖面。从图上看,ZJOld 资料的反演结果分出许多薄层,而 ZJNew 资料的反演结果分出的薄层较少,都是大套厚层。如图中黑线所圈区域所示,在碳酸盐岩顶和底之间出现厚度较大的低阻体(红色区域),和井曲线(图 3-73 右侧显示)吻合。通常情况下,人们会认为地震剖面(或属性、反演剖面)显示的层越薄,分辨率越高,但判定分辨率高低的标准应该是已钻井的井资料。通过比较反演结果与已钻井的测井曲线,我们可以发现,ZJNew 的反演结果和测井曲线吻合程度更高,即 ZJNew 的反演结果对地层分辨率更强,而利用 ZJOld 反演出的许多薄层是假象,即实际并不存在。因此含低频信息较丰富的 ZJNew 的阻抗体比 ZJOld 能更好地反映地层的实际规律,具有更高的分辨率。

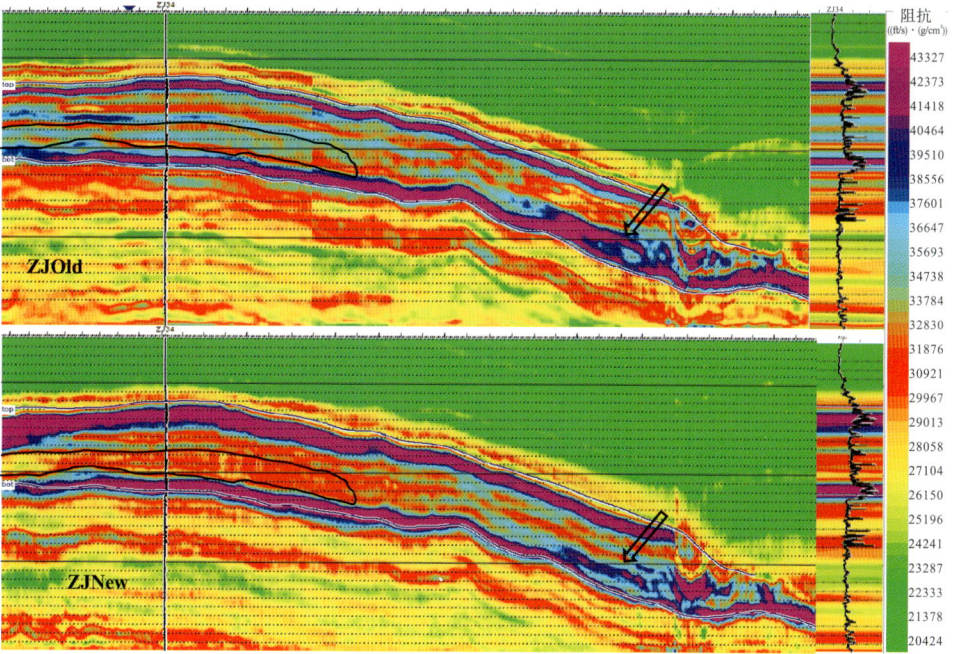

图 3-73 同一工区不同数据体过井 ZJ34 的波阻抗剖面图

黑色框圈内为低阻储层，在 ZJOld 内出现一不连续高阻层，ZJNew 为匀质低阻储层；
在箭头所指位置可以看出 ZJNew 比 ZJOld 能更好地识别储层，具有更高的分辨率

第4章 礁滩储层预测的地震方法

4.1 多属性的提取与优化

4.1.1 属性的概念、分类与提取方式

1. 属性的概念及分类

地震属性可分为"狭义地震属性"和"广义地震属性"。狭义地震属性是指那些由地震数据或者是由地震数据产生的其他数据(如波阻抗)经过数学变换而导出的能够反映地震波几何学、动力学、运动学以及统计学特性信息的综合特征参数,其中没有其他类型数据的介入。而广义地震属性则指有测井等数据参与下的地震属性。广义地震属性使地震属性对储层的预测走向定量化。通过属性解释能够获得许多有关地层、断层、裂缝、岩性和相带变化的重要特征信息,可广泛应用于地震构造解释、地层分析、油藏特征描述以及油藏动态检测等领域。

对于属性的分类,目前还没有公认的地震属性分类方法,很难建立一个完整的地震属性列表。但是很多学者进行了归纳,如 Taner 等对地震属性进行了归纳整理,并将其划分为几何属性与物理属性两大类。几何属性或反射特征,用于地震地层学、层序地层学及断层与构造解释,物理属性用于岩性及储层特征解释。Brown 将地震属性分为四类:时间属性、振幅属性、频率属性和吸收衰减属性。其中,源于时间的属性提供构造信息;源于振幅的属性提供地层与储层信息;源于频率的属性提供储层信息;吸收衰减属性可能提供渗透率信息。Chen 则以运动学与动力学为基础把地震属性分成振幅、频率、相位、能量波形、衰减、相关、比值等几类。他还提出了按地震属性功能的分类方案,即把地震属性分为与亮点和暗点、不整合圈闭和断块隆起、油气方位异常、薄储层、地层不连续、石灰岩储层与碎屑岩储层、构造不连续、岩性尖灭有关的属性。此外,为便于地震属性计算,按属性目标进行分类,可分为剖面属性、层位属性与数据体属性。剖面属性通常是瞬时属性或某些特殊处理结果,如速度或波阻抗反演结果等。层位属性是沿层面求取的,它提供了层位界面或两个界面之间的信息变化。基于数据体的属性是从三维地震数据体推导出的属性数据体。本书主要针对礁滩储层常用的几种属性,如振幅、频率、相位、曲率等进行了讨论。

2. 属性的提取方式

1)属性体、属性剖面

这类属性是按剖面(或体)处理的,是一个剖面文件(或体文件),属性值对应空间位

置，即(x、y、t_0、属性值)，可以用于常规地震剖面的方式显示与使用，常用的属性有：相干体(方差体、相似体等)、波阻抗、道积分数据体、经希尔伯特变换得到的瞬时属性体、倾角、倾向数据体等，这些属性体可以直接应用于解释，也可以用解释层位提取出来转变为属性层。

2)沿层地震属性

沿层地震属性是以解释层位为基础，在地震数据体(剖面)中提取的属性，它的数值对应一个层位或一套地层，每个属性值对应一个 x、y 坐标。提取方式有两类：沿一个解释层开一个常数时窗，在此时窗内提取地震属性，提取方式有 4 种(图 4-1(a))。用两个解释层提取某一段地层对应的地震属性，提取方式也有 4 种(图 4-1(b))。

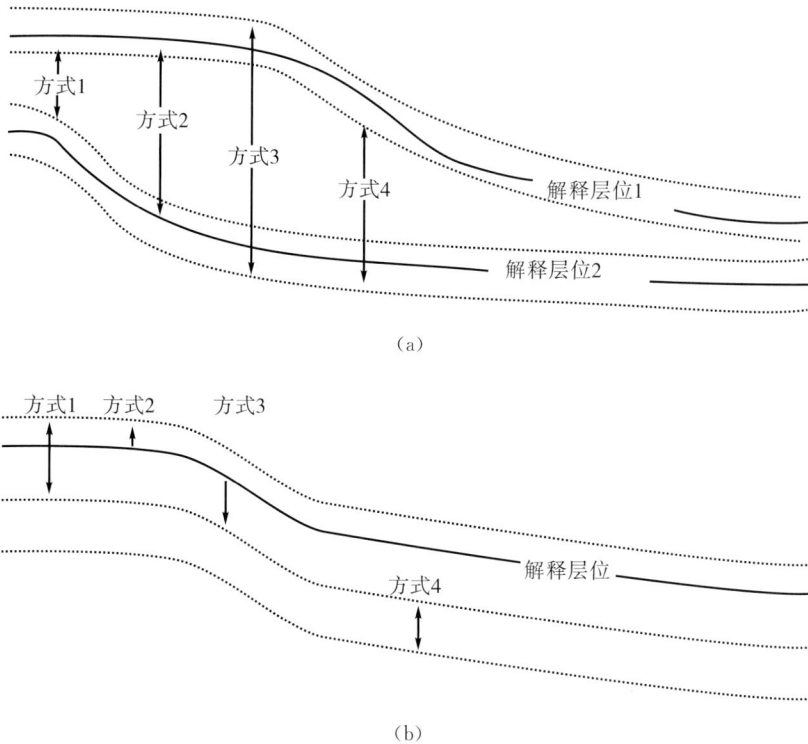

(a)

(b)

图 4-1　沿层地震属性提取方式示意图

地震属性提取时要注意选取合理的时窗，时窗开得过大，包含不必要的信息；开得过小，则会出现截断现象，丢失有效成分。一般来说，时窗选取应遵循以下准则：

(1)当目的层段厚度较大时：①如果能够准确追踪顶底界面，则用顶底界面限定时窗，提取层间各种地震信息；②如果只能准确追踪顶界面，则以顶界面限定时窗上限(作为时窗的起点)，以目的层时间厚度作为时窗长度，以各道均包含目的层又尽可能少包含非目的层信息为准；③如果只能准确追踪底界面，则以底界面限定时窗下限，以目的层时间厚度作为时窗长度，以各道均包含目的层又尽可能少包含非目的层信息为准；④如果不能准确追踪顶底界面，可以以某一标准层的走势为约束，在有井钻探的地区，可根据井对应的目的层的顶、底时间作为时窗起点和终点，以时间厚度作为时窗长度；在没有钻探的新区，时窗的选取凭借解释人员的经验，以尽可能少包含非目的层信息为准；

（2）当目的层为薄层时：因目的层的各种地质信息基本上集中反映在目的层顶界面的地震响应中，因此，时窗的选取应以目的层顶界面限定时窗上限，时窗长度尽可能小。

（3）在微断层解释中：主要是利用目的层顶界面地震信息，因此，应以提取目的层顶界面地震信息为主，时窗长度尽可能小，以尽可能少包含非目的层界面信息为准；

另外在地震属性提取时，由于可用于隐蔽油气藏预测的地震属性类型多、数据量大、属性之间量纲不一、数值量级差别大，数值量小的地震属性往往被数值量大的地震属性淹没，以及存在一些离群的异常数值等问题，在做属性分析之前，必须对地震属性参数进行规格化、平滑等预处理。

4.1.2 振幅类属性

地震反射波的振幅与上、下层的波阻抗差异有关，生物礁滩与围岩之间存在速度、密度的差异，当生物礁滩受到白云岩化作用或含油气后，这种差异会突出或减弱，使得礁滩顶部或内部的地震反射波振幅发生变化。因此，我们可以利用这些变化识别生物礁滩的含油气情况。图 4-2 为 YB1 井区长兴顶部总能量分布图，图中 Yb1 是直井在长兴组的位置，而 Yb_c1 是侧 1 井在长兴组的位置。实钻侧 1 井有良好油气显示，而直井油气显示较差。在图 4-2 中 Yb_c1 处于能量相对较弱位置。

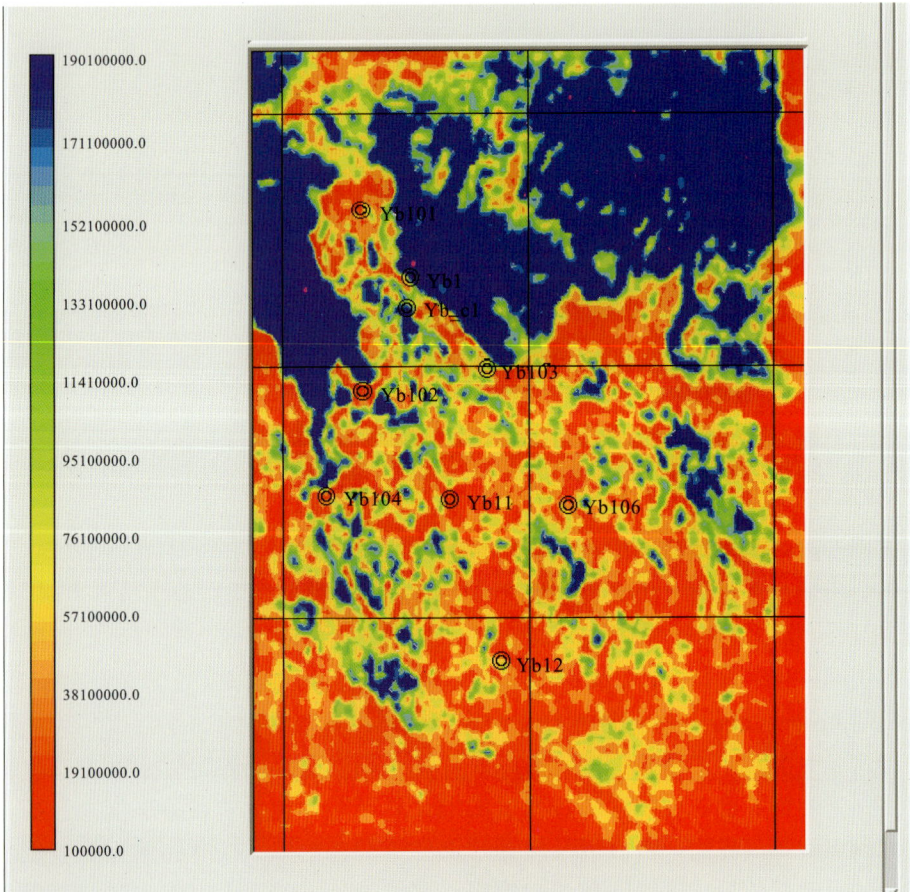

图 4-2　YB1 井区长兴顶部总能量分布图

图 4-3 是利用均方根振幅地震属性分析技术对川东北 HCL 三维地震勘探区鲕粒滩储层的预测结果。该区飞四段发育云岩与硬石膏,当下部的飞三段的鲕粒灰岩含气时,地震波的速度和岩石密度减小,与围岩波阻抗差异增大,表现为强振幅。对应图右上角。

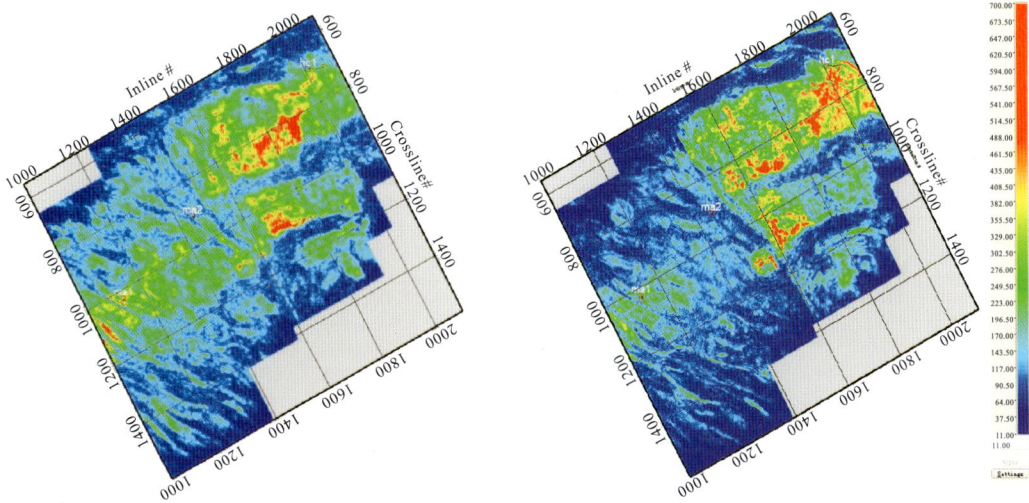

图 4-3　HCL 三维区飞四向下 0~40ms(左)和 40~80ms(右)均方根振幅地震属性图

4.1.3　相位、频率类属性

地震波的频率是反映油气的一个重要标志。由于地层的吸收作用,地震波的频谱随着传播距离的增加,低频成分相对丰富。储集层孔隙中充填了流体或气体会增大地层的衰减系数。因此当地震波通过含油气储层后,地震波主频往往会有更加明显的降低。地震波的瞬时频率、平均频率、中心频率、全频谱等的频率信息可用来判断岩性变化及油气的存在。通常反映在频率类属性上为负异常属性。这种频率在空间的变化是指示油气藏存在的重要地震属性。相位与油气无直接关系,但相位的突然变化往往反映了异常带的边界,因此相位可用来指示相变线或礁滩复合体的边界。

图 4-4 为川东北 YB1 井区长兴组地层顶面的沿层主相位图,图中较好地显示了礁滩复合体的边界(图中箭头所示)。

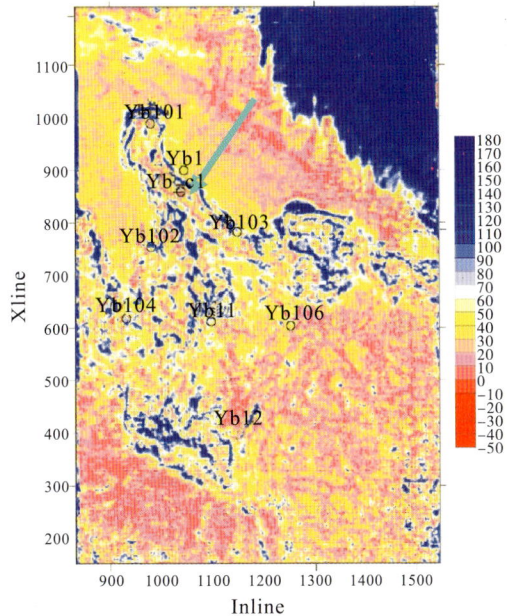

图 4-4　YB1 井区长兴顶主相位

4.1.4 曲率属性

从数学意义上来看，地震属性是对地震资料的几何学、运动学、动力学及统计学特征的一种测量和描述；从地震属性的提取过程来看，地震属性实际上是对地震数据进行分解，每一个地震属性都是地震数据的一个子集；从地球物理学的角度来看，地震属性是地震数据中反映不同地质信息的子集，是刻画、描述地层结构、岩性及物性等地质信息的地震特征量，因此地震属性在油藏识别和储层预测中扮演着重要的角色。曲率属性作为地震属性中几何属性的一种，近年来在构造识别和解释上得到了迅速的发展和应用。曲率属性描述的是地震数据体的几何变化，与地震反射体的弯曲程度相对应，对地层弯曲、褶皱和裂缝、断层等反应敏感，是用于寻找地质体构造特征的有效手段。礁滩储层尤其生物礁储层因具有独特的几何外形，使得曲率属性在礁滩储层的检测中有一定的作用。

1. 曲率属性的概念及物理意义

曲率是曲线的二维性质，用于描述曲线上任意一点的弯曲程度，其在数学上可表示为曲线上某点的角度与弧长变化率之比，也可表示成该点的二阶微分形式，如式(4-1)和图 4-5 所示：

$$K = \frac{\mathrm{d}\omega}{\mathrm{d}s} = \frac{2\pi}{2\pi R} = \frac{1}{R} = \frac{\left| \mathrm{d}^2 y / \mathrm{d} x^2 \right|}{(1 + (\mathrm{d}y/\mathrm{d}x)^2)^{3/2}} \tag{4-1}$$

当地层为水平层或斜平层时定义曲率为零，背斜时为正，向斜时为负，如图 4-6。

在三维空间中，任意点 P 的曲率可以通过周围各点拟合而成的空间曲面计算出来，如图 4-7 所示，其中 K_1、K_2 为相互正交的法曲率。在同一曲面上可以定义不同的曲率属性，将不同的曲率属性进行组合可以进行局部形态检测，由此便可以将曲率的数学概念与实际的地质构造联系起来。如图 4-8 所示为应用最大正曲率属性 K_{pos} 与最小负曲率属性 K_{neg} 进行地质上的构造形态分类。

空间中的任意曲面可由二维趋势面方程近似表示为

$$f(x,y) = ax^2 + by^2 + cxy + dx + ey + f \tag{4-2}$$

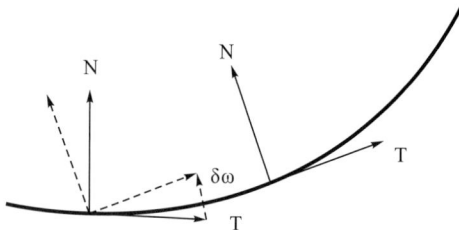

图 4-5 曲线的曲率图

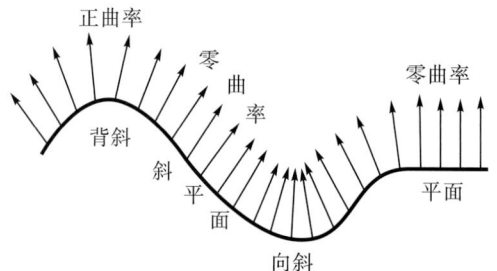

图 4-6 地层几何结构与曲率的关系

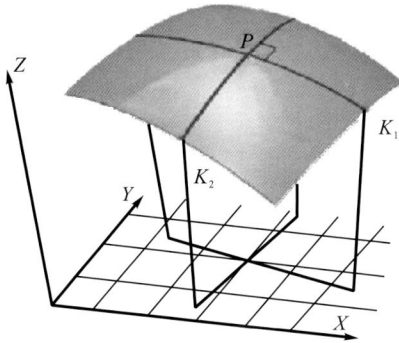

图 4-7 三维空间中某点的曲率

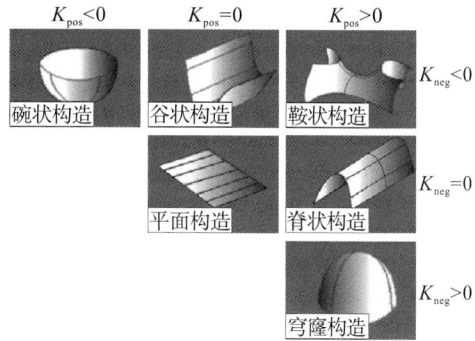

图 4-8 基于最大正曲率属性 K_{pos} 与最小
负曲率属性 K_{neg} 的地质构造形态分类

与曲线曲率的定义类似，可通过趋势面方程计算出曲面上任意一点的曲率，当构造曲面的弯曲程度很小时，构造面上各点的切平面近似为水平，一阶微分趋近于 0，因此，式(4-2)可近似简化为：

$$K = \frac{|f''(x,y)|}{(1+f'^2(x,y))^{3/2}} \approx |f''(x,y)| \tag{4-3}$$

上式便为曲率属性计算的数学基础。

1)网格的选取

在曲率属性的计算过程中，采用不同的网格取得的曲率计算精度和压噪效果是不同的。一般来说，网格越大，压噪能力越强，计算精度越低；反之，网格越小，压噪能力越弱，计算精度越高。

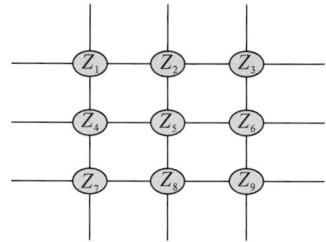

图 4-9 3×3 网格

对于二维曲面的拟合公式（公式 4-2）：Roberts 采用 3×3网格单元作逼近（图 4-9），由一阶和二阶导数的定义，得公式 4-2 中各系数：

$$a = \frac{1}{2}\frac{d^2 z}{dx^2} = \frac{z_1 + z_3 + z_4 + z_6 + z_7 + z_9}{12\Delta x^2} - \frac{z_2 + z_5 + z_8}{6\Delta x^2}$$

$$b = \frac{1}{2}\frac{d^2 z}{dy^2} = \frac{z_1 + z_2 + z_3 + z_7 + z_8 + z_9}{12\Delta x^2} - \frac{z_4 + z_5 + z_6}{6\Delta x^2}$$

$$c = \frac{1}{2}\frac{d^2 z}{dx\,dy} = \frac{z_3 + z_7 - z_1 - z_9}{4\Delta x^2}$$

$$d = \frac{dz}{dx} = \frac{z_3 + z_6 + z_9 - z_1 - z_4 - z_7}{6\Delta x}$$

$$e = \frac{dz}{dy} = \frac{z_1 + z_2 + z_3 - z_7 - z_8 - z_9}{6\Delta x}$$

$$f = \frac{2(z_2 + z_4 + z_6 + z_8) - (z_1 + z_3 + z_7 + z_9) + 5z_5}{9} \tag{4-4}$$

类似地，可推导 5×5 及 7×7 网格下各系数的表达式。利用泰勒公式求出 $f(x \pm n\lambda)$ $(n=0，1，2，\cdots)$的展开式

$$
\begin{bmatrix}
1 & nh & \dfrac{(nh)^2}{2!} & \cdots & \dfrac{(nh)^{n-1}}{(n-1)!} & \dfrac{(nh)^n}{n!} \\
\vdots & \vdots & \vdots & & \vdots & \vdots \\
1 & h & \dfrac{h^2}{2!} & \cdots & \dfrac{h^{n-1}}{(n-1)!} & \dfrac{h^n}{n!} \\
1 & 0 & 0 & 0 & 0 & 0 \\
1 & -h & \dfrac{(-h)^2}{2!} & \cdots & \dfrac{(-h)^{n-1}}{(n-1)!} & \dfrac{(-h)^n}{n!} \\
\vdots & \vdots & \vdots & & \vdots & \vdots \\
1 & -nh & \dfrac{(-nh)^2}{2!} & \cdots & \dfrac{(-nh)^{n-1}}{(n-1)!} & \dfrac{(-nh)^n}{n!}
\end{bmatrix}
\begin{Bmatrix}
f(x) \\ \dfrac{\mathrm{d}f}{\mathrm{d}x} \\ \dfrac{\mathrm{d}^2 f}{\mathrm{d}x^2} \\ \vdots \\ \dfrac{\mathrm{d}^{(n-1)} f}{\mathrm{d}x^{(n-1)}} \\ \dfrac{\mathrm{d}^n f}{\mathrm{d}x^n}
\end{Bmatrix}
=
\begin{Bmatrix}
f(x+nh) \\ \vdots \\ f(x+h) \\ f(x) \\ f(x-h) \\ \vdots \\ f(x-nh)
\end{Bmatrix}
\tag{4-5}
$$

式中：h 为样点间隔。通过公式(4-5)我们可以得到 $f(x)$ 的一阶和二阶 n 点中心差分公式，然后采用该点周围网格点的值对局部二次曲面进行最小二乘法拟合，计算曲面上某一点的曲率。在曲面拟合的过程中，如果采用的网格维数太高，公式(4-4)就会很复杂，不利于实际应用，所以下面推导的 5×5 和 7×7 网格曲率计算公式在保证实际应用效果的前提下做了大量化简。

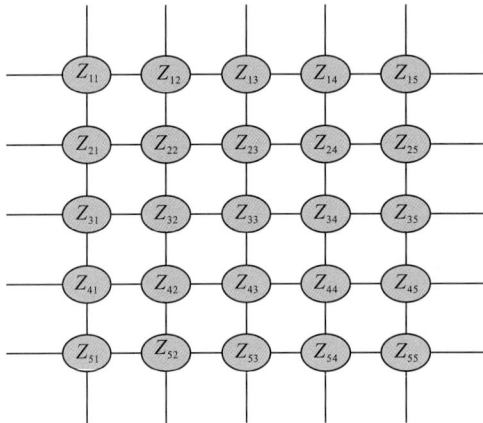

图 4-10 5×5 网格

若采用 5×5 的网格曲率作逼近(图 4-10)，由一阶和二阶导数的定义，得公式(4-4)中各系数

$$
a = \frac{1}{2}\frac{\mathrm{d}^2 z}{\mathrm{d}x^2} = \frac{(-z_{11}+16z_{12}-30z_{13}+16z_{14}-z_{15}-z_{51}+16z_{52}-30z_{53}+16z_{54}-z_{55})}{192\Delta x^2}
$$

$$
+ \frac{(-z_{21}+16z_{22}-30z_{23}+16z_{24}-z_{25})+(-z_{31}+16z_{32}-30z_{33}+16z_{34}-z_{35})}{144\Delta x^2}
$$

$$
+ \frac{(-z_{41}+16z_{42}-30z_{43}+16z_{44}-z_{45})}{144\Delta x^2}
$$

$$
b = \frac{1}{2}\frac{\mathrm{d}^2 z}{\mathrm{d}y^2} = \frac{(-z_{11}+16z_{21}-30z_{31}+16z_{41}-z_{51}-z_{15}+16z_{25}-30z_{35}+16z_{45}-z_{55})}{192\Delta x^2}
$$

$$
+ \frac{(-z_{12}+16z_{22}-30z_{32}+16z_{42}-z_{52})+(-z_{13}+16z_{23}-30z_{33}+16z_{43}-z_{53})}{144\Delta x^2}
$$

$$+ \frac{(-z_{14} + 16z_{24} - 30z_{34} + 16z_{44} - z_{54})}{144\Delta x^2}$$

$$c = \frac{\mathrm{d}^2 z}{\mathrm{d}x\mathrm{d}y} = \frac{(z_{11} - 8z_{12} + 8z_{14} - z_{15})}{144\Delta x^2} - \frac{(z_{21} - 8z_{22} + 8z_{24} - z_{25})}{144\Delta x^2}$$

$$+ \frac{(z_{41} - 8z_{42} + 8z_{44} - z_{45})}{144\Delta x^2} - \frac{(z_{51} - 8z_{52} + 8z_{54} - z_{55})}{144\Delta x^2}$$

$$d = \frac{\mathrm{d}z}{\mathrm{d}x} = \frac{(z_{11} + z_{21} + z_{31} + z_{41} + z_{51}) - 8(z_{12} + z_{22} + z_{32} + z_{42} + z_{52})}{60\Delta x}$$

$$+ \frac{8(z_{14} + z_{24} + z_{34} + z_{44} + z_{54}) - (z_{15} + z_{25} + z_{35} + z_{45} + z_{55})}{60\Delta x}$$

$$e = \frac{\mathrm{d}z}{\mathrm{d}y} = \frac{(z_{11} + z_{12} + z_{13} + z_{14} + z_{15}) - 8(z_{21} + z_{22} + z_{23} + z_{24} + z_{25})}{60\Delta x}$$

$$+ \frac{8(z_{41} + z_{42} + z_{43} + z_{44} + z_{45}) - (z_{51} + z_{52} + z_{53} + z_{54} + z_{55})}{60\Delta x} \tag{4-6}$$

若采用 7×7 的网格曲率作逼近(图 4-11)，由一阶和二阶导数的定义，得公式(4-4)中各系数

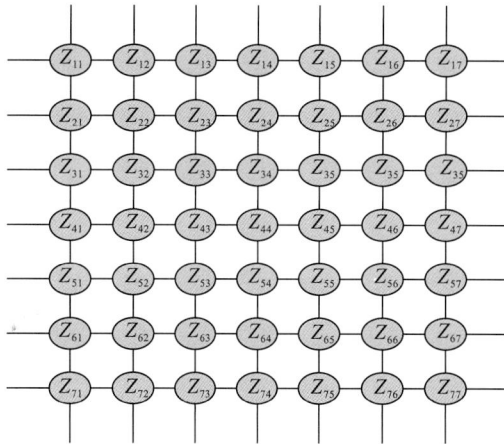

图 4-11　7×7 网格

$$a = \frac{1}{2}\frac{\mathrm{d}^2 z}{\mathrm{d}x^2} = \frac{(2z_{31} - 27z_{32} + 270z_{33} - 490z_{34} + 270z_{35} - 27z_{36} + 2z_{37})}{2160\Delta x^2}$$

$$+ \frac{(2z_{51} - 27z_{52} + 270z_{53} - 490z_{54} + 270z_{55} - 27z_{56} + 2z_{57})}{2160\Delta x^2}$$

$$+ \frac{(2z_{41} - 27z_{42} + 270z_{43} - 490z_{44} + 270z_{45} - 27z_{46} + 2z_{47})}{2160\Delta x^2}$$

$$b = \frac{1}{2}\frac{\mathrm{d}^2 z}{\mathrm{d}x^2} = \frac{(2z_{31} - 27z_{32} + 270z_{33} - 490z_{34} + 270z_{35} - 27z_{36} + 2z_{37})}{2160\Delta x^2}$$

$$+ \frac{(2z_{51} - 27z_{52} + 270z_{53} - 490z_{54} + 270z_{55} - 27z_{56} + 2z_{57})}{2160\Delta x^2}$$

$$+ \frac{(2z_{41} - 27z_{42} + 270z_{43} - 490z_{44} + 270z_{45} - 27z_{46} + 2z_{47})}{2160\Delta x^2}$$

$$c = \frac{\mathrm{d}^2 z}{\mathrm{d}x\mathrm{d}y} = \frac{(-z_{11} + 9z_{12} - 45z_{13} + 45z_{15} - 9z_{16} + z_{17})}{3600\Delta x^2}$$

$$+ \frac{9(-z_{21} + 9z_{22} - 45z_{23} + 45z_{25} - 9z_{26} + z_{27})}{3600\Delta x^2}$$

$$- \frac{45(-z_{31} + 9z_{32} - 45z_{33} + 45z_{35} - 9z_{36} + z_{37})}{3600\Delta x^2}$$

$$+ \frac{45(-z_{51} + 9z_{52} - 45z_{53} + 45z_{55} - 9z_{56} + z_{57})}{3600\Delta x^2}$$

$$d = \frac{\mathrm{d}z}{\mathrm{d}x} = \frac{(-z_{31} + 9z_{32} - 45z_{33} + 45z_{35} - 9z_{36} + z_{37})}{120\Delta x}$$

$$+ \frac{(-z_{51} + 9z_{52} - 45z_{53} + 45z_{55} - 9z_{56} + z_{57})}{120\Delta x}$$

$$+ \frac{(-z_{41} + 9z_{42} - 45z_{43} + 45z_{45} - 9z_{46} + z_{47})}{120\Delta x}$$

$$e = \frac{\mathrm{d}z}{\mathrm{d}y} = \frac{(-z_{31} + 9z_{32} - 45z_{33} + 45z_{35} - 9z_{36} + z_{37})}{120\Delta x}$$

$$+ \frac{(-z_{51} + 9z_{52} - 45z_{53} + 45z_{55} - 9z_{56} + z_{57})}{120\Delta x}$$

$$+ \frac{(-z_{41} + 9z_{42} - 45z_{43} + 45z_{45} - 9z_{46} + z_{47})}{120\Delta x} \tag{4-7}$$

对于二维曲率的多尺度计算，还可采用跳点法的思想(李福强，2013)，这种曲率计算的方法通过控制采样点的疏密实现了曲率尺度的不同。例如 5×5 跳点网格的曲率计算方法在推导上依然利用了 Roberts 推导曲率的计算方法，通过控制曲率网格的大小控制曲率的尺度大小。5×5 跳点网格计算曲率的公式如下：

$$z(x,y) = ax^2 + by^2 + cxy + dx + ey + f$$

$$a = \frac{1}{2}\frac{\mathrm{d}^2z}{\mathrm{d}x^2} = \frac{z_{11} + z_{13} + z_{21} + z_{22} + z_{31} + z_{33}}{48\Delta x^2} - \frac{z_{12} + z_{22} + z_{32}}{24\Delta x^2}$$

$$b = \frac{1}{2}\frac{\mathrm{d}^2z}{\mathrm{d}y^2} = \frac{z_{11} + z_{12} + z_{13} + z_{31} + z_{32} + z_{33}}{48\Delta x^2} - \frac{z_{21} + z_{22} + z_{333}}{24\Delta x^2}$$

$$c = \frac{1}{2}\frac{\mathrm{d}^2z}{\mathrm{d}x\mathrm{d}y} = \frac{z_{13} + z_{31} - z_{11} - z_{33}}{16\Delta x^2}$$

$$d = \frac{\mathrm{d}z}{\mathrm{d}x} = \frac{z_{13} + z_{23} + z_{33} - z_{11} - z_{21} - z_{31}}{12\Delta x}$$

$$e = \frac{\mathrm{d}z}{\mathrm{d}y} = \frac{z_{11} + z_{12} + z_{13} - z_{31} - z_{32} - z_{33}}{12\Delta x} \tag{4-8}$$

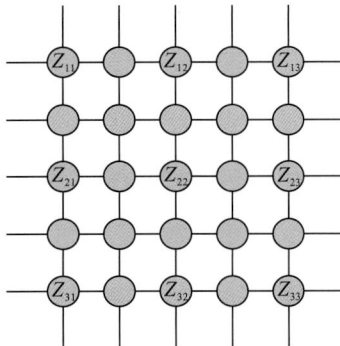

图 4-12　5×5 跳点网格

在曲率属性中，最大正曲率和最小负曲率对脆性变形非常敏感，能够丰富完整地显示构造信息，在描述断层、裂缝和褶皱等方面最有效，是实际地震资料构造解释中应用的主要曲率属性。

最大正曲率计算公式如下

$$K_{pos} = (a + b) + \left[(a - b)^2 + c^2\right]^{\frac{1}{2}} \tag{4-9}$$

最小负曲率计算公式如下

$$K_{neg} = (a + b) - \left[(a - b)^2 + c^2\right]^{\frac{1}{2}} \tag{4-10}$$

利用某地区实际地震资料计算了 3×3 网格、5×5 网格和 7×7 网格拟合曲面后的最大正曲率和最小负曲率，如图 4-10 和图 4-11 所示。

对比图 4-10 和图 4-11 可以看出，大尺度网格的曲率切片能清楚地显示出北东东-南西西及南东东-北西西向断层(图 4-10c、图 4-11c)，但横向分辨率低；小尺度网格的曲率切片含有更丰富的构造信息，但存在采集脚印、杂乱的纹理等，信噪比低(图 4-10a、图 4-11a)。

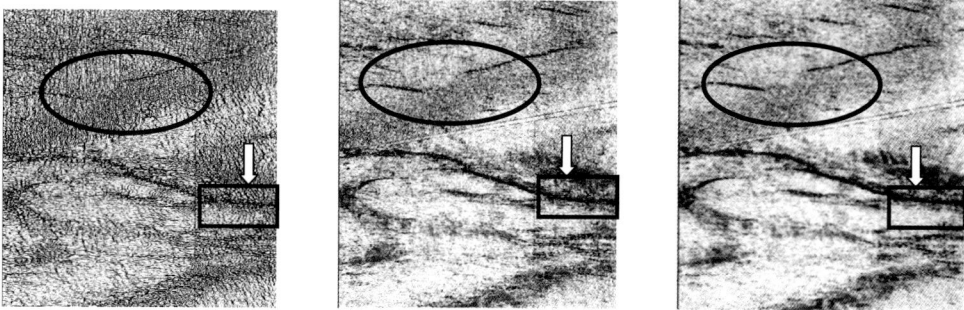

(a)3×3 最大正曲率　　　(b)5×5 最大正曲率　　　(c)7×7 最大正曲率

图 4-10　最大正曲率

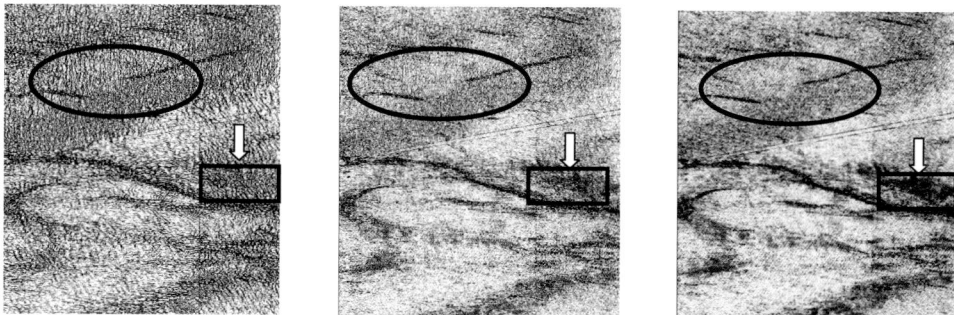

(a)3×3 最小负曲率　　　(b)5×5 最小负曲率　　　(c)7×7 最小负曲率

图 4-11　最小负曲率

5×5 跳点网格的曲率计算公式类似于 Roberts 推导曲率的计算方法，只是计算公式的步长变为了原来的 2 倍；此种方法的曲率计算在噪声压制方面有了较大提高。下面的实例对比分析了 3×3 网格、5×5 跳点网格、5×5 网格计算最大正曲率和最小负曲率的计算。效果图如下：

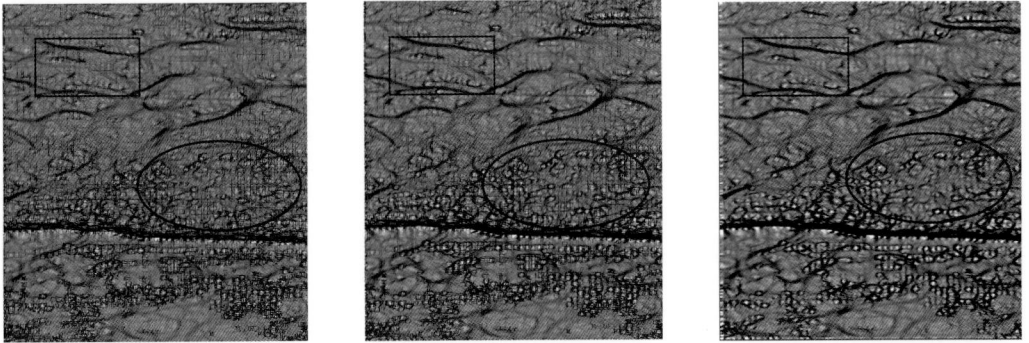

(a)3×3(网格)　　　　　　　(b)5×5(跳点)　　　　　　　(c)5×5(网格)

图 4-12　最大正曲率

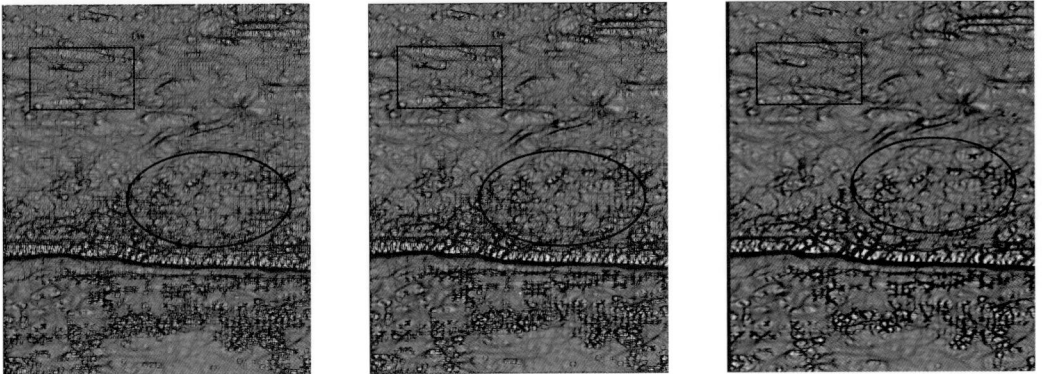

(a)3×3(网格)　　　　　　　(b)5×5(跳点)　　　　　　　(c)5×5(网格)

图 4-13　最小负曲率

从图的对比分析中我们可以清楚地看到，随着网格点的增大曲率的抗噪性能得到了较大提高，图 4-12(a)、图 4-13(a)的采集脚印、杂乱的纹理比较多，容易引起解释假象。5×5 跳点网格求取的曲率结果相比 3×3 网格求取的曲率结果，随机噪声得到了明显的压制(椭圆处)，但是相比 5×5 网格求取的曲率结果杂乱的纹理依然很严重(画方框处)。5×5 网格求取的曲率结果在精度和噪声压制方面都得到了极大改善，但是在分辨率上有所降低。

　　2)体曲率分析原理

根据所计算的数据源，曲率属性可分为二维层面曲率属性和三维体曲率属性。层面曲率属性的提取基于目标层位等时构造图，计算较为简便，但是由于缺失地质体的空间分布信息使其不能真实反映地下构造形态，而且等时构造图的拾取受人工解释的影响较大，精度难以保证；体曲率属性则通过计算三维地震数据体中任意点及其周边道和采样点的视倾角值获得空间方位信息，再拟合出趋势面方程从而得到曲面上该点的曲率属性，可以获得更加精确的地质构造，并可按照所解释的层位、时间或深度得到所需的切片信息，有利于资料的精细解释。

在几何地震学中，三维地震反射体在空间上的任意反射点 $r(x，z，y)$ 可以认为是时间标量 $u(t，x，y)$，那么梯度 **grad**(u) 反映的是反射面沿着不同方向的变化率，即反射面沿着方向矢量所在的法截面截取曲线的一阶导数，其结果为该反射点的视倾角向量。

$$\mathbf{grad}(u) = \frac{\partial u}{\partial x}\vec{i} + \frac{\partial u}{\partial y}\vec{j} + \frac{\partial u}{\partial z}\vec{k} = p\vec{i} + q\vec{j} + r\vec{k} \tag{4-11}$$

式中，p、q、r 分别为沿 x、y 和 t 方向上的视倾角分量。

将视倾角 p、q 带入公式(4-3)中，得到沿 x 方向和 y 方向的曲率分量为：

$$\begin{cases} K_x = \frac{\partial^2 u(t,x,y)}{\partial x^2} \Big/ \Big[1 + \Big[\frac{\partial u(t,x,y)}{\partial x} \Big]^2 \Big]^{3/2} = \frac{\partial p}{\partial x} \Big/ \big[1 + p^2 \big]^{3/2} \\[3mm] K_y = \frac{\partial^2 u(t,x,y)}{\partial y^2} \Big/ \Big[1 + \Big[\frac{\partial u(t,x,y)}{\partial y} \Big]^2 \Big]^{3/2} = \frac{\partial p}{\partial y} \Big/ \big[1 + q^2 \big]^{3/2} \end{cases} \tag{4-12}$$

可见，一个三维地震数据体可以先转化为倾角数据体，然后再计算其中任意点的曲率。

关于倾角数据体的计算，我们采用 Luo 和 Barnes 提出的复地震道分析方法。该方法将地震信号看成包含复地震道的解析信号，形如：

$$Z(t) = x(t) + \mathrm{i}y(t) \tag{4-13}$$

式中，$x(t)$ 为实地震道，$y(t)$ 为虚地震道。虚地震道的构成方法多样，常取 $y(t)$ 为 $x(t)$ 的希尔伯特变换，与 $x(t)$ 正交、相移 $90°$。将信号写成三维的形式：$u(t,x,y)$ 为输入的地震数据，$u^H(t,x,y)$ 为关于时间 t 的希尔伯特变换。利用复地震道分析方法可以获得用于描述地震道中谱信息随时间变化的三瞬参数，即瞬时振幅、瞬时相位和瞬时频率。

瞬时振幅反映了地震波能量的瞬时变化情况，与地震相位无关，可用于判断与岩性有关的地质体。瞬时振幅的定义为

$$A(t) = \sqrt{u^2(t) + u^{H^2}(t)} \tag{4-14}$$

瞬时相位与瞬时振幅无关，可追踪连续性差的弱反射波及极性变化的反射波。在实际工作中，也常用瞬时余弦相位进行相关地震属性的提取与计算。瞬时相位的定义为

$$\phi(t) = \tan^{-1}\Big[\frac{u^H(t)}{u(t)} \Big] \tag{4-15}$$

瞬时频率定义为瞬时相位随时间的变化率，是地震波传播效应和沉积特征的响应，反映了地震道信号的频率分量随时间的变化。利用瞬时频率可以进行低频异常的烃类检测、断裂区域的识别和地层厚度的指示。瞬时频率的定义为

$$\omega(t) = \frac{\mathrm{d}\phi(t)}{\mathrm{d}t} \tag{4-16}$$

进一步可表示为

$$\omega(t) = \frac{\partial\phi}{\partial t} = \frac{u(t)\frac{\partial u^H(t)}{\partial t} - u^H(t)\frac{\partial u(t)}{\partial t}}{(u(t))^2 + (u^H(t))^2} \tag{4-17}$$

视倾角 $\mathrm{dip}(p,q)$ 可由瞬时频率 ω 和瞬时波数 k_x，k_y 计算出：

$$\begin{cases} p = k_x/\omega \\ q = k_y/\omega \end{cases} \tag{4-18}$$

式中 p、q 分别为 x 方向和 y 方向上的视倾角分量。将 p、q 带入公式(4-8)中，即可求得某点的曲率。

　　与层面曲率属性相比，体曲率属性通过计算数据体中任意点及其周边道和采样点的视倾角值获取空间方位信息，获得的地质构造更加精确。图 4-12(上)为长兴组底部最小负曲率切片，图 4-12(下)为对应图 4-12(上)中红色线的剖面。从图中可以看出，最小负曲率中的小值(图中深色)正好对应同相轴下凹部位。因此，最小负曲率对于精确识别潮道有重要作用。由于常规地震剖面反映的是假构造，因此若在底拉平数据体中进行最小负曲率处理则更能反映潮道的分布。

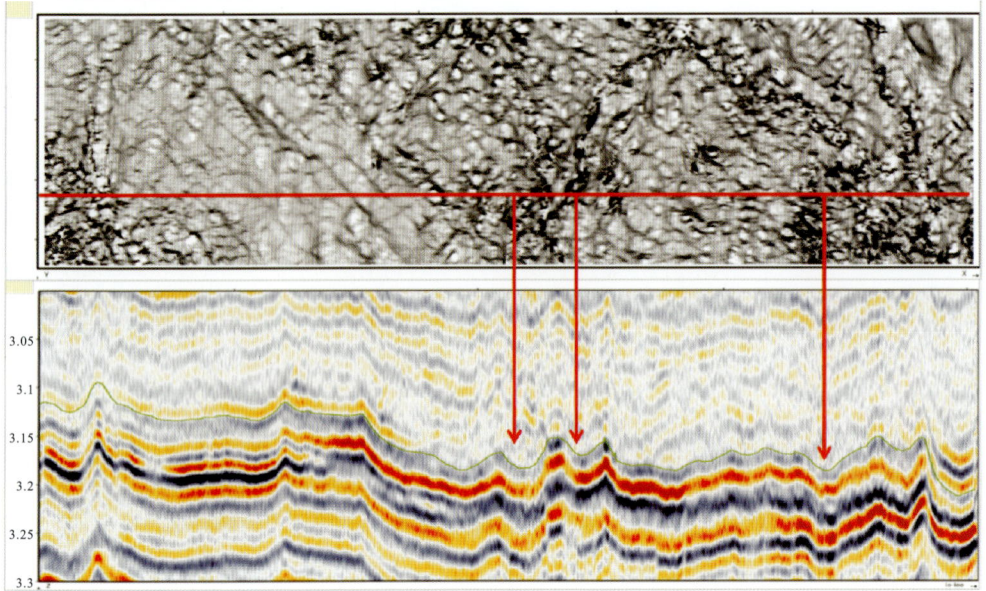

图 4-12　长兴组底部最小负曲率切片(上)及对应(上)中红色线的地震剖面

4.1.5　属性的优化

1. 多变量回归技术

　　各类属性均有各自的优势和不足，综合多属性进行生物礁滩及含油气性预测有利于取长补短，可减少地球物理反问题的多解性。属性优化的方法很多，目前常用的主要有聚类分析、主成分分析和神经网络等。其中 HRS 软件的 Emerge 模块采用多变量回归技术进行优化。

　　图 4-13 给出了多属性线性回归算法的示意图，左侧为一测井数据的曲线，右侧三条为三个不同地震属性的曲线，假设他们的时间坐标已经对准，并且有相同的时间采样率。这样每一个测井数据就是三个同时的、不同地震属性的数值与之对应。

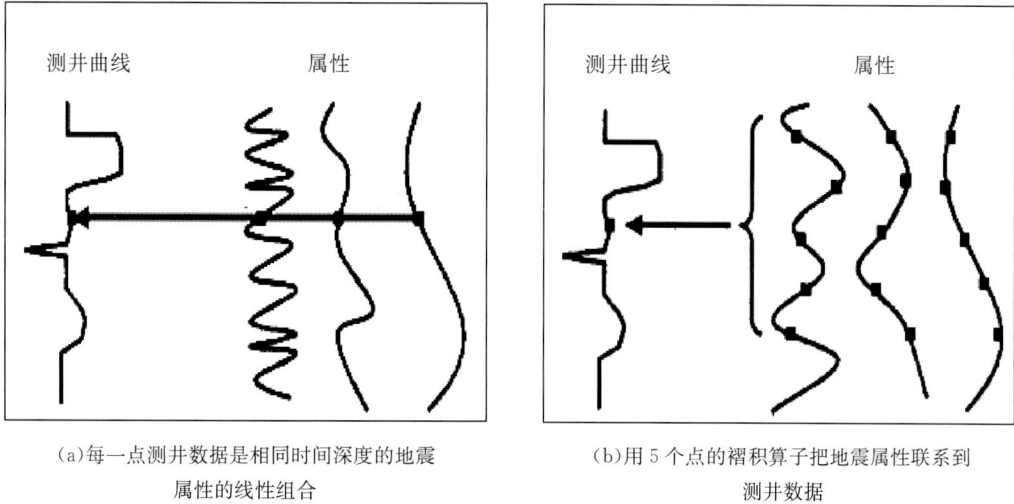

(a)每一点测井数据是相同时间深度的地震　　　　　　(b)用 5 个点的褶积算子把地震属性联系到
属性的线性组合　　　　　　　　　　　　　　　　　测井数据

图 4-13　算法示意图(左侧为一测井数据的曲线,右侧三条为三个不同地震属性的曲线)

采用传统的多变量回归技术的计算由公式(4-19)给出

$$L(t) = w_0 + w_1 A_1(t) + w_2 A_2(t) + \cdots + w_i A_i(t) + \cdots + w_n A_n(t) \quad (4\text{-}19)$$

这里 $L(t)$ 为 t 时刻该测井数据的数值, $A_i(t)$ 为 t 时刻第 i 个地震属性数据的数值, w_i 为对应第 i 个地震属性的权重系数, n 为所选取的地震属性总个数, 多变量回归技术的计算就是在最小平均方差的条件下求出权重系数的数值, 即

$$E^2 = \frac{1}{N} \sum_{i=1}^{N} (L_i - w_0 - w_1 A_{1i} - w_2 A_{2i} - \cdots - w_n A_{ni})^2 \quad (4\text{-}20)$$

其中 $i=1, 2, \cdots, N$, 为数据时间序列, N 为数据时间序列的总数, A_{ni} 为第 n 个地震属性的第 i 个时间序数的地震属性数值。权重系数可由公式(4-21)解得

$$\boldsymbol{W} = [\boldsymbol{A}^{\mathrm{T}} \boldsymbol{A}]^{-1} \boldsymbol{A}^{\mathrm{T}} \boldsymbol{L} \quad (4\text{-}21)$$

用求得的权重系数和地震属性的数值可获得区域拟测井参数的预测结果。从上式可以看出预测值是地震属性数值的线性组合。若几种地震属性具有相同的频带宽度,则由这种计算方法所获得的拟测井参数的预测结果应与地震属性具有相同的频带宽度。因为地震属性数据具有较低的频率与较小的频宽,所获得的拟测井参数的预测结果分辨率不会因测井数据的引入而获得提高。

为改善预测结果的分辨率, Daniel P. Hampson 等提出了褶积算子技术,计算示意如图 4-13(b)所示。这种方法是将上式中的权重系数改为具有一定长度的褶积算子,算式可以写成

$$L(t) = w_0 + w_1 A_1(t) + w_2 A_2(t) + \cdots + w_i A_i(t) + \cdots + w_n A_n(t) \quad (4\text{-}22)$$

这里 * 表示褶积运算, w 不再是一个数,而是具有一定时间长度的褶积算子,其平均误差为

$$E^2 = \frac{1}{N} \sum_{i=1}^{N} (L_i - w_0 - w_1 * A_{1i} - w_2 * A_{2i} - \cdots - w_n * A_{ni})^2 \quad (4\text{-}23)$$

以 $n=2$, $N=4$, 褶积算子时间长度等于 3 时为例,由最小平均方差的条件求得褶积算子 w_i 为

$$
\begin{bmatrix} w_1(-1) \\ w_1(0) \\ w_1(+1) \end{bmatrix} = \begin{bmatrix} \sum_{i=2}^{4} A_{1i}^2 & \sum_{i=2}^{4} A_{1i}A_{1i-1} & \sum_{i=2}^{3} A_{1i}A_{1i-2} \\ \sum_{i=2}^{3} A_{1i}A_{1i+1} & \sum_{i=1}^{4} A_{1i}^2 & \sum_{i=2}^{4} A_{1i}A_{1i-1} \\ \sum_{i=1}^{2} A_{1i}A_{1i+2} & \sum_{i=1}^{3} A_{1i}A_{1i+1} & \sum_{i=1}^{4} A_{1i}^2 \end{bmatrix} \times \begin{bmatrix} \sum_{i=2}^{4} A_{1i}L_{i-1} \\ \sum_{i=2}^{4} A_{1i}L_i \\ \sum_{i=2}^{4} A_{1i}L_{i+1} \end{bmatrix} \quad (4\text{-}24)
$$

图 4-14 为利用多元回归算法获得的孔隙度切片，从图中可以看出，长二段(上图)储层主要发育在 Yb104、Yb11 井及其以北区域(图中白色虚线范围)，即台缘礁位置；长一段(下图)储层主要发育在 Yb12、Yb121 井区域(图中白色虚线范围)，即礁后滩位置。与常规的单属性相比(如均方根属性，见图 4-15)，多属性优化后获得的储层分布更有规律。

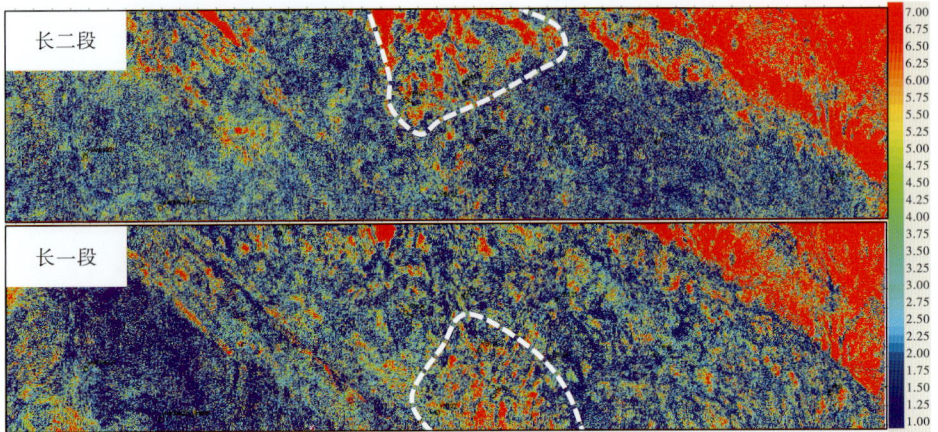

图 4-14　多元回归算法获得的孔隙度切片

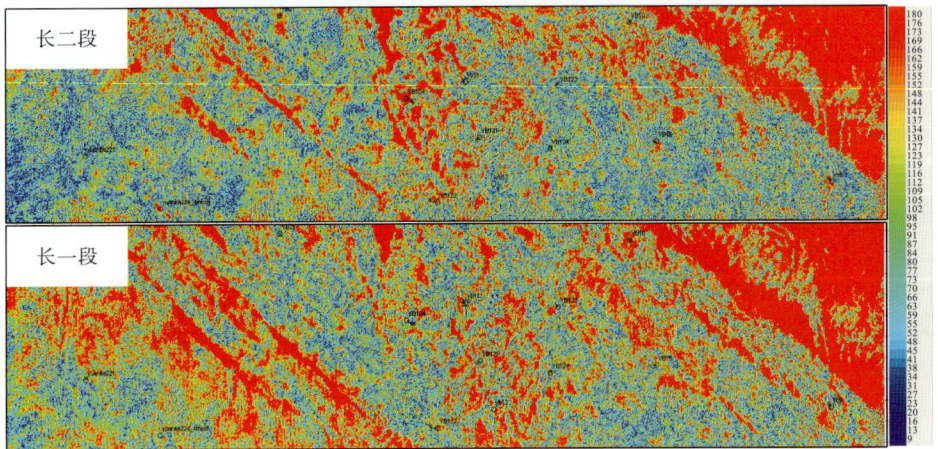

图 4-15　均方根振幅切片

2. 偏最小二乘回归分析

偏最小二乘回归分析方法最早是由 Wold 和 Alban 提出来的，该方法不仅综合考虑了自变量的降维与信息综合，还考虑了使提取的新信息能最有效地代表因变量，且在处理小样本问题时具有明显优势。在提取主成分方面，偏最小二乘回归方法具有很好的解释效果，并且该方法能有效剔除因素之间的多重相关性。

1）基本思想

偏最小二乘回归方法在统计应用中发挥着重要作用，该方法的主要功能可以从以下三个方向说明：

第一：偏最小二乘回归可以建立多因变量对多自变量的回归模型。

第二：应用常规多元回归无法解决的一些问题，可利用偏最小二乘回归获得解决。比如，常规多元回归无法去除自变量之间的多重相关性，这种相关性会对参数估计造成很大影响，增加模型误差，将会影响模型的稳定性。长期以来，从事实际系统分析的工作人员在理论方法上都没有对变量多重相关问题给出满意的解释。为解决自变量之间的多重相关性问题，在偏最小二乘回归法引入了一种有效的技术方法，能有效地克服系统建模中因变量存在多重相关性的不良作用。该方法就是通过识别系统中的信号和噪音，从因变量中分解和筛选出解释性最强的综合变量。

第三：偏最小二乘回归还可以实现多种数据分析方法的综合应用，被称为是第二代回归分析方法。

偏最小二乘回归不仅建立了自变量与因变量之间的模型关系，还对数据结构进行了简化。这使得偏最小二乘回归分析在图形功能上十分强大，可以方便地在二维平面图上观察分析多维数据的特性。因此，输入多因变量与多自变量，通过偏最小二乘回归分析计算，便可以建立它们之间的回归模型，而且还可以直接在平面图上观察两组变量之间的相关关系和样本点间的相似性结构。

2）方法原理

偏最小二乘回归作为第二代线性回归方法，可有效地解决自变量之间的多重相关性，并建立多因变量对多自变量的回归模型。偏最小二乘回归的计算原理如下

$$假设存在 p 个自变量 X = \begin{bmatrix} x_{11} & x_{12} & \cdots & x_{1p} \\ x_{21} & x_{22} & \cdots & x_{2p} \\ \vdots & \vdots & & \vdots \\ x_{n1} & x_{n2} & \cdots & x_{np} \end{bmatrix} 和单个因变量 Y = \begin{bmatrix} y_1 \\ y_2 \\ \vdots \\ y_n \end{bmatrix}，并且每个$$

变量都有 n 个样本数据，首先需要对原始数据进行标准化处理。记 F_0 为因变量的标准化向量，E_0 为自变量集合 X 的标准化矩阵。从 X 中提取综合变量

$$t_1 = Xw_1 = w_{11}X_1 + w_{12}X_2 + \cdots + w_{1p}X_p \tag{4-25}$$

$$其中：\begin{cases} w_1 = \dfrac{1}{\sqrt{\sum_{j=1}^{p} \mathrm{cov}^2(x_j, y)}} \begin{bmatrix} \mathrm{cov}(x_1, y) \\ \mathrm{cov}(x_2, y) \\ \vdots \\ \mathrm{cov}(x_p, y) \end{bmatrix} \\[20pt] w_{1j} = \dfrac{1}{\sqrt{\sum_{j=1}^{p} \mathrm{cov}^2(x_j, y)}} \end{cases} \tag{4-26}$$

$$t_1 = E_0 w_1 = \dfrac{1}{\sqrt{\sum_{j=1}^{p} \mathrm{cov}^2(x_j, y)}} \left[\mathrm{cov}(x_1, y)E_{01} + \mathrm{cov}(x_2, y)E_{02} + \cdots + \mathrm{cov}(x_p, y)E_{0p} \right]$$

$$\tag{4-27}$$

对式(4-27)进行 E_0 在 t_1 上的回归以及 F_0 在 t_1 上的回归，即

$$E_0 = t_1 p_1 + E_1, F_0 = t_1 r_1 + F_1 \tag{4-28}$$

其中，E_1、F_1 分别是 E_0、F_0 的残差矩阵，p_1、r_1 是回归系数

$$p_1 = \frac{E_0' t_1}{\| t_1^2 \|}, r_1 = \frac{F_0' t_1}{\| t_1^2 \|} \tag{4-29}$$

进一步将式(4-28)以残差矩阵 E_1 和 F_1 代替 E_0 和 F_0，采用与提取 t_1 同样的方法，进行综合变量 t_2 的提取并施于回归。

在多数的情况下，偏最小二乘回归因为集合了主成分分析、典型相关分析以及线性回归分析的优点，所以在建立回归方程时并不是应用所有的 r 个成分 t_1，t_2，…，t_r 建立回归方程，而是如主成分分析一样采用选取前 m 个主成分($m \leqslant r$)建立回归方程，这有益于建立更加稳健的回归模型，从而避免由于引入无意义信息而造成错误预测结论事件的发生。

3)舍一交叉验证方法

在偏最小二乘回归建模中，一般采用舍一交叉验证方法来确定该抽取几个成分。该验证方法的思想就是通过检验新增加一个成分后，是否可以对原模型的预测功能显著提高。该验证方法的具体算法如下：

首先，每次舍弃第 i 个样本点($i=1$，2，…，r)，将余下的所有样本点集合(共含 n -1 个样本点)应用偏最小二乘回归建模，并考虑抽取 k 个成分拟合回归方程；然后，在拟合的回归方程中代入前面被舍弃的样本点 i，即可得到 $y_j (j=1$，2，…，p)在第 i 个样本点上的拟合值 $\hat{Y}_{j(i)k}$。对于每一个 $i=1$，2，…，n 重复以上验证，则可以定义抽取 k 个成分时第 j 个因变量 $y_j(j=1$，2，…，p)的预测误差平方和为 $\mathrm{PRESS}_j(k)$，有如下表达式

$$\mathrm{PRESS}_j(k) = \sum_{i=1}^{n} (y_{ij} - \hat{Y}_{j(i)}(k))^2 (j = 1, 2, \cdots, p) \tag{4-30}$$

定义 Y 的预测误差平方和为 $\mathrm{PRESS}(k)$，有

$$\mathrm{PRESS}(k) = \sum_{j=1}^{p} \mathrm{PRESS}_j(k) \tag{4-31}$$

对抽取成分的个数 k，从 1 到 r 个逐个计算 Y 的预测残差平方和 $\mathrm{PRESS}(k)$，然后选取使得 Y 的残差平方和达到最小值的 k，使得 $m = k$。

4)应用实例

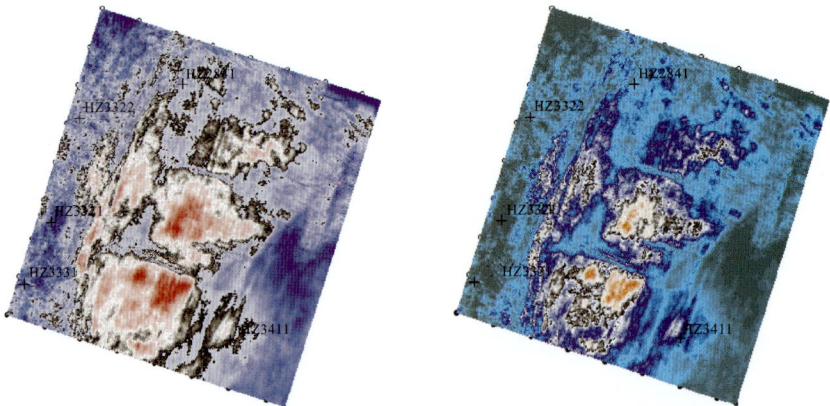

(a)均方根振幅　　　　　　　　　　　　　　(b)振幅变化

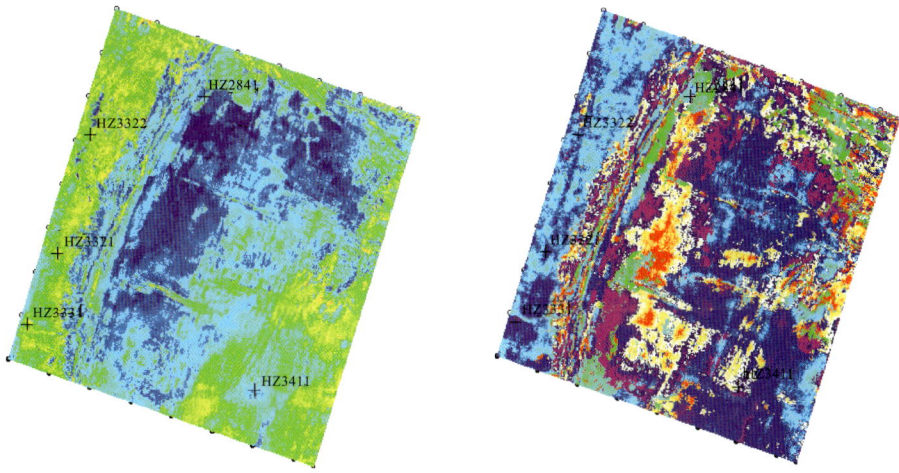

(c)平均瞬时频率　　　　　　　　　　　　　(d)平均瞬时相位

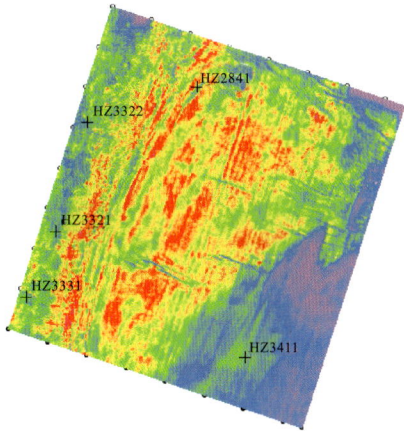

(e)弧线长度　　　　　　　　　　　　　　(f)有限带宽

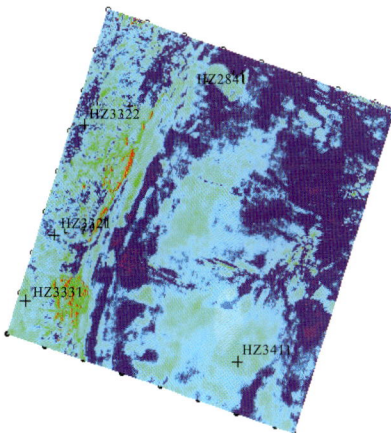
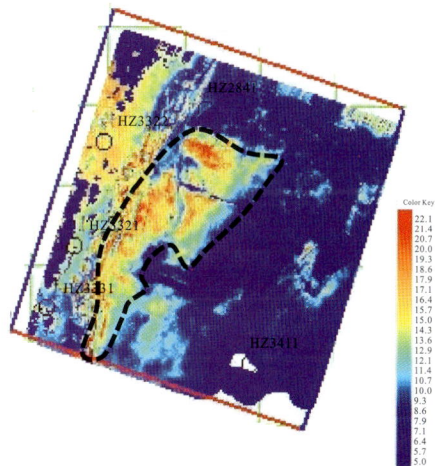

(g)能量半衰时　　　　　　　　(h)偏最小二乘获得的孔隙度

图 4-16　多属性及其偏最小二乘回归

图 4-16 为针对 HZ 工区获得的各种单属性及多属性的最小二乘回归，比较各图可发现，多属性的最小二乘回归显示的高孔隙度区域分布较有规律，见图 4-16(h)中黑色虚线所示。根据区域地质资料，该区域正好位于台地边缘相带，由于古地貌相对较高，可能暴露时间相对较长，储层物性应比较好，即多属性的最小二乘回归结果与地质规律吻合。

4.2　地震相分析

二十世纪九十年代以来，基于神经网络的地震相分析技术逐渐成熟并形成商业软件，在实际生产中应用广泛。其基本方法就是对地震波进行分类，因为在不同的沉积环境下会形成不同的沉积体，而这些沉积体在岩性、物性、含油气性等方面都会存在一定的差异，这些差异反映在地震信息上就是地震波振幅、频率、相位的变化，也就是地震波形的变化。人工神经网络地震相检测技术就是通过对不同的波形进行分类，达到区分不同沉积体的目的。

4.2.1　方法原理

1. 原理与流程

如图 4-17 所示，由于沉积地层的任何岩相及物性参数的变化总是反映在波形形状的变化上。自组织神经网络算法划分地震相就是将地震数据样点值的变化转换成地震道形状的变化来进行分类处理的。该方法首先对实际资料中需要分析的目的层进行采样，对采样的地震道进行简单分类，划分出几种典型的模型道，然后以此对采样的每一实际地震道分析，这些地震道被赋给一个非常相似的模型道的形状，同时反馈给网络，通过自适应调节在模型道和实际地震道之间寻找更好的相关，反复修改模型道，经过多次迭代后形成合适的模型道，这些模型道代表了在地震层段中整个区域内的地震信号形状的多样性，同时将模型道的颜色码赋给实际地震道，得到该层段的地震相平面图。通过观察图上颜色的分布，可以得到地震相在研究区域的分布。其主要分析处理流程如图 4-18 所示：

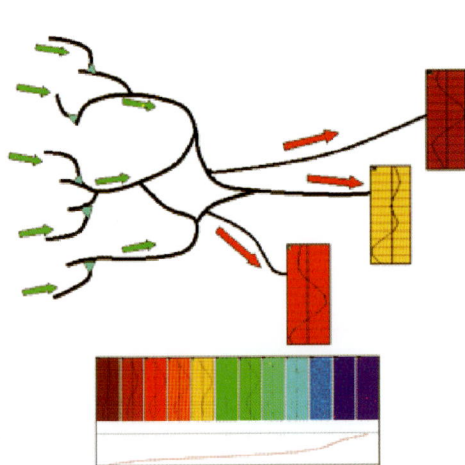

图 4-17　波形分类原理图

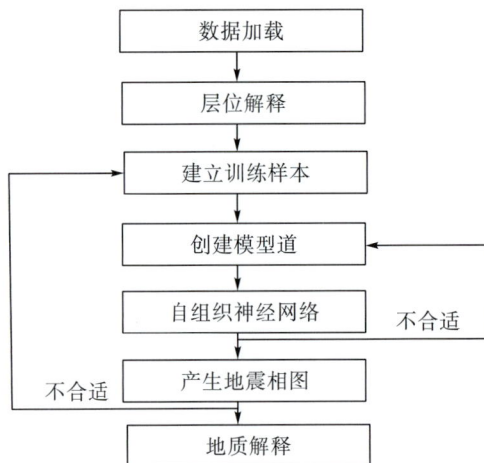

图 4-18　自组织神经网络地震相分析流程图

2. 神经网络波形分类的主要参数

在 STRATIMAGIC 软件中，对地震相划分结果起重要作用的参数有 3 个，即研究层段范围、迭代次数和波形分类数目。

1）层段范围的选择

层段是在以两个层位之间或者是某个时间上、下限范围的地震数据的集合。对于等厚时窗层段的选取最好是大于半个相位并小于 150ms，太大的层段会包含许多与目的层段无关的信息，给解释带来困难，并且物理意义也不明确。对于非等厚时窗的选择，可以选取主要目的层段或顶底界面建立层段，这里需要指出的是一般非等厚时窗效果要优于等厚时窗，并且非等厚时窗选取在单独的沉积旋回范围内为宜。

2）迭代次数的选择

迭代次数是神经网络方法中的一个重要参数。通常情况下，神经网络大约在 10 次迭代后就收敛到实际结果的 80%，这对于快速浏览方便有效。在实际应用中 10～20 次迭代已能确保较好的分类，但对于最终解释最好选用 25～35 次迭代以保证网络收敛最佳。

3）波形分类数的选取原则

波形分类数是指在整个感兴趣的层段内所遇到的地震道的种类数，通常情况下较为理想的分类数一般是不容易定义的，但是波形分类数的选取又会对地震相分析的结果产生直接的影响。解释人员在具体解释过程中，一般是要对研究区块有比较深入的了解，经过多次试验及分析后才能对该区域目的层段内波形分类数的选取有一定的把握。前人的不断研究发现了一些很实用的经验，他们建议通常情况下至少要计算 3 次去估计波形分类数。其粗略且实用的估计方法为：

（1）把所要研究的层段时窗厚度除以 6 作为第一次计算的分类数；

（2）把上次计算分类数的 50% 作为第二次计算的分类数；

（3）把第一次计算分类数的 150% 作为第三次计算的分类数。

其实这也只是我们一般在不了解新工区的情况下的常用方法，如果在以上三种效果都不好的情况下，我们也可以适当地在此基础上进行增减，有时会取得比较好的效果。

对于效果的好坏，除与井及区域地质资料对比分析之外，Stratimagic 还提供了质量控制。图 4-19 为质量控制图。红色曲线是从一道到另一道的累积的差别。理想的情况下这个曲线应该是直线，代表各道之间最大差别，反映每个模型道之间的变化，即在沉积相和岩相等地质信息上的差别。这是在最初处理后和分类之前需要查看的最重要的一部分，也是进行质量控制的重要依据。有三种情况会导致非直线的产生：

（1）迭代次数不足；

（2）模型道太少；

（3）在选取的层段中数据只有几种限定的形状，只有很少几道或没有中间过渡道。

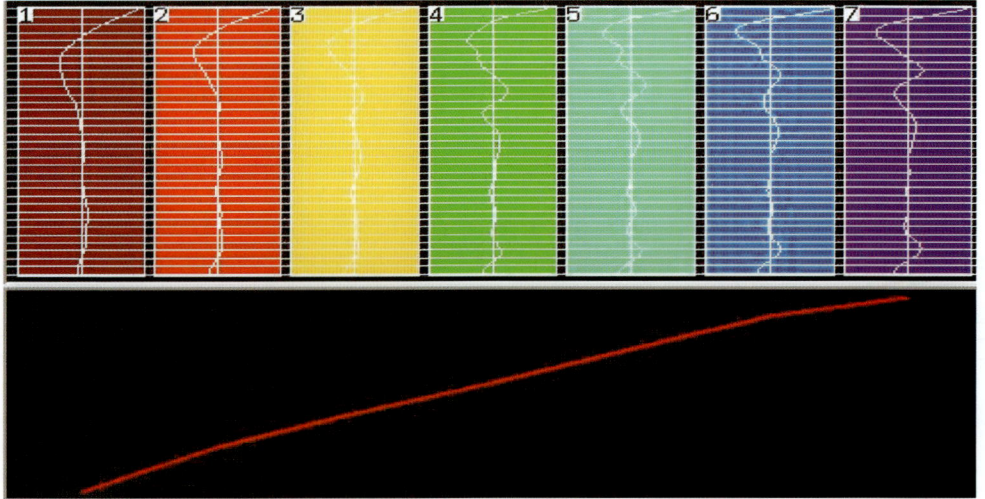

图 4-19　质量控制曲线

4.2.2　应用效果分析

　　为检验波形分类的应用效果,我们先后在 LH 实验区和 HZ 研究区使用波形分类方法。图 4-20 为碳酸盐岩顶~顶向下 20ms 时窗内不同分类数波形分类切片,从图中可以看出,不同的分类数效果是有所差异的,相对而言,分类数 6 或 7 的效果较好。图 4-21为分类数相同情况下(7 类)不同层位(采用层间方式)、不同方法的波形分类切片。比较各图,图 4-21(a)相带边界最明显。与井对比后可分为台缘礁相、滩相和陆棚相。另外,图 4-21(a)中白色实线为油水边界线,与波形分类图叠合分析可看出,实验区西南侧波形分类图上油水边界明显,而东北侧虽然与实际油水边界线(通过构造解释与钻井获得)趋势一致,但位置有差异。这可能由两个原因造成:第一,油水边界边部,油层较薄,由于地震分辨率限制,可能无法分辨;第二,构造图可能有误差。但总的来说,波形分类对不同的沉积相的显示是明显的。

　　图 4-22 为 HZ 研究区波形分类图,从图中可以看出,相带边界明显。与井对比后可知,图 4-22(a)长虚线左侧为斜坡相,长虚线内部为台缘礁滩相,长虚线右侧为台内泻湖或台坪相。值得注意的是,在同一相带内,波形也有所差异,如图 4-22(a)、图 4-22(b)短虚线的南北两侧存在明显差异。这可能与储层的物性和含流体性质有关,需结合其他方法加以分析。关于台缘礁滩相内部横向变化大这一特点,在 HZ28-4-1~HZ34-1-1~LH4-2-1 工区体现得更明显(图 4-23)。图中两条短虚线所分割的三块区域差异是明显的,最北部以 5、6 类波形为主,中部以 3 类波形为主,而南部以 1、2 类波形为主。与井对比,HZ28-4-1、HZ34-1-1 在碳酸盐岩顶部均含水,而 LH4-2-1 在碳酸盐岩顶部约有 17米左右油层,因此,不同波形可能与流体性质有关,1、2 类波形可能对应含油性较好区域。这里需要注意一点,在 LH4-2-1 周围有一块(白色长虚线所示)与邻区截然不同,这是由于该区域含 SQ3 地层所致。

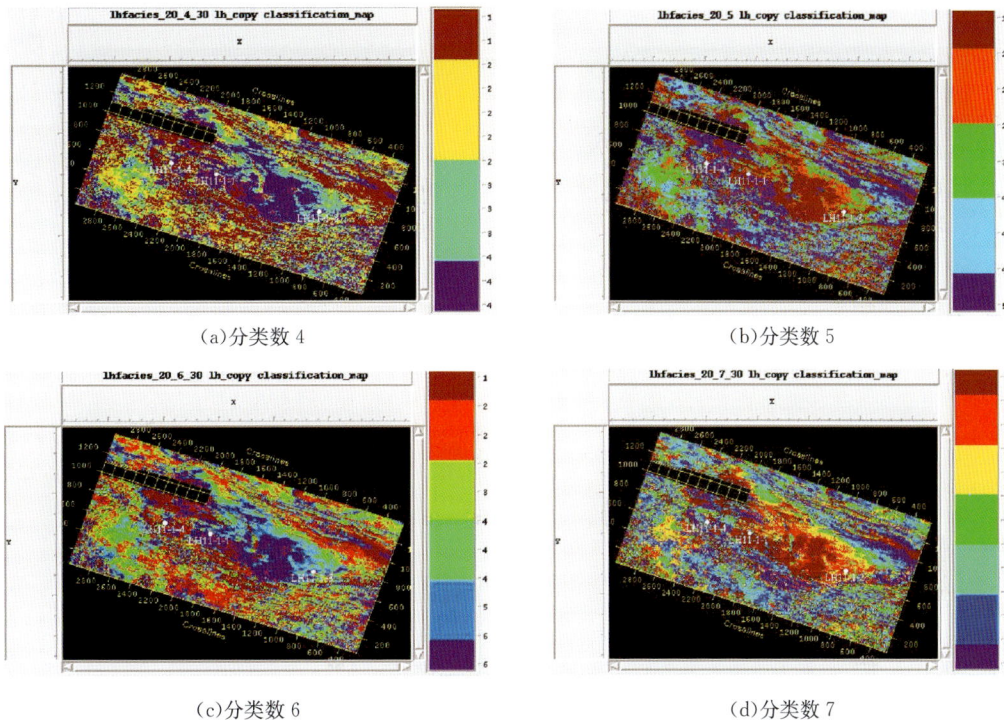

(a)分类数 4　　　　　　　　　　　　　　　　　(b)分类数 5

(c)分类数 6　　　　　　　　　　　　　　　　　(d)分类数 7

图 4-20　LH11-1-1A 井区碳酸盐岩顶～顶向下 20ms 波形分类

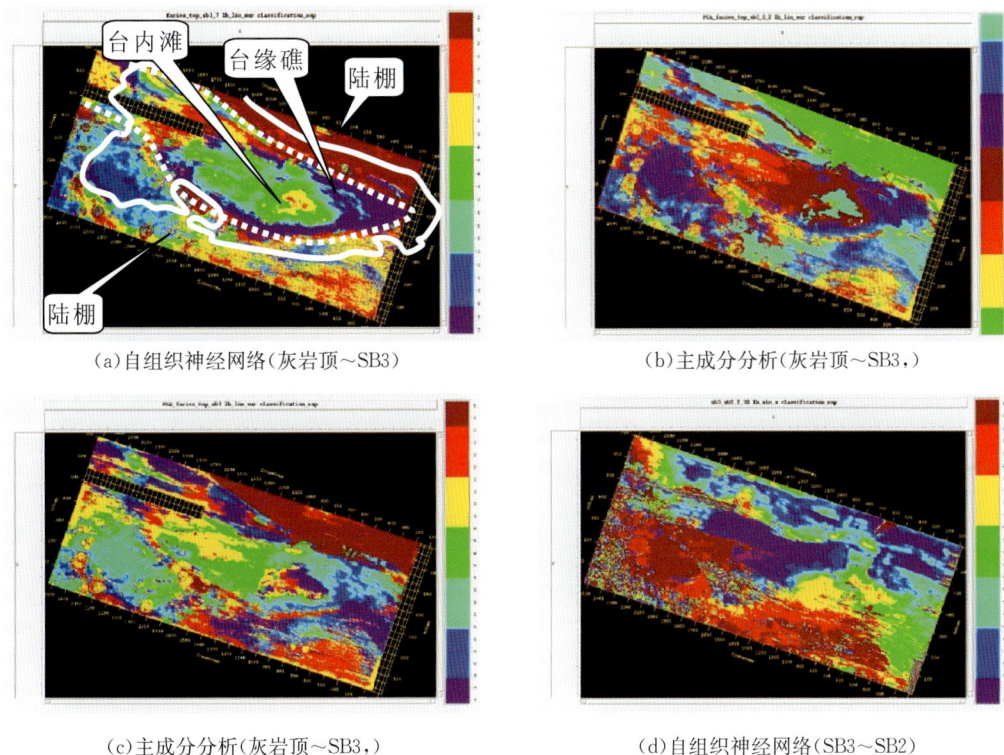

(a)自组织神经网络(灰岩顶～SB3)　　　　　　(b)主成分分析(灰岩顶～SB3,)

(c)主成分分析(灰岩顶～SB3,)　　　　　　　(d)自组织神经网络(SB3～SB2)

图 4-21　LH11-1-1A 井区碳酸盐岩层间波形分类

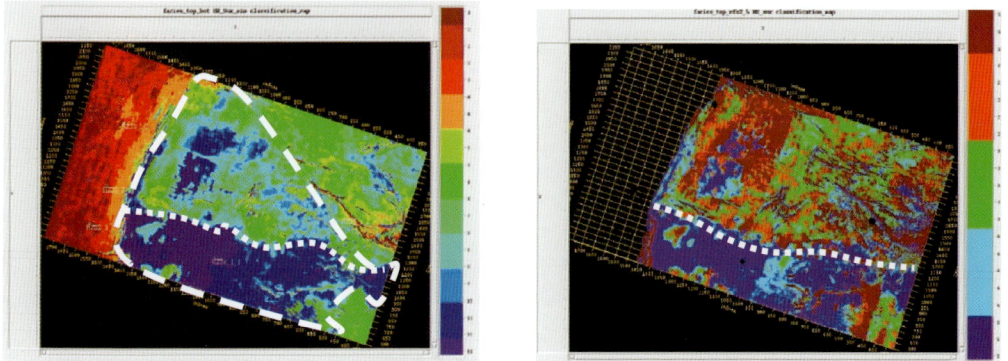

（a）碳酸盐岩顶~底　　　　　　　　　　　　　（b）碳酸盐岩顶~MFS2

图 4-22　HZ 研究区波形分类图

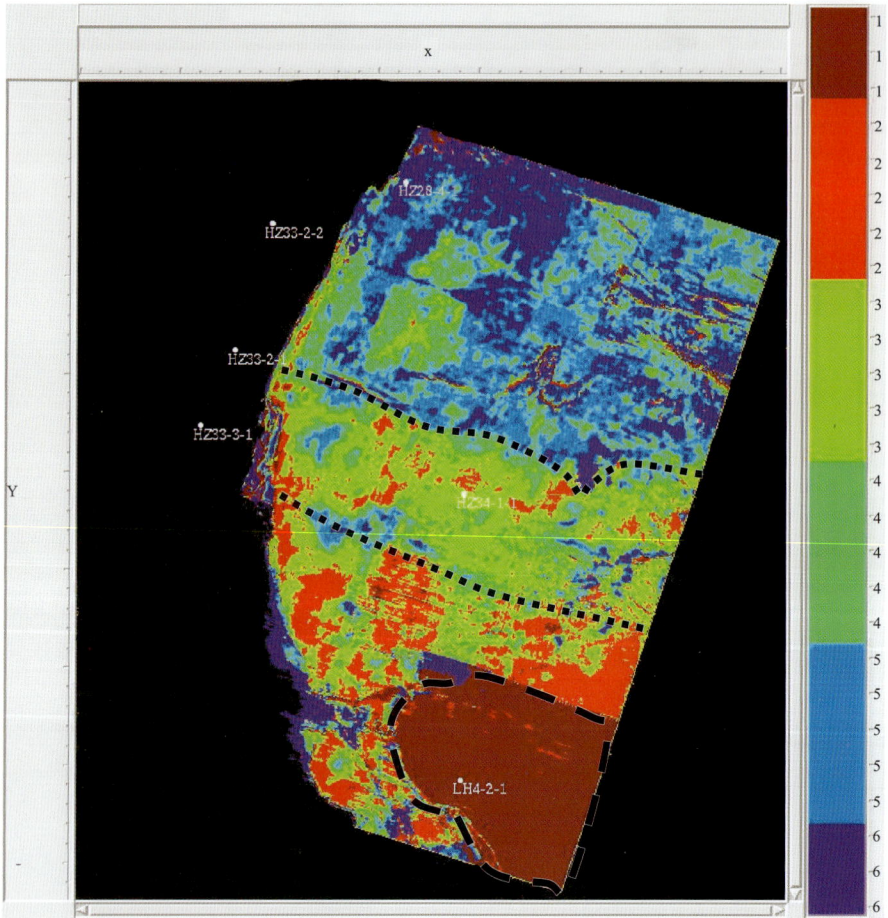

图 4-23　HZ28-4-1~HZ34-1-1~LH4-2-1 工区灰岩顶~mfs2 波形分类图

4.3　关联维分析

由于礁滩储层非均质性非常强，波形十分复杂，因此反映信号复杂性的参数(如关联维)可望在礁滩储层的检测中有一定效果。值得注意的一个问题是，地震波是有一定带宽的信号，在这个带宽内，可能某一部分频段对储层较为敏感，而其他频段的信号则对储层的反应不够敏感，如果我们直接对地震道进行关联维的计算，可能达不到理想的油气检测效果。鉴于这种情况，本书提出了首先利用经验模态分解法(EMD)对地震道进行分解，再对分解后的各分量结果进行关联维计算的思路。EMD 方法为 Norden E. Huang 于1996 年提出的信号分解算法，在此基础上，1998 年他与同事提出了较为完整的 Hilbert-Huang 变换法。EMD 现已广泛应用于信号处理领域，但在地球物理领域却应用较少，只是在 2007 年 Yih Jeng 等将其用于噪声压制和数据恢复中，对于利用 EMD 与关联维结合进行油气检测的思路，尚属首次提出。由于 EMD 对信号的分解结果：固有模函数 $c_1(t)$，$c_2(t)$，$\cdots$，$c_n(t)$，恰恰分别包含了信号从高到低不同频率段的成分，是信号频带的一种自动划分，且随信号本身的变化而变化，储层信息一定也隐含在某些分量当中。这些隐含储层信息分量的关联维则能更好地反映储层发育情况。

4.3.1　EMD 方法基本原理

EMD 是 Empirical Mode Decomposition 的简写，通常被称为经验模态分解法，是美籍华人 Norden E. Huang 在 1998 年提出的信号分解算法，这主要是从复杂信号里分离IMF(固有模函数)的过程，也称为筛选过程(Sifting Progress)。

对任一信号 $s(t)$，首先确认出 $s(t)$ 上所有极点，然后将所有极大值点和所有极小值点分别用一条曲线连接起来，使两条曲线间包含所有的信号数据，从而得到 $s(t)$ 的上下两条包络线。若记两条包络线的平均值为 $m(t)$，将 $s(t)$ 与 $m(t)$ 之差记为 $h(t)$。即：

$$h(t) = s(t) - m(t) \tag{4-32}$$

将 $h(t)$ 视为新的 $s(t)$，重复以上步骤，直到 h 满足以下两个条件：

(1)对于该分量信号，其极值点和过零点数目必须相等或至多相差一点；

(2)在任意点，由局部极大值点和极小值点构成的两条包络线的平均值为零，即分量信号关于时间轴局部对称。此时，令

$$c_1(t) = h(t) \tag{4-33}$$

$c_1(t)$ 可视为一个 IMF：

$$s(t) - c_1(t) = r(t) \tag{4-34}$$

将 $r(t)$ 视为新的 $s(t)$，重复以上步骤，依次可以得到第二个 IMFc_2、第三个 IMFc_3、$\cdots$，如此重复直到最后一个数据序列 r_n 不可再被分解(极值点小于 2 个)。此时，$r_n(t)$ 代表数据序列 $s(t)$ 的趋势或均值。根据分解过程，可以很容易地得到 $s(t)$ 的分解式

$$s(t) = \sum_{i=1}^{n} c_i(t) + r(t) \tag{4-35}$$

由表达式不难看出 EMD 分解方法有不容置疑的完备性及可重构性。下面以一个仿真信号为例来说明 EMD 分解。

图 4-24(a)为原始的仿真信号，图 4-24(b~e)分别为该信号的 IMF_1、IMF_2、IMF_3、IMF_4 分量。从图中可以看出，这四个分量分别对应着信号从高到低不同频率段的成分，而残余分量代表信号的平均趋势。若能从地震信号中分离出对储层敏感的频率成分，再在这些频率成分中进行储层检测，则检测的成功率必然会提高。

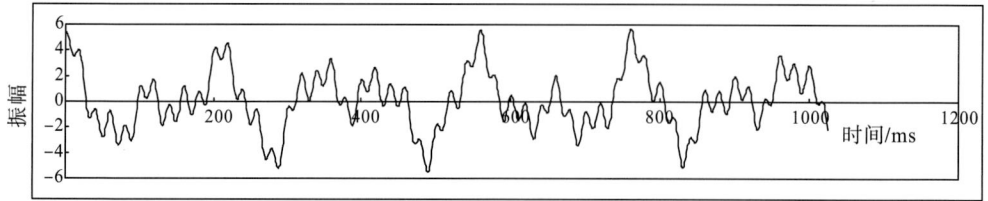

(a)原始信号

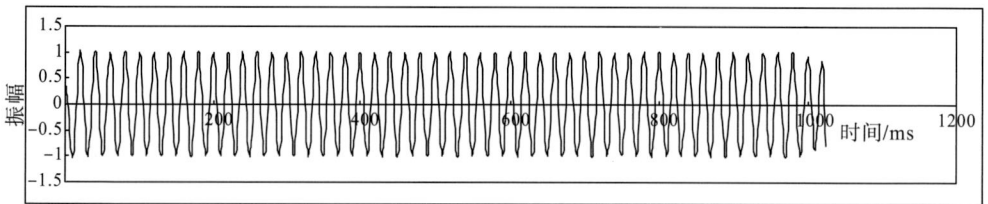

(b)原始信号的 IMF_1 分量

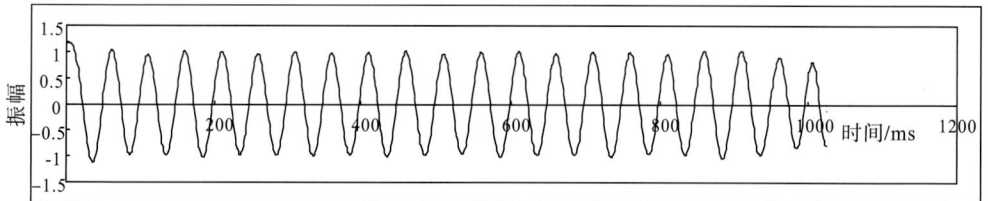

(c)原始信号的 IMF_2 分量

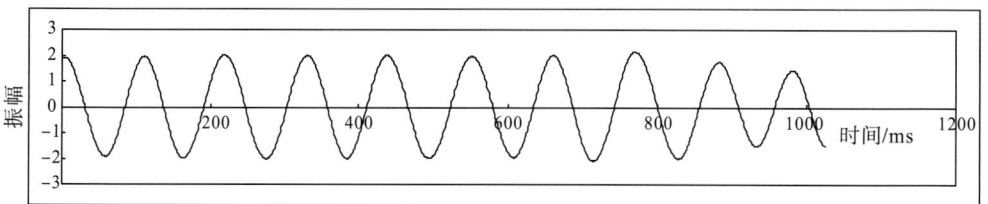

(d)原始信号的 IMF_3 分量

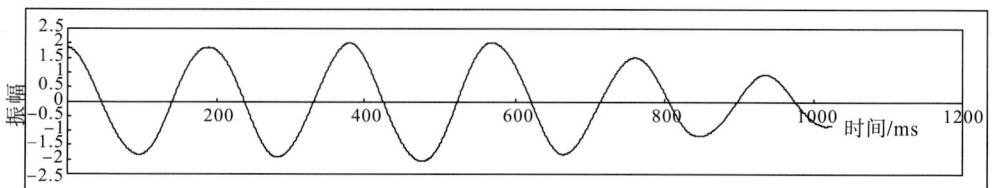

(e)原始信号的 IMF_4 分量

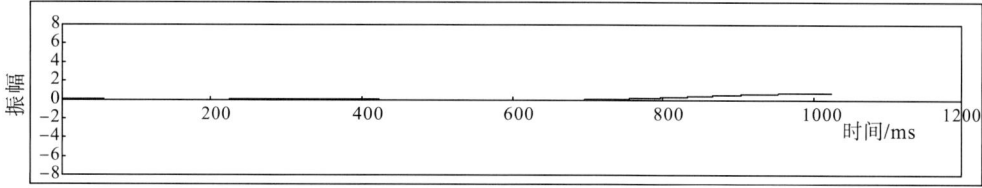

（f）原始信号的残余函数分量

图 4-24 仿真信号及其 EMD 分解

4.3.2 关联维的计算

设地震道的采样点数为 n，某道的采样点可表示为：x_1，x_2，$\cdots$，x_i，$\cdots x_n$（$1 \leqslant i \leqslant n$），其中 $x_i = x(t_i)$ 是 t_i 时刻的样。将其重构组成一个 d 维向量空间 $\{X\}$：

$$X_1 = (x_1, x_2, \cdots, x_d);$$
$$X_2 = (x_2, x_3, \cdots, x_{d+1});$$
$$\vdots$$
$$X_i = (x_i, x_{i+1}, \cdots, x_{d+i-1});$$
$$\vdots$$

这是按采样间隔 τ 顺序构成的向量。

这实际上相当于移动时窗，而时窗宽为 d 个样，即为 $(d-1)\tau$。建立相空间后，求取任一点对 X_i 之间的欧氏距离为

$$L_{ij} = \| x_i - x_j \| \tag{4-36}$$

任意设定一个标度 ε，将距离等于或小于 ε 的点对数在全部点中所占比例设为

$$C(\varepsilon) = \sum_{i,j} \theta(\varepsilon - L_{ij}) / N^2 \ (i, j = 1 \sim N, i \neq j) \tag{4-37}$$

式中 $\theta(x)$ 为 Heaviside 函数

$$\theta(x) = \begin{cases} 0, \text{当 } x < 0, \text{即 } L_{ij} > \varepsilon \text{ 时}; \\ 1, \text{当 } x \geqslant 0, \text{即 } L_{ij} \leqslant \varepsilon \text{ 时}. \end{cases} \tag{4-38}$$

$C(\varepsilon)$ 随 ε 而变。ε 就越大，$L_{ij} \leqslant \varepsilon$ 的机会就越多，$C(\varepsilon)$ 愈大。当大到所有点都小于 ε 时，$C(\varepsilon) = 1$；ε 越小，$L_{ij} \leqslant \varepsilon$ 的机会愈小，$C(\varepsilon)$ 就愈小。当小到所有点都大于 ε 时，$C(\varepsilon) = 0$。$C(\varepsilon)$ 在 $0 \sim 1$ 之间变化。ε 在合适的空间时，$C(\varepsilon)$ 随 ε 呈幂级数形式变化：

$$C(\varepsilon) = \varepsilon^D \tag{4-39}$$

取对数，有

$$D = \frac{\lg C(\varepsilon)}{\lg \varepsilon} \tag{4-40}$$

即 ε 选在合适的空间时，$\lg C(\varepsilon)$ 与 $\lg \varepsilon$ 成正比关系。见图 4-25，图 4-25(b) 为针对图 4-25(a) 所示信号的 $\lg C(\varepsilon)$ 与 $\lg \varepsilon$ 关系图，若 $\lg \varepsilon$ 选择在 A~B，则 $\lg C(\varepsilon)$ 与 $\lg \varepsilon$ 近似呈线性关系，此时两者的比值 D 就是关联维。

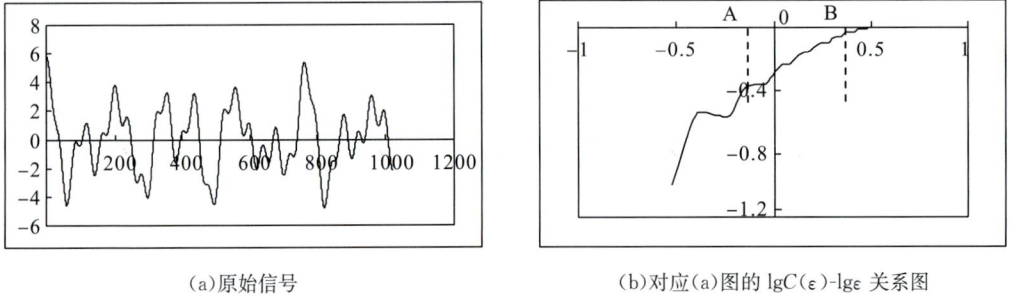

(a)原始信号   (b)对应(a)图的 $\lg C(\varepsilon)$-$\lg\varepsilon$ 关系图

图 4-25 标度的选取

但利用公式(4-40)进行关联维计算存在如下的一个问题，即 D 的大小除了受 $C(\varepsilon)$ 影响外，还受 $\lg\varepsilon$ 值的符号的影响。为此，作如下改进：

$$D = \frac{\lg C(\varepsilon)}{|\lg\varepsilon|} \tag{4-41}$$

这样，当波形简单时，L_{ij} 愈小，两向量愈接近，$C(\varepsilon)$ 愈大，D 值增大；反之，当波形复杂时，D 值降低。一般说来，油气层会使波形复杂化，D 值降低。

图 4-26 为 HZ 研究区灰岩顶关联维切片，图中黑色点划线为储层相对较发育区，从中可以看出，台地边缘相带和 HZ35-1-1 井附近储层较为发育。

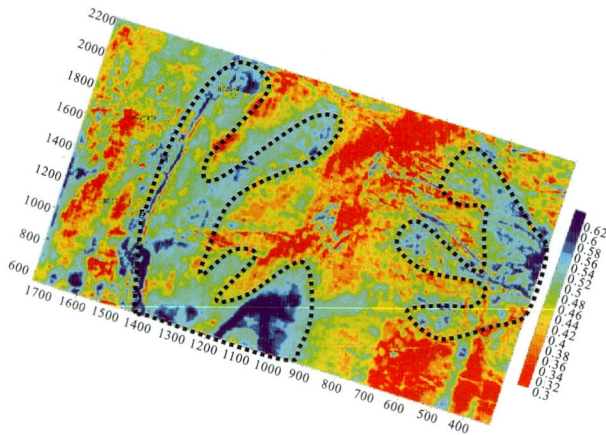

图 4-26 HZ 地区灰岩顶关联维切片

4.4 匹配追踪阻抗反演

4.4.1 常规阻抗反演原理及不足

在地震勘探中，波阻抗反演是地震资料定量解释最为有效的方法之一。波阻抗参数作为联系地震与测井、地质信息的纽带，是进行储层区域评价不可缺少的内容。在数学算法方面，地震波阻抗反演已经形成了一套相对完整的理论体系，从其所依托的理论基础上可分为两大类，即以褶积模型为基础的反演和以波动理论为基础的反演。

波阻抗反演在地震勘探中占有重要的地位。自 20 世纪 70 年代以来，已发展了各种波阻抗反演方法，总体上可分为三大类：第Ⅰ类为利用目标函数导数的最小二乘拟合方法，如以法国学者 Tarantola 等为代表的非线性优化迭代反演方法；第Ⅱ类为由广义线性反演逐渐发展起来的方法，如广义线性反演 GLI、宽带约束反演 BCI 等，尤其是 BCI 在生产中得到了广泛的应用；第Ⅲ类是随着非线性理论而发展起来的一类随机搜索方法，即利用解空间随机搜索的非线性优化方法，如全局寻优的模拟退火法、遗传算法和禁区搜索法等，尤其是快速模拟退火法方法在众多领域得到广泛应用。

在地震勘探中，地震响应的数学模型可表示为

$$S = W * R + \delta \tag{4-42}$$

S 为地震记录，W 为地震子波序列，R 为地震反射系数序列，δ 为随机噪声。根据最小二乘原理，建立目标函数：

$$f(t) = \sum_{t=0}^{N} \left[W(t) * R(t) - S(t) - \delta(t) \right]^2 \tag{4-43}$$

经过多次迭代，当目标函数值达到事先设定的门槛值，则可以得到我们所求的反射系数，再根据反射系数反演得到波阻抗值。由此可见，子波的提取和井曲线的深时转换是波阻抗反演成功与否的关键。

地震波阻抗反演是一项非常复杂的工作，虽然地球物理学家从各个角度对波阻抗反演进行了研究，但是在实际应用过程中仍然存在着各种各样的问题，主要有以下几个方面：

（1）目前，绝大部分反演都是基于模型的线性迭代反演，其反演结果严重依赖于初始模型，若初始模型选择不恰当，则极易陷入局部极小。

（2）在反演前要借助合成记录将测井与地震数据进行相关，这需要对地震子波进行某种假设，不同的假设直接影响了反演的结果。

（3）对于依靠全局搜索算法的非线性反演，虽然对初始模型的依赖性不强，甚至不依赖于初始模型，但其计算量又往往令人难以承受。

（4）对于非线性反演，在求解过程中往往存在多解性，在反演优化过程中，不可避免地会陷入局部最优解，从而增加了反演结果的多解性。

针对以上不足，国内外学者做了大量改进，其中匹配追踪反演是近年来国内外研究较多的阻抗反演方法。

4.4.2　常规匹配追踪反演

匹配追踪算法（Matching Pursuits，MP）由 Mallat 和 Zhang 于 1993 年首先提出，之后很快被应用于地震信号处理领域。Nguyen 等（2000）将 MP 算法应用于二维地震数据叠前滤波，并取得了一定的效果。Liu 等（2004）用 Morlet 子波做时频分解，当地震子波波形接近 Morlet 子波波形时，可得到很好地分解效果；随后 Liu 等（2005）对匹配追踪算法进行了改进，以 Morlet 小波作为基本匹配子波，并将地震信号的瞬时特征引入到该算法中，提高了该算法的效率。刘小龙等（2010）提出 EMMP 算法，并将其应用于地震频谱成像。Zhang 等（2010）提出了双极子分解理论，并通过基追踪算法应用于地震反演中；随后 Zhang 等（2011）基于改进的基追踪算法实现地震反演，验证了该反演算法比稀疏脉冲反演有更高的分辨率，且揭示了在传统地震剖面上无法看到的地层学特征。张繁昌等

(2012)提出利用匹配追踪瞬时谱识别方法来确定三角洲砂岩尖灭线。黄捍东等(2012)提出，通过改造的 Morlet 小波构建原子库，利用匹配追踪算法实现对地震信号的高精度时频分解，武国宁等(2012)将匹配追踪算法应用于复数道地震记录储层预测中，结果显示该方法具有较高的时频分析精度，能够很好地显示储层的位置与边界。杨昊等(2011)提出了一种基于匹配追踪技术的薄互层自动解释方法，该方法从实际地震记录中提取子波，利用匹配追踪技术自动提取薄互层各个反射界面的位置，进而实现薄层厚度定量预测；随后杨昊等(2013)提出一种基于匹配追踪的稀疏脉冲反褶积方法，实现了薄互层反射界面自动提取。

不难看出，匹配追踪及其改进算法具有较高的分辨率，但存在着计算量大的问题，针对这个问题国内外学者进行了大量研究。尹忠科等(2006)将 FFT 运用到计算内积的过程中，在一定程度上提高了计算速度。陈发宇等(2007)提出了一种原子字典索引的快速生成算法，实现基于匹配追踪算法的地震信号快速分解。YangHua Wang(2007)从瞬时频率和瞬时相位的角度出发，通过对原始信号进行 Hilbert 变换计算出瞬时频率和瞬时相位进而粗略地确定时频原子的频率参数及相位参数，然后在字典子集中搜索最佳匹配原子，同样也提高了计算速度；随后 Wang(2010)又提出多道匹配追踪算法(MCMP)，该算法利用横向连续性作为约束条件，极大提高了地震信号分解的空间连续性和运算效率，并且产生合理的高分辨时频谱。高强等(2003)将遗传算法应用到单道匹配追踪算法中，降低了匹配追踪算法的计算复杂度。张繁昌等(2010)依据地震信号瞬时特征建立动态匹配子波库，并提出了双参数快速匹配追踪算法，在保证较高时频精度的条件下，提高了运行速度。随后，张繁昌等(2012)利用地震信号的时频局部特征作为先验信息，采用动态最优搜索策略寻找时频原子，大大降低了匹配追踪分解的计算量，同时，通过时频原子的正交变换，使每次迭代中不再包含已选的时频原子，消除了时频原子库中的冗余分量。

1. 地震信号的稀疏分解

信号表示实际上就是把给定的信号在已知的函数集(函数集中的任意一个函数称为基函数)上进行分解，然后在变换域上表达原始信号或原始信号的主要成分。若在变换域上用尽量少的基函数来表示原始信号或原始信号的主要成分，就是信号的稀疏表示，得到信号稀疏表示的过程就是信号的稀疏分解。若用这种分解过程分解地震信号，则就是地震信号的稀疏分解。匹配追踪算法就是实现地震信号稀疏分解的算法之一。

设研究的地震信号为 f，信号长度为 N，且 $f \in H$，H 为希尔伯特空间。匹配追踪算法将原始地震信号 f 稀疏表示为

$$f = \sum_{i=0}^{n-1} c_i g_{\gamma i}, n \ll N \tag{4-44}$$

式中，$g_{\gamma i}$ 为函数集中的基函数(在匹配追踪算法中函数集被称为过完备原子库，基函数被称为原子)，c_i 为地震信号 f 在基函数 $g_{\gamma i}$ 上的投影分量。式(4-44)和条件 $n \ll N$ 集中体现了地震信号稀疏表示的思想。地震信号在过完备原子库上的分解结果一定是稀疏的。

2. 过完备原子库的建立

如何建立合理的过完备原子库对能否精确匹配地震信号至关重要。雷克子波与地震

子波的波形相似，适合分析地震信号的特性，在地震反演中得到了广泛的应用。本书利用非零相位雷克子波来构建过完备原子库，实现对地震信号的稀疏分解。

1)零相位雷克子波

雷克子波表达式如下所示：

$$r(t-u)=\left[1-2(\pi f_p(t-u))^2\right]\mathrm{e}^{-(\pi f_p(t-u))^2} \tag{4-45}$$

式中，f_p 为峰值频率，u 为时间延迟，e 为自然对数。其波形是由一个主瓣两个旁瓣组成，图 4-27 为 30Hz、50Hz 雷克子波波形图：

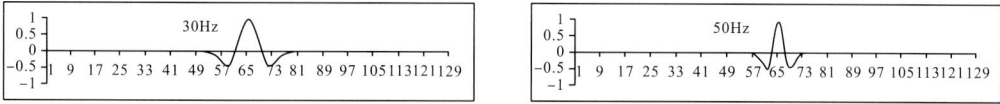

图 4-27 30Hz、50Hz 雷克子波波形图

2)非零相位雷克子波

本书采用的非零相位雷克子波，由解析信号推导而来。以下是雷克子波经 w 相位旋转后的表达式。

$$r'(t)=r(t)\cos w-r^*(t)\sin w \tag{4-46}$$

其中，$r(t)=\left[1-2(\pi f_p t)^2\right]\mathrm{e}^{-(\pi f_p t)^2}$，$r^*(t)$ 为 $r(t)$ 的 Hilbert 变换。

对雷克子波分别进行 30°、90°、150°和 180°相位旋转后如图 4-28 所示。

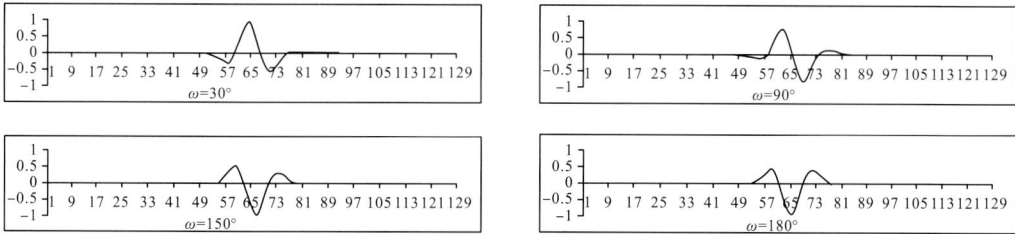

图 4-28 30°、90°、150°和 180°相位雷克子波波形图

3)过完备原子库

本书过完备原子库 $D=\{g_\gamma\}_{\gamma\in\Gamma}$ 由非零相位雷克子波公式经离散化、归一化形成，为叙述方便现将非零相位雷克子波公式(4-46)写成下式

$$g_{\gamma\in\Gamma}(t-u)=r(t-u)\cos w^\circ-r^*(t-u)\sin w \tag{4-47}$$

式中，$r(t)$ 为雷克子波，$r^*(t)$ 为雷克子波的希尔伯特变换，$\gamma=(f_p,w,u)$ 是时频参数，Γ 是所有时频参数的集合。f_p 为主频参数，w° 为相位参数，u 为位移参数。时频参数可以按下式离散化

$$\gamma=(i*df_p,j*dw,n*du) \tag{4-48}$$

然后通过式 $\|g_\gamma(t)\|=1$ 将每个原子归一化。

在过完备原子库中，1 个原子 $g_\gamma(t)$ 由参数 (f_p,w°,u) 决定。参数 (f_p,w°) 决定原子 $g_\gamma(t)$ 的波形，而参数 u 只决定原子 $g_\gamma(t)$ 出现的位置。

3.基于匹配追踪算法的反射系数反演

1)匹配追踪算法基本原理

设 f 为待分解的地震信号，D 为用于分解地震信号的过完备原子库，g_γ 为过完备原子库 D 中的原子，$g_\gamma \in D$，$\|g_\gamma\|=1$。匹配追踪算法分解地震信号 f 过程如下：

(1)从过完备原子库 D 中选择与地震信号 f 最为匹配的原子(即为最佳原子)g_{γ_0}，使其满足以下条件：

$$|\langle f, g_{\gamma_0} \rangle| = \sup |\langle f, g_\gamma \rangle| \tag{4-49}$$

其中，$\langle f, g_\gamma \rangle$ 为地震信号 f 与原子库中任意原子 $g_\gamma g_r$ 的内积，sup 在泛函分析中称为上确界，此处即为最大值的意思。

此时可将地震信号 f 分解为：

$$f = \langle f, g_{\gamma_0} \rangle g_{\gamma_0} + R^1 f \tag{4-50}$$

其中，$R^1 f$ 为地震信号 f 与最佳原子 g_{γ_0} 匹配后的剩余地震信号(即为残差)。

由于 g_{γ_0} 与 $R^1 f$ 正交，所以其能量表示为：

$$\|f\|^2 = |f, g_{\gamma_0}|^2 + \|R^1 f\|^2 \tag{4-51}$$

(2)将剩余地震信号(或残差)看做新地震信号，重复以上过程，不断将新地震信号匹配到过完原子库上，经过 $k+1$ 次匹配可以得到：

$$R^k f = \langle R^k f, g_{\gamma_k} \rangle g_{\gamma_k} + R^{k+1} f \tag{4-52}$$

其中 g_{γ_k} 满足：

$$|\langle R^k f, g_{\gamma_k} \rangle| = \sup |\langle R^k f, g_\gamma \rangle| \tag{4-53}$$

由于 $R^{k+1} f$ 与 g_{γ_k} 正交，则有

$$\|R^k f\|^2 = |R^k f, g_{\gamma_k}|^2 + \|R^{k+1} f\|^2 \tag{4-54}$$

(3)经过 n 次分解后最终把地震信号 f 分解为

$$f = \sum_{k=0}^{n-1} \langle R^k f, g_{\gamma_k} \rangle g_{\gamma_k} + R^n f \tag{4-55}$$

能量分解为：

$$\|f\|^2 = \sum_{k=0}^{n-1} |R^k f, g_{\gamma_k}|^2 + \|R^n f\|^2 \tag{4-56}$$

此处，令 $f = R^0 f$，$R^n f$ 为原地震信号分解为 n 个最佳匹配原子的线性组合后所产生的误差。

(4)分解完成的判定。MP 算法是一个不断迭代的过程，需要一定的标准来判定分解是否完成。本书通过设定残差 $R^n f$ 的能量阈值，来作为分解结束条件的方法是较好的判定标准。即当能量值满足 $\|R^n f\|^2 < \varepsilon(N)$ 时，分解停止，否则继续运行直到满足条件，其中 $\varepsilon(N)$ 为与采样点 N 相关的阈值，可根据经验自行设定。

4.反射系数反演流程

为更好地描述反射系数反演过程，设计如图 4-29 所示流程图。整个流程大体可分为三部分：首先根据非零相位雷克子波构建过完备原子库；第二在过完备原子库中寻找最佳匹配原子；最后从地震道中消去最佳原子，并判断是否满足终止条件，若满足条件则

终止，否则进入下一次循环。

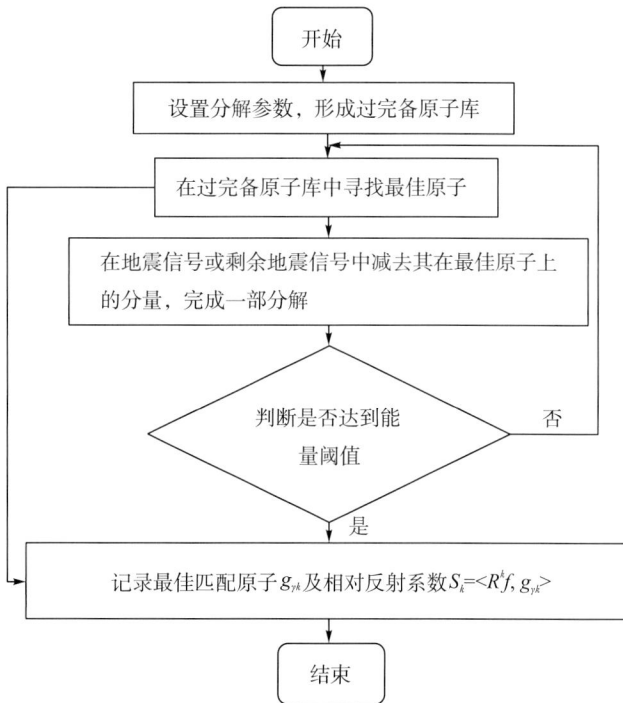

图 4-29　匹配追踪算法反射系数反演流程流程图

5. 匹配追踪算法反射系数反演可行性分析

为验证算法的有效性，本书用合成单道地震信号和楔形正演模型两种方法分别进行了匹配追踪算法反射系数反演测试。其中，前者主要是验证该算法用于地震信号分解的可行性并测试其对地震信号分解的精度；后者主要是简单模拟实际地震数据，验证其反射系数反演的宏观效果。

1) 匹配追踪算法地震信号分解可行性及分解精度分析

为验证其对地震信号稀疏分解的可行性及分解精度，设计了三种合成地震信号。三种合成地震信号除第二层反射系数的位置不同外，其他均采用相同参数的雷克子波(此处雷克子波长度 λ 为 80ms，2ms 采样，其参数如表 4-1 所示)合成长度为 256ms 的地震信号(2ms 采样)。合成地震信号第二层反射系数的位置分别取在第 90、60、50 个采样点上，分别依次为两层间无调谐、$(1/2)\lambda$ 调谐、$(1/4)\lambda$ 调谐三种情况。

表 4-1　合成地震信号所需雷克子波参数表

层数	位置	主频	相位	反射系数大小	归一化反射系数
1	40	30Hz	90°	0.2857	0.4285
2		30Hz	90°	0.6667	1.0000

(1) 两层间无调谐(两层间厚度大于 λ)时。对比图 4-30(c) 和 (a)、(d) 和 (b)、表 4-2 和表 4-1 相应参数可得出：两层间无调谐时，层位、主频、相位及系数的相对大小都能

被准确反演出；重构地震信号和合成地震信号几乎完全相同；残差基本为零。

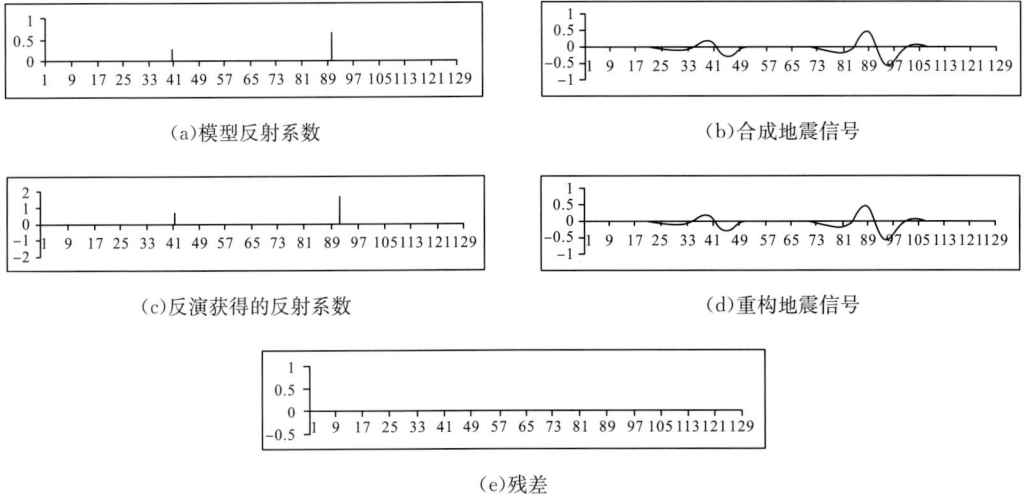

(a)模型反射系数

(b)合成地震信号

(c)反演获得的反射系数

(d)重构地震信号

(e)残差

图 4-30　层间无调谐时合成地震信号及反演结果

表 4-2　匹配追踪算法分解两层间无调谐的地震信号所得雷克子波参数表

层数	位置	主频/Hz	相位/°	反演获得的反射系数	归一化反射系数
1	90	30	90	1.5955	1.0000
2	40	30	90	0.6838	0.4286
3	110	75	154	0.0061	0.0038
4	65	30	101	−0.0038	−0.0024

(2)两层间$(1/2)\lambda$ 调谐(层间$(1/2)\lambda$ 厚度)时，对比图 4-31(c)和(a)、(d)和(b)、表 4-3 和表 4-1 可得出：两层间$(1/2)\lambda$ 调谐$(1/2)\lambda$ 时，反演出的层位、主频及系数的相对大小与真实值相比有偏差，但偏差不大；反演出的相位与真实值相比偏差较大；重构地震信号和合成地震信号基本相同；残差趋近于零。

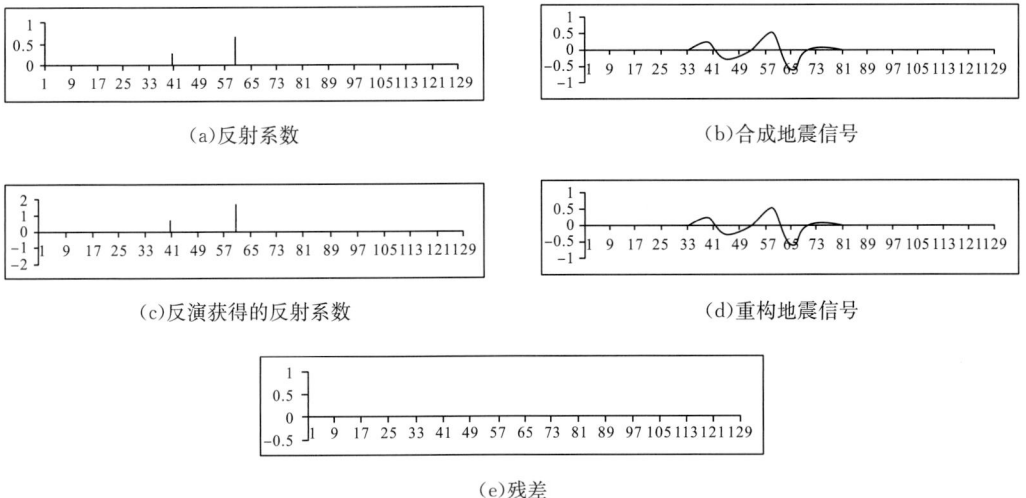

(a)反射系数

(b)合成地震信号

(c)反演获得的反射系数

(d)重构地震信号

(e)残差

图 4-31　层间$(1/2)\lambda$ 调谐时合成地震信号及反演结果

表 4-3 匹配追踪算法分解两层间 $(1/2)\lambda$ 调谐的地震信号所得雷克子波参数表

层数	位置	主频/Hz	相位/°	反演获得的反射系数	归一化反射系数
1	59	28	68	1.6689	1.0000
2	39	31	65	0.6272	0.3758
3	54	40	170	0.1628	0.0975
4	65	36	77	−0.0959	−0.0575

(3)两层间 $(1/4)\lambda$ 调谐(层间厚度为 $(1/4)\lambda$ 时),对比图 4-32(c)和(a)、(d)和(b)、表 4-4 和表 4-1 可得出:两层间 $(1/4)\lambda$ 调谐时,反演出的主频、相位与真实值相比偏差较大,层位和系数相对大小分别与真实值相比都有偏差,但偏差不大,仍可反映层的大体位置和系数的相对大小关系。重构地震信号和合成地震信号也基本相同,残差趋近于零。

通过以上对比分析可知,匹配追踪算法可用于地震信号的稀疏分解;在精度方面,两层间 $(1/4)\lambda$ 调谐时,仍可大体反映层位和系数的相对大小关系。

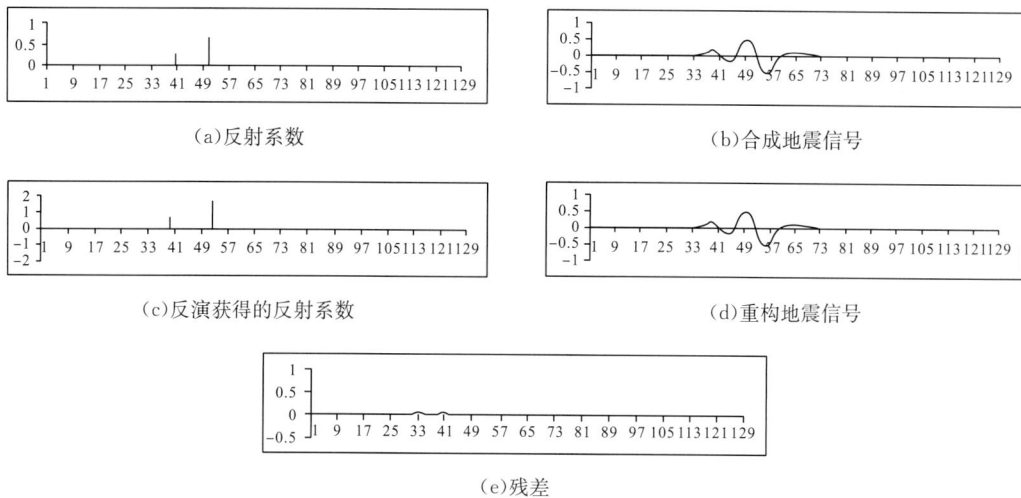

(a)反射系数

(b)合成地震信号

(c)反演获得的反射系数

(d)重构地震信号

(e)残差

图 4-32 层间 $(1/4)\lambda$ 调谐时合成地震信号及反演结果

表 4-4 匹配追踪算法分解两层间 $(1/4)\lambda$ 调谐的地震信号所得雷克子波参数表

层数	位置	主频/Hz	相位/°	反演获得的反射系数	归一化反射系数
1	51	34	108	1.3547	1.0000
2	37	34	22	0.4278	0.3158
3	47	56	55	0.1581	0.1167
4	58	41	25	−0.1092	−0.0806

2)匹配追踪算法用于楔形地震正演模型分析

本节主要通过反演楔形正演模型来验证该算法对类实际地震数据同样具有适用性,同时可观察其对模型反射系数反演的宏观效果。不失一般性,本节所用楔形正演模型(图 4-33)是由任意频率、任意相位的雷克子波合成。

通过反演结果与模型对比(图 4-33 中,(c)与(a)对比)可以得出:两层间大于 $(1/4)\lambda$ 时,可基本完全反演出模型中的信息;两层间小于 $(1/4)\lambda$ 时,与模型相比虽略有些偏差，但仍可反映模型的楔形趋势。

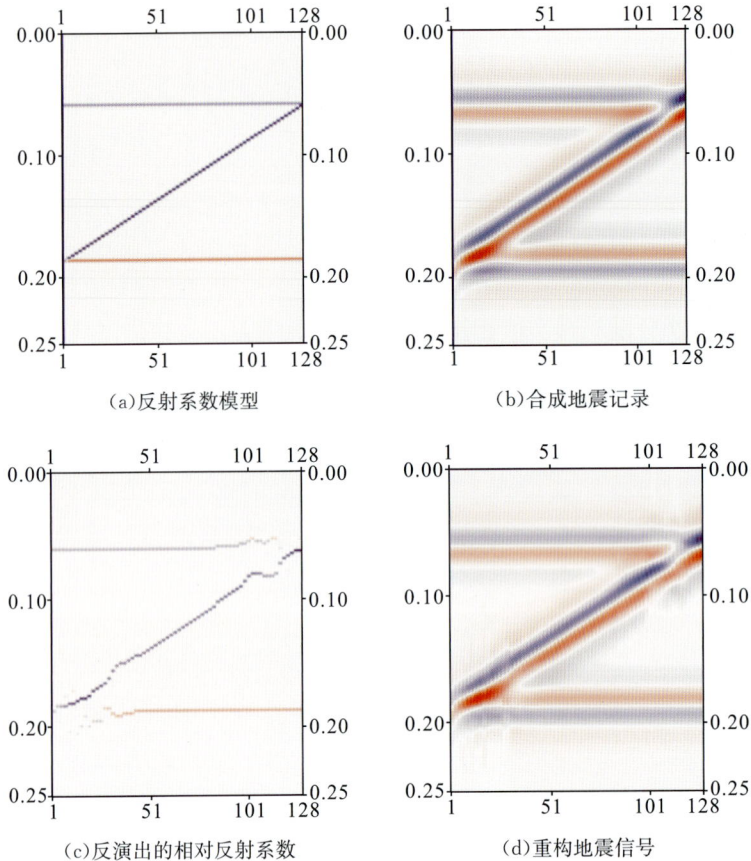

(a)反射系数模型   (b)合成地震记录

(c)反演出的相对反射系数   (d)重构地震信号

图 4-33   地震楔形模型及匹配追踪算法反演成果图

4.4.3 双极子匹配追踪反演原理

为进一步提高精度，R. Zhang 等提出了双极子分解理论，并通过基追踪算法应用于地震反演中。本书通过模型仿真试验和实例应用，验证了该方法具有分辨率高，抗噪性强的优点。

1. 过完备奇、偶原子库

常规反演中，粗略地认为地震子波形状基本不变，只是幅度会因种种原因而衰减。而严格讲，地震子波在传播过程中，它的幅度和形状都会发生变化。用 MP 算法自适应的匹配地震子波波形，可实现对地震信号的高精度稀疏分解。然而，传统的 MP 算法对地震信号的分解精度仍有限，基于双极子分解的匹配追踪算法可实现地震信号的更高精度稀疏分解。

在 MP 算法中，如何建立合理的过完备原子库对能否精确匹配地震信号至关重要，基于双极子分解理论建立的过完备原子库称之为过完备奇、偶原子库。此处，我们利用雷克子波来构建过完备奇、偶原子库，来实现对地震信号的高精度稀疏分解。

1）双极子分解理论

薄层顶、底层反射可以被看做是一对反射对，该反射对可以用 $c\delta(t)$ 和 $d\delta(t-n\Delta t)$ 来描述，$n\Delta t$ 是薄层时间厚度，Δt 是采样率，n 从 0 到最后一个采样点，c 和 d 分别是顶、底层的反射系数。双极子分解把任何反射对分解成偶脉冲对 r_e 和奇脉冲对 r_o 的加权和，如下式所示：

$$c\delta(t) + d\delta(t-n\Delta t) = ar_e + br_o \tag{4-57}$$

其中，$r_e = \delta(t) + \delta[t + \delta(t)]$，$r_o = \delta(t) - \delta[t + \delta(t)]$，分解系数 a、b 唯一。

分解过程如图 4-34 所示：

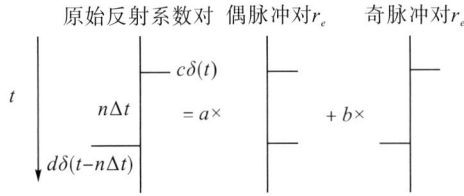

图 4-34　双极子分解示意图

2）反射系数序列的表示

由于每对脉冲对在地震道中的位置是不确定的，脉冲对沿时间轴以 $m\Delta t$ 移动，m 从 1 到最大采样点。所以，奇、偶脉冲对最终写成下式

$$r_e(t,m,n,\Delta t) = \delta(t-m\Delta t) + \delta(t-m\Delta t - n\Delta t) \tag{4-58}$$

$$r_o(t,m,n,\Delta t) = \delta(t-m\Delta t) - \delta(t-m\Delta t - n\Delta t) \tag{4-59}$$

任何反射系数序列都可以写成下式

$$r(t) = \sum_{n=1}^{N} \sum_{m=1}^{M} (a_{n,m} \cdot r_e(t,m,n,\Delta t) + b_{n,m} \cdot r_o(t,m,n,\Delta t)) \tag{4-60}$$

为叙述方便，下文中奇、偶脉冲对分别写成 r_o、r_e。

3）奇、偶原子库

对(4-60)式两端，用给定的子波卷积，产生类似分解的地震响应（如 4-61、4-62 式所示），左侧是反射系数序列与给定子波卷积形成的任意地震道，右侧是奇、偶脉冲对产生地震响应的累加和引起的相同地震道。

$$f(t) = \sum_{n=1}^{N} \sum_{m=1}^{M} (a_{n,m} \cdot w * r_e + b_{n,m} \cdot w * r_o) \tag{4-61}$$

$$f(t) = \sum_{n=1}^{N} \sum_{m=1}^{M} (a_{n,m} \cdot \|w * r_e\| e_{r_{n,m}} + b_{n,m} \cdot \|w * r_o\| o_{r_{n,m}}) \tag{4-62}$$

其中，$w * r_o$ 和 $w * r_e$ 分别是奇、偶脉冲对产生的地震响应，$e_{r_{n,m}} = \dfrac{w * r_e}{\|w * r_e\|}$、$o_{r_{n,m}} = \dfrac{w * r_o}{\|w * r_o\|}$ 分别是奇、偶原子。

一系列不同延、不同时间厚度的奇、偶原子分别构成过完备奇、偶原子库。

2.反演原理

与传统 MP 算法相比，新 MP 算法因构建的原子库更加完备，而对地震信号的分解精度更高。若要新 MP 算法产生类似(4-55)式的分解，则需地震信号 f 分别在奇、偶原子库上分解。

1)基于双极子分解的 MP 算法原理

(4-62)式可进一步写成下式：

$$f(t) = f_e(t) + f_o(t) \tag{4-63}$$

其中，$f_e(t) = \sum\limits_{n=1}^{N}\sum\limits_{m=1}^{M} a_{n,m} \cdot \|w * r_e\| e_{r_{n,m}}$ 是偶原子产生的地震响应，称之为偶数地震道，

$f_o(t) = \sum\limits_{n=1}^{N}\sum\limits_{m=1}^{M} a_{n,m} \cdot \|w * r_o\| o_{r_{n,m}}$ 是奇原子产生的地震响应，称之为奇数地震道。

由 MP 算法原理可以将奇、偶数地震道分别分解成

$$f_e(t) = \sum\limits_{k=1}^{K-1} \langle R^k f_e(t), e_{r_k} \rangle e_{r_k} + R^K f_e(t) \tag{4-64}$$

$$f_o(t) = \sum\limits_{k=1}^{K-1} \langle R^k f_o(t), o_{r_k} \rangle o_{r_k} + R^K f_o(t) \tag{4-65}$$

由(4-63)式、(4-64)式、(4-65)式可推出

$$f = \sum\limits_{k=0}^{K-1} \{ \langle R^k f, e_{r_k} \rangle e_{r_k} + \langle R^k f, o_{r_k} \rangle o_{r_k} \} + \{ R^K f_e + R^K f_o \} \tag{4-66}$$

然而，奇、偶数地震道 $f_o(t)$、$f_e(t)$ 是未知的，地震道 $f(t)$ 是已知的。可利用奇原子 o_r 与偶原子 e_r 的正交性，即 $e_r, o_r = 0$，实现地震道 $f(t)$ 在奇、偶原子库上的匹配。因此：

$$\langle R^k f_e, o_r \rangle = 0; \langle R^k f_o, e_r \rangle = 0, k = 1, 2, \cdots, K-1 \tag{4-67}$$

$$R^K f = R^K f_e + R^K f_o, k = 1, 2, \cdots, K \tag{4-68}$$

由(4-66)、(4-67)、(4-68)式，地震信号 f 最终可分解成下式：

$$f = \sum\limits_{k=0}^{K-1} \{ \langle R^k f, e_{r_k} \rangle e_{r_k} + \langle R^k f, o_{r_k} \rangle o_{r_k} \} + R^K f \tag{4-69}$$

2)约束条件

能量关系

$$\|f\|^2 = \sum\limits_{k=0}^{K-1} \{ \| \langle R^k f, e_{r_k} \rangle \|^2 + \| \langle R^k f, o_{r_k} \rangle \|^2 + \| R^k f \|^2 \} \tag{4-70}$$

为了每次分解得到最小能量残差，最佳奇、偶原子需要满足以下条件

$$\{ e_{r_k}, o_{r_k} \} = \max \{ | \langle R^k f, e_r \rangle |^2 + | \langle R^k f, o_r \rangle |^2 \}, k = 1, 2, \cdots, K-1 \tag{4-71}$$

3)求取系数 c，d

可通过最佳奇原子 o_{r_k}、偶原子 e_{r_k} 获得层位、主频、相位等参数。至于顶、底层系数 c、d，可通过 $\langle R^k f, e_{r_k} \rangle$，$\langle R^k f, o_{r_k} \rangle$ 推出。由(4-62)、(4-69)式可最终推出

$$c = \frac{\langle R^k f, e_{r_k} \rangle}{\|w * r_e\|} + \frac{\langle R^k f, o_{r_k} \rangle}{\|w * r_o\|}; d = \frac{\langle R^k f, e_{r_k} \rangle}{\|w * r_e\|} - \frac{\langle R^k f, o_{r_k} \rangle}{\|w * r_o\|} \tag{4-72}$$

3. 楔形模型试算

1)分解精度分析

图 4-35 中，(a)是模型反射系数，(b)是波阻抗模型，(c)是合成地震记录，(d)是新 MP 算法计算出的相对反射系数，(e)是传统 MP 算法计算出的相对反射系数。图中楔形

模型大小为 128×128，2ms 采样，共五个反射层(如图 4-35(a))，每层最大延时分别是 60ms、120ms、180ms、220ms、240ms(如图 4-35(b))。

在合成地震记录(如图 4-35(c))中，上椭圆处(层 3 的反射)反射界面非常不清晰，新 MP 算法与传统 MP 算法都可以较好地反演出反射界面(如图(d)、(e)中黑色箭头所示)；在下椭圆处(层 4 的反射)因层 4 与层 5 调谐非常严重(两层间最大延时 20ms)，几乎不能分辨出是单层还是两层调谐，采用传统 MP 算法只能反演出层厚较厚处的反射界面，而采用新 MP 算法可进一步反演出更薄层的反射界面(如图(d)、(e)红色箭头所示)。

2)抗噪性分析

通常情况下，实际地震数据含一定的噪声，为使反演更加接近实际情况，向每层内的波阻抗值添加随机噪声(在实际地层中，每层内的波阻抗并不是定值，而是在一定小的范围里变化。因此，向每层内波阻抗值添加随机因子 k，其中 k 取值范围为 0.99～1.01)，其模型及反射反演结果如图 4-36 所示。

图 4-36 中，(a)是模型反射系数，(b)是波阻抗模型，(c)是合成地震记录，(d)是新 MP 算法计算出的相对反射系数。图 4-36 中除加入随机噪声外，其他(如图的大小、层位、层间延时等)与图 4-35 相同。

图 4-36 中，由于波阻抗模型加入了随机噪声，所以每层内的波阻抗值不是定值，而是在一定范围内变化(如图 4-36(b))；模型反射系数(图 4-36(a))除 5 个明显的层位外，每层内都有一系列极小的反射系数值。对比图 4-36(d)与图 4-35(d)可看出，新 MP 算法的反射反演结果在加入噪声前后基本没变化，这说明新 MP 算法可以实现地震信号的稳定稀疏分解，具有一定的抗噪性。

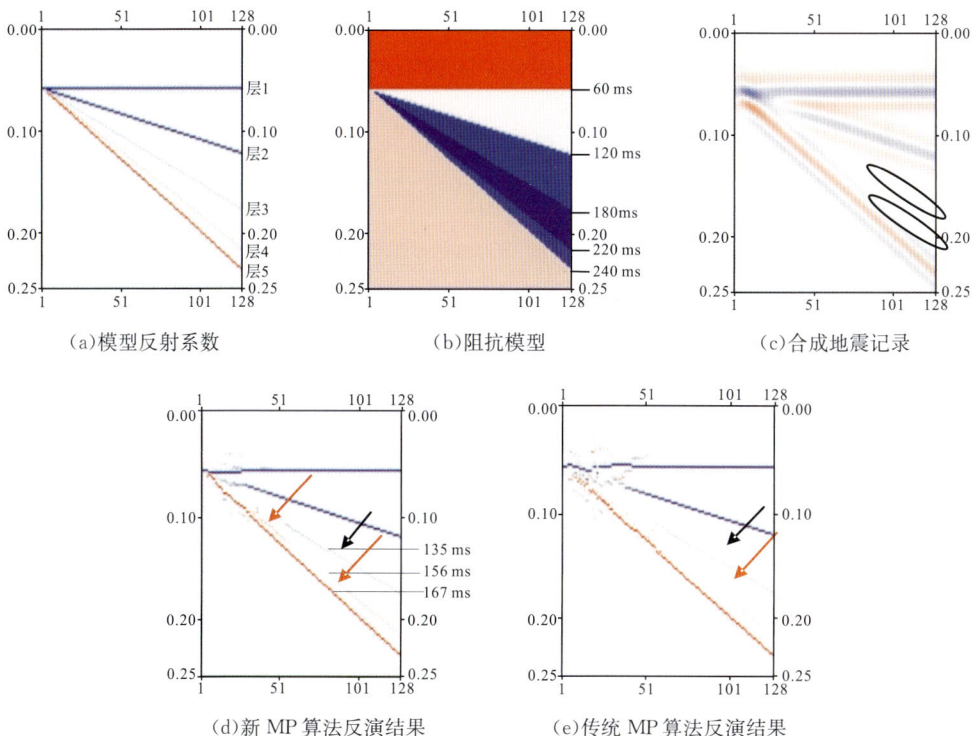

(a)模型反射系数　　　　　(b)阻抗模型　　　　　(c)合成地震记录

(d)新 MP 算法反演结果　　　(e)传统 MP 算法反演结果

图 4-35　新 MP 算法与传统 MP 算法反射反演结果对比图

(a)反射系数模型

(b)阻抗模型

(c)合成记录

(d)反演结果

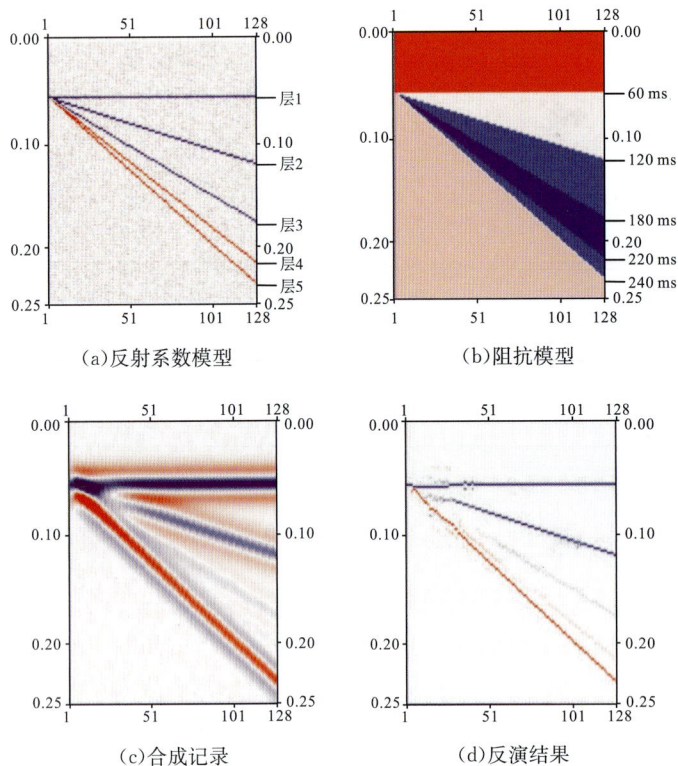

图 4-36　加噪条件下新 MP 算法反射反演结果图

4.实际地震数据运算

图 4-37 中，(a)是珠江口地区某区域实际地震数据，储层类型为礁滩储层。(b)是基于传统 MP 算法反演出的相对反射系数，(c)是基于新 MP 算法反演出的相对反射系数。

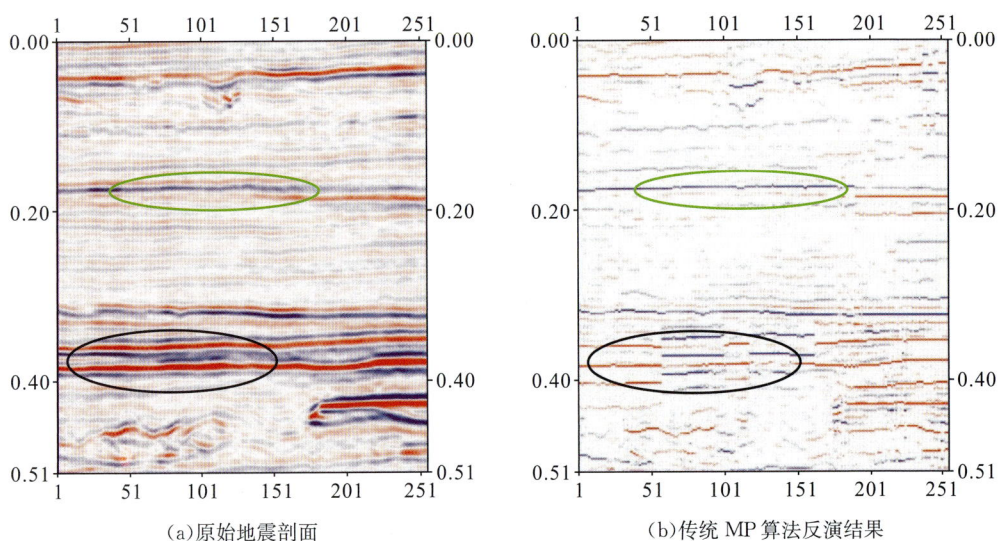

(a)原始地震剖面

(b)传统 MP 算法反演结果

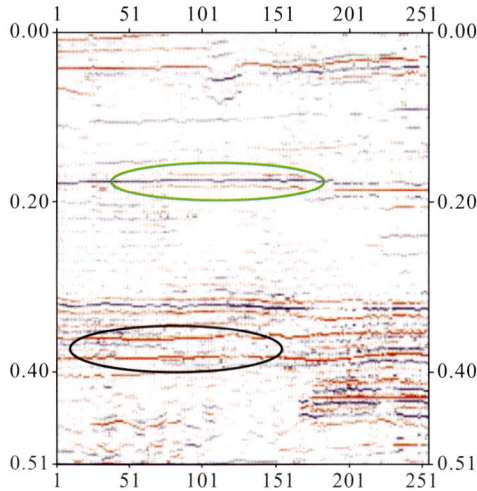

(c)新 MP 算法反演结果

图 4-37 新 MP 算法与传统 MP 算法对实际地震数据的反射反演结果对比图

通过对比三图可以看出：

(1)在绿色椭圆处，原始数据(a)很难看出是否调谐，采用基于双极子分解的 MP 算法可以在一定程度上反演出其上、下层，而传统 MP 算法对下层反射反演不明显，很难分辨。由此可见，对于地震信号的稀疏分解，基于双极子分解的 MP 算法较传统 MP 算法具有更高的分解精度。

(2)在黑色椭圆处(滩相储层)，基于双极子分解的 MP 算法反射反演结果的连续性明显强于传统 MP 算法反射反演结果。因此，与传统 MP 算法相比，基于双极子分解的 MP 算法对地震信号的稀疏分解较稳定，具有一定的抗噪性。适合进行礁滩储层的反演。

4.5 基于孔隙结构的孔隙度反演

建立饱和岩石有效弹性参数与孔隙大小、孔隙形状和孔隙流体间的关系有助于我们了解和认识组成地下岩石的各种因素对岩石整体弹性性质的影响，从而找出它们的变化规律。这种关系的建立在地震解释、波动方程正演模拟、储层参数反演、流体替换和 AVO 分析等领域均有较为广泛的应用。Wyllie 等(1956)、Han 等(1986)、Avseth 等(2005)、贺振华等(2007)、陈颙等(2001，2009)先后在该领域对它们开展了深入的探讨和研究。

岩石物理模型的研究往往建立在对测井和岩石物理测试数据分析的基础上，主要研究岩石弹性参数与影响其变化的各种因素间的关系。影响岩石弹性性质的主要因素包括岩石的矿物成分、孔隙大小、孔隙结构、裂缝密度和压力、温度等。1949 年 Mindlin 讨论了颗粒状岩石受到剪切应力的情况，推广了赫兹接触模型，形成了 Hertz-Mindlin 模型，适用于经过压实的颗粒状岩石，特别是物性变化比较均匀的碎屑岩。1951 年 Gassmann 建立了描述饱和岩石的 Gassmann 方程。Kuster-Toksoz(1974)基于散射理论，建立了干岩石骨架模量的求取方法，并指出干岩石骨架模量与岩石的孔隙形状有联系。临界孔隙度模型(Nur et al.，1995)和 Krief 模型(Krief et al.，1990)是两个比较常用的经验岩石物理模型，其中后者利用 Raymer 等(1980)的砂岩测试数据建立了干燥岩石弹性参数与孔隙度之间的经验关系。有效差分介质(DEM)理论也已经被应用于确定干燥和饱含流体孔隙岩石的有效弹性性质(Zimmerman，1985；Norris，1985；Berryman et al.，2002；Markov et al.，2005)。基于 DEM 理论，Berryman 等(2002)得到了干燥和饱含流体裂缝型岩石弹性参数近似的解析表达式。Li 等(2010)利用 DEM 理论讨论了经典孔隙形状下(球形，针形和硬币形)弹性参数与孔隙度的关系。Lev Vernik 等(2010a、b)建立了三类碎屑岩(固结的、松散的和泥岩)的岩石物理模型，考虑了岩石的孔隙大小、孔隙的微观结构、裂缝密度和压力的影响。

尽管前人在这些方面做了很多研究工作，取得了很多进展，但 Nuretal(1991)，Vernic(1998)和 Avseth 等(2005)指出，任何一个单一的基于有效介质理论的模型都不能完整地描述受各种成岩作用影响的岩石，由于地下岩石的非均质性和地区的差异性使它们的建立或应用都会有一定的限制。Lev Vernik 也指出没有一个岩石物理模型能很好地模拟地下岩石复杂变化(Lev Vernik et al.，2010a、b)。特别是岩石的内部孔隙结构，由于其主要受成岩过程中经历的压实和压溶、胶结等各种不确定成岩作用的影响，使得很难建立量化的岩石物理模型来模拟这种变化。

Zimmerman 和 Kachanov 等指出孔隙形状是一个影响岩石弹性性质的很重要因素(Zimmerman，1986；Kachanov et al.，1994；Sevostianov et al.，2008)，他们分别研究了二维孔隙形状和三维孔隙形状情况下对岩石弹性性质的影响。孔隙结构可以用一系列规则的孔隙形状，如球形、针形、甚至椭球形来近似描述。然而，通过对岩石孔隙结构的研究发现，地下岩石的孔隙形状变化很大，有些甚至是向内凹的，几乎不能用规则的几何形状来描述，即使是近似的描述，也会造成较大的误差。因此，我们必须寻找其他的方法来描述这种变化。研究岩石的孔隙结构最大的困难在于如何利用现有测试数据(测井、岩石物理测试)来估计孔隙形状对岩石弹性性质造成的影响。在本书中，我们给出的岩石物理模型引入了孔隙结构的信息。为了研究它们对岩石弹性性质的影响，我们构建了岩石孔隙结构参数，然后利用测试数据来分析孔隙结构的变化规律，从而找到影响岩石孔隙结构的主要因素。利用构建的岩石孔隙结构参数，我们讨论了其在碳酸盐岩中的变化规律，并进行了储层参数反演。

4.5.1　岩石物理模型的建立

1. 碳酸盐岩微观孔隙结构

碳酸盐岩的非均质性使其储集空间演化复杂，孔隙类型多样，横向变化快，同一储集层内往往存在多种类型的孔隙。为了研究其孔隙结构，我们选取了某地区碳酸盐岩的岩石薄片进行分析，图 4-38 即为碳酸盐岩的岩石薄片。Vernik(1998)认为当泥质含量在 2%~12% 时，岩石的弹性性质基本不受泥质含量变化的影响。当沉积环境相对单一，岩性基本为碳酸盐岩，几乎没有碎屑岩的影响时，在进行建模的时候可以不考虑泥质含量对岩石有效弹性参数的影响。

碳酸盐岩岩石储集空间类型主要包括孔隙和裂缝。孔隙分为原生孔隙和次生孔隙，裂缝分为构造缝、溶蚀缝及压溶缝。图 4-38(a)为碳酸盐岩原生孔隙的岩石薄片，主要是沉积时期形成的与岩石孔隙结构关系密切的孔隙。原生孔隙主要包括原生粒间孔、剩余原生粒间孔、生物体腔孔、藻间孔、藻架孔。图 4-38（b）为碳酸盐岩次生孔隙的岩石薄片，形成于沉积之后，在成岩、后生及表生阶段改造过程中产生的孔隙，对碳酸盐岩的储集性具有重要意义。次生孔隙主要包括粒间溶孔、粒内溶孔、铸模孔等。图 4-38（c）为碳酸盐岩包含裂缝的岩石薄片，裂缝类型包括构造缝、压溶缝及溶蚀缝。从图 4-38 中可以看出，岩石的孔隙形状包括圆形、椭圆形、三角形、针形、硬币形等，还有很多不规则的形状，甚至向内凹的孔隙形状。因此，用固定、单一的几何形状来模拟这种孔隙结构，不可避免地会带来较大的误差，有时甚至会得到错误的结论。本书在后面的讨论中通过引入带有孔隙形状信息的有效介质模型，把表征孔隙结构的变量独立出来，研究其变化规律，再通过有效介质模型来对弹性参数或岩石物性参数进行计算。研究结果表明，该方法可以较好地提高有效介质模型计算岩石弹性参数的准确度。

(a)原生粒间孔　　　　　　　　(b)次生粒间孔　　　　　　　　(c)溶缝

图 4-38　碳酸盐岩岩石薄片

2. Gassmann 方程与 Eshelby-Walsh 椭球包体裂缝理论

岩石中孔隙流体对岩石弹性参数的影响主要分为两种情况。第一种情况是饱和岩石-排水的情况。该种情况是指作用在岩石外部的流体静压力变化时，岩石孔隙内的水压力不变，通过对该种情况下的岩石的研究发现，饱和岩石-排水情况下的弹性参数与干燥岩石的情况相同。另一种情况是饱和岩石-不排水情况，这种情况下孔隙流体对岩石的弹性参数影响较大，Gassmann 于 1951 年建立了饱和岩石-不排水情况下的 Gassmann 流体替换方程。本项研究就是在 Gassmann 方程的基础上重建岩石的弹性参数间的关系，用于指导油气勘探。

考虑一个外部受到流体静压力（围压）p 的作用，内部孔隙压力为 p_p 的岩石。在外部围压 p 发生变化时，孔隙体积必然被压缩，因为孔隙流体不能向外流出，所以孔隙压力必然要随围压的变化而变化。我们把这种情况下的岩石的有效压缩系数记为 $\bar{\beta}$。Gassmann 方程得到了 $\bar{\beta}$ 与岩石基质、孔隙流体、孔隙度等参数之间的关系

$$\frac{1}{\bar{\beta} - \beta_s} = \frac{1}{\beta_D - \beta_s} + \frac{1}{(\beta_p - \beta_s)\eta} \tag{4-73}$$

(4-73)式将岩石的孔隙度 η、孔隙流体的压缩系数 β_p、岩石基质的压缩系数 β_s、排水岩石的压缩系数 β_D 和不排水的即饱和岩石的压缩系数 $\bar{\beta}$ 联系了起来，只要知道其中的任意 4 个量，第 5 个量便可以由它求出。

岩石的弹性参数除了受岩石基质和孔隙流体的影响，孔隙的形状也是影响其变化的

重要因素。我们把干燥的岩石设想成一均匀的无孔隙的固体，其弹性性质与两相体的岩石一致，我们令这个均匀体的有效压缩系数为 β_D。岩石中的孔隙可以分为孔洞和裂缝两类。裂缝类孔隙可以用一个弹性的椭球来模拟，Eshelby 于 1957 年讨论的 Eshelby 椭球包体裂缝理论，他假定：①岩石基质是完全各向同性体，其体积模量和剪切模量分别为 K_s 和 μ_s；②基质中存在着一个弹性的椭球形包体，包体的几何形状已知，可以是各向异性的；③围体(基质)比包体大很多，则边界条件无限远处应变是均匀的。1965 年沃尔什(Walsh，1965)在此基础上推导并得出了干燥多孔岩石基质和包体组成的两相体岩石的等效弹性参数(陈颙等，2001)。

$$\beta_D = \beta_s \left[1 + m \frac{\eta}{\alpha} \right] \tag{4-74}$$

$$\mu_D^{-1} = \mu_s^{-1} \left[1 + n \frac{\eta}{\alpha} \right] \tag{4-75}$$

β_D 和 μ_D 分别为干燥岩石的压缩系数和剪切模量，β_s 和 μ_s 分别为干燥岩石的岩石基质的压缩系数和剪切模量，α 是孔隙的纵横比，η 为孔隙度。其中

$$m = K_s(3K_s + 4\mu_s) / \left[\pi \mu_s (3K_s + \mu_s) \right] \tag{4-76}$$

$$n = \frac{1}{15\pi} \left[\frac{8(3K_s + 4\mu_s)}{3K_s + 2\mu_s} + \frac{4(3K_s + 4\mu_s)}{3K_s + \mu_s} \right] \tag{4-77}$$

3. 岩石孔隙结构参数

蒋炼，贺振华等(2011)运用 Gassmann 方程与 Eshelby 椭球包体裂缝理论在合理的假设前提下推导和建立了岩石弹性参数间的一个比较实用的新关系式。

由于对于气体而言，β 趋于无穷大；对于水而言，β 值大约为 $500 \times 10^{-6} \text{MPa}^{-1}$；对于一般原油的 β，则为 $1000 \times 10^{-6} \text{MPa}^{-1} \sim 2500 \times 10^{-6} \text{MPa}^{-1}$，即 $\beta_p \gg 500 \times 10^{-6} \text{MPa}^{-1}$。对于碳酸盐岩，岩石基质的压缩系数 β_s 一般在 $15 \times 10^{-6} \text{MPa}^{-1}$ 左右，较碎屑岩小，且随着深度的增加 β_s 会进一步减小。因此对于深层及超深层碳酸盐岩有：$\beta_p - \beta_s \approx \beta_p$。式(4-73)可以简化为

$$(\beta_D - \beta_s)\beta_p \eta = (\bar{\beta} - \beta_s)\beta_p \eta + (\bar{\beta} - \beta_s)(\beta_D - \beta_s) \tag{4-78}$$

由式(4-78)可以得到

$$\eta = \frac{(\bar{\beta} - \beta_s)(\beta_D - \beta_s)}{(\beta_D - \beta_s)\beta_p} \tag{4-79}$$

对于排水情况，压缩系数 β_D 定义为

$$\beta_D = \frac{1}{V} \frac{\partial V}{\partial p} \bigg|_p \tag{4-80}$$

若岩石外部受到流体静压力 p，内部受孔隙压力 p_p 的作用，在保持 p_p 不变的情况下，流体静压力 p 单位增量的变化 Δp 导致的岩石体积应变就是排水情况下岩石的压缩系数。首先设想岩石外部和孔隙内部都受到不变的压力 p_p 作用。显然这种情况不会使岩石体积发生变化(因为压力 p_p 不变)(图 4-39(b))。然后考虑岩石外部作用流体静压力为 $p - p_p$，而孔隙内部没有任何压力，这相当于岩石干燥的情况。当外部静压力由 $p - p_p$ 变到 $p - p_p + \Delta p$ 时，岩石的体积变化 ΔV_c 可以由干燥岩石的沃尔什公式给出，为 β_{eff} $(p - p_p)$(图 4-39(c))，这两种情况的叠加即为所要求的排水情况下的压缩系数 β_D(图

4-39(a)),则有

$$\beta_D(p, p_p) = \beta_{eff}(p - p_p) \tag{4-81}$$

即排水情况下弹性参数与干燥情况下相同。

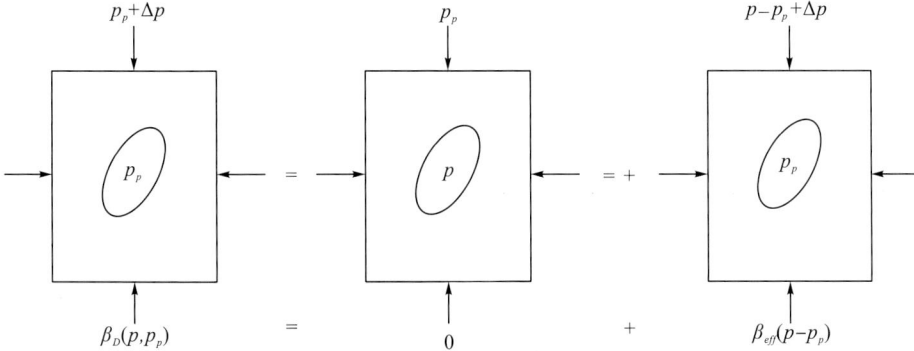

图 4-39　排水情况岩石的压缩系数(陈颙，2001，2009)

由于 β_D 在(4-74)式和(4-79)式中具有相同的物理意义，均为干燥岩石(或不排水岩石)的压缩系数，因此可将(4-74)式代入(4-79)式，于是得

$$\eta = \frac{(\bar{\beta} - \beta_s)\beta_s m \dfrac{\eta}{\alpha}}{\beta_p \left[\beta_s \left(1 + m \dfrac{\eta}{\alpha} \right) - \bar{\beta} \right]} \tag{4-82}$$

简化可以得到

$$\beta_p \beta_s \frac{m}{\alpha} \eta^2 + \left[\beta_p \beta_s - \beta_p \bar{\beta} - (\bar{\beta} - \beta_s)\beta_s \frac{m}{\alpha} \right] \eta = 0 \tag{4-83}$$

解得

$$\eta = \frac{\beta_p \bar{\beta} + (\bar{\beta} - \beta_s)\beta_s \dfrac{m}{\alpha} - \beta_p \beta_s}{\beta_p \beta_s \dfrac{m}{\alpha}} \tag{4-84}$$

从式(4-76)中可以看出，参数 m 是一个与岩石基质的体积模量和剪切模量有关的变量，(4-84)式中 α 为表征岩石孔隙结构的孔隙纵横比，由于这两个变量在实际应用中很难得到，为了在实际工作中能更好地应用岩石物理模型进行储层评价，我们在这里构建一个表征岩石孔隙结构的参数 C，令 $C = \dfrac{\alpha}{m\beta_s}$。可以看出，孔隙结构参数 C 是一个与孔隙结构和岩石基质的体积模量、剪切模量有关的变量，由于在同一沉积环境下岩石的矿物成分变化不大，实际应用中可以近似把 m 与 β_s 看成一个常量，我们就可以把 C 近似地等同于只与岩石的孔隙结构有关的一个变量，同时也可以避免去求取参数 m。经过上述讨论，我们可以简化(4-84)式，可以得到

$$\eta = \frac{\bar{\beta} - \beta_s}{\beta_p} + \frac{\bar{\beta} - \beta_s}{\beta_s \dfrac{m}{\alpha}} = (\bar{\beta} - \beta_s)\left(\frac{1}{\beta_p} + C \right) \tag{4-85}$$

按压缩系数的定义

$$\beta = \frac{1}{K} = \frac{1}{\rho\left(v_p^2 - \frac{4}{3}v_s^2\right)} \qquad (4\text{-}86)$$

由(4-85)式和(4-86)式可得

$$\eta = \frac{\dfrac{1}{\rho\left(v_p^2 - \frac{4}{3}v_s^2\right)} - \beta_s}{\beta_s\dfrac{m}{\alpha}} = \frac{1 - \beta_s\rho\left(v_p^2 - \frac{4}{3}v_s^2\right)}{\rho\left(v_p^2 - \frac{4}{3}v_s^2\right)\dfrac{1}{C}} \qquad (4\text{-}87)$$

(4-87)式中的 β_s、C 分别为岩石基质压缩系数和岩石孔隙结构参数，v_p、v_s 和 ρ 分别为纵波速度、横波速度和密度。其中 v_p、v_s 和 ρ 可以根据岩石物理测试、测井资料、叠前弹性参数反演或地震的多波资料获得，因此(4-87)式中，只要知道岩石的基质压缩系数，则可以准确的得到岩石的孔隙结构参数 C。

4.5.2　岩石物理测试和测井分析

我们用给出的岩石物理模型，对某地区同一目的层段的岩石物理测试数据和测井数据进行了计算和讨论。测试的数据和测井数据都经过严格的校正，确保数据来源的准确性与可靠性。研究的目的地层是碳酸盐岩沉积。在目的层井段进行了全波列测井，据此我们可以得到地层的横波速度，其他地层信息，如含水饱和度、泥质含量等也已经获得。岩石物理数据也都在不同的温度、压力环境下进行了测试。因此，我们可以通过这些已经知道的信息对岩石的孔隙结构参数进行计算和分析。

由公式(4-85)可以得出

$$C = \frac{\eta\beta_p - \bar{\beta} + \beta_s}{(\bar{\beta} - \beta_s)\beta_p} = \frac{\alpha}{m\beta_s} \qquad (4\text{-}88)$$

我们可以根据(4-88)式，依据岩石物理或测井等方式获得需要的所有信息，计算出孔隙结构参数 C 的大小。但是，在这些需要的参数中，岩石的基质压缩系数的信息获取难度很大。

在实际应用中，通常是根据 Reuss-Voigt-Hill 公式计算岩石基质的弹性模量。Reuss-Voigt-Hill 公式具有如下形式

$$K_s = \frac{1}{2}\left[\sum N_i K_i + \frac{1}{\sum N_i K_i}\right] \qquad (4\text{-}89)$$

式中：N_i 为组成岩石基质的第 i 种矿物的体积百分比；K_i 为对应矿物的体积模量。由于矿物的弹性性质在实际应用中不太好确定，如碳酸盐岩多半由白云石和方解石组成，有时伴有蒸发岩，例如盐岩、硬石膏、石膏等。这些矿物的弹性性质和密度有很宽的范围。利用(4-89)式估算岩石基质的弹性模量需要知道不同矿物组分的体积百分比，通常地震解释人员难以获得这种资料。矿物成分的获取多是通过岩心分析得到，这种分析是很小尺度的点分析，因而也只能是矿物成分的大致框架，具体到每口井，每个储层段，矿物成分构成都可能发生较大的变化。另外，对于同一种矿物不同的测量会有不同的结果，这给选取合适的矿物弹性参数带来了不少困难。为克服上述方法带来困难，这里采用统计平均的方法求取岩石基质的弹性模量(张金强等，2010)。结合岩性解释和孔隙度解释结论，求取与储层段同一岩性(或近似岩性)、孔隙度小于某个特定值的岩层段的纵

波、横波速度和密度的平均值。由此计算岩石的体积模量和剪切模量，并将岩石的弹性模量等同于储层段岩石基质的弹性模量。对于岩石基质高度致密的碳酸盐岩来说，在孔隙度较小时，孔隙内饱含的流体对岩石物理性质的影响非常小，因而可以将这类岩石的弹性模量等同于岩石固体基质的弹性模量。

获得岩石基质压缩系数之后，根据(4-88)式，我们分别用岩石物理测试数据和测井数据计算了岩石孔隙结构参数 C 的值，统计了 C 与剪切模量、体积模量等岩石有效弹性参数间的关系，用于寻找其变化规律。图 4-40(a～f)是利用岩石物理测试数据和测井数据分别统计的岩石孔隙结构参数 C 与剪切模量、体积模量和泊松比间的交会图。我们对统计结果进行了多项式拟合，从图中可以看出，岩石物理统计拟合的规律与测井统计拟合的规律有较好的一致性，其中孔隙结构参数 C 与体积模量有较好的相关性，其相关系数可以达到 0.9664。

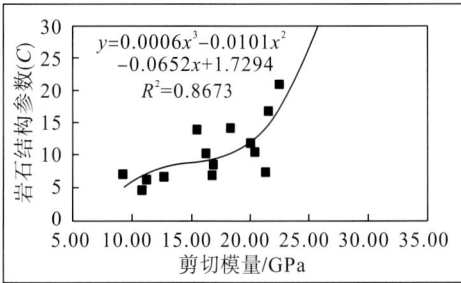

(a) 剪切模量与孔隙结构参数交会图(岩石物理)　　　(b) 体积模量与孔隙结构参数交会图(岩石物理)

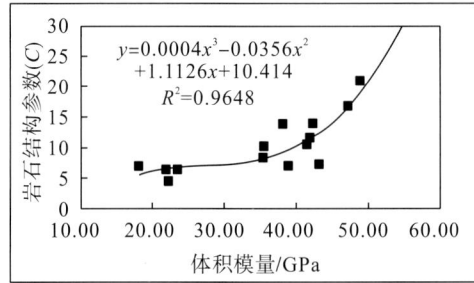

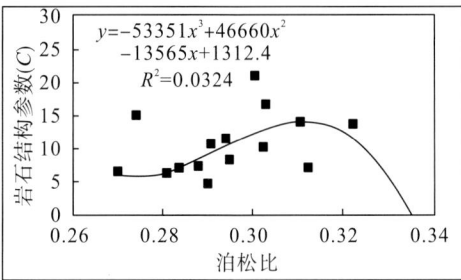

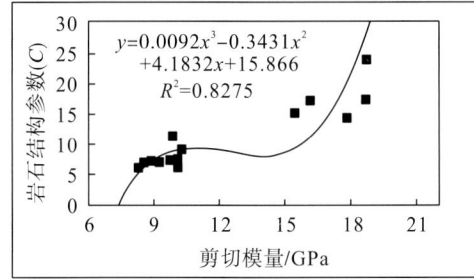

(c) 泊松比与孔隙结构参数交会图(岩石物理)　　　(d) 剪切模量与孔隙结构参数交会图(测井数据)

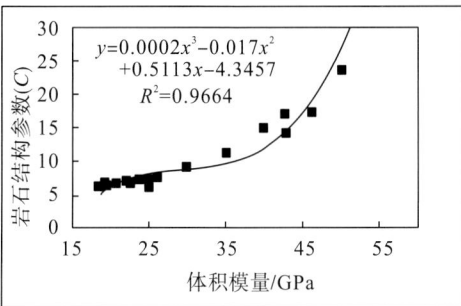

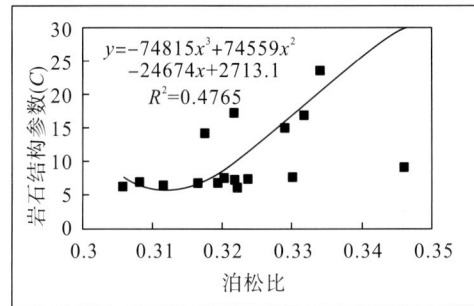

(e) 体积模量与孔隙结构参数交会图(测井数据)　　　(f) 泊松比与孔隙结构参数交会图(测井数据)

图 4-40　岩石物理测试数据和测井数据分别统计的岩石孔隙结构参数 C 与剪切模量、
体积模量和泊松比间的交会图

通过以上分析可以发现，岩石的孔隙结构参数有其内在的变化规律，我们可以通过这种规律估算未知地层岩石的孔隙结构，从而更好地进行储层参数的计算与分析。

为了解岩石孔隙结构参数对孔隙度的影响，我们选取了一个固定岩样，其测试的岩石弹性参数保持不变，只改变岩石孔隙结构参数值的大小，从而分析岩石孔隙结构参数误差的大小对预测孔隙度的影响。图4-41即为岩石孔隙结构参数误差与孔隙度预测误差的交会图，从图中可以看出，当岩石孔隙结构参数误差达到5时，其孔隙度计算的误差可以达到10%，严重影响了孔隙度的计算精度。图4-42(a)为岩石孔隙结构参数误差为2时，Ky1井的孔隙度预测曲线。计算结果表明，其计算的均方误差已经达到2.06，而实际中我们得到的岩石孔隙结构参数分布范围为0~30GPa，因此岩石孔隙结构参数在岩石物理模型中是一个比较重要的影响因素。我们利用Ky1井的测井信息计算了该井目的层段的孔隙结构参数，并统计了其与体积模量间的变化关系，利用这种统计关系对该井的岩石孔隙结构参数C进行了预测。图4-42(b)即为利用得到的统计关系预测的岩石孔隙结构参数随深度变化的曲线。从图中可以看出，预测值的岩石孔隙结构参数曲线和实际计算的岩石孔隙结构参数曲线比较吻合。最后利用预测的岩石孔隙结构参数C对该井的岩石的孔隙度进行了预测。图4-42(c)即为目的层段孔隙度的预测结果，可以看出预测的孔隙度和实测的孔隙度曲线吻合较好，其均方误差为0.83，小于1，预测结果能够基本满足目前油气勘探的要求。

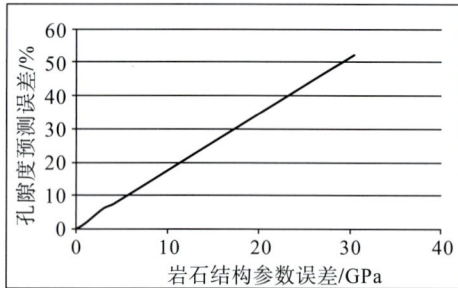

图4-41 岩石孔隙结构参数误差与孔隙度预测误差的交会图

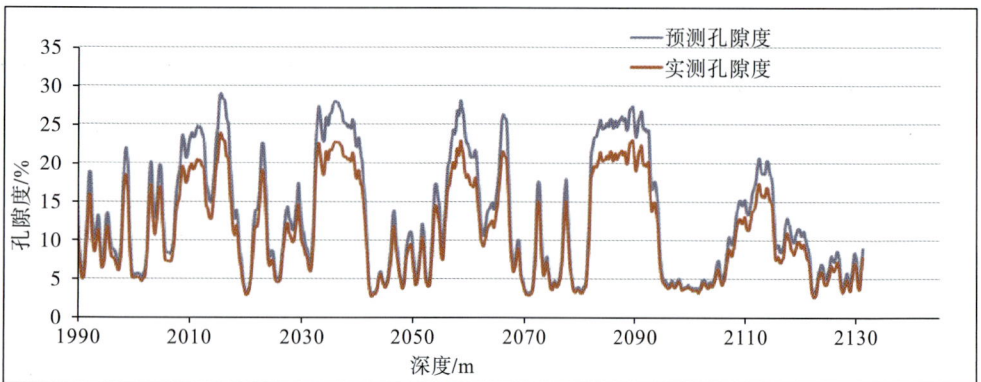

(a)Ky1井孔隙度预测曲线(岩石孔隙结构参数误差为2)

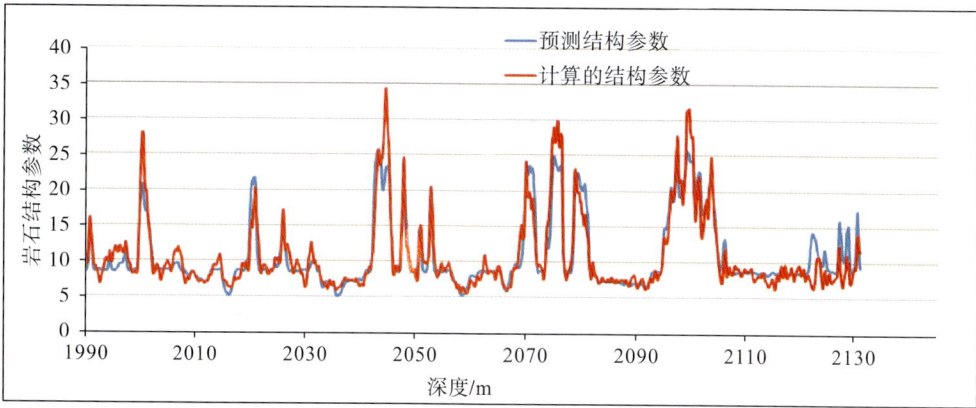

（b）Ky1 井岩石孔隙结构参数预测图

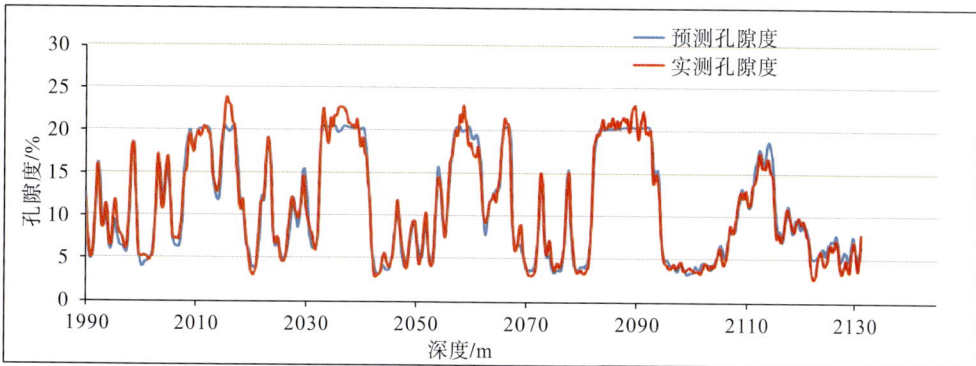

（c）Ky1 井孔隙度预测

图 4-42　Ky1 井孔隙度预测效果分析

　　为了验证该方法的应用效果和适用范围，我们选取了同一地区的一口井 Ky2 的测井数据进行验证。首先我们把从 Ky1 井得到的岩石孔隙结构参数 C 的统计规律，应用到 Ky2 井同一地层井段，计算该井的岩石孔隙结构参数 C；然后利用横波测井信息对该井的孔隙度进行预测；最后与常规预测的孔隙度和实测孔隙度进行了对比。我们这里应用的常规孔隙度预测方法，是根据 Ky1 井的纵波速度与孔隙度的交会图拟合出它们的一个关系式（见图 4-43），把这个关系式用到 Ky2 井，从而预测出 Ky2 井的孔隙度。Ky2 井的预测结果见图 4-44，从图中可以看出，代入岩石孔隙结构信息的孔隙度预测方法预测的结果明显优于常规孔隙度预测方法预测的结果。经计算发现，含有岩石孔隙结构信息的孔隙度预测方法预测结果的均方误差为 0.74，而用常规方法预测结果的均方误差为 1.18。这里值得注意的是，从图 4-43 可以看出，速度与孔隙度的拟合关系式很好，但是即使是在这种情况下，预测其他井的孔隙度时，预测误差会因为井眼位置差异而增大。在代入孔隙结构信息后预测的孔隙度，在 Ky1 井的预测结果的均

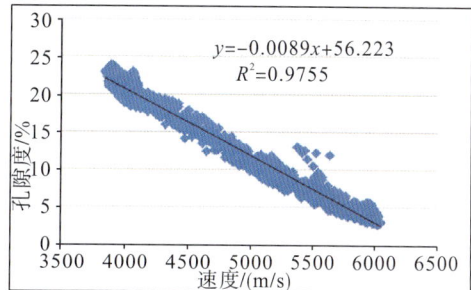

图 4-43　孔隙度与速度的交会图

方误差为 0.87，而在 Ky2 井预测结果的均方误差为 0.74，预测误差相对稳定。造成这种预测误差变化差异的原因可能是由于常规预测方法利用单变量进行预测，忽略了其他因素，如孔隙形状、岩石矿物成分或流体等因素对岩石孔隙度的影响。

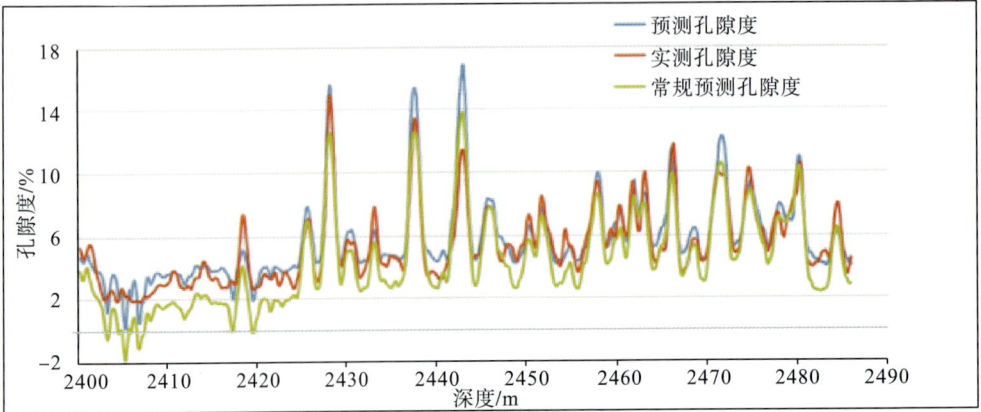

图 4-44　Ky2 井孔隙度预测

4.5.3　孔隙度预测

1. 孔隙度计算步骤

关于孔隙度的计算流程见图 4-45。

步骤 1：基质压缩系数的求取。求取与储层段同一岩性（或近似岩性）、孔隙度小于某个特定值的岩层段的纵波、横波速度和密度的平均值。由此计算岩石的体积模量和剪切模量，并将岩石的弹性模量等同于储层段岩石基质的弹性模量。根据基质压缩系数与体积模量关系（倒数关系），获得基质压缩系数。

步骤 2：井中（或岩样）孔隙结构参数的求取。根据公式（4-87），利用井中（或岩石物理）的纵、横波速度，密度，孔隙度和基质压缩系数获得井中（或岩样）孔隙结构参数 C。

步骤 3：孔隙结构参数与其他弹性参数关系式的获取。统计井中（或岩样）的孔隙结构参数 C 与体积模量、泊松比、剪切模量、拉梅系数等参数的关系。优选相关性最好的关系式作为计算孔隙结构参数 C 的计算公式（如本项研究中泊松比与孔隙结构参数 C 关系最密切，则选用泊松比与孔隙结构参数 C 之间的关系式作为孔隙结构参数 C 的计算公式）。

步骤 4：孔隙结构参数数据体的获取。利用上一步骤获得的计算公式计算孔隙结构参数数据体。

步骤 5：求取孔隙度体。利用基质压缩系数、孔隙结构参数体、纵横波速度、密度体计算孔隙度（公式 4-87）。

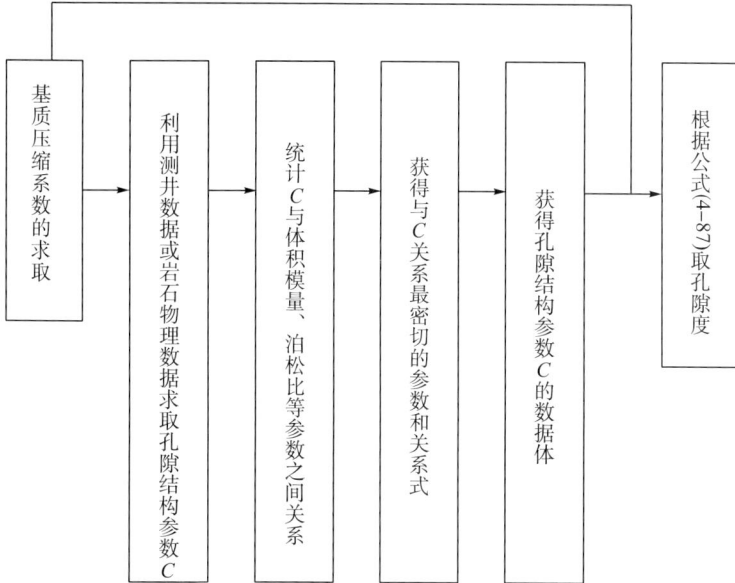

图 4-45　基于孔隙结构孔隙度预测流程

2.应用实例

为了验证该方法的实际应用效果，本书选取了海上高精度三维地震资料进行叠前弹性参数反演，预测其孔隙度。由于目前各种叠前反演的软件和叠前反演的方法都比较成熟，通过较好的叠前三维地震资料可以较准确地反演出叠前的各种弹性参数，从而为储层物性参数的预测提供必要的数据基础。

研究区的勘探目的层段为新近系珠江组碳酸盐岩地层。盖层为上覆泥岩，沉积相带主要由开阔台地相、台地边缘相、台地前缘斜坡相和陆棚相组成。由于受到后期溶蚀作用的影响，孔隙类型主要为次生溶蚀孔隙和溶蚀缝，断层和裂缝相对不发育。孔隙度分布范围为 $0.2\%\sim25\%$，平均孔隙度在 13% 左右。该地区储层的孔隙度变化范围较大，可以小到 1% 以下，也可能因为后期成岩作用，如溶蚀作用的影响达到 25% 以上。因此该研究区的碳酸盐岩储层具有典型的纵向、横向非均质强的特点，在利用常规方法进行储层孔隙度预测的时候效果并不理想。该区域岩石孔隙度受沉积相带的影响较大，且油气的运移自北西方向向南东方向运移，目的层今构造是北西向南东向逐渐呈单斜上升，孔隙度是影响岩性圈闭形成的主控因素。因此为了寻找有利的岩性圈闭，我们需要在该区域较准确地预测孔隙度，从而找到可能形成岩性圈闭的位置。本次研究根据研究区的碳酸盐岩储层的孔隙结构特征，引入岩石的结构参数，利用经典的岩石物理模型和叠前弹性反演对其进行了孔隙度预测。

根据前面讨论的方法，首先根据研究区测井和岩石物理测试数据，计算出该区域的岩石结构参数，分析并统计其孔隙结构的特征和变化规律；然后利用建立的岩石物理模型对其孔隙度进行预测。图 4-46(a)为目的层沿层岩石结构参数分布图，从图中可以看出其在整个研究区的平面展布特征。岩石结构参数变化从 $0\sim20$，变化较大，可以看出碳酸盐岩的岩石结构的非均质性较强的特点，因此岩石结构参数对整个研究区的影响较大，在进行储层描述、正演、AVO 正演与解释等工作的时候不能将其忽略。图 4-47 为过井的孔隙度反演剖面图，从图中可以看出，反演的结果与井上基本吻合。图 4-46(b)为目的层沿层孔隙度平面分布图，从图中可以看出，位于北西方向台地边缘相带的孔隙度较高，而在南东方向，由于其属于台内相带，可能存在泻湖，所以孔隙偏低，分析该图，可能存在岩性圈闭。在 Ky53 井附近，由于断层和裂缝的影响，孔隙度较大。因此，从剖面和平面图的分析可以看出，基于岩石孔隙结构的岩石物理模型孔隙度预测方法可以较好地预测其孔隙度的变化，较好地解决地质问题。

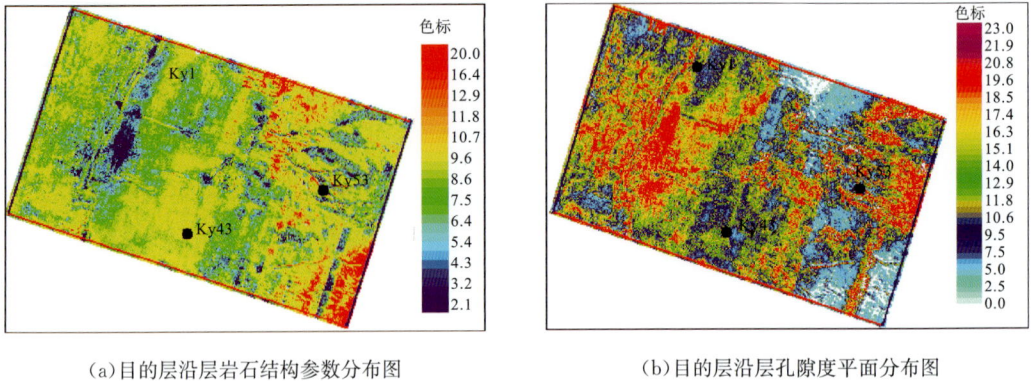

(a)目的层沿层岩石结构参数分布图　　　　　　(b)目的层沿层孔隙度平面分布图

图 4-46　目的层沿层切片

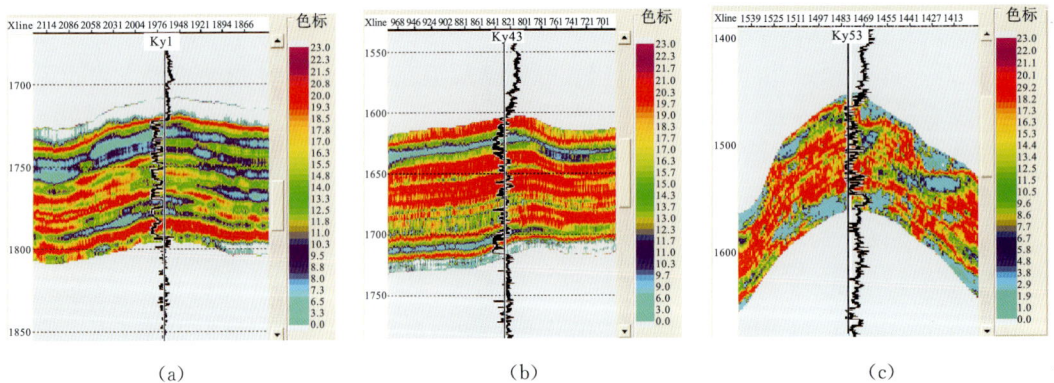

(a)　　　　　　　　　　　(b)　　　　　　　　　　　(c)

图 4-47　过井孔隙度反演剖面

4.6　基于非规则曲线拟合的孔隙度反演

目前，利用地震资料预测孔隙度主要的方法大致可分为三类：第一，根据 Willie 时间平均方程，利用岩石物理测试数据分别求出速度与孔隙度关系，密度与孔隙度关系，结合可求得阻抗与孔隙度关系，并最终利用该关系式从阻抗反演体获得孔隙度数据体(邹冠贵等，2009)；第二，直接利用测井资料拟合阻抗(或其他测井参数)与孔隙度的线性与非线性公式，进而从阻抗反演体(或其他测井参数反演体)获得孔隙度数据体(Parra et al.，2009；李来运等，2009)；第三，应用神经网络反演方法进行的。通过提取地震波的多个特征参数，用这些参数与孔隙度测井资料建立非线性映射关系函数，应用神经网络求得三维体各点的孔隙度(Hampson et al.，2001；蒋东等，2009)。前面的基于孔隙结构的孔隙度反演实际是第二类方法的改进。以上方法在一些地区取得了很好的效果，但仍可进一步改进，原因在于：首先，由于孔隙结构的差异、孔隙中流体性质的差异，使得孔隙度与阻抗(或速度与密度)并无明显的线性或非线性关系，因此这种关系并不能用公式来表达。其次，地震波的特征参数除了受孔隙度影响外，还受地层起伏形态，接触关系的影响，若利用地震波的特征参数来预测孔隙度，其误差也会非常大。第三，碳酸盐岩横向非均质性强，在一个研究区内阻抗-孔隙度关系有一定变化。鉴于以上原因，本书提出了一种井约束的高精度孔隙度预测方法，该方法不需要拟合出阻抗与孔隙度的关系表达式，而只从井-震的非规则关系曲线(该曲线不能用解析式表达)上通过阻抗反演数据体反算出孔隙度，井间则采用基于距离的加权方式求得。将该方法应用于 XX 地区，效果良好。

4.6.1　阻抗-孔隙度关系的非规则曲线拟合

本书仍利用测井数据拟合阻抗-孔隙度的关系，测井数据需要作去除野值及深度校正等预处理。与传统方法不同的是，本书所用方法不需要拟合出阻抗-孔隙度的关系式。如图 4-48(a)所示，对于任一阻抗 Z_i($Z_{min} \leqslant Z_i \leqslant Z_{max}$)，$Z_{min}$、$Z_{max}$ 分别为所研究井目标井段内阻抗的最小值、最大值。设以 Z_i 为中心 ΔZ 宽度的范围内共有 n 个点，阻抗-孔隙度的拟合直线方程为 $\phi = aZ + b$，考虑这 n 个点距拟合直线的纵坐标差，设第 j($j=1$，2，$\cdots$，n)个点距拟合直线的纵坐标差为 d_j，则针对 Z_i 拟合直线的修正量 $\Delta\phi_i$ 为：

$$\Delta\phi_i = \sum_{j=1}^{n} \frac{d_j}{n} \qquad (4\text{-}90)$$

式中若点位于拟合直线上方，d_j 取正，反之为负。设修正后的孔隙度为 ϕ_i'，则：

$$\phi_i' = \phi_i + \Delta\phi \qquad (4\text{-}91)$$

式中：$\phi_i = aZ_i + b$，图 4-48(b)中的蓝线即为修正后的曲线。

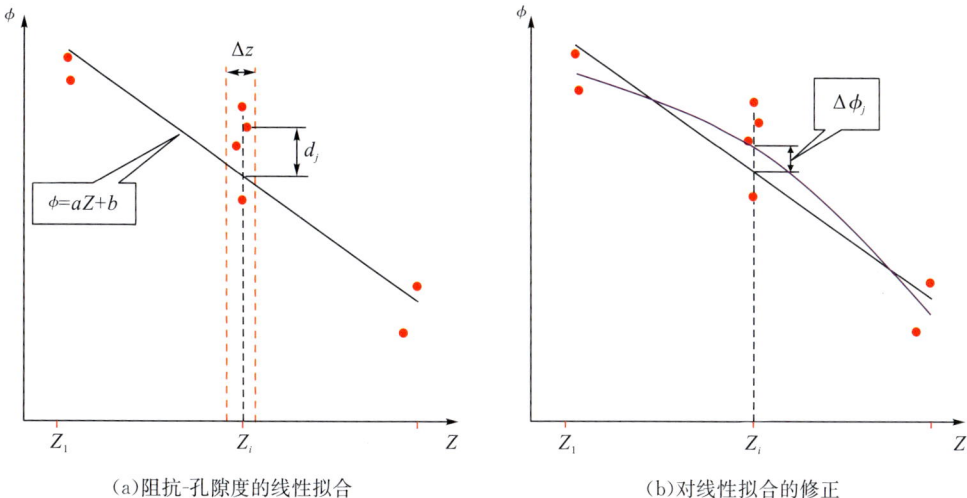

(a)阻抗-孔隙度的线性拟合　　　　　　　(b)对线性拟合的修正

图 4-48　非规则曲线拟合示意图

图 4-49(a)、(b)、(c)分别为对 Well-1 井阻抗-孔隙度的线性拟合、多项式拟合和非规则曲线的拟合结果。对于不同拟合方式的比较，2.2 节已作过比较，并得出非线性拟

合尤其是多项式拟合效果较好的结论。这一结论从图 4-49 可再次得到证实，但与本书提出的非规则曲线拟合法相比，线性拟合与多项式拟合的相关系数均略低。为了检验不同拟合方式在反演中的效果，针对过 Well-1 井的阻抗反演剖面利用以上三种拟合方式获得了孔隙度剖面(图 4-50(a)～(c))。此处值得注意的是，非规则曲线拟合虽然无法得到孔隙度-阻抗关系式，但每一个阻抗值仍对应了一个孔隙度值，因此可以通过阻抗求得孔隙度。从图 4-50 可以看出，各种拟合方式获得的孔隙度剖面基本一致，从井旁道来看，以研究区 Well-1 井为例，从上至下基本为低孔-高孔-低孔-中高孔-低孔-高孔的变化趋势。为准确评价各种拟合方式对孔隙度的预测效果。图 4-51 给出了井中孔隙度曲线与不同方式反演的井旁孔隙度曲线的相关性分析。从相关性分析结果来看，非规则曲线拟合获得的孔隙度在井旁道与井中孔隙度曲线相关性最高，其他两种拟合方式获得的孔隙度与井中孔隙度曲线相关性稍差。证实了非规则曲线拟合效果较好。

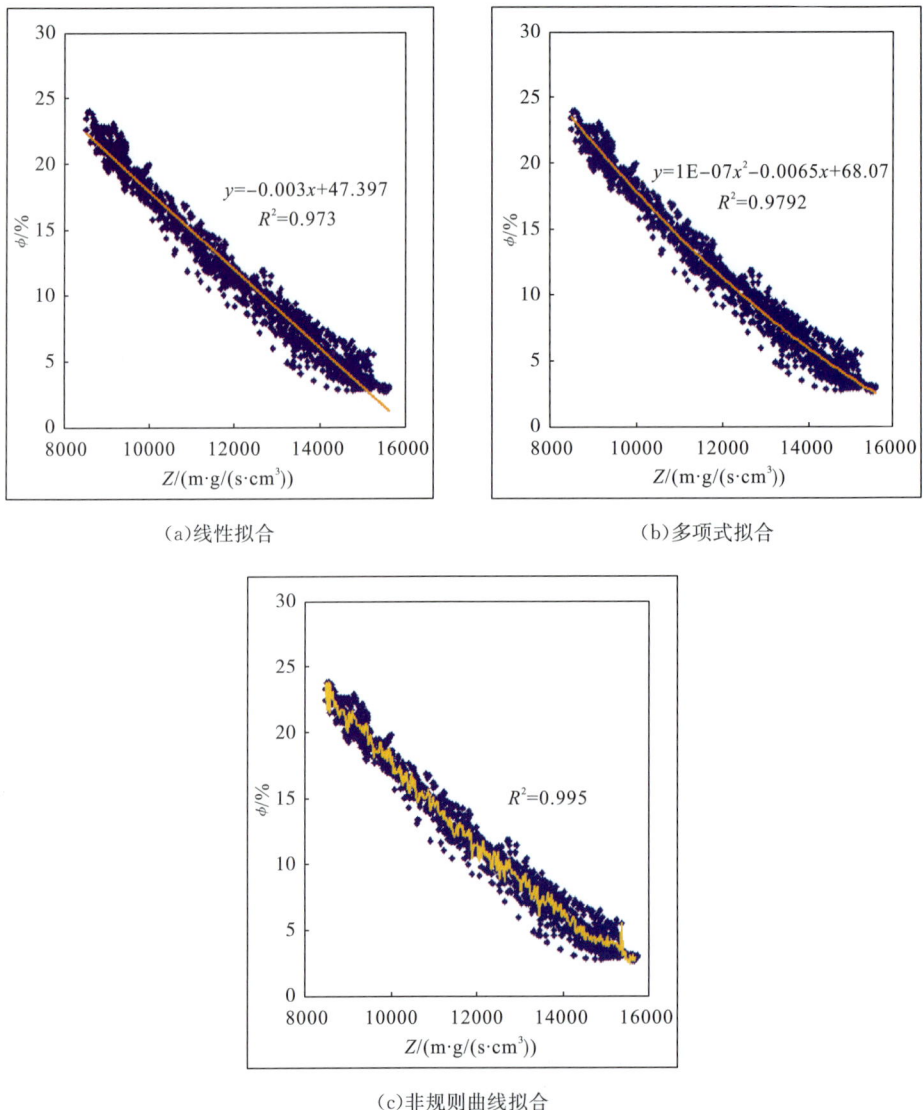

(a)线性拟合　　　　　　　　　　　　　　　　(b)多项式拟合

(c)非规则曲线拟合

图4-49　HZ28-4-1 井阻抗-孔隙度曲线拟合

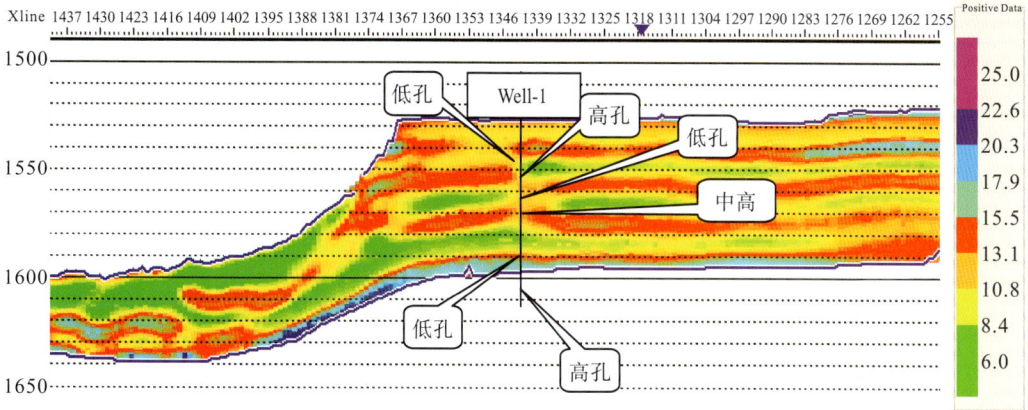

(a)线性拟合

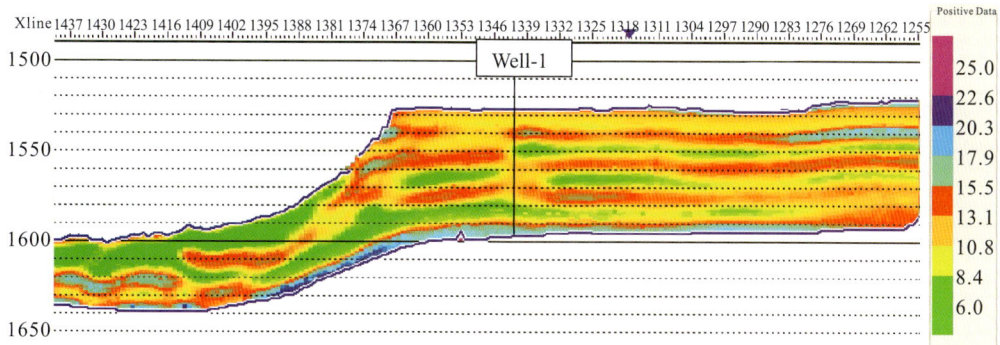

(b)多项式拟合

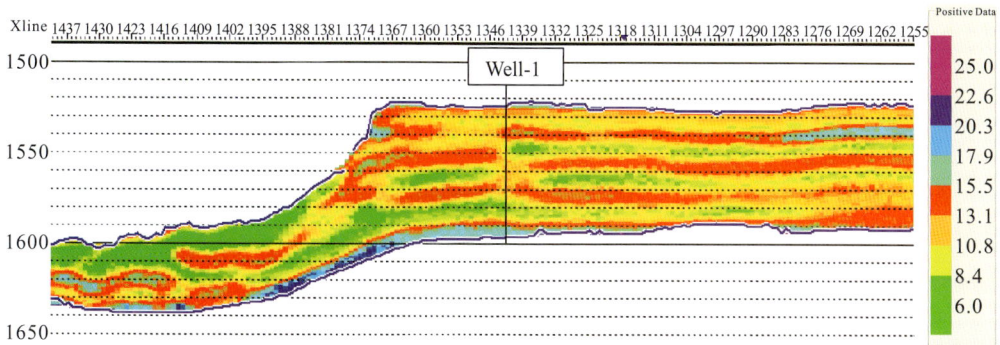

(c)非规则曲线拟合

图 4-50　过 Well-1 井孔隙度预测剖面

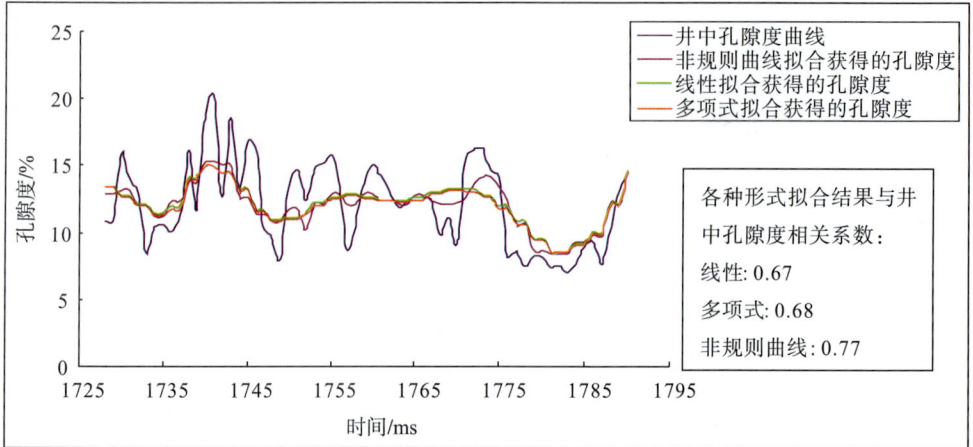

图 4-51　井中孔隙度曲线与不同拟合方式预测的井旁道孔隙度曲线的相关性分析

4.6.2　基于距离加权的横向孔隙度预测

利用非规则曲线拟合可在井旁道附近提高孔隙度的预测精度，但对于碳酸盐岩而言，非均质性很强。考虑到离井距离越远，与井的相似性越差，本文提出了基于距离加权的横向孔隙度预测。原理如下：

设研究区内有 n 口井，第 i 口井的坐标为 $(x_i，y_i)$，对于任意一点 $P(x，y)$，若 P 距第 i 口井的距离为 D_i：

$$D_i = \sqrt{(x - x_i)^2 + (y - y_i)^2} \tag{4-92}$$

利用第 i 口井的拟合关系得到的 P 点孔隙度为 $\phi_i^{(P)}$（$i = 1，2，\cdots，n$）。则在 P 点的孔隙度值为

$$\phi^{(P)} = \sum_{i=1}^{n} A_i \phi_i^{(P)} \tag{4-93}$$

式中 A_i 为权系数，其表达式如下

$$A_i = \frac{\dfrac{1}{D_i}}{\displaystyle\sum_{i=1}^{n} \dfrac{1}{D_i}} \tag{4-94}$$

从式 4-94 中可以看出，A_i 与 D_i 成反比，即离哪口井越近，这口井的拟合关系所起作用越大，这是合理的。这里值得注意的是，对于第 i 口井井点位置，由于 D_i 为 0，则 $\dfrac{1}{D_i}$ 为无穷大，在程序中不能实现，此时令 $\phi^{(P)} = \phi_i^{(P)}$ 即可。

利用该方法对 XX 区碳酸岩顶部孔隙度进行了预测，见图 4-52（a～d），根据区域地质资料及井资料，Well-1 井位于台地边缘相带内，Well-2 井位于礁前斜坡相带内，而 Well-3、Well-4 井为礁后的台地或泻湖。一般而言，台缘礁滩相带的孔隙度最为发育，从实钻结果来看，Well-1 井孔隙度最高，Well-2 井次之，Well-3、Well-4 井最差。但（a）、（b）图显示，Well-1 井与 Well-2 井孔隙度基本相当，而（c）图中 Well-1 井孔隙度则小于 Well-2 井孔隙度，与地质规律及钻井情况均不一致。究其原因，是因为碳酸盐岩横

向非均质性非常强，因此不能用统一的阻抗-孔隙度关系预测孔隙度。(d)图为利用本文所提出的基于距离加权的横向孔隙度预测方法获得的孔隙度平面图，从图中可看出，孔隙度发育程度从高到低依次为 Well-1 井、Well-2、Well-4、Well-3，与地质规律及钻井情况有较好的一致性。

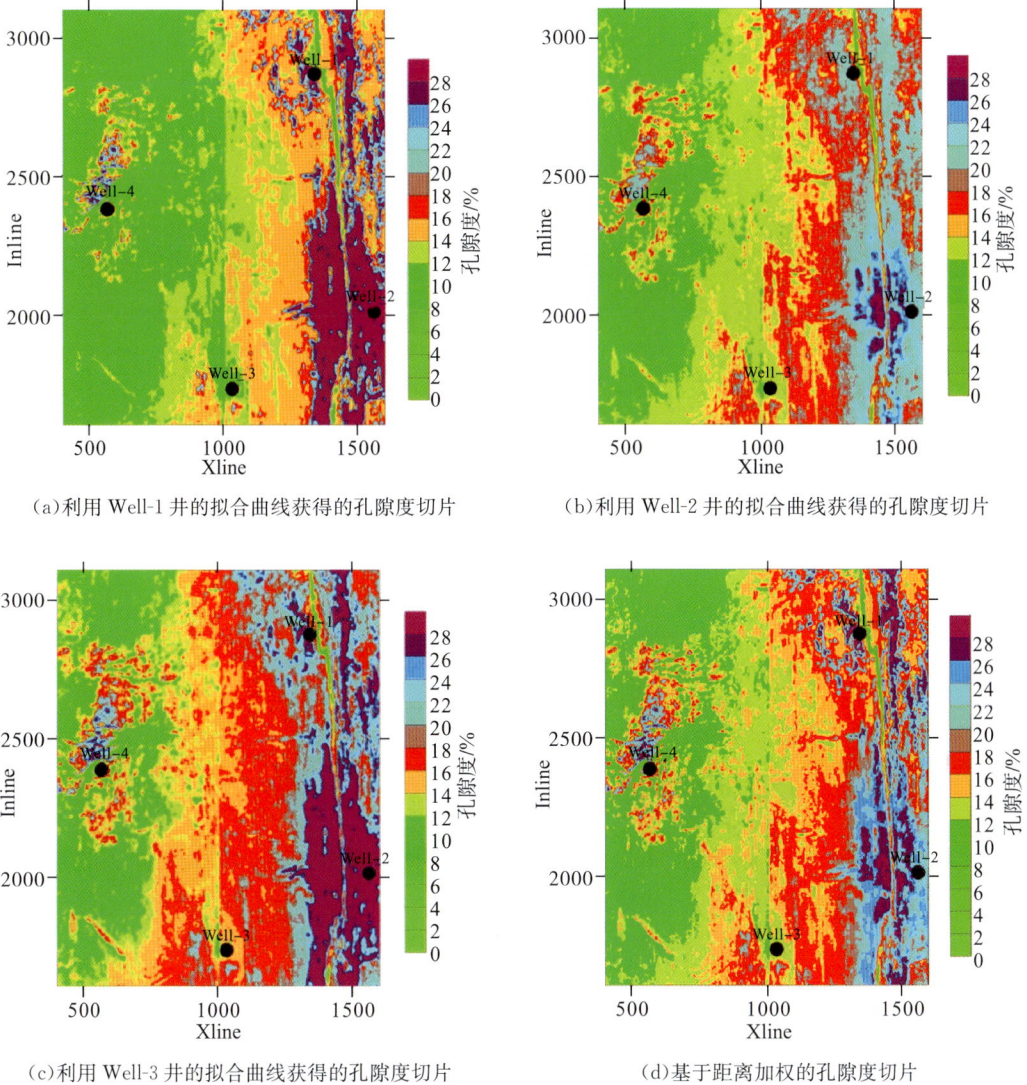

(a)利用 Well-1 井的拟合曲线获得的孔隙度切片   (b)利用 Well-2 井的拟合曲线获得的孔隙度切片

(c)利用 Well-3 井的拟合曲线获得的孔隙度切片   (d)基于距离加权的孔隙度切片

图 4-52 XX 区碳酸盐岩顶部孔隙度沿层切片

4.6.3 相约束孔隙度预测

依据前面提到的方法获得的孔隙度平面分布与地质规律及钻井情况有较好的一致性，但相带边界却不太明显。宏观来看，台缘礁滩相带与礁前斜坡相带的孔隙度无明显差异。这是因为，礁滩性油气藏的储集性能严格受相带的控制，前面提到的方法中不同相带虽然可能采用了不同的拟合公式，但相带间会相互影响。为此，本节对上节的方法进一步进行改进。首先，对区域进行地震相分析，与井对比后确定不同地震相对应的沉积相。

第二，对同一相带内采用基于距离加权的横向孔隙度预测方法。以 XX 区为例，在礁后的台地或泻湖采用基于距离加权的横向孔隙度预测法，对于台缘礁滩相带则采用 Well-1 井的拟合公式，礁前斜坡相带内采用 Well-2 井的拟合公式。对于地震相的分析我们采用 stratimagic 的波形分类方法，图 4-53 为 XX 区碳酸盐岩顶部波形分类图，图 4-54 为相约束孔隙度预测图。与井对比分析后，可确定 1、2 类对应斜坡-陆棚相，3～5 类对应台地或泻湖相，6～8 类对应台地边缘相。图 4-54 相带边界明显，与钻井吻合良好。

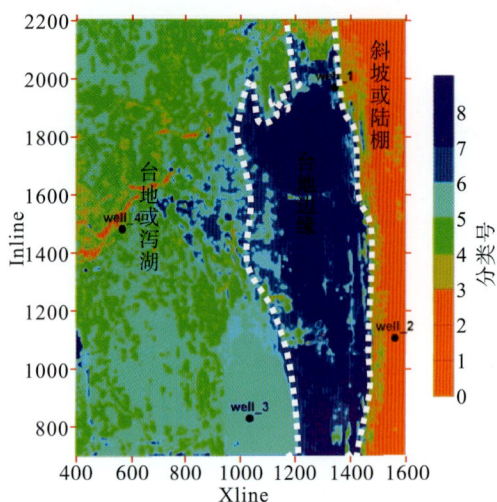

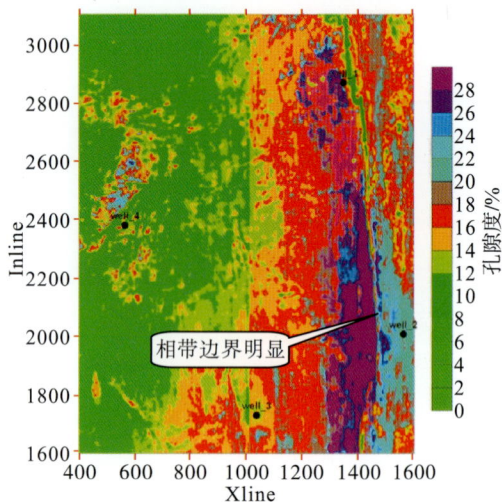

图 4-53　XX 区碳酸盐岩顶部波形分类图　　　图 4-54　XX 区碳酸盐岩顶部相约束孔隙度预测

　　通过对 XX 区碳酸盐岩礁滩储层孔隙度的预测及与井资料、区域地质资料的相关性分析，可得到以下几点认识：

　　(1)阻抗-孔隙度关系较为复杂，如用简单的线性或非线性关系进行拟合，阻抗-孔隙度相关性相对差些，本书中提出的非规则曲线拟合可得到较高的相关性；

　　(2)由于碳酸盐岩横向的非均质性较强，因此不能用统一的拟合公式反算孔隙度，基于距离加权的孔隙度预测法以井作为约束，考虑到离井距离越远，与井的相似性越差，采用了横向变化的权系数，可有效地提高预测精度；

　　(3)一般而言，礁滩型油气藏的储集性能严格受相带的控制。对于不同相带，即使距离相距很近，由于沉积环境和沉积物性质的变化，也会造成储集性能较大的变化。因此，简单的基于距离加权的孔隙度预测法不再适合礁滩型储层的孔隙度预测。本文提出的相约束＋基于距离加权的孔隙度预测法首先进行相带划分，对同一相带采用基于距离加权的孔隙度预测法，不同相带则互不影响，有效地解决了这一问题。

　　(4)由于非规则曲线拟合的曲线易受野值的影响，为获得更好的效果，该曲线使用前可进行适当的平滑。

4.7　礁滩储层的裂缝检测

礁滩储层一般以孔隙性为主，包括原生孔隙和由于成岩作用造成的次生孔隙，但对于构造起伏较大的地区，由于受构造应力影响，不排除发育裂缝性储层的可能性。因此针对碳酸盐岩的裂缝性储层地震检测方法在某些地方仍然有一定的适用性。

1. 储集空间的可检测性

碳酸盐岩储集空间具有多尺度性，细微裂缝或孔隙往往只有几十微米。但是，常规的地震勘探的分辨率只有几米至几十米，因此，地震勘探对于单个细微的裂缝或孔隙是无能为力的。事实上，研究单个细微裂缝或孔隙是没有意义的，但是由很多个细小的裂缝或孔隙组成的裂缝发育带往往是油气的运移通道或储集空间，因此，可以根据储层内介质的性质(密度、充填物等)将其划分为若干储层发育带，位于同一储层发育带内的所有细微裂缝、孔隙及它们之间的围体介质具有相同的性质，可作为一个整体进行研究。这样，储集空间在地震剖面上便有所反映。

2. 储集空间的多尺度性

大量裂缝或孔隙组成的缝洞发育带是可检测的，但这些缝洞发育带的尺度变化范围也很大，以礁滩储层为例，台地边缘礁滩的延伸范围可达数千米，礁滩复合体的厚度可达几百米；而小的补丁礁延伸范围可能只有几十米，厚度一般不足百米。常规的边缘检测算法若采用小尺度的边缘检测算子，对储层发育带(或异常体)位置定位比较精确，但信噪比较低。若采用大尺度的边缘检测算子，对噪声压制比较好，但储层发育带(或异常体)位置相对模糊。因此，在边缘检测算法中，既要提高信噪比，又要保证检测精度，常规边缘检测算法难度较大。为此，本书利用小波的多尺度性进行裂缝带的地震检测。

4.7.1　小波多尺度边缘检测

1. 小波多尺度边缘检测

小波可以看做是 Fourier 分析发展的一个新阶段。由于傅里叶变换的域变换特性，$f(x)$ 与 $\hat{f}(\omega)$ 彼此之间是整体刻画，不能够反映各自在局部区域上的特征。也就是说，对于非平稳信号，通过傅里叶变换可以知道信号所含有的频率信息，却无法知道这些频率信息出现的位置。可见，若要提取局部频率特征信息，傅里叶变换已经不再适用了。因而寻找一种新的 Fourier 展开，它既保留 Fourier 展开的优点，又能弥补 Fourier 展开的不足之处，对非平稳信号也能作较好的分析，在理论上和实际上都有重大的意义。小波展开正是这样一种新的正交展开。

记 $f(x) \in L^2(R)$ 的范数为

$$\| f \|^2 = \int_{-\infty}^{+\infty} | f(x) |^2 \mathrm{d}x \tag{4-95}$$

小波变换 $w_{2^j} f(x)$ 的 Fourier 变换为

$$\hat{w}_{2^j} f(\omega) = \hat{f} \cdot \hat{\psi}_{2^j}(\omega) \tag{4-96}$$

如果小波函数集 $\psi_{2^j}(x)$ 的变换满足

$$\sum_{j=-\infty}^{+\infty} |\psi_{2^j}(x)|^2 = 1 \tag{4-97}$$

则称小波函数为二进小波函数，相应的小波变换为二进小波变换，这一条件可以确保由尺度因子 $(2^j)_{j \in z}$ 的伸缩的 $\hat{\psi}(\omega)$ 覆盖整个频率轴。在式（4-96）、（4-97）中，应用 Parserval 定理得能量守恒公式

$$\|f\|^2 = \sum_{j=-\infty}^{+\infty} \|w_{2^j} f(x)\|^2 \tag{4-98}$$

在实际的应用中，信号的可测分辨率是有限的，我们不可能计算在所有尺度 2^j（$-\infty < j < +\infty$）上的小波变换，分辨率 2^j 应取有限值。把变换限定在一个有限的最大尺度 $j = J$ 和 $j=0$ 之间，2^J 表示最低分辨率，2^0 表示最高分辨率。为了建立小波变换的信号分辨率的分解表示，引入函数 $\phi(x)$，且其 Fourier 变换满足条件：

$$|\hat{\phi}(\omega)|^2 = \sum_{j=1}^{+\infty} |\hat{\psi}(\omega)|^2 \tag{4-99}$$

因为小波满足 $\sum_{j=1}^{+\infty} |\hat{\psi}(\omega)|^2 = 1$，可得到 $\lim_{\omega \to 0} |\hat{\phi}(\omega)| = 1$，Fourier 变换 $\hat{\phi}(\omega)$ 的能量集中在低频，所以 $\phi(x)$ 为低通特性的平滑函数。定义平滑算子 S_{2^j}

$$S_{2^j} f(x) = f * \phi_{2^j}(x) \tag{4-100}$$

$$\phi_{2^j}(x) = \frac{1}{2^j} \phi\left(\frac{x}{2^j}\right) \tag{4-101}$$

它表示分辨率为 2^j 时信号 $f(x)$ 的低通分量。让我们首先证明以尺度 1 对函数 $f(x)$ 平滑时的细节部分包含在尺度 1 和 2^j 之间的二进小波变换 $(w_{2^j} f(x))_{1 < j < J}$ 中，而不出现在以最大尺度 2^j 对 $f(x)$ 的平滑 $S_{2^j} f(x)$ 中。

$S_1 f(x)$，$S_{2^j} f(x)$ 和 $w_{2^j} f(x)$ 的 Fourier 变换分别定义为

$$\hat{S}_1 f(\omega) = \hat{\phi}(\omega) \hat{f}(\omega) \tag{4-102}$$

$$\hat{S}_{2^j} f(\omega) = \hat{\phi}_{2^j}(\omega) \hat{f}(\omega) \tag{4-103}$$

$$\hat{w}_{2^j} f(\omega) = \hat{\psi}_{2^j}(\omega) \hat{f}(\omega) \tag{4-104}$$

由式（4-99）得

$$|\hat{\phi}(\omega)|^2 = \sum_{j=1}^{J} |\hat{\psi}_{2^j}(\omega)|^2 + |\hat{\phi}_{2^j}(\omega)|^2 \tag{4-105}$$

根据 Fourier 变换卷积定理和 Parserval 定律由式（4-104）、（4-105）可得下面的能量转换公式

$$\|S_1 f(x)\|^2 = \sum_{j=1}^{J} |w_{2^j} f(x)|^2 + |S_{2^j} f(x)|^2 \tag{4-106}$$

式（4-106）证明了 $S_1 f(x)$ 的高频分量并没有出现在 $S_{2^j} f(x)$ 中，而在尺度 1 和 2^J 间的二进小波变换 $(w_{2^j} f(x))_{1 < j < J}$ 中。因而 $w_{2^j} f(x)$ 表示信号的细节分量，$S_{2^j} f(x)$ 表示信号的低通平滑分量。2^j 越大，$S_{2^j} f(x)$ 包含的信号细节（高频成分）越少，且这部分丢失的信息可以从小波变换 $w_{2^j} f(x)$ 来恢复。此时称集合 $\{w_{2^j} f(x), S_{2^j} f(x); 1 < j < J\}$ 为信号 $f(x)$ 的小波多分辨率的分解表示，$S_1 f(x)$ 为有限尺度的小波变换。这个变换为

信号分析提供了一个清晰的分层框架。

　　小波变换为信号的边缘特征分析提供了新的手段，它把信号分解成呈现在不同尺度上的多个分量。尺度 S 描绘出通过小波变换所提取的信号特征。在不同尺度下，离散信号的全面描述取决于在尺度 2^j 时，研究对整数 j 下的小波变换的局部极大值，通过增加两个局部极大值点间的"尺寸"，可以增加信号的信息分量。小波变换的局部极大值点刻画出了信号突变点的位置（边缘位置）。

　　通过选择适当的小波函数，可以使小波分解的细节分量真实地反映出信号的局部突变点。一维二进小波函数表示为

$$\psi_{2^j}(x) = \frac{1}{2^j}\psi\left(\frac{x}{2^j}\right) \tag{4-107}$$

函数 $f(x)$ 在尺度 2^j 和位置 x 的小波变换由以下卷积得到

$$w_{2^j}f(x) = f * \psi_{2^j}(x) \tag{4-108}$$

对于某些特殊的小波函数 $\psi(x)$，小波变换的极大值对应于信号的突变点。设 $\theta(x)$ 为一平滑函数，定义 $\psi(x)$ 是 $\theta(x)$ 的一阶导数

$$\psi(x) = \frac{\mathrm{d}\theta(x)}{\mathrm{d}x} \tag{4-109}$$

记 $\theta_{2^j}(x) = \frac{1}{2^j}\theta\left(\frac{x}{2^j}\right)$，则在尺度 2^j 的小波变换为

$$w_{2^j}f(x) = f * \psi_{2^j}(x) = f * \left(2^j\frac{\mathrm{d}\theta_{2^j}}{\mathrm{d}x}\right) = 2^j\frac{\mathrm{d}}{\mathrm{d}x}(f * \theta_{2^j}) \tag{4-110}$$

小波变换 $w_{2^j}f(x)$ 正比于被 θ_{2^j} 所平滑 $f(x)$ 的一阶导数。因此，$|w_{2^j}f(x)|$ 的极大值对应于 $f * \theta_{2^j}$ 导数的极大值，它正是在 2^j 时信号的局部突变点。因而，小波变换模的极大值检测对应于信号的边缘检测。

2. 小波尺度积边缘检测

　　一种好的边缘检测方法应具有良好的噪声抑制能力，同时又有完备的边缘保持特性。在利用小波边缘检测中，小尺度的边缘检测可检测出小的裂缝发育带或小断层，但可能将一些噪声误认为是边缘；而大尺度的边缘检测虽有较高的信噪比，但对于边缘的定位精度又会降低。为证明这一问题，本文进行了一维理论模型试算。图 4-55(a) 为设计的初始模型，图 4-55(b～d) 为不同尺度的小波变换。从图中可明显看出尺度 $j=1$ 时对边缘定位最准确，但信噪比最低。尺度 $j=3$ 时信噪比最高，但对边缘定位最不准确。

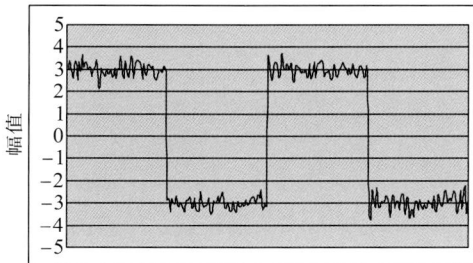

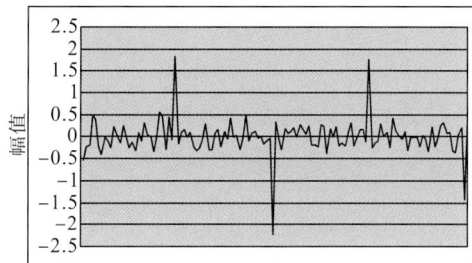

(a) 初始模型　　　　　　　　　　　　(b) 针对模型的小波变换($j=1$)

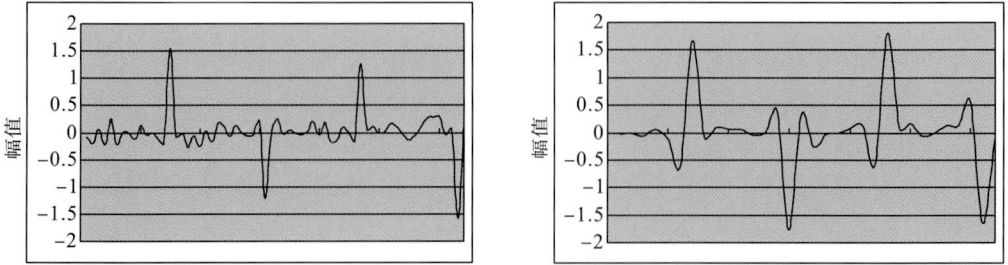

(c)针对模型的小波变换($j=2$)　　　　(d)针对模型的小波变换($j=3$)

图 4-55　理论模型及其小波变换

为解决这一问题，本书采用了小波域尺度积算法。定义 $f(x)$ 的一维相邻尺度积系数为其二进小波变换 $W_j f(x)$ 在相邻尺度上的相关系数

$$P_j f(x) = W_j f(x) W_{j+1} f(x) \qquad (4\text{-}111)$$

在二维情况下应分别在水平方向和垂直方向定义相邻尺度积系数，即

$$P_j^1 f(x) = W_j^1 f(x) W_{j+1}^1 f(x) \qquad (4\text{-}112)$$

$$P_j^2 f(x) = W_j^2 f(x) W_{j+1}^2 f(x) \qquad (4\text{-}113)$$

式中，$W_j^1 f(x)$、$W_j^2 f(x)$ 分别为尺度为 j 时水平方向和垂直方向的小波变换，$W_{j+1}^1 f(x)$、$W_{j+1}^2 f(x)$ 分别为尺度为 $j+1$ 时水平方向和垂直方向的小波变换，$P_j^1 f(x)$、$P_j^2 f(x)$ 分别为水平方向和垂直方向的相邻尺度（j 和 $j+1$）积系数。定义 (x, y) 处的模值和幅角为

$$M_j f(x, y) = \sqrt{P_j^1 f(x, y) + P_j^2 f(x, y)} \qquad (4\text{-}114)$$

$$A_j f(x, y) = \arctan \left[\frac{\operatorname{sgn}\left(W_j^2 f(x, y) \cdot \sqrt{P_j^2 f(x, y)}\right)}{\operatorname{sgn}\left(W_j^1 f(x, y) \cdot \sqrt{P_j^1 f(x, y)}\right)} \right] \qquad (4\text{-}115)$$

与 Canny 边缘检测算法相似，如果 $M_j f(x, y)$ 在沿 $A_j f(x, y)$ 给定的梯度方向有一个局部极大值，则认为它是一个边缘点。仍以图 4-55(a) 的模型为例。图 4-56 为相邻尺度积系数（$j=1$ 和 $j=2$）。从图中可以看出，相对图 4-55(b)、(c) 而言，该方法提高了信噪比；相对于图 4-55(d) 而言，该方法提高了检测精度。

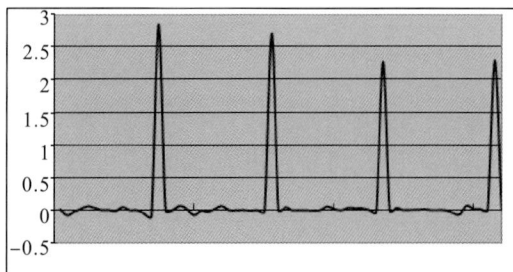

图 4-56　小波相邻尺度积系数（尺度 $j=1$ 和 $j=2$）

本项研究中，利用该方法对 HC1 井区飞四顶进行了边缘检测（图 4-57），从图中可看出：小尺度的边缘检测检测出的裂缝条带较细，但信噪比低。而大尺度的边缘检测的宏观性较强，但范围明显变大，表明该方法的分辨率较低。而尺度积小波边缘检测继承了两者的优点，既提高了信噪比，又保证了检测的精度，效果是明显的。

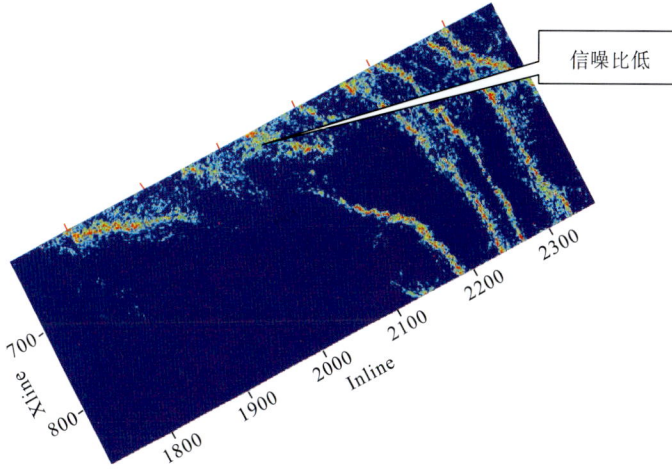

(a)小尺度边缘检测

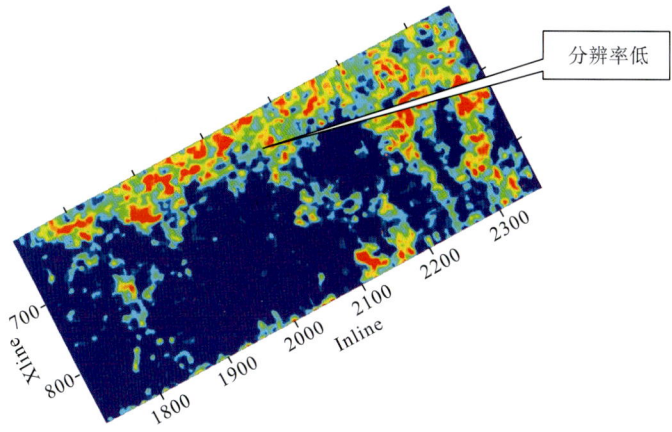

(b)大尺度边缘检测

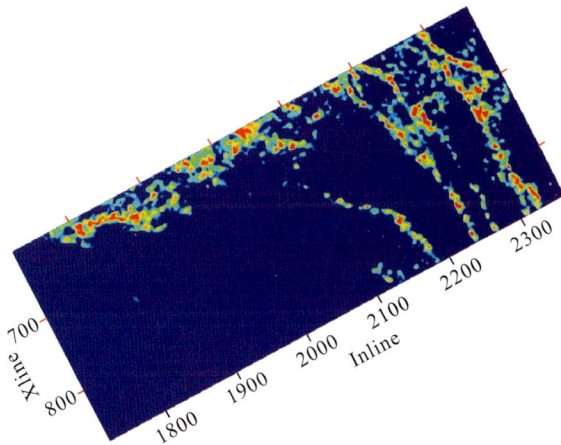

(c)尺度积边缘检测

图 4-57　HC1 井区飞四顶小波多尺度边缘检测

4.7.2　时频空域分析

复数道分析是目前进行构造解释和油气检测的主要方法之一。对地震道 $x(t)$ 作希尔伯特变换得到虚地震道，进一步可求得瞬时振幅、瞬时相位、瞬时频率。其中瞬时相位剖面可用于帮助识别断层和尖灭等异常点，究其原因，是因为在这些异常点瞬时相位会发生突变，即瞬时频率较大。我们可以将这种思路引入横向奇异性的检测。若将沿 x 方向的序列记为 $u(x)$，沿 y 方向的序列记为 $u(y)$，我们同样可用 Hilbert 变换求其虚道 $\bar{u}(x)$、$\bar{u}(y)$，则横向的瞬时振幅为

$$A_i(x) = \sqrt{u_i^2(x) + \bar{u}_i^2(x)} \qquad (4\text{-}116)$$

$$A_i(y) = \sqrt{u_i^2(y) + \bar{u}_i^2(y)} \qquad (4\text{-}117)$$

瞬时相位为

$$\theta_i(x) = \arctan\frac{\bar{u}_i(x)}{u_i(x)} \qquad (4\text{-}118)$$

$$\theta_i(y) = \arctan\frac{\bar{u}_i(y)}{u_i(y)} \qquad (4\text{-}119)$$

瞬时频率为

$$f_i(x) = \frac{\mathrm{d}\theta_i(x)}{\mathrm{d}x} \qquad (4\text{-}120)$$

$$f_i(y) = \frac{\mathrm{d}\theta_i(y)}{\mathrm{d}y} \qquad (4\text{-}121)$$

为同时考虑 x、y 两个方向的异常，求均方根

$$f_{i,j}(x,y) = \sqrt{f_i^2(x) + f_j^2(y)} \qquad (4\text{-}122)$$

图 4-58 为碳酸盐岩顶部时频空域分析沿层切片，图 4-59 为相应位置小波尺度积边缘检测沿层切片。两者对比，可以看出断层的大致分布规律是一样的，呈北西西-南东东向和北东东-南西西向。但图 4-58 中小断层（图中箭头所指）不如小波尺度积方法检测得清楚。因此，从裂缝检测的角度来看，小波尺度积方法要优于时频空域分析。

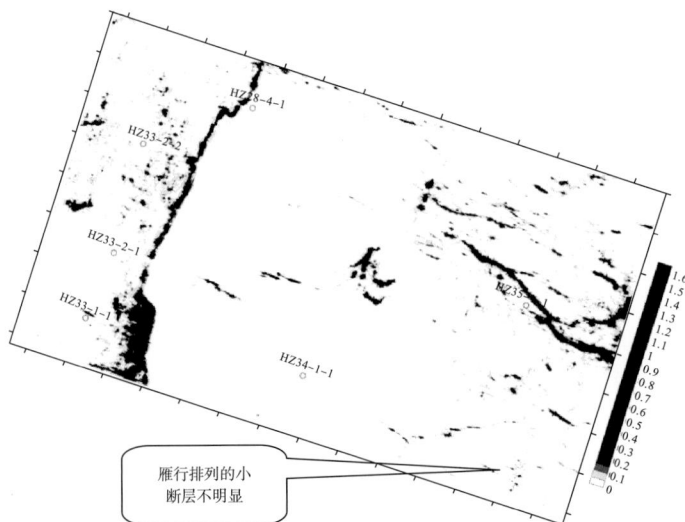

图 4-58　碳酸盐岩顶部时频空域分析沿层切片

对于断层和裂缝带的检测，目前已有许多较成熟的地震方法，如相干、曲率、蚂蚁追踪等，这些方法在前人的文献或本书的其他章节已有详细介绍，此处不再赘述。

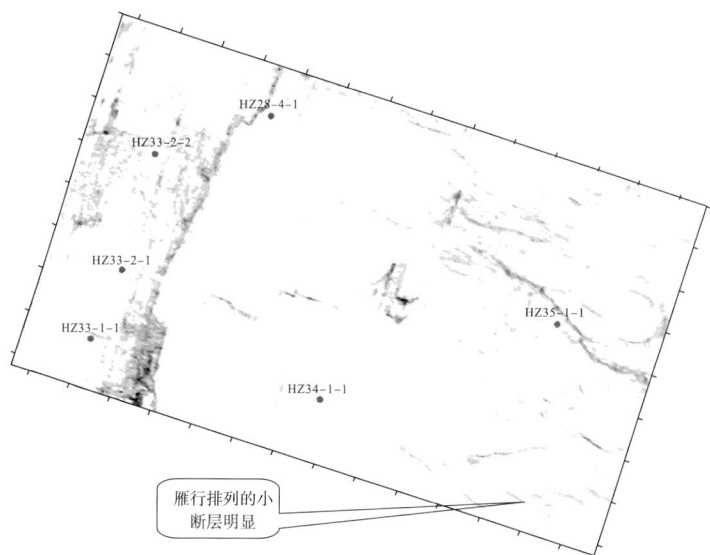

图 4-59　研究区碳酸盐岩顶部小波尺度积边缘检测

4.8　地质体突出显示

在油气勘探中，断层、河道、砂体等地质异常体对油气的储集和运移有重要的作用，因此，对这些异常体的检测和显示是油气勘探的重要目标之一。由于噪音的影响和地震分辨率的限制，这些地质体在地震剖面或切片上可能较为模糊。为此，本书提供了几种加强地质体显示的方法。

4.8.1　基于值域变换的地质体突出显示

由于断层、河道、砂体等地质异常体与相邻区域沉积物性质有一定的差异，进而导致阻抗差异，因此这些地质异常体与围岩的地震反射波往往存在振幅、频率、相位、吸收、衰减等差异。近年来，利用这些物理参数（阻抗、振幅、频率、相位、吸收、衰减等）检测地质异常体的方法很多，也取得了很好的效果。但一个不容忽视的问题是，在某些情况下，若异常体所在位置地震检测值的值域范围非常小，即使与异常体周围的地震检测值存在差异，也很难选取合适的色标将其突出显示出来。为此，本书提出了根据不同检测值段出现的频率来放缩该段的值域，并依据线性变换将检测值映射到新的值域。由于地质异常体往往分布有一定规模，因此体现地质异常体的检测值出现的频率相对大些，这样就可适当扩大这部分检测值的范围，有利于异常体的突出显示。

1.原理

设任一点原始检测值为 $f(x, y)$，x、y 分别为该点的横、纵坐标，$f(x, y)$ 的值

域为 $[a, b]$。将整个值域分作 n 个区间，若 $f(x, y)$ 出现在第 $i(i=1, 2, \cdots, n)$ 个区间的频率为

$$P_i = \frac{S_i}{S_{tot}} \tag{4-123}$$

式中：S_i 为出现在第 i 个区间的点数，S_{tot} 为研究区所有点数目。则第 i 区间放缩比例 C_i 为：

$$C_i = \frac{P_i}{1/n} \tag{4-124}$$

若各段点数基本一致，$P_i \approx 1/n$，则 $C_i \approx 1$，即无须放缩；若某段点数较多，$P_i > 1/n$，则 $C_i > 1$，区间需放大，反之则区间需缩小。这里注意，这样放缩之后整个研究区的值域并未改变。证明如下：设放缩后的值域宽度为 L'，放缩前的值域宽度为 L，则

$$L' = \sum_{i=1}^{n} C_i \cdot (L/n) = \sum_{i=1}^{n} \frac{P_i}{1/n} \cdot (L/n) = L \cdot \sum_{i=1}^{n} P_i = L \tag{4-125}$$

放缩后不改变整个研究区的值域可使变换前后使用同样的色标，以便比较两者的优劣。

在完成各段范围的放缩之后，接下来就是将研究区内各点的检测值进行线性变换。设线性变换后的值为 $f'(x, y)$，设 $f(x, y)$ 出现在第 i 段，即出现在 $\left[a + \frac{L}{n} * (i-1), a + \frac{L}{n} * i\right]$ 区间内。而经过变换后的 $f'(x, y)$ 应出现在 $\left[a + \sum_{j=1}^{i-1} C_j \cdot (L/n), a + \sum_{j=1}^{i} C_j \cdot (L/n)\right]$ 区间内，根据新老区间的对应关系，设 $f'(x, y) = kf(x, y) + m$，当 $f(x, y) = a + \frac{L}{m} * (i-1)$ 时，$f'(x, y) = a + \sum_{j=1}^{i-1} C_j \cdot (L/n)$；当 $f(x, y) = a + \frac{L}{n} * i$ 时，$f'(x, y) = a + \sum_{j=1}^{i} C_j \cdot (L/n)$。即

$$a + \sum_{j=1}^{i-1} C_j \cdot (L/n) = k\left[a + \frac{L}{n} * (i-1)\right] + m \tag{4-126}$$

$$a + \sum_{j=1}^{i} C_j \cdot (L/n) = k\left[a + \frac{L}{n} * i\right] + m \tag{4-127}$$

联立(4-126)、(4-127)解得

$$k = C_i \tag{4-128}$$

$$m = a + \sum_{j=1}^{i} C_j \cdot (L/n) - a + \frac{L}{n} * i \tag{4-129}$$

因此

$$f'(x, y) = C_i f(x, y) + a + \sum_{j=1}^{i} C_j \cdot (L/n) - C_i\left[a + \frac{L}{n} * i\right] \tag{4-130}$$

根据公式(4-130)即可把 $f(x, y)$ 变换成 $f'(x, y)$。

2. 模型试验

为了验证该方法的有效性，本文首先针对理论模型进行了试验。原始模型见图 4-60，该图从右下角至左上角值呈线性增加(并加了少量噪音)，在对角线下侧有一正弦形态的

异常带，异常带的值在 [4.99，5.01] 内变化，但该值域变化范围太小，若 [−0.5，2.5) 区间取蓝色，[2.5，5.5) 区间取黄色，[5.5，8.5] 区间取红色，则无法从图中看到异常带(异常带湮没在黄色背景中)。

图 4-61 为图 4-60 中不同值出现频率图，该图清楚地显示出在值约为 5 时出现的频率很高，但这部分值所在的区间范围确实很小。图 4-62(a) 为针对异常体精细调色的原始模型，该图在 [4.99，5.01] 区间取黑色，从该图中可清晰地看到异常带，但值得注意的是，在实际地震检测图中，我们往往并不知道异常带检测值的变化区间，因此该法在实际处理中不可取。图 4-62(b) 为利用本书提出的方法变换后显示的图形。经变换后该异常带值域已变换到 [5，6]，这样就很容易通过调色显示出来。本书仍然采用图 4-61 的配色方案对变换后的数据进行显示，从图 4-62(b) 可清楚地看出异常条带。证实了该方法的有效性。

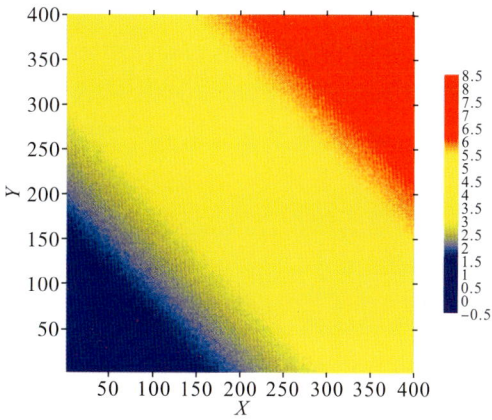

图 4-60　原始模型

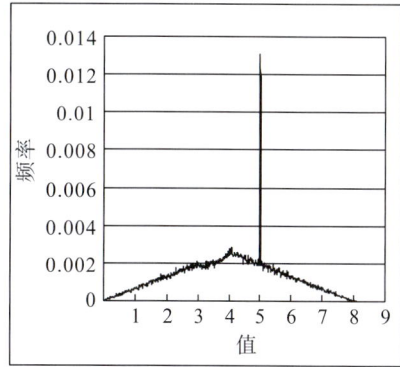

图 4-61　图 4-60 中不同值出现频率

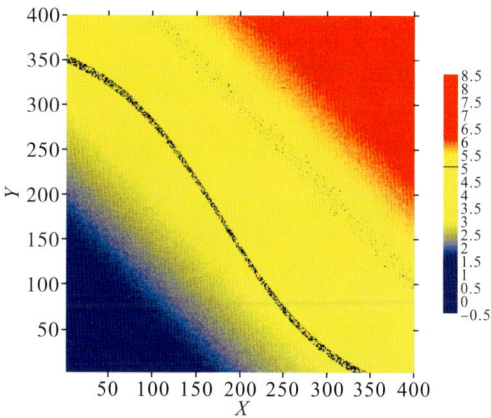

(a)针对异常体精细调色的原始模型

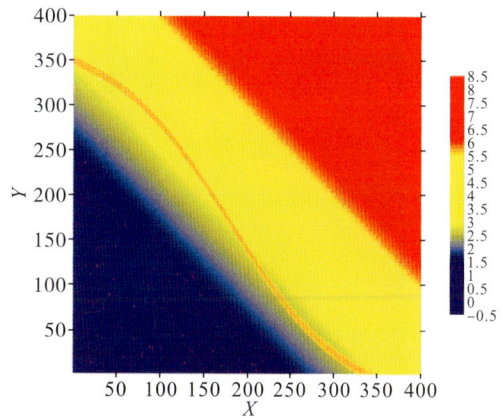

(b)线形变换后的模型

图 4-62　异常体的显示

3.应用实例

1)潮道的显示

台地边缘相带内易形成潮道，这是海水进退的通道。一般来说，潮道内泥质成分较重。当海侵时，上面会继续沉积碳酸盐岩。上覆的碳酸盐岩与泥岩之间会存在较强的阻抗差，最终在地震剖面上形成强振幅，见图 4-63。

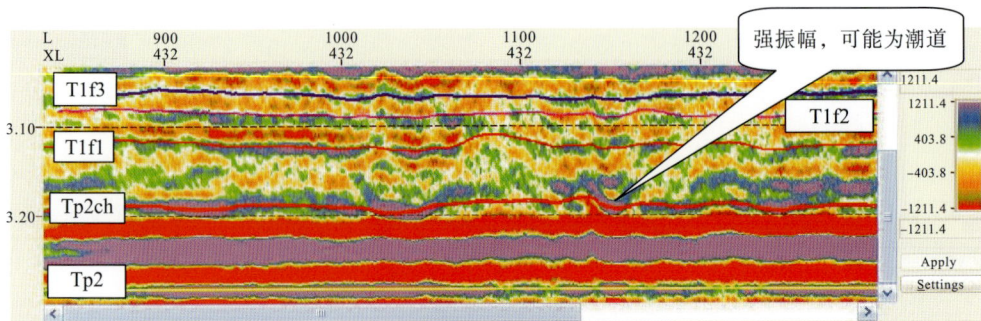

图 4-63 XX 井区沿龙潭底层拉平剖面(Xline432)

图 4-64(a)为川东北 XX 地区沿长兴底向上 5ms 的均方根振幅切片，图 4-64(b)为对(a)图均方根振幅进行线性变换后的切片。比较两图可以看出，图 4-64(b)中潮道更清楚。为更精细地比较两者的效果，针对图 4-64(a)、(b)黑色虚框内放大显示。(见图 4-65(a~b))，比较两图可以看出，(b)图潮道清晰可见，且细节清楚。潮道方向主要呈 NNE-SSW 向和 NWW-SEE 向分布，其中 NNE-SSW 向潮道较长，为主干潮道(图 4-65(b)中粗虚线)，NWW-SEE 向潮道较短，且分布于主潮道之间，起连通主潮道的作用，为分支潮道(图 4-65(b)中细虚线)。

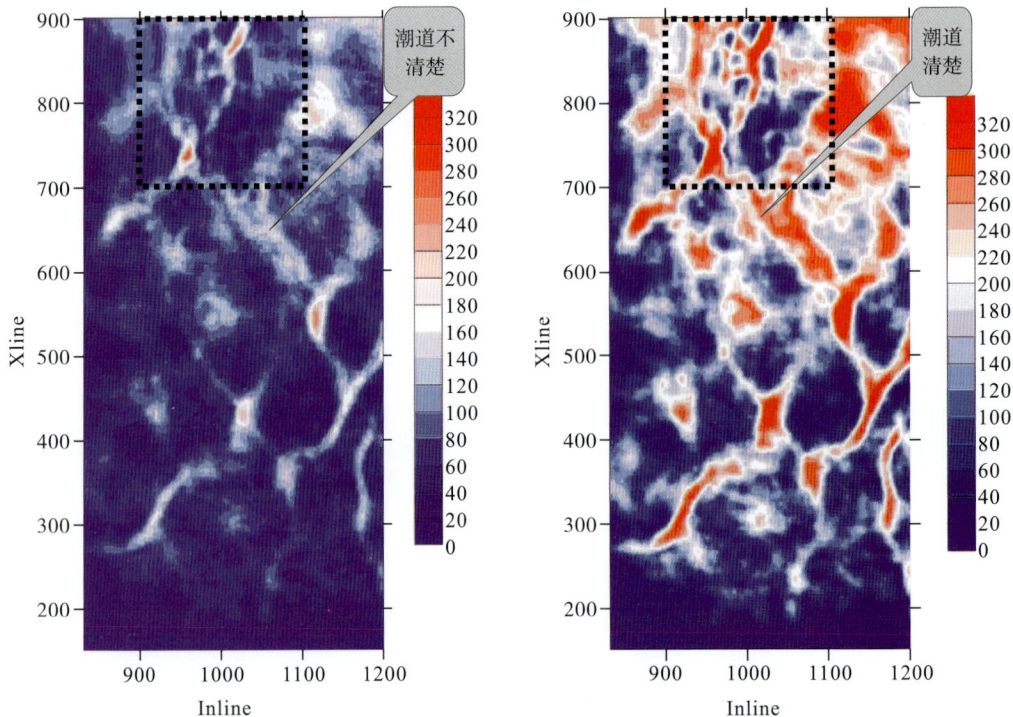

(a)原始均方根振幅切片　　　　　　　　(b)对(a)图线性变换后的切片

图 4-64 川东北 XX 区长兴组底均方根振幅切片及突出显示

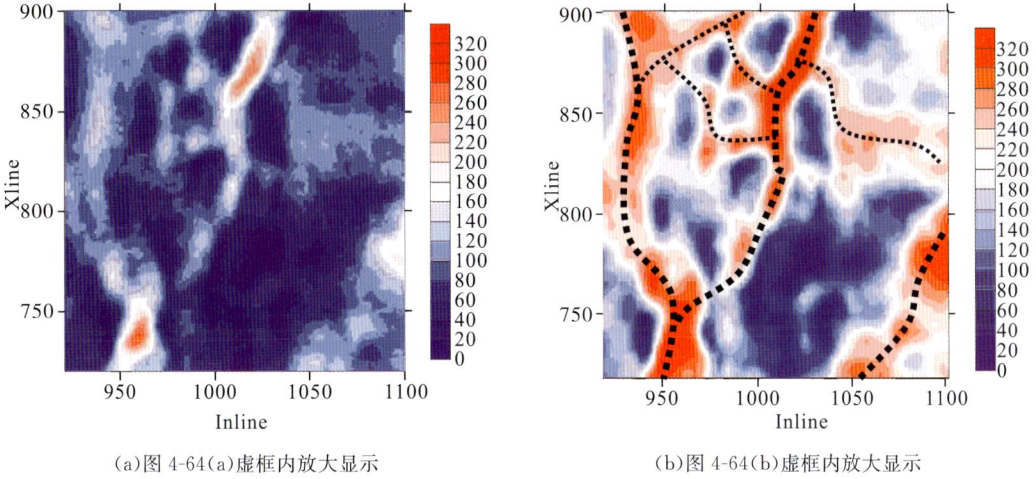

(a)图 4-64(a)虚框内放大显示　　　　　(b)图 4-64(b)虚框内放大显示

图 4-65　图 4-64 虚框内放大显示

2)对研究区断层的显示

为检验方法的效果，我们利用该方法对 HZ 地区小波多尺度边缘检测的结果进行了处理。图 4-66(a)为 HZ 研究区灰岩顶小波多尺度边缘检测的结果，(b)图为对检测数据进行线性变换的结果。相对(a)图而言，(b)图有以下优势：①小断层显示更清楚；②裂缝发育带在图中有清晰显示。

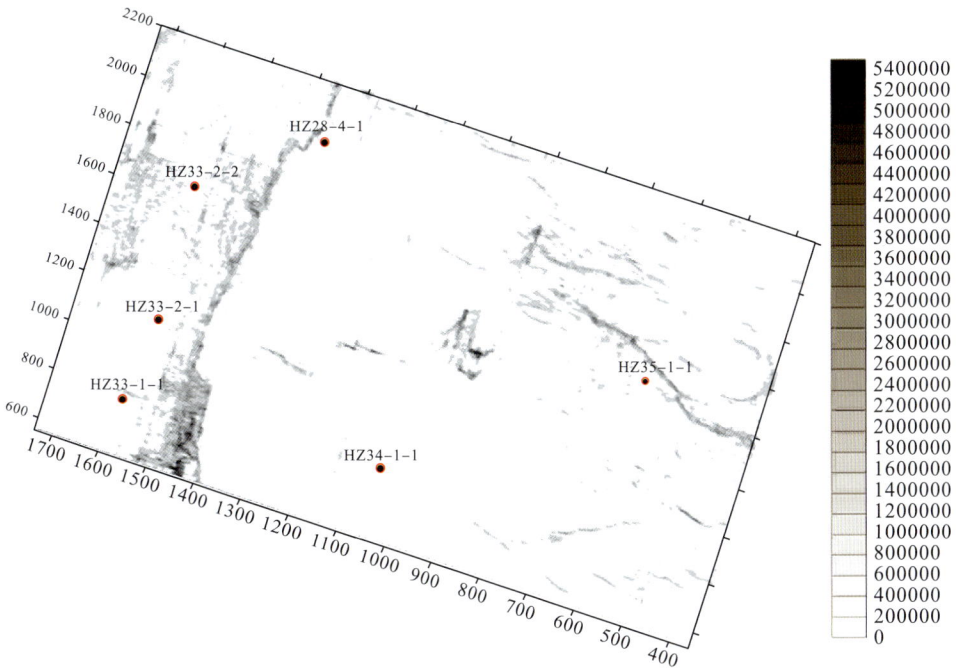

(a)小波多尺度边缘检测切片

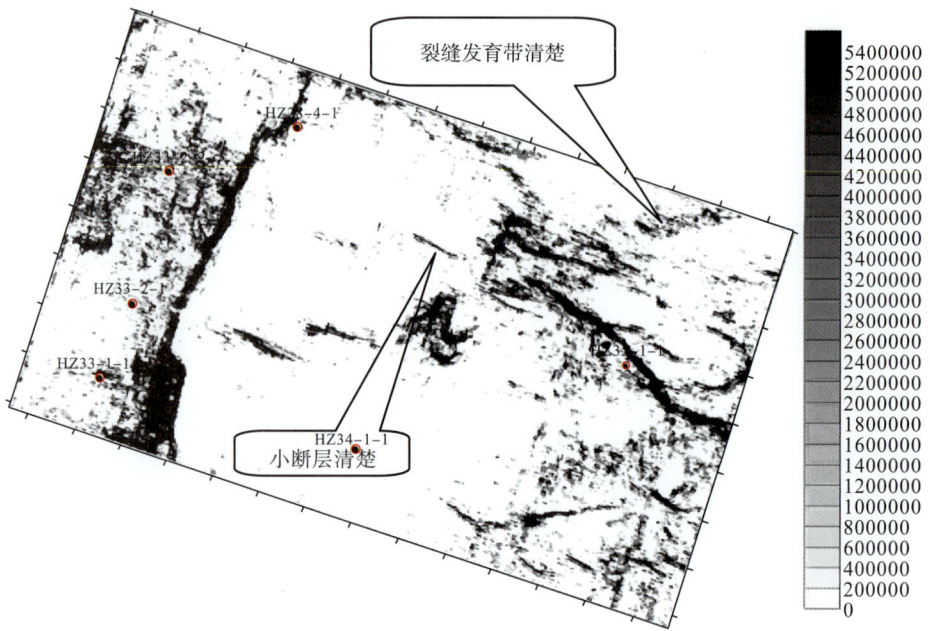

(b)对(a)线性变换后结果
图 4-66 HZ 地区灰岩顶小波尺度积边缘检测及其突出显示

4.8.2 各向异性扩散滤波

　　断层、河道等地质体的识别对于储层预测有着至关重要的作用。目前，识别这一类地质体的方法很多，如属性分析、相干体分析、边缘检测等。但这些方法的抗噪能力不强，在识别地质体的同时也会检测出噪声。目前常用的去噪方法如平滑滤波、中值滤波等在去除噪声的同时也模糊了异常体的边界，使得这些异常体的横向分辨率降低。Kuwahara(1976)发展了 Kuwahara 滤波并将其应用于图像的去噪，该方法的主要特点是，在去除噪声的同时并未模糊边缘。Luo 等(2002)将该方法引入地震资料的去噪处理中，取得了很好的效果。但需要注意的是，该方法没有考虑到这些异常体的一个特性——方向性。保边去噪效果的好坏往往取决于滤波窗的形状。

　　近年来，在图像处理领域发展了各向异性扩散滤波技术。该技术的核心思想是沿着边缘的方向扩散滤波，而垂直边缘的方向则不扩散，这样就保证了滤波具有方向性。Perona 和 Malik 首先提出基于偏微分方程的各向异性扩散滤波技术(即 P-M 模型)，但其平滑效果较差，容易出现图像集块或阶梯现象(也叫"块效应")，边缘保持的效果也不理想，且无法滤除边界上的噪声。为解决该问题，Cattef(1992)先将原始图像与高斯滤波器进行卷积运算，降低噪声点的梯度，使强的灰度阶跃保留下来，再运用 P-M 方程进行滤波。Fehmers 等(2002，2003)将其用于地震资料的滤波，效果明显。王珺等(2009)在此基础上针对主频、低频、高频分频体做平滑处理，而后再对分频体进行合成，使得保边去噪效果进一步得到提高。杨培杰等(2010)将方向滤波和边界保持滤波结合，最大程度地保持断层的边界，去除噪声。但各向异性扩散滤波技术在使用过程中仍有一些细节问题需要解决，如扩散系数的选取，扩散门限参数的选择等。本书拟对不同的扩散系数及扩散门限参数进行比较，给出这些参数的选取准则。

1. 各向异性扩散模型及其参数选择

1990 年，Perona 和 Malik 首先提出基于偏微分方程的各向异性扩散滤波方程（即 P-M 方程）

$$\frac{\partial I}{\partial t} = \text{div}(g(|\nabla I|) \cdot \nabla I) \tag{4-131}$$

式中：I 为初始图像数据（在本项研究中即为地震检测切片），t 为尺度参数，∇I 为地震图像数据的梯度，div 为散度算子，$|\nabla I|$ 为梯度的模，扩散系数 $g(x)$ 是扩散程度的主控因子，是非负单调递减函数。一般情况下，$g(x)$ 有两种选择

$$g(x) = \frac{1}{1 + \left(\dfrac{x}{K}\right)^2} \tag{4-132}$$

或者

$$g(x) = \exp\left(-\left(\frac{x}{K}\right)^2\right) \tag{4-133}$$

式中：K 为扩散门限参数。对于地震图像数据而言，在边缘处 $|\nabla I|$ 较大，扩散系数 g 较小，能够保留图像的边缘信息；在平坦区域内部，$|\nabla I|$ 较小，扩散系数 g 较大，可以有效地平滑同质区域内的噪声。扩散方程所表现出的各向异性扩散行为可以达到选择性光滑的作用。因此，经过多次迭代后，强边缘内部区域非常光滑，而边缘保持效果也明显提高。

对于噪声干扰比较大的地震图像，在均匀区域内由于噪声的影响会使 $|\nabla I|$ 估计偏大，因此不但没有抑制噪声，还有可能增强噪声，导致虚假边缘的出现，难以真实地反映异常体的细节边缘特征信息。1992 年，Cattef 等把式（4-131）修改为

$$\frac{\partial I}{\partial t} = \text{div}(g(G_\sigma |\nabla I|) * \nabla I) \tag{4-134}$$

式中，G_σ 为标准方差为 σ 的高斯线性低通滤波，$*$ 为卷积运算。

Cattef 方法在计算扩散的幅度之前对图像进行一次高斯平滑，这样相对比较可靠，因此性能要优于 P-M 方法，但 Cattef 方法采用高斯线性低通滤波消除噪声，虽然对梯度的预滤波能够降低噪声的影响，但是这种滤波使得地质体的边界也被模糊掉了，这是当初引入各向异性扩散方程所不希望看到的问题。

为此，杨培杰等（2010）利用 Kuwahara 滤波代替高斯线性低通滤波，解决了此问题。换句话说，他们是将 Kuwahara 滤波与各向异性扩散滤波方程结合，在提高信噪比的同时突出了地质异常体的方向性。

但是，如果想将该方法在实际地震资料处理中推广应用，仍然有一些关键问题需要解决，如扩散系数、扩散门限参数的选取等。鉴于目前在地球物理领域尚无文献给出这些参数的选取准则，本书拟通过公式推导，并比较不同参数仿真试验的结果，给出扩散系数、扩散门限参数的选取准则。

1）扩散系数的选取

前已提及，$g(x)$ 有两种选择，见（4-132）式及（4-133）式。在突出地质体边界的处理

中应选用哪种扩散系数呢？

图 4-67 为根据公式(4-132)、(4-133)计算出的 $g(x)$ 随 x 的变化曲线，从图 4-67 中可以看出，(4-133)式 $g(x)$ 随 x 的增加递减更快，表明(4-133)式对边缘的保持更好，为突出地质体的边界，扩散系数应选用(4-133)式。

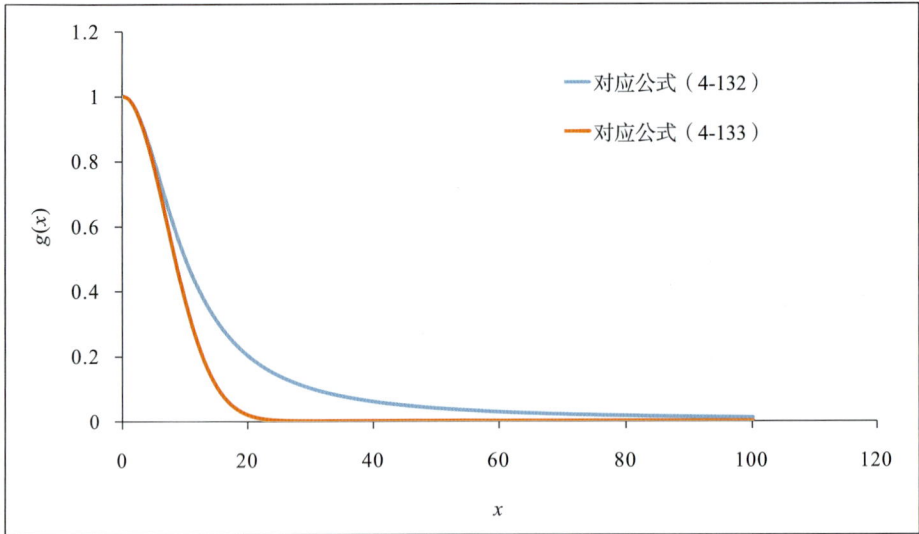

图 4-67   不同扩散系数公式对应的曲线

2)扩散门限参数的选取

将公式(4-131)右端的散度项展开，李志伟(2007)给出了公式(4-135)

$$\frac{\partial I}{\partial t} = g(|\nabla I|)\left(I_{\eta\eta} + \left(1 + \frac{|\nabla I| g'(|\nabla I|)}{g(|\nabla I|)}\right)I_{\xi\xi}\right) \tag{4-135}$$

式中，ξ 为梯度方向的单位向量，η 为垂直 ξ 的单位向量，$I_{\xi\xi}$ 为沿 ξ 方向的二阶偏导数，$I_{\eta\eta}$ 为沿 η 方向的二阶偏导数。

为推导方便，仍然令 $x = |\nabla I|$，可得

$$\frac{\partial I}{\partial t} = g(x)\left(I_{\eta\eta} + \left(1 + \frac{x g'(x)}{g(x)}\right)I_{\xi\xi}\right) \tag{4-136}$$

由(4-133)式

$$g'(x) = -2\left(\frac{x}{K}\right)\left(\frac{1}{K}\right)g(x) \tag{4-137}$$

代入(4-136)，得

$$\frac{\partial I}{\partial t} = g(x)\left(I_{\eta\eta} + \frac{K^2 - 2x^2}{K^2}I_{\xi\xi}\right) \tag{4-138}$$

下面根据公式(4-138)推导扩散门限参数 K 的选取原则。根据各向异性扩散滤波的思路：

(1)在梯度大的地方(即边缘处)，沿梯度方向不作平滑，即(4-138)式中的第二项趋于 0。则 $K \approx \sqrt{2}x$。

(2)在梯度模较小的地方，近似认为连续区域。则希望在两个方向都有较大的扩散速度，以便保证去噪效果。为此，需要(4-138)式第一、二项的系数尽量大。图 4-68 为 $I_{\eta\eta}$ 及 $I_{\xi\xi}$ 的系数项随 K 的变化规律。从图中可以看出，K 越大，则扩散系数越大。

综合(1)、(2)可给出如下原则：K 值的选择在满足 $K \approx \sqrt{2}\,x$ 的条件下应尽可能的大，甚至可令 $K = \sqrt{2}\,x$。这里应该注意的是，x 为某点的梯度模，为突出小规模的地质体，在选取门限时应着重考虑小规模的地质体边缘的梯度值。

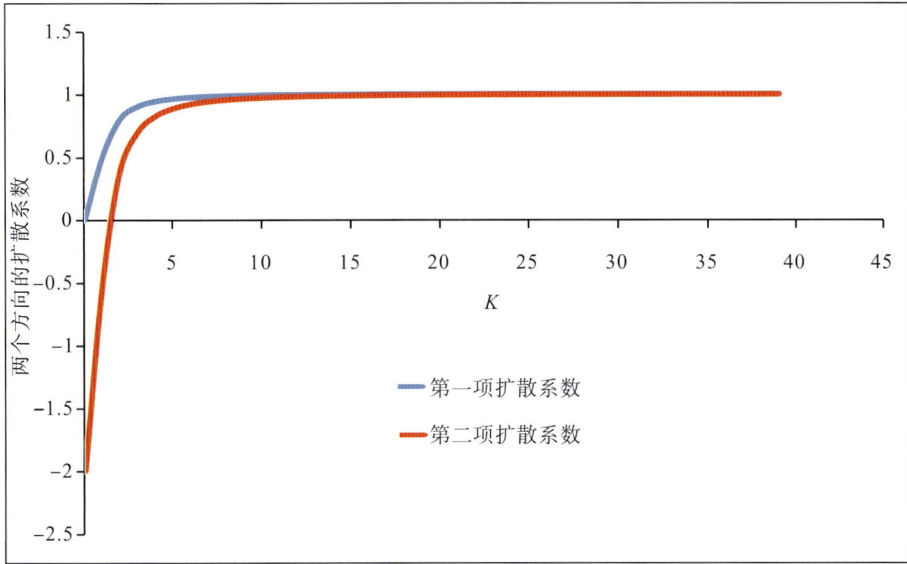

图 4-68　两个方向扩散程度与扩散门限参数关系图

2. 仿真试验

为了验证该方法的有效性，本书首先针对理论模型进行了试验。原始模型见图 4-69(a)，在对角线下侧有一正弦形态的异常带，模型中加了随机噪音。图 4-69(b)利用公式(4-121)的扩散系数进行各向异性滤波，图 4-69(c~d)利用公式(4-122)的扩散系数，但门限参数不同。比较各图可以发现：利用本书提出的参数选取原则在去噪的同时保证了边缘(见图 4-69(d))，而采用公式(4-121)的扩散系数和较小的门限参数虽然也压制了噪音，但边缘被模糊了(图 4-69(b~c)在红色条带外缘均有黑边)。

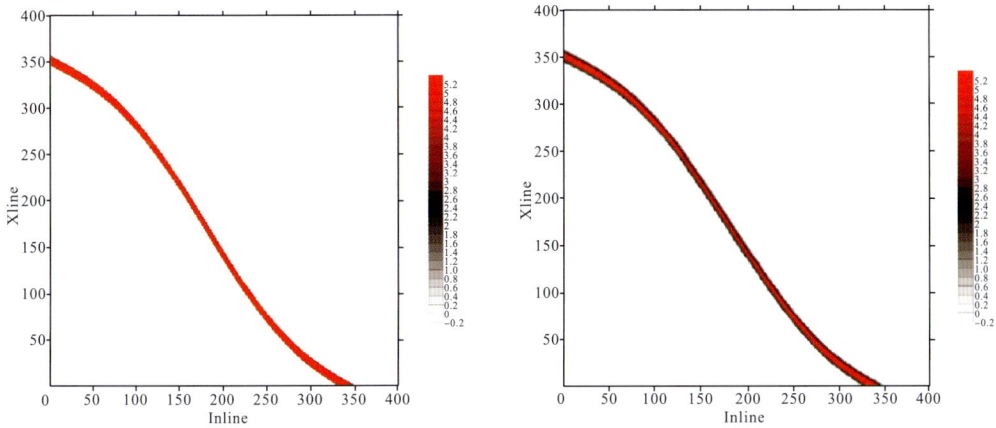

(a)原始模型

(b)对(a)图扩散滤波

扩散系数为(4-132)式，扩散门限参数 $K = x$

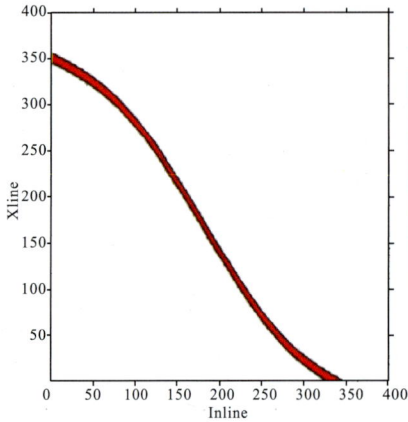

(c)对(a)图扩散滤波

扩散系数为（4-133）式，扩散门限参数 $K=x$

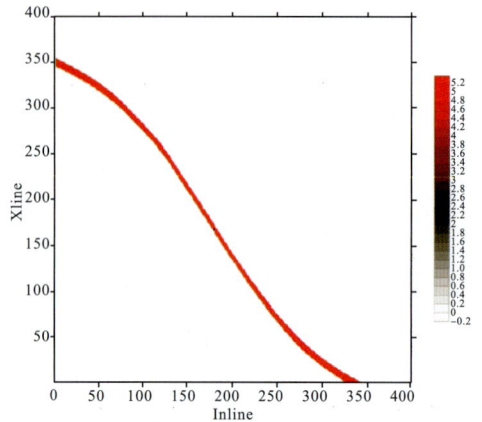

(d)对(a)图扩散滤波

扩散系数为（4-133）式，扩散门限参数 $K=\sqrt{2}x$

图 4-69　模型及压噪效果比较

3.应用实例

1)潮道的显示

我们仍然对川东北 XX 区的潮道进行突出显示。图 4-70(a)为未作处理的均方根振幅切片。图 4-70(b~d)为采用不同扩散系数公式及不同扩散门限参数的各向异性扩散滤波结果，比较各图，可以看出，本书所选择的扩散系数公式及扩散门限参数效果最好(见图 4-70(d))，突出了潮道，提高了信噪比，且保证了潮道边缘。

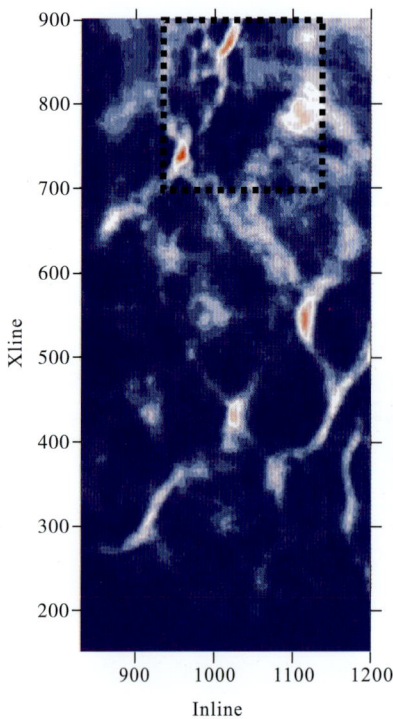

(a)XX 区长兴底均方根振幅切片

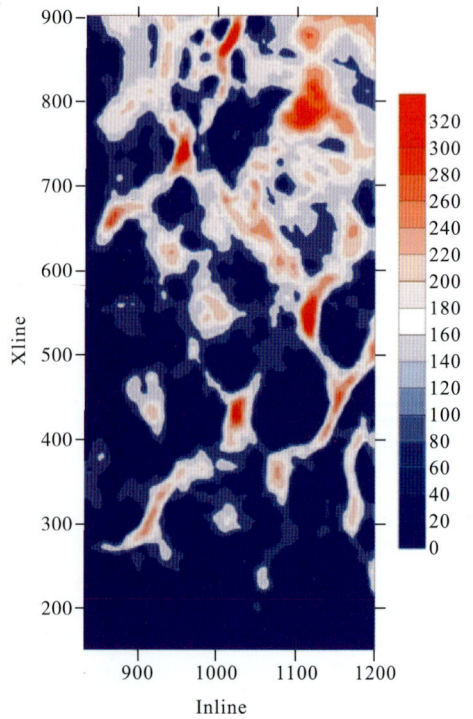

(b)对(a)图扩散滤波

扩散系数为(2)式，扩散门限参数 $K=x$

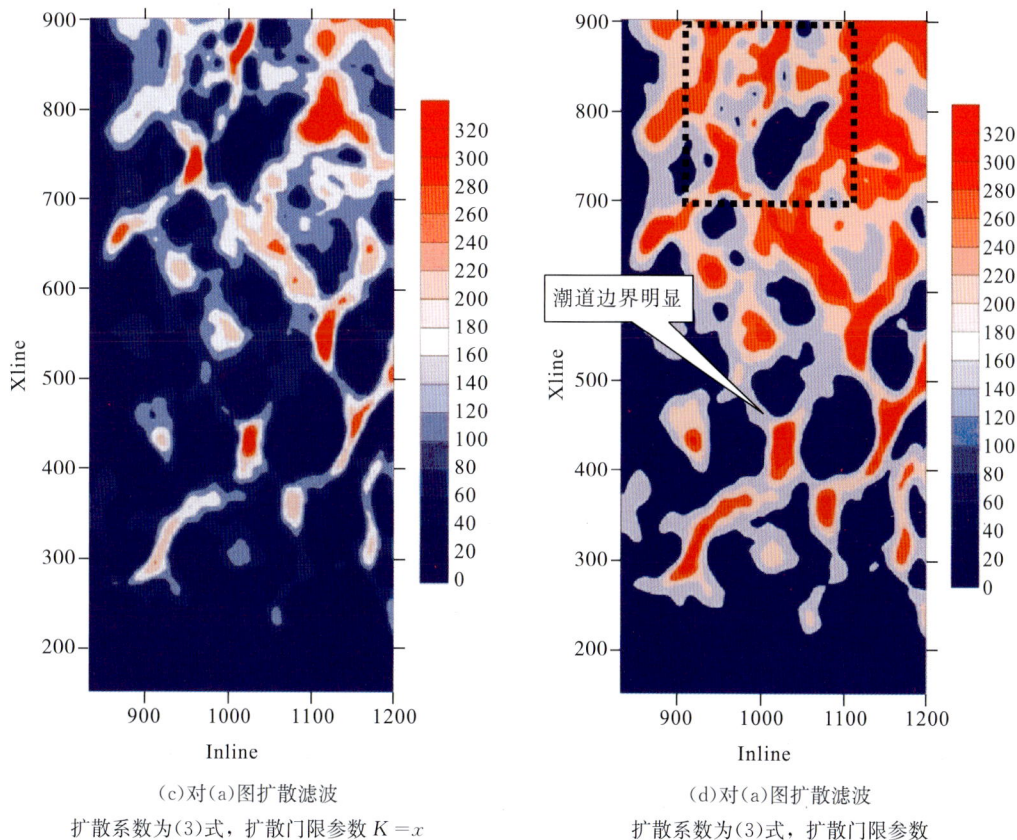

（c）对（a）图扩散滤波
扩散系数为（3）式，扩散门限参数 $K=x$

（d）对（a）图扩散滤波
扩散系数为（3）式，扩散门限参数

图 4-70　川东北 XX 区长兴组底均方根振幅切片及突出显示

　　为更精细地比较两者的效果，针对图 4-70（a）、图 4-70（d）黑色虚框内放大显示（见图 4-71（a～b））。比较两图，可以看出，（b）图潮道清晰可见，且细节清楚。潮道方向主要呈 NNE-SSW 向和 NWW-SEE 向分布，其中 NNE-SSW 向潮道较长，为主干潮道（图 4-71（b）中粗虚线），NWW-SEE 向潮道较短，且分布于主潮道之间，起连通主潮道的作用，为分支潮道（图 4-71（b）中细虚线）。

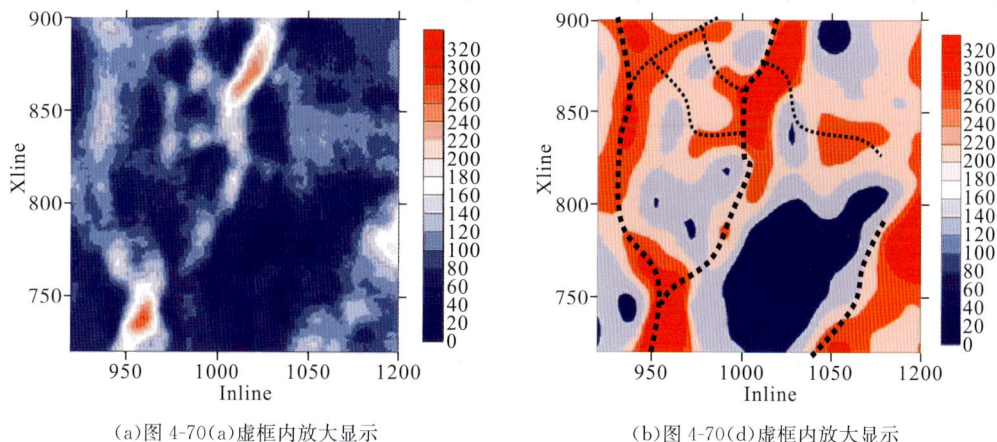

（a）图 4-70（a）虚框内放大显示

（b）图 4-70（d）虚框内放大显示

图 4-71　图 4-70 中虚框内的放大显示

2)断层的显示

研究区 LH 地区 LH11-1 构造是在基岩隆起上发育起来的生物礁滩地层圈闭，轴向为北西西-南东东，呈西高东低的趋势。构造的主体部位较平缓，断层走向大致与构造轴线平行。图 4-72 为 LH 地区某等时相干切片，图中基本能显示断裂的位置与方向，但图中箭头所指位置断层并不清楚。为此，我们对相干体做各向异性扩散滤波，滤波后的切片见图 4-73。

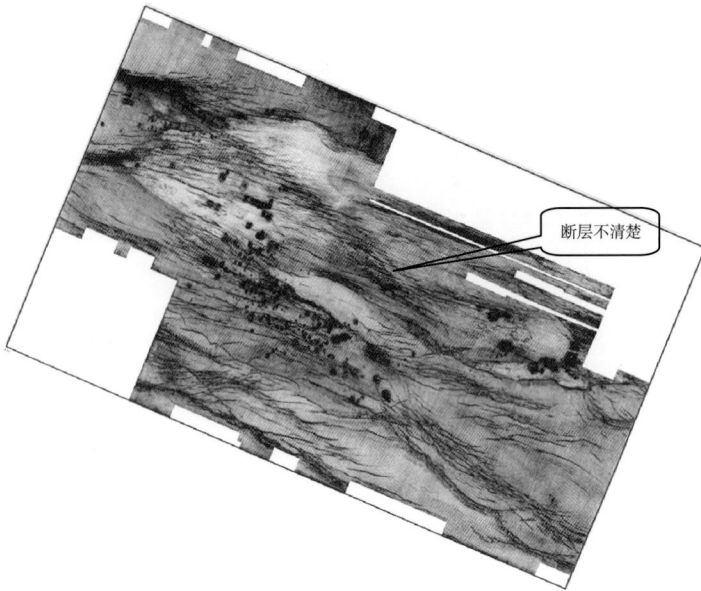

图 4-72　LH 地区相干体等时切片

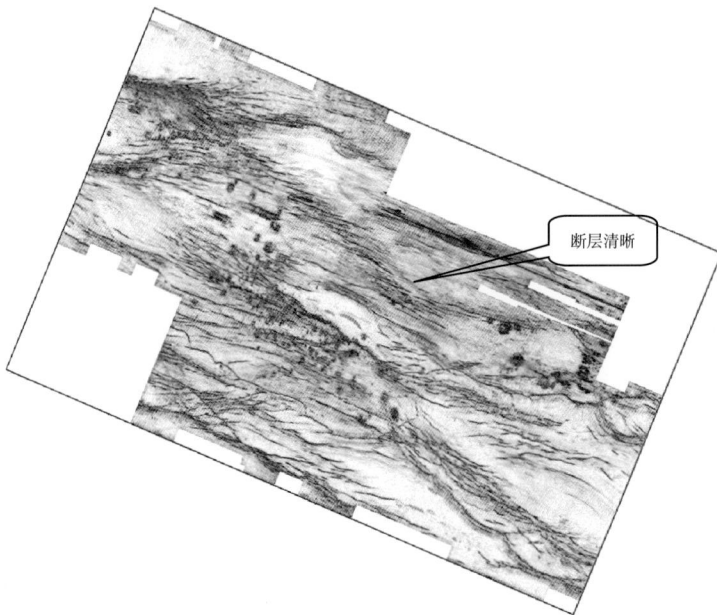

图 4-73　LH 地区相干体等时切片（各向异性扩散滤波后）

4.9　礁滩储层渗透率的地震响应特征

礁滩储层的非均质性很强，因此储层间的连通性分析很重要，否则极易钻遇水。而渗透率是反映地层连通性好坏的重要物性参数。目前，实际的地球物理测试很难直接提供探测介质的渗透率信息，但一些基于岩石物理理论的研究方法为分析储层渗透率特性提供了可能性。

1956 年，Biot 给出的方程组为分析含流体多孔介质中弹性波传播问题奠定了理论基础。Biot 理论假设波引起的孔隙流体流动是造成波能量损失的主要原因，由于 Biot 理论中流体流动是在波长尺度下发生的，所以这种能量损失被称为宏观流动损失，然而在地震频段 Biot 理论预测的能量损失比实际观测到的小很多。为了解释含流体多孔介质中的高频散和高衰减现象，以及储层特性对频散和衰减的影响，人们开始引入其他衰减机制。

Mavko 和 Nur 引入微观孔隙尺度下喷射流机制来解释波在含流体孔隙介质中的速度频散和衰减现象。喷射流衰减机制假设当波穿过岩石时，岩石中微裂隙发生闭合，使得其内部的流体喷射到大孔隙中，从而产生能量的损失。Dvorkin 等将喷射流机制和 Biot 理论相结合提出了 BISQ 理论。Diallo 等通过实验发现：BISQ 理论和喷射流预测的衰减同含流体孔隙岩石的实验室高频结果符合较好，但对低频段的高衰减现象仍然不能解释。

1975 年，White 首次提出中观尺度下流体流动衰减机制，所谓中观尺度就是比岩石颗粒大很多但比波长小很多的中间尺度。中观衰减机制是假设非均匀介质中不同区域物理性质不同，而当波穿过介质时，会引起区域之间的流体流动，进而产生能量的损失。许多学者通过分析发现中观衰减机制能够很好地解释低频段高衰减现象。中观尺度下波的衰减对岩石骨架和流体成分有极强的依赖性，因此岩石骨架的渗透特性以及流体的黏滞性会对波衰减有重要影响，基于此许多学者研究了中观尺度下渗透率对地震波频散和衰减的影响。Kozlov 研究了渗透率对透水层（透水层是双层孔隙度模型，这种模型考虑了连通的裂隙和颗粒间的孔洞）地震响应的影响，发现储层的地震响应包含着有关渗透率信息。Ren 研究发现，在由饱和水薄层及饱和气薄层交替叠加形成的孔隙介质中，地震波垂直入射时，反射波振幅对渗透率的变化非常敏感。Muller 等研究了任意成层的孔隙介质，同样得出了地震响应中包含渗透率信息。Rubino 分析了砂岩储层中渗透率对地震响应的作用，发现对于岩石颗粒相对松散、孔隙比较发育的砂岩储层，其渗透率对地震波频散和衰减有较大的影响。

前人虽验证储层地震响应包含渗透率信息，但主要针对砂岩储层，针对碳酸盐岩的渗透率研究较少，本书结合实际工区的岩石物理测试结果和测井分析，将 Johnson 模型用于碳酸盐岩渗透率地震响应特征分析，获得了一些有益的结论。

4.9.1　Johnson 模型

当纵波穿过有斑块饱和特性的气－水饱和储层时，由于气和水的物理性质不同而造成波引起的孔隙压力也不同。Biot 提出的慢波扩散理论解释了相应的孔隙压力平衡过程，扩散长度为

$$L_d = \sqrt{D/\omega} \tag{4-132}$$

式中，ω 是角频率，D 是扩散系数。

$$D = \frac{k}{\eta} \left(\frac{M_c K_{av} - \alpha^2 K_{av}^2}{M_c} \right) \tag{4-133}$$

k 和 η 分别表示岩体的渗透率和流体的黏度系数。另外像 M_c、K_{av}、α 这些参数可以由含有饱和流体的多孔介质的物理属性表示出来

$$\alpha = 1 - \frac{K_m}{K_s} \tag{4-134}$$

$$K_{av}(K_f) = \left(\frac{\alpha - \phi}{K_s} + \frac{\phi}{K_f} \right)^{-1} \tag{4-135}$$

$$M_c(K_f) = K_G(K_f) + \frac{4}{3}\mu \tag{4-136}$$

其中

$$K_G(K_f) = K_m + \alpha^2 K_{av}(K_f) \tag{4-137}$$

式中，K_s、K_m、K_f 分别为固体颗粒的体积模量、干岩石的体积模量、流体的体积模量，μ 是含饱和流体多孔介质的剪切模量，这里假设其与干岩石骨架的剪切模量一样，ϕ 是孔隙度。

在频率比较低的情况下，波的传播长度大于孔隙的尺寸，这样孔隙中的流体压力就有足够的时间达到平衡状态。在这种情景下，各个地方的孔隙压力是均匀的，由 Wood 定律可以得到有效的孔隙流体的体积模量：

$$K_R = \left(\frac{S_g}{K_g} + \frac{S_w}{K_w} \right)^{-1} \tag{4-138}$$

其中 S_i 和 K_i 分别表示流体和气体的饱和度和体积模量，当不考虑气体存在的几何形状时，在低频条件下，可以由 Gassmann 方程计算出岩样的等效体积模量：

$$K_{GW} = K_G(K_R) = K_m + \alpha^2 K_{av}(K_R) \tag{4-139}$$

其中流体体积模量 K_R 可以由方程(4-138)得出。

另一种情况下，当频率非常高时，波扩散的长度相对于孔隙的尺寸非常的小，这样孔隙中的流体压力就没有足够的时间达到平衡状态，在这种情况下，孔隙受到的压力是不均匀的，假设不同的孔隙流体产生的孔隙压力是一个常数。可以由 Gassmann 方程计算出不同流体的体积模量。此外，Hill 的理论给出了相应复合体积模量 K_{GH}，在高频率条件下，它满足关系式

$$\frac{1}{K_{GH} + (4/3)\mu} = \frac{S_g}{K_G(K_g) + (4/3)\mu} + \frac{S_w}{K_G(K_w) + (4/3)\mu} \tag{4-140}$$

Johnson 在 2001 年提出了动态体积模量，并且给出了一个简单的表达式

$$K_{dbm} = K_{GH} - \frac{K_{GH} - K_{GW}}{1 - \zeta + \zeta \sqrt{1 + 100 \mathrm{j}\omega\tau / \zeta^2}} \tag{4-141}$$

其中，j 是一个虚数，ζ 和 τ 可以由干岩石的物理性质，所含流体的性质和 Johnson 参数 S/V 和 T 来求得

$$\zeta = \frac{K_{GH} - K_{GW}}{2K_{GW}} \left(\frac{\tau}{T} \right) \tag{4-142}$$

$$\tau = \left(\frac{K_{GH} - K_{GW}}{K_{GH} G} \right)^2 \tag{4-143}$$

$$G = \left[\frac{(Z_w + Q_w)M_c(K_g) - (Z_g + Q_g)M_c(K_w)}{\phi S_g K_G(K_g)M_c(K_w) + \phi S_w K_G(K_w)M_c(K_g)} \right]^2 \frac{S}{V} \sqrt{D^*} \tag{4-144}$$

$$Z_i = K_{av}(K_i)\phi^2 \quad i = g, w \tag{4-145}$$

$$Q_i = \phi K_{av}(K_i)(\alpha - \phi) \quad i = g, w \tag{4-146}$$

$$D^* = \left(\frac{kK_{GH}}{\eta_g \sqrt{D_g} + \eta_w \sqrt{D_w}} \right)^2 \tag{4-147}$$

$D_i(i = g, w)$ 可以由 (4-133) 来算出，当孔隙为球形时，Johnson 参数 S/V 和 T 为

$$\frac{S}{V} = 3\frac{R_g^2}{R_w^3} \tag{4-148}$$

$$T = \frac{1}{k}\frac{K_{GW}\phi^2}{30R_w^3}\{[3\eta_w g_w^2 + 5(\eta_g - \eta_w)g_g g_w - 3\eta_g g_g^2]R_g^5 - 15\eta_w g_w(g_w - g_g)R_g^3 R_w^2$$
$$+ 5g_w[3\eta_w g_w - (2\eta_w + \eta_g)g_g]R_g^2 R_w^3 - 3\eta_w g_w^2 R_w^5\} \tag{4-149}$$

其中

$$g_i = \frac{(1 - K_m/K_s)(1/K_R - 1/K_i)}{1 - K_m/K_s - \phi K_m/K_s + \phi K_m/K_R} \tag{4-150}$$

通过动态体积模量我们可以得到相应的相速度

$$V_{pc}(\omega) = \sqrt{\frac{K_{dbm} + \frac{4}{3}\mu}{\rho_b}} \tag{4-151}$$

其中

$$\rho_b = (1 - \phi)\rho_s + \phi(S_g\rho_g + S_w\rho_w) \tag{4-152}$$

ρ_s、ρ_g 和 ρ_w 分别是固体颗粒、气和水的密度。通过 $V_{pc}(\omega)$ 能够得到一个等效的 $V_p(w)$ 和一个逆品质因子 $1/Q(\omega)$，

$$V_p(\omega) = \left[\mathrm{Re}\left(\frac{1}{V_{pc}(\omega)} \right) \right]^{-1} \tag{4-153}$$

$$\frac{1}{Q(\omega)} = \frac{\mathrm{Im}[V_{pc}(\omega)^2]}{\mathrm{Re}[V_{pc}(\omega)^2]} \tag{4-154}$$

4.9.2　渗透率的地震响应特征

根据 (4-153)、(4-154) 式即可计算出不同渗透率情况下，地震波的相速度和品质因子。计算流程见图 4-74，图 4-74 中红色方框即为渗透率，其他参数来源于对珠江口盆地碳酸盐岩岩石物理测试的结果和测井资料，这些参数见表 4-5 和表 4-6。图 4-75～图 4-78 为通过数值模拟获得的油-气储层和油-水储层渗透率与品质因子(倒数)及纵波速度的关系，从中可看出品质因子对渗透率较为敏感，而纵波速度对渗透率不太敏感。

$$T = \frac{1}{\boxed{k}} M$$

$$\varsigma = \frac{K_{GH} - K_{GW}}{2K_{GW}} \left(\frac{\tau}{T}\right)$$

$$D^* = \left(\frac{\boxed{k} K_{GH}}{\eta_g \sqrt{D_g} + \eta_w \sqrt{D_w}}\right)^2$$

$$G = \frac{s}{V} \sqrt{D^* N}$$

$$K_{dbm} = K_{GH} - \frac{K_{GH} - K_{GW}}{1 - \varsigma + \varsigma \sqrt{1 + 100j\omega\tau/\zeta^2}}$$

$$\tau = \left(\frac{K_{GH} - K_{GW}}{K_{GH} G}\right)^2$$

$$V_{pc}(\omega) = \sqrt{\frac{K_{dbm} + \frac{4}{3}\mu}{\rho_b}}$$

$$V_P(\omega) = \left[\mathrm{Re}\left(\frac{1}{V_{pc}(\omega)}\right)\right]^{-1} \quad \frac{1}{Q(\omega)} = \frac{\mathrm{Im}[V_{pc}(\omega)^2]}{\mathrm{Re}[V_{pc}(\omega)^2]}$$

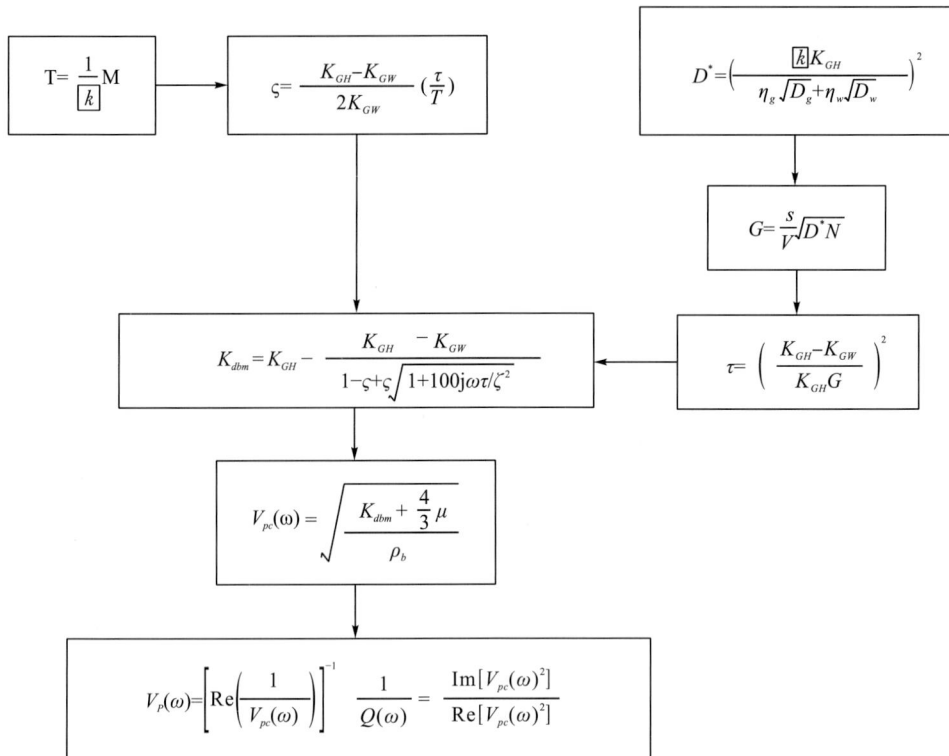

图 4-74　渗透率地震响应特征分析技术路线

表 4-5　岩石基本参数

基本参数名称	基本参数值
矿物颗粒体积模量/Gpa	$K_s = 71$
矿物颗粒密度/(g/cm³)	$\rho_s = 2.71$
干岩石体积模量/Gpa	$K_m = 54$
干岩石剪切模量/Gpa	μa 石剪切模
孔隙度/%	ϕ 隙度

表 4-6　储层流体的基本参数

参数	水	气	油
密度	$\rho_w = 1.04$	$\rho_g = 0.078$	$\rho_o = 0.7$
体积模量	$K_w = 2.25$	$K_g = 0.012$	$K_o = 0.7$
黏滞系数	$\sigma_w = 0.03$	$\sigma_g = 0.0015$	$\sigma_o = 0.1$

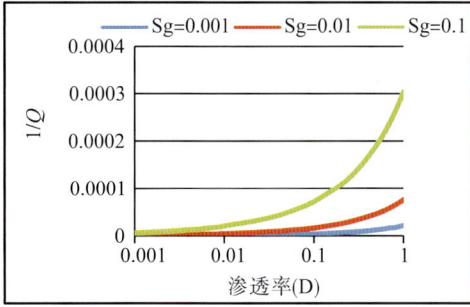

图 4-75 油-气储层渗透率与品质因子关系

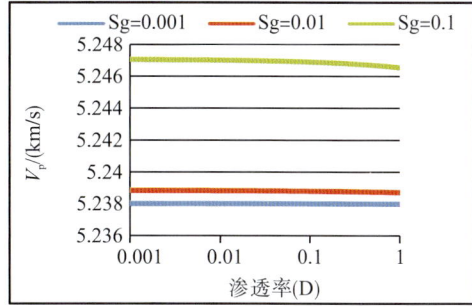

图 4-76 油-气储层渗透率与纵波速度关系

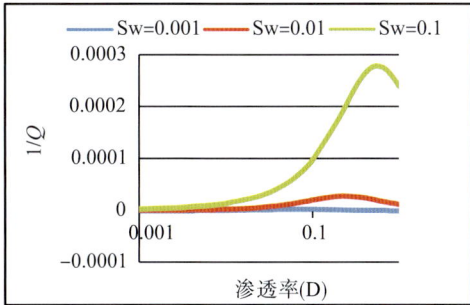

图 4-77 油-水储层渗透率与品质因子关系

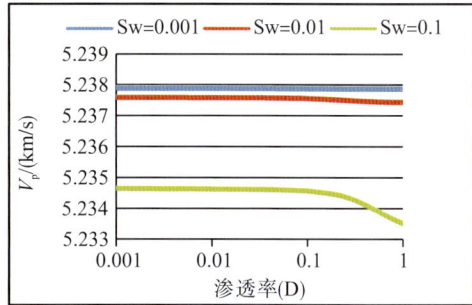

图 4-78 油-水储层渗透率与纵波速度关系

第5章 礁滩储层内部流体识别

5.1 弹 性 反 演

与叠后数据相比，叠前资料含有更多的流体信息。因此目前弹性阻抗反演已广泛用于流体识别。但由于某些地区的地震资料缺少远角道集信息，限制了弹性阻抗的实际应用。为此，国内外很多学者根据不同情况，提出了针对远、中、近角道集的叠前弹性阻抗反演三项式和针对中、近角道集的叠前弹性阻抗反演二项式。

5.1.1 叠前弹性波阻抗反演三项式

1. Connolly 的 EI 反演公式

Connolly(1999)首次给出了弹性波阻抗计算公式，该方法存在的主要问题是求取的弹性波阻抗数值随着角度的变化而变化，因此无法与声波阻抗相对比，而且求取的反射系数不稳定。其表达式如下(推导见相关文献，此处从略)：

$$EI(\theta) = V_p^{(1+\sin^2\theta)} V_s^{(-8K\sin^2\theta)} \rho^{(1-4K\sin^2\theta)} \qquad (5-1)$$

该公式求取的 $EI(\theta)$ 值随着角度的变化而变化，因此在综合分析声波阻抗与弹性波阻抗时，首先需要将弹性波阻抗变换为声波阻抗，给实际工作造成不便。

2. 归一化的 Connolly 的 EI 反演公式

2002 年，Whitcombe 对 Connolly(1999)的公式(5-1)进行了归一化：

$$EI(\theta) = \alpha^a \beta^b \rho^c \qquad (5-2)$$

式中，$a = 1 + \sin^2\theta$；$b = -8K\sin^2\theta$；$c = 1 - 4K\sin^2\theta$；$K = \dfrac{\left(\dfrac{\beta_n^2}{\alpha_n^2}\right) + \left(\dfrac{\beta_{n+1}^2}{\alpha_{n+1}^2}\right)}{2}$；其值在

$0.2 \sim 0.25$，应根据实际资料来确定(一般取值为 0.21 或 0.22)。归一化为

$$EI(\theta) = \left(\frac{\alpha}{\alpha_0}\right)^a \left(\frac{\beta}{\beta_0}\right)^b \left(\frac{\rho}{\rho_0}\right)^c \qquad (5-3)$$

为了与声阻抗对比，进一步修改公式

$$EI(\theta) = \alpha_0 \rho_0 \left(\frac{\alpha}{\alpha_0}\right)^a \left(\frac{\beta}{\beta_0}\right)^b \left(\frac{\rho}{\rho_0}\right)^c \qquad (5-4)$$

这样 $EI(0) = \alpha_0 \rho_0$ 即为声阻抗值。该式子引入了常数 $\alpha_0 \rho_0$ 作为参考值，把弹性波阻抗归一化到声波阻抗的尺度上。

3. Whitcombe 的扩展 EI 反演公式

2002 年 Whitcombe 提出了扩展弹性阻抗（EEI），其理论依据如下：

Whitcombe 把 Zoeppritz 方程的线性近似方程中的 $\sin^2\theta$ 由 $\tan x$ 代替后，则弹性阻抗的公式变为（推导见相关文献，此处从略）

$$\text{EEI}(x) = \alpha_0\rho_0\left[\left(\frac{\alpha}{\alpha_0}\right)^p\left(\frac{\beta}{\beta_0}\right)^q\left(\frac{\rho}{\rho_0}\right)^r\right] \tag{5-5}$$

式中：$p=(\cos x+\sin x)$；$q=-K\sin x$；$r=(\cos x-4K\sin x)$；上式就是扩展的弹性阻抗，简写为 EEI。其具有以下两个显著的优点：

(1) 由于用 $\tan\theta$ 代替了 $\sin^2\theta$，因此方程定义在 $\pm\infty$，而非 $\sin^2\theta$ 所限制的 [0，1] 区间，可以计算一些具有特殊意义的弹性参数，可用于岩性和流体预测；

(2) 引入了常数 V_{p_0}，V_{s_0}，ρ_0 把弹性波阻抗归一化到声波阻抗的尺度上。

5.1.2　叠前弹性波阻抗反演二项式

假设地下有一反射界面，界面上层介质和下层介质的密度和纵横波速度分别为 ρ_1，V_{p_1}，V_{s_1} 和 ρ_2，V_{p_2}，V_{s_2}，则 Aki-Richards 近似式为

$$R_{pp}(\theta) = \frac{1}{\cos^2\theta}R_p - 8\gamma_{sat}^2\sin^2\theta R_s + (1-4\gamma_{sat}^2\sin^2\theta)R_D \tag{5-6}$$

式中：

θ_1 为入射角；

$R_{pp}(\theta)$ 为纵波激发纵波接收时的反射界面的反射系数；

θ 为入射角和透射角的平均值，$\theta=\left[\theta_1+\sin^{-1}\left(\dfrac{V_{p_2}}{V_{p_1}}\sin\theta_1\right)\right]/2$；

R_p 为纵波速度变化率，$R_p=\dfrac{V_{p_2}-V_{p_1}}{V_{p_2}+V_{p_1}}$；

R_s 为横波速度变化率，$R_s=\dfrac{V_{s_2}-V_{s_1}}{V_{s_2}+V_{s_1}}$；

R_D 为反射界面两侧密度变化率 $R_D=\dfrac{\rho_2-\rho_1}{\rho_2+\rho_1}$；

γ_{sat} 为横波与纵波速度比，$\gamma_{sat}=\dfrac{V_{s_1}+V_{s_2}}{V_{p_1}+V_{p_2}}$。

在实际研究过程中，三参数的 Aki-Richards 近似式通常都被数值不稳定性困扰，减少参数的维数可使得反演结果更加的稳健，因此国外的学者都在一定的假设前提下进行了 AVO 两项式的研究。

Shuey(1985) 利用曲线拟合法，拟合反射波振幅随入射角度变化的曲线，获得截距（A）和梯度（G）的信息，表达式如下：

$$R_{pp} = A + G\sin^2\theta \tag{5-7}$$

上式适用于入射角度在 0°～30°范围内进行 AVO 分析，即仅仅适用于小入射角度的 AVO 分析。

Smith 和 Gidlow(1987) 利用速度与密度的关系（Gardner 关系式），使用 R_p 替代 R_D

估算 $R_{pp}(\theta)$ 获得公式 5-8。

$$R_{pp}(\theta) = \left(\frac{1}{\cos^2\theta} + \frac{1}{4} - \gamma_{sat}^2 \sin^2\theta \right) R_p - 8\gamma_{sat}^2 \sin^2\theta R_s \tag{5-8}$$

此近似式虽然对角度的范围没有限制，但是速度与密度必须满足经典 Gardner 关系的条件，否则估算的结果误差较大。

Fatti 等(1994)根据与估计的参数纵波阻抗变化率 R_I 和横波阻抗变化率 R_J 相比，反射界面两侧密度变化率 R_D 的影响可以忽略不计的假设，获得表达式(5-9)。

$$R_{pp}(\theta) = \frac{1}{\cos^2\theta} R_I - 8\gamma_{sat}^2 \sin^2\theta R_J \tag{5-9}$$

其中，$R_I = \dfrac{V_{p_2}\rho_2 - V_{p_1}\rho_1}{V_{p_2}\rho_2 + V_{p_1}\rho_1}$；$R_J = \dfrac{V_{s_2}\rho_2 - V_{s_1}\rho_1}{V_{s_2}\rho_2 + V_{s_1}\rho_1}$。由于(5-9)式的推导假设了密度变化率的影响可以忽略，密度的信息主要蕴含在大角度的道集中，因此(5-9)式与(5-8)式一样，不宜用于大角度的 AVO 分析。

基于 Mallick 等人的研究，Shaoming Lu 等(2004)给出了一个经验关系式，并应用小角度

$$\ln(\text{EI}) \approx (1 + \sin^2\theta)\ln(\rho V_p) - 8\gamma_{sat}\sin^2\theta\ln(\rho V_s) + C(\theta) \tag{5-10}$$

式(5-10)即为近似的弹性阻抗方程表达式

$$C(\theta) \approx -6\gamma_{sat}\left(\frac{1}{4} - \gamma_{sat} \right)\left(\frac{1}{a\gamma_{sat}} - \frac{\gamma_{sat}}{b} \right)\sin^2\theta \tag{5-11}$$

当 γ_{sat} 小于 0.25 时，系数 $a = 8.0$、$b = 0.5$；当 γ_{sat} 大于 0.25 时，系数 $a = 3.0$、$b = 3.0$。

5.1.3　实际测井数据试算

为了验证式(5-10)的有效性和可靠性，根据 Yb12 井实际测量的纵、横波速度和密度曲线，分别计算入射角为 10°和 20°时的弹性阻抗曲线，再利用书中方法从弹性阻抗曲线中反演出纵、横波阻抗曲线。图 5-1(a)为合成数据小角度弹性阻抗加入不同强度的噪声对比图，图中实线为原始曲线，图 5-1(a)左图虚线加入噪音后信噪比为 12∶1，右图虚线加入噪音后信噪比为 4∶1。图 5-1(b)和图 5-1(c)分别为在两种噪声情况下的反演结果与原始井曲线的对比图，图中实线为原始曲线，虚线为反演结果。从图 5-1(b)可以看出，该方法可以基本无偏差地反演出纵、横波阻抗。从图 5-1(c)可以看出，图中表明反演出的纵波阻抗和初始数据吻合很好，横波阻抗虽有轻微的抖动，但也有较好的相似性。上述结果表明，在信噪比为 12∶1 时能够准确反演出纵横波阻抗，在信噪比为 4∶1 时也能反演出大致的纵横波阻抗，另外横波阻抗受噪音的影响要比纵波阻抗大些。

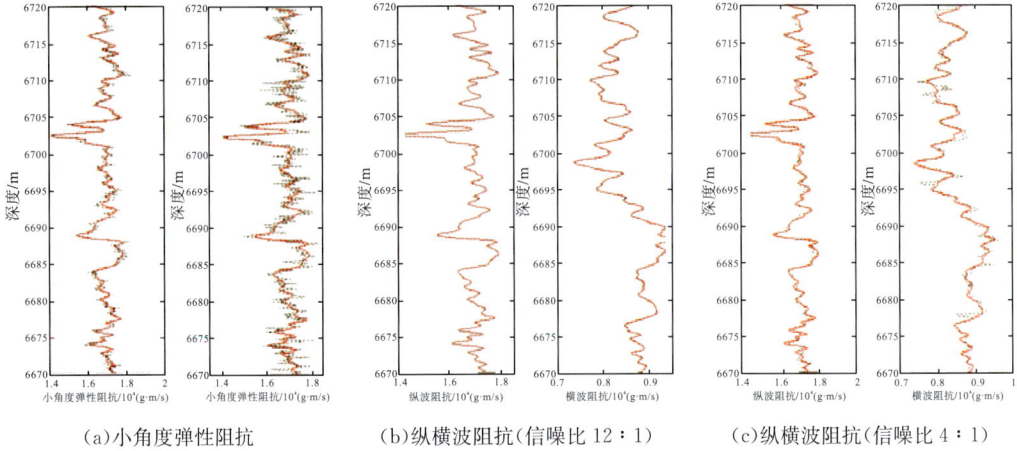

(a)小角度弹性阻抗　　　　　　(b)纵横波阻抗(信噪比 12∶1)　　　(c)纵横波阻抗(信噪比 4∶1)

图 5-1　不同信噪比下反演的纵横波阻抗

5.1.4　应用效果分析

　　叠前地震数据与叠后地震数据相比，包含更加丰富的振幅和旅行时信息，能更灵敏地反映地下油气藏的变化，但是受噪音的影响较大，信噪比不高。叠后地震资料在经过多次叠加后，信噪比有了较大的提高，但同时也损失了大量的振幅信息。本区的礁滩储层往往埋藏深度大，目的层埋深在 6000m 以上，从图 5-2 中可看出叠前角度道集最大角度基本为 20 多度，而且由于地震资料的分辨率和信噪比低等问题，叠前振幅的 AVO 特征不明显，因此在进行 YB 地区叠前反演时有针对性地采取了部分角度叠加技术，这样既提高了信噪比又保证了叠前 AVO 振幅特征，并且利用两个角度道集进行叠前反演可克服得不到大角度资料的问题。

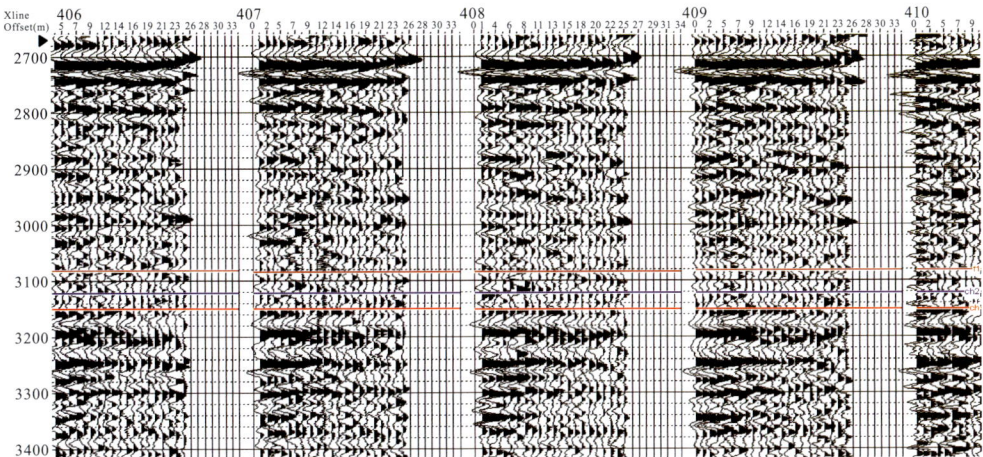

图 5-2　叠前角度道集

　　从两条过井的叠前反演剖面(图 5-3、图 5-4)可看出，井曲线与反演结果剖面吻合较好。图 5-5 长兴组 1 段 V_p/V_s 沿层切片，从切片中可看出，叠前反演结果有一定的规律性：①含气储层主要集中在台地边缘浅滩部位；②含水井(Yb9、Yb16、Yb123、Yb10)V_p/V_s 偏大；③泥质较重的井(如 Yb122 井)与含气井有一定差异，含气时 V_p/V_s 较小。

而叠后阻抗反演则不能很好地区分泥质较重的井与含气井。

图 5-6(a)为长兴组 2 段 V_p/V_s 沿层切片，从图 5-6(a)可以看出：叠前反演的基本规律同长兴组 1 段总体类似，含气储层主要集中在台地边缘浅滩部位。Yb12 井在长兴组中下部储层较好，在反演结果中得到体现。图 5-6(b)为长兴组 2 段泊松比切片，从图中可知泊松比与纵横波速度变化规律基本一致，与各井测井解释结果吻合良好（注意：由于含气层主要分布在台地边缘礁滩相带，因此图 5-5、图 5-6 只显示了台地边缘相带内各属性的变化情况）。

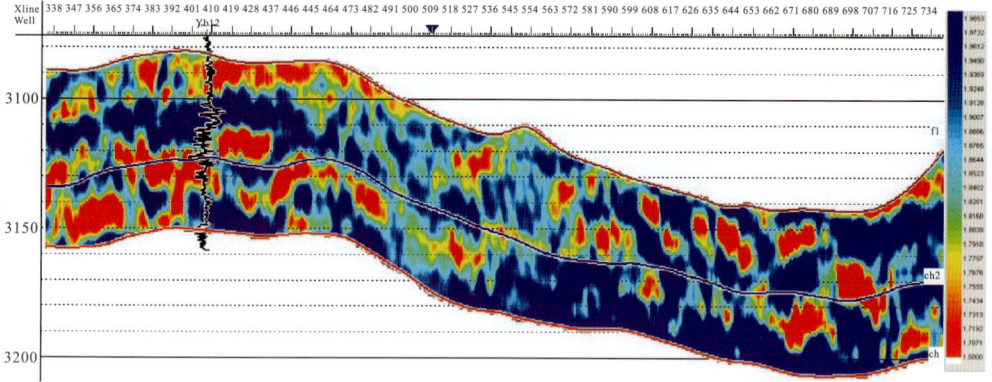

图 5-3 过 Yb12 井叠前反演的纵横波速度比

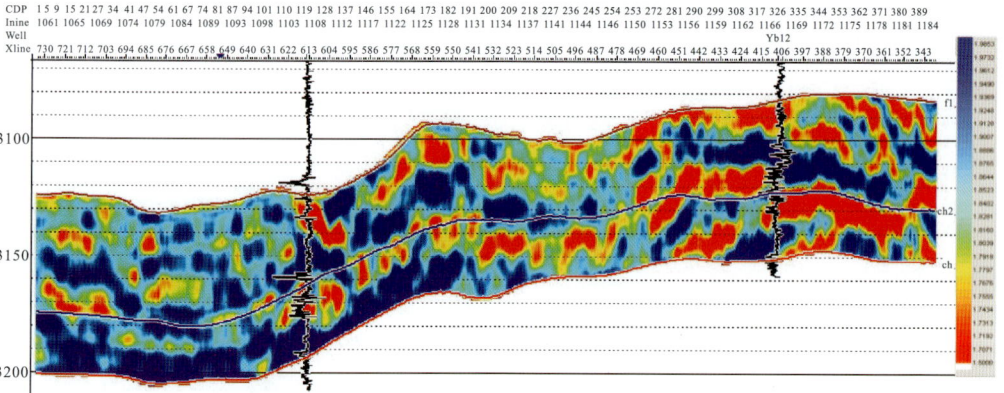

图 5-4 过 Yb12-Yb11 井叠前反演的纵横波速度比

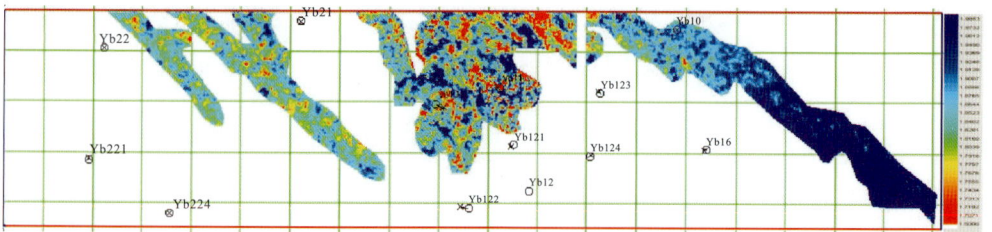

图 5-5 长二段 V_p/V_s 沿层切片

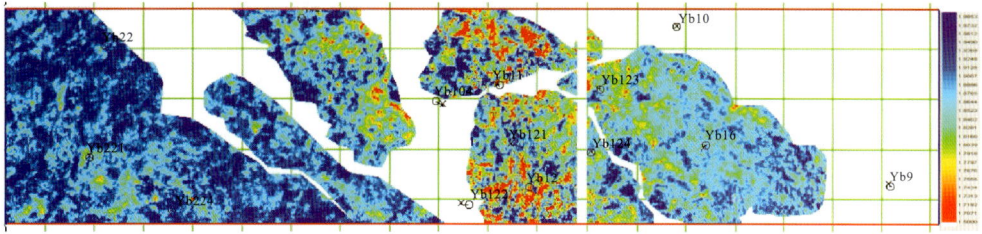

(a)长一段 V_p/V_s 沿层切片

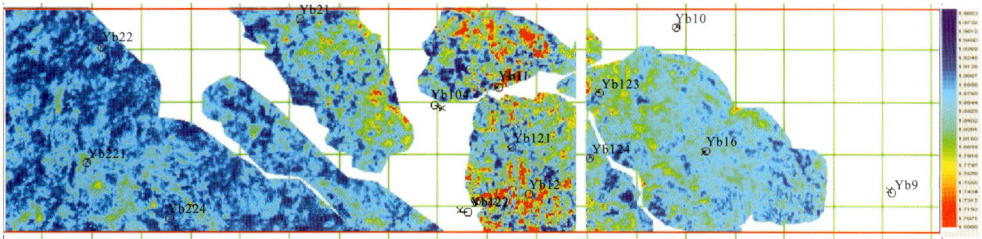

(b)长一段泊松比沿层切片

图 5-6 长兴组一段沿层属性切片

5.2 高灵敏度流体识别

在第二章测井分析中曾提出组合后的流体识别因子对流体识别的能力可能会高于单参数的流体识别能力。基于这一规律，我们针对川东北 YB 地区进行了流体识别。

5.2.1 流体识别可行性分析

YB 工区一般根据孔隙度共分为三种级别的碳酸盐岩储层，分别为一类储层(孔隙度 10%以上)，二类储层(孔隙度 5%~10%)，三类储层(孔隙度 2%~5%)，通过对该研究区 3 口井主要目的层长兴组一段岩石物理参数的统计分析建立三种级别储层大致的岩石物理数据模型，并利用模型的数据计算 ρf 流体因子，见图 5-7(其他流体识别因子可行性检验与此类似，此处不再赘述)。从图中可得出：①总体上，孔隙度一定时，随含水饱和度增大 ρf 流体因子增大，但在含水饱和度大于 90%后，ρf 流体因子剧烈增加；②孔隙度一定时，饱气与饱水岩石 ρf 流体因子差距基本都达到 20 倍以上，因此能够利用该属性识别储层的流体类型；③随孔隙度增加 ρf 流体因子也在增加，但是不如含水饱和度变化引起的 ρf 流体因子变化大；④在含水饱和度小于 90%时，ρf 流体因子数值都很小，这主要是由于 Gassmann 理论低频效应，气水的体积模量差别占主要作用。图 5-8 为 Yb120 井长兴组不同 ρf 流体因子对比，第五道为流体因子道(饱气为蓝色线，饱水为粉色线，原始测量情况为红色线)，可看出孔隙度大于 5%时，饱水与饱气岩石 ρf 流体因子差别明显，这进一步说明该属性能够识别该地区的储层流体类型。

表 5-4 饱和岩石岩石物理参数

参数\储层类型	孔隙度/%	含水饱和度/%	体积模量/GPa				密度/(g/cm³)		
			干岩石	岩石基质	气	水	水	气	饱和岩石
一类储层	20	6.5	18.04	77.30	0.133	3.013	1.055	0.336	2.43
	10	10.1	34.55	66.96	0.133	3.013	1.055	0.336	2.55
二类储层	5	15.3	50.48	65.68	0.133	3.013	1.055	0.336	2.62
三类储层	2	35.4	64.42	70.42	0.133	3.013	1.055	0.336	2.67

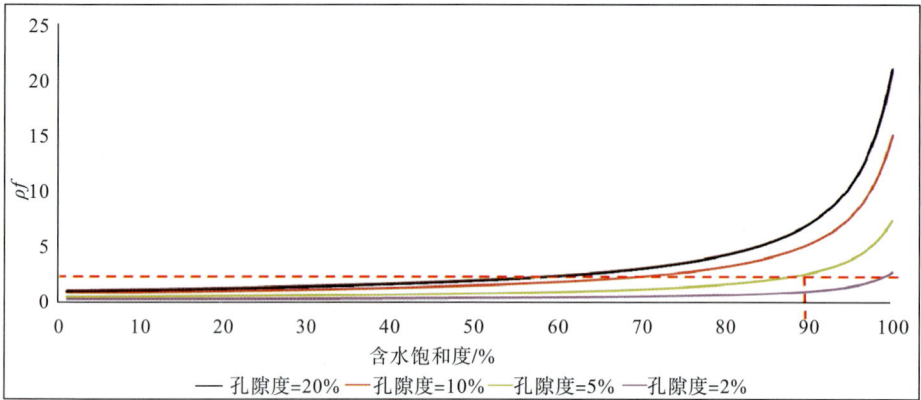

图 5-7 ρf 流体因子与含水饱和度关系图

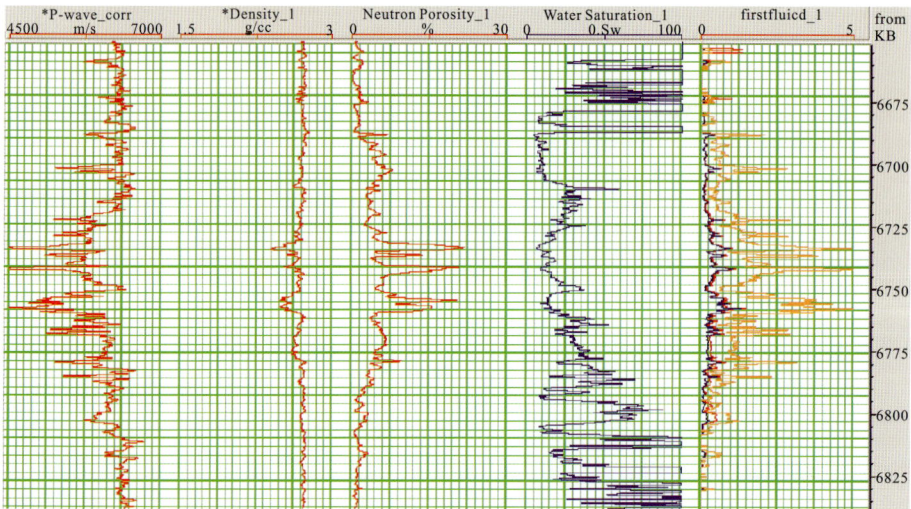

图 5-8 Yb120 井长兴组不同流体类型 ρf 流体因子

5.2.2 实例应用

图 5-9、图 5-10、图 5-11、图 5-12 分别是长兴组的流体识别因子过井剖面(泊松比 σ、$\lambda\rho$、HSFIF、$\rho f/z_s$)。经测井分析,长兴组含气储层表现为低 $\lambda\rho$、低泊松比 σ、低 HS-FIF、低 $\rho f/z_s$ 等特征。即图中的黄红色。Yb12 井长兴组中下部(即 ch2 层附近及其下部)实钻获得工业油流,落在低泊松比 σ、低 $\lambda\rho$、低 HSFIF、低 $\rho f/z_s$ 异常区,即检测结果与实钻吻合。

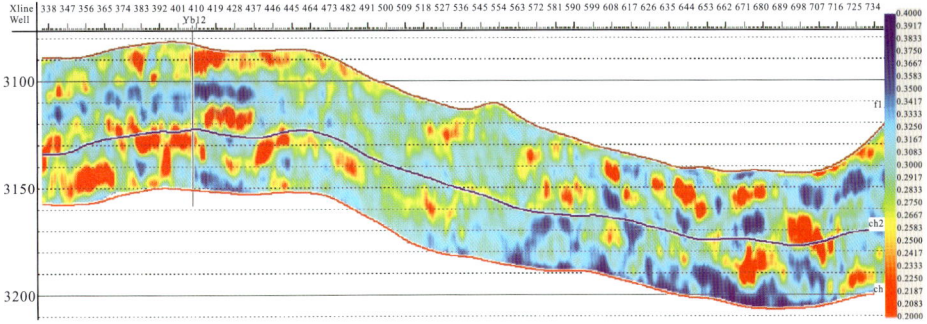

图 5-9　流体识别因子泊松比 σ 剖面

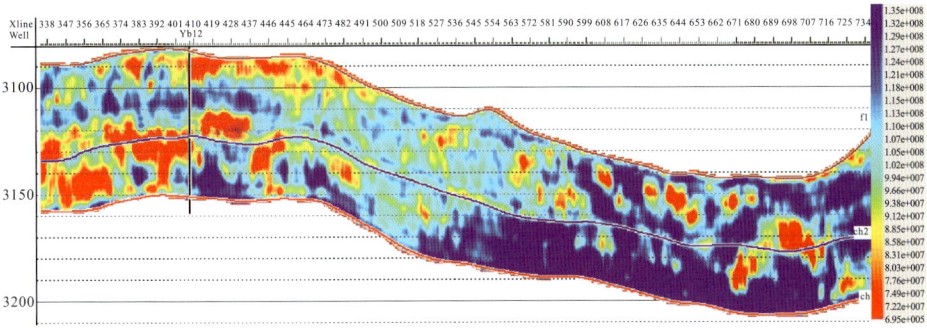

图 5-10　流体识别因子 $\lambda\rho$ 剖面

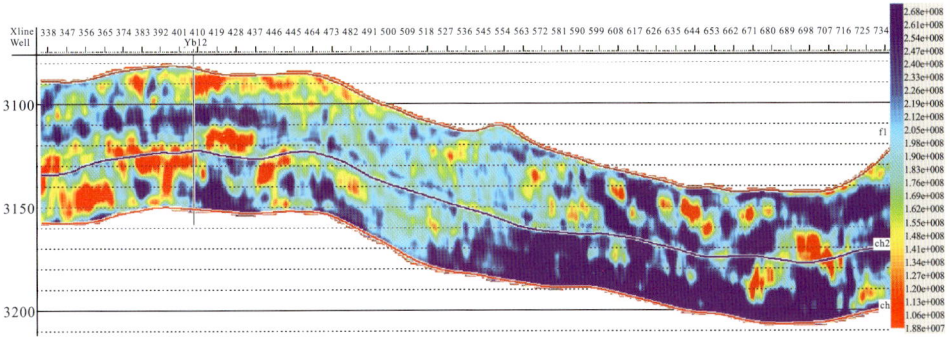

图 5-11　流体识别因子 HSFIF 剖面

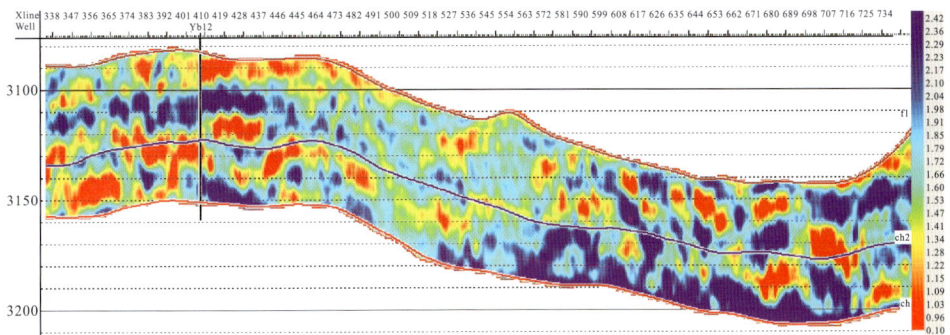

图 5-12　流体识别因子 $\rho f/z_s$ 剖面流体识别因子

5.3　流体的低频伴影分析

5.3.1　低频伴影现象

"地震低频伴影"（Low Frequency Shadow）是指油气藏正下方的地震低频强反射能量，该名词的出现最早可追溯到 20 多年前 Taner 等(1979)的文章，后来又作为词条出现在 Sheriff(1984，1999)主编的《勘探地球物理百科词典》中。Taner 等是在讨论地震复数道分析中的瞬时频率时，提到地震低频伴影现象的。他指出在含气砂岩、凝析层、油层以及致密岩层裂缝带的正下方，经常可以看到地震低频伴影，但是这种现象是经验性的，有多解性，而且产生地震低频伴影的物理机理不清楚。后来，Ebrom(2004)的研究指出了产生含气层地震低频伴影的 10 个可能的影响因素。Ebrom 本来希望将地震低频伴影作为含气层的直接指标，并且通过对低频伴影的定量化处理来识别有工业价值和没有工业价值的含气层，但因地震低频伴影的机理不清楚，影响因素较多，因此定量化识别的目标至今未能实现。然而，地震低频伴影作为油气层识别的一个重要标志，其作用和意义仍然是不可忽视的。特别是 Castagna 等(2003)利用地震记录的时-频分析，将低频伴影识别碳氢化合物的应用效果提高到一个新水平。由于高精度时-频分析使得构建地震单频剖面(或单频地震数据体)成为可能，因此，低频伴影在不同频率的地震共频率数据体上可清晰显示出不同的特征。贺振华(2009)根据低频伴影检测油气储层的效果，总结和概述了应用低频伴影特征作为流体识别标志的准则。其准则将低频伴影作为识别油气储层的标志分为三类：

1)良好指示油气储层

对于低频，储层顶部、内部能量强，下部的低频阴影能量强，而对于高频，储层顶部、内部能量强，下部的能量弱，即有低频时上强下强、高频时上强下弱的规律。

2)较好指示油气储层

对于低频，储层位置处能量较弱，下部的低频阴影能量强，而对于高频，储层能量弱，下部能量较弱，即有低频时上弱下强、高频时上强下弱的特征。

3)无油气指示标志

对于低频，储层能量弱，下部的能量也弱，而对于高频，储层能量强，下部能量也表现为强能量，即有低频时上弱下弱、高频时上强下弱的特征。

5.3.2　高精度时频分析

时频分析是分析非平稳信号局部特征的有效方法，它将一维的时域信号或频域信号映射成时频平面上的二维信号。对于非平稳信号，良好的时频分析方法能够检测到非平稳信号频率随时间的不稳定变化，获得信号能量在二维时频平面中的分布，实现对信号局部特性的分析。

非平稳信号时频分析可以分为线性变换和非线性变换两大类，线性类使用时间和频率的联合函数(线性形式)描述信号频谱随时间的变化，而非线性类使用时间和频率的联合函数描述信号能量密度(非线性形式)随时间的变化，信号函数在时频分布的积分表达式中乘了两次。线性变换类包括：短时傅里叶变换(STFT)、Gabor 变换、小波变换和 S

变换；非线性类变换包括：Wigner-Ville 分布，更一般的统一为 Cohen 类。时频分辨率是衡量时频分析方法优劣和时频聚集性能的重要指标。

地震信号是典型的非平稳信号，其频谱成分及信号的各种统计特性随时间发生显著变化，这些不稳定的变化和异常记载了反映地下反射介质特征的丰富信息。基于常规的 Fourier 变换的地震信号谱分析方法是一系列重要地震资料处理算法和解释技术的基础，但傅里叶变换是全局变换，只能从单一的频率域观察地震信号，得到的是地震信号在整个时间段的总体特征，难以定位到信号在具体时间的频率成分，进而分析每一个具体频率成分统计特征的变化规律，所以难以满足具有非平稳特性的地震信号的处理要求。

在地震资料处理和解释中，常用的时频分析方法有短时傅里叶变换、S 变换、小波变换和匹配追踪算法等（Peyton，1998；Partyka，1999；Castagna，2003；Pinnegar，2003）。由于短时傅里叶变换采用固定长度的时窗函数，它的时频窗口是固定的，因此，它的时频分辨率也是固定的，难以反映地震信号的这一特征：即低频端应具有很高的频率分辨率，而在高频部分具有很高的时间分辨率（张贤达，2002）。Stockwell 等（1996）提出的 S 变换吸收并发展了短时傅里叶变换和连续小波变换，它采用与频率（与尺度类似）有关的可变高斯窗函数，其时频分辨率随着频率发生变化，但由于它的基本小波函数是固定的（Pinnegar，2003；高静怀，2003），难以适应具体信号处理的要求。常用的小波变换将地震信号变换至时间尺度域，获得时间尺度谱，但它不是真正的时频谱，两者之间没有精确的对应关系。匹配追踪算法虽然具有较理想的时频分辨率，但运算效率极低，不适于大规模三维地震资料处理。本书将 Lu 等（2009）提出的反褶积短时傅里叶变换用于地震信号的时频分析，取得了一定的效果。

1. 反褶积短时傅里叶变换原理

信号 $x(u)$ 的短时傅里叶变换定义为

$$\text{STFT}_x(t,f) = \int_{-\infty}^{+\infty} x(u)h^*(u-t)\mathrm{e}^{-\mathrm{j}2\pi fu}\mathrm{d}u \tag{5-12}$$

其中 $h(u-t)$ 是窗函数，常用的是高斯窗，其中 * 是共轭转置。

短时傅里叶变换谱定义为

$$\text{SPEC}_x(t,f) = \left| \int_{-\infty}^{+\infty} x(u)h^*(u-t)\mathrm{e}^{-\mathrm{j}2\pi fu}\mathrm{d}u \right|^2 \tag{5-13}$$

对于一个信号 $x(t)$，它的 Wigner-Ville 分布定义为

$$\text{WVD}_x(t,f) = \int_{-\infty}^{+\infty} x\left(t+\frac{\tau}{2}\right)x^*\left(t-\frac{\tau}{2}\right)\mathrm{e}^{-\mathrm{j}2\pi f\tau}\mathrm{d}\tau \tag{5-14}$$

Wigner-Ville 分布有交叉项，它是由 Wigner-Ville 分布非线性引起的。

广义 S 变换的表达式为：

$$\text{GST}(\tau,f) = \int_{-\infty}^{\infty} x(t)\frac{\lambda|f|^p}{\sqrt{2\pi}}\mathrm{e}^{\frac{-\lambda^2 f^{2p}(\tau-t)^2}{2}}\mathrm{e}^{-\mathrm{j}2\pi ft}\mathrm{d}t \quad \lambda>0,p>0 \tag{5-15}$$

广义 S 变换通过引入两个参数 λ 和 p，改造了 S 变换的高斯窗函数，灵活地调节高斯窗函数随频率尺度 f 的变化趋势。

信号 $x(t)$ 的短时傅里叶变换谱可以写成以下二维褶积的形式：

$$\text{SPEC}_x = |\text{STFT}_x(t,f)|^2 = \int_{-\infty}^{+\infty}\int_{-\infty}^{+\infty} \text{WVD}_h(u,v) \times \text{WVD}_x(t-u,f-v)\mathrm{d}u\mathrm{d}v$$

$$\tag{5-16}$$

其中 WVD_x 和 WVD_h 分别为信号 $x(t)$ 和窗函数 $h(u)$ 的 Wigner-Ville 分布。

短时傅里叶变换谱的交叉项在大部分情况为 0。

(5-16)式也可写成：

$$S_x = W_x * * W_h \tag{5-17}$$

其中 S_x 是信号 $x(u)$ 的短时傅里叶变换谱，W_x 是信号 $x(u)$ 的 Wigner-Ville 分布，W_h 是窗函数 $h(u)$ 的 Wigner-Ville 分布，$* *$ 代表二维褶积。

我们希望反褶积结果 W_x^- 有与 Wigner-Ville 分布 W_x 相近的时频分辨率，但是由于短时傅里叶变换谱而减少了交叉项。

如果知道窗函数 $h(u)$，就可以知道 Wigner-Ville 分布 W_h。因此从短时傅里叶变换谱获取 W_x^- 是一个反褶积问题。

2. 合成信号试算对比

本书中，我们应用的 Lucy-Richardson(L-R)反褶积算法。Lucy-Richardson 反褶积算法由条件概率的贝叶斯定理得出的表达式为

$$W_x^-(k+1) = W_x^-(k)\left(W_h * \frac{S_x}{W_h * W_x^-(k)}\right) \tag{5-18}$$

$k+1$ 是现在的迭代次数，$W_x^-(0) = S_x$。

为了对比，我们给出了短时傅里叶、Wigner-Ville 分布、平滑伪 Wigner-Ville 分布、S 变换的结果。图 5-13(a)是由 3 个线性调频信号组成的合成时间序列。时间序列是 $x[0:511] = \cos[2*\pi(10+t/6)*t/512] + \cos[2*\pi(40+t/6)*t/512] + \cos[2*\pi(70+t/6)*t/512]$。图 5-13(b)是反褶积短时傅里叶变换得到的结果。图 5-13(c)是短时傅里叶变换得到的结果。短时傅里叶变换用的是 50 个样点的高斯窗。图 5-13(d)~图 5-13(f)分别是 WVD、SPWVD 和 S 变换的结果。SPWVD 用的是一个 51×51 的二维高斯窗。比较各图可以发现，短时傅里叶变换和 S 变换不能完全将 3 个线性调频信号很好地区分开来，WVD 有很多交叉项，SPWVD 能完全将 3 个线性调频信号很好地区分开来，但是与反褶积短时傅里叶变换相比分辨率较低。

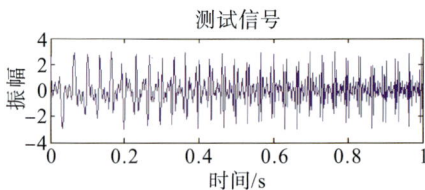

(a)

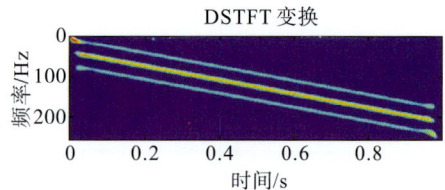

(b)

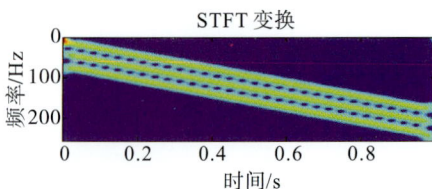

(c)

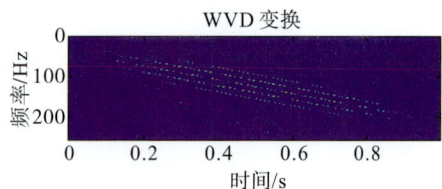

(d)

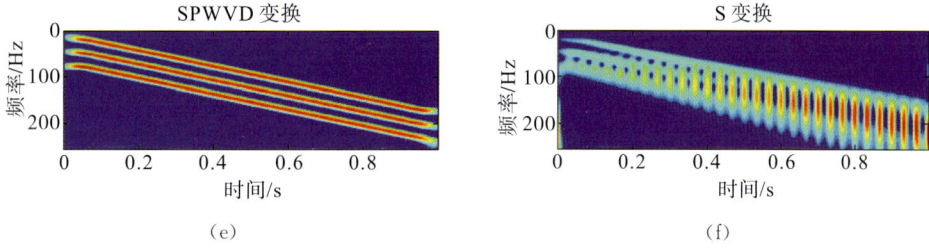

(e)

(f)

图 5-13 合成时间序列仿真试验（Ⅰ）

图 5-14(a)的时间序列是 x [0:63] $=\cos(2\pi t * 6/128)$，x [64:127] $=\cos(2\pi t * 25/128)$，x [20:30] $=x$ [20:30] $+0.5 * \cos(2\pi t * 52/128)$。图 5-14(b)是反褶积短时傅里叶变换得到的结果。图 5-15(c)是短时傅里叶变换得到的结果。图 5-14(d)是 WVD 的结果。图 5-14(e)是 SPWVD 的结果，用到是一个 51×51 的二维高斯窗。图 5-14(f)是 S 变换的结果。短时傅里叶变换用的是 32 点的高斯窗。我们可以看出在这几个方法中，反褶积短时傅里叶变换有最高的时间频率分辨率，可以同时检测到这 3 个部分。SPWVD 不能检测到高频的部分。S 变换可以检测到这 3 部分，但是时间频率分辨率却较低。

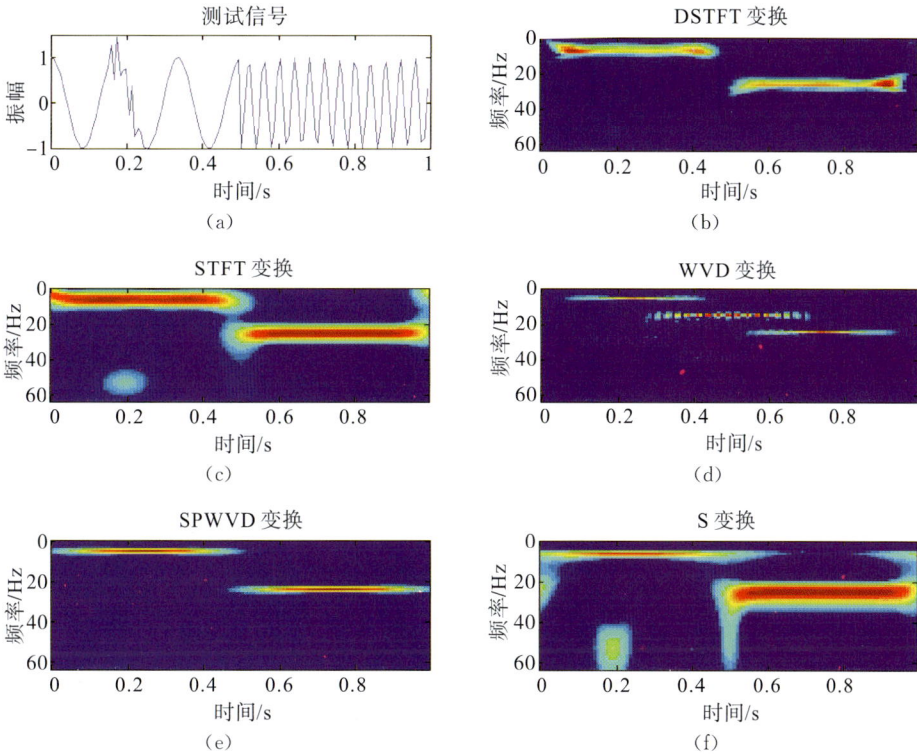

图 5-14 合成时间序列仿真试验（Ⅱ）

图 5-15(a)加了 15dB 的高斯白噪声的合成信号。无噪信号为 x [0:255] $=\cos(2 * \pi(10+t/7) * t/256)+\cos(2 * \pi(256/2.8-t/6.0) * t/256)$，$x$ [114:122] $=x$ [114:122] $+\cos(2\pi t * 0.42)$，x [134:142] $=x$ [134:142] $+\cos(2\pi t * 0.42)$。图 5-15 (b~f)与图 5-14(b~f)一样也是各方法得到的结果。SPWVD 用的是一个 51×51 的二维高斯窗。我们可以看出，反褶积短时傅里叶变换可以检测到这 4 个部分。32 点的高斯窗的

短时傅里叶变换和 S 变换也可以检测到这 4 个部分，但是时间频率分辨率却较低。上述 3 个方法的迭代次数都为 10。

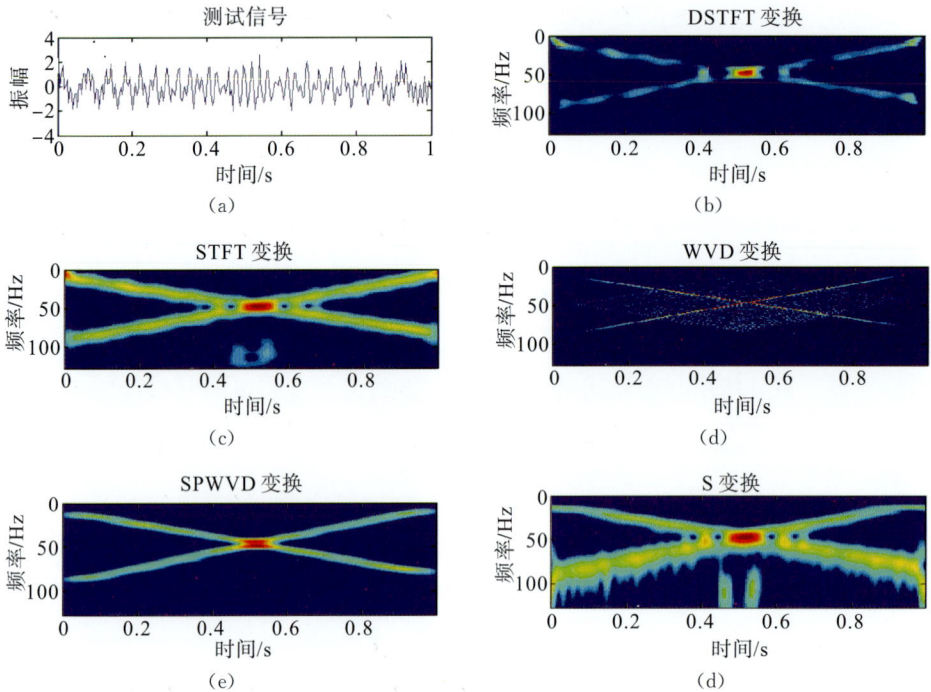

图 5-15　加噪信号的仿真试验

5.3.3　实际地震资料应用实例

1. 低频伴影分析实例

图 5-16(a)为珠江口盆地 HZ 地区过 X1 井的地震剖面，该井目的层为碳酸盐岩，红色实线代表的层位为碳酸盐岩顶，蓝色实线代表的层位为碳酸盐岩底。X1 井位于珠江口盆地东沙隆起，该井钻遇塔礁，由于塔礁顶部曾暴露地表，因此塔礁顶部有较好的物性，钻遇工业油流。

图 5-16(b~d)是针对该过井地震剖面应用反褶积短时傅里叶变换获得的不同频率的单频剖面。根据对研究区实际资料的频谱分析，该地区地震资料的主频约 50Hz，因此我们分别提取了主频上下(30Hz、50 Hz、80 Hz)的单频剖面。对比各图发现，当频率较低时，碳酸盐岩顶和底能量均很强，即能量上强下强。但随着频率的增高，顶部能量变化不大，底部能量明显在减弱，当频率增高至 50Hz 时，底部能量近乎消失，到 80Hz 时，下方能量已经完全消失，即能量上强下弱。井右侧一块区域低频阴影现象明显，随着频率的增高，下方能量渐渐消失，故这个区域也可能有油气。

图 5-17 是该资料应用广义 S 变换结果获得的单频剖面图。从图中可以看出位于井位附近的两层位之间及井右侧一块区域低频伴影现象明显，随着频率的增高，储层下方的能量渐渐消失，验证了反褶积短时傅里叶变换在油气检测上的适用性。与反褶积短时傅里叶变换相比，广义 S 变换在低频剖面上的分辨率较低，不利于分析低频伴影现象。

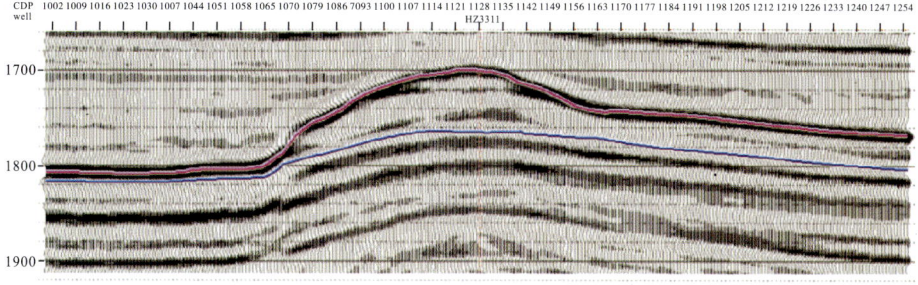

（a）实际地震剖面

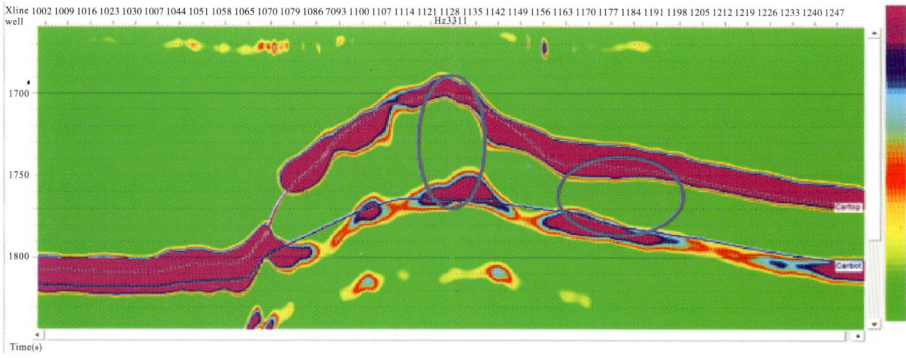

（b）30Hz 单频地震剖面

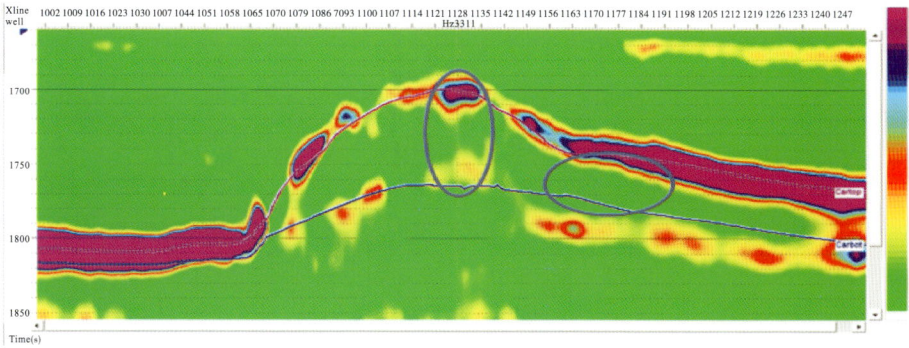

（c）50Hz 单频地震剖面

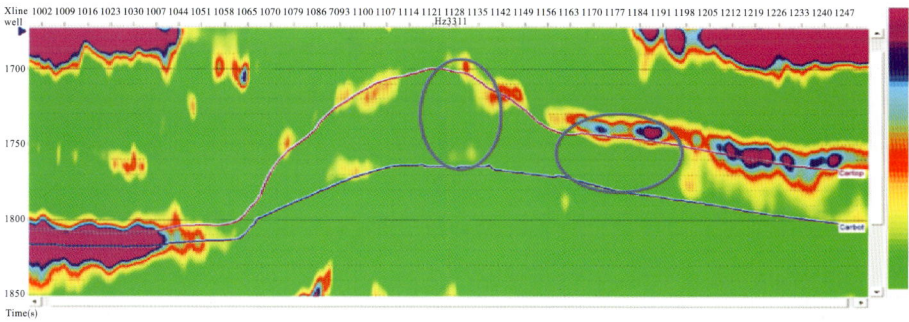

（d）80Hz 单频地震剖面

图 5-16　过 X1 井地震剖面及利用反褶积短时傅里叶变换获得的单频剖面

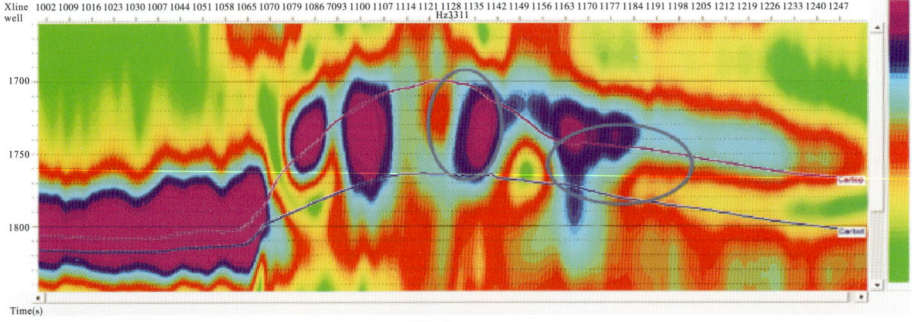

(a)30Hz 单频地震剖面

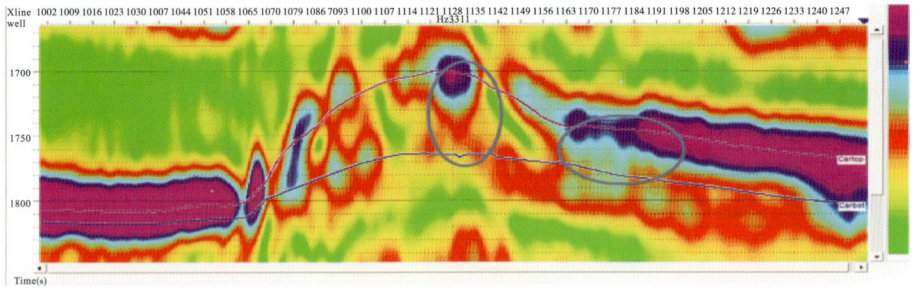

(b)50Hz 单频地震剖面

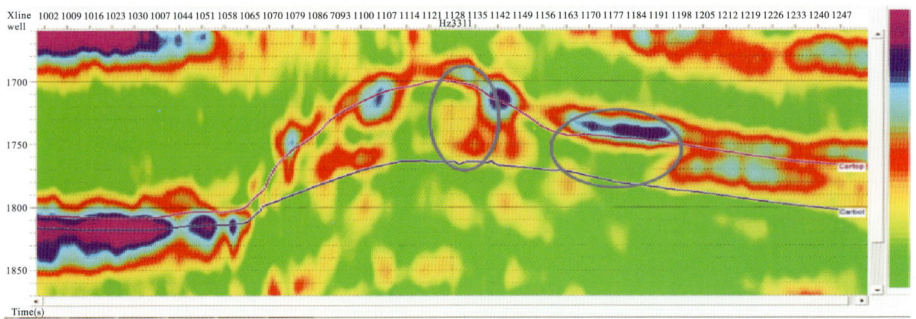

(c)80Hz 单频地震剖面

图 5-17 过 X1 井地震剖面及利用广义 S 变换获得的单频剖面

2.实际应用中应注意的问题

低频伴影作为油气在地震剖面上的响应特征之一，在油气识别中起着越来越大的作用。但利用该特征进行油气识别具有很强的多解性和不确定性，这点我们需要特别注意。本书此处仅列举两个常见的问题供读者参考。

1)低频伴影中"低频"如何确定

"低频"是一个相对的概念，我们无法给出"低频"与"高频"的分界线，这为我们进行低频伴影识别增加了难度。如图 5-18 所示，图中 Yb_c1 井位于川东北某区，在长兴组发育礁滩储层，储层段为图中粉红色矩形框。比较图 5-19(a～c)可看到明显的低频伴影现象，在 8Hz 单频剖面上我们可以明显看到能量"上强下强"，在 40Hz 剖面上储层下方能量明显减弱。即在该区若用低频伴影进行流体识别，则 40Hz 可视为高频，8Hz

可视为低频。图 5-19 为珠江口盆地 LH11-1-1A 井区的单频剖面。该区 LH11-1-1A 井约有 70m 油层。从剖面上可以看出，LH11-1-1A 井附近低频段（30Hz、50Hz）碳酸盐岩顶部及其下方能量均强，而高频段（90Hz）碳酸盐岩顶部能量强，下方能量弱，即低频"上强下强"，高频"上强下弱"。即在该区若用低频伴影进行流体识别，90Hz 可视为高频，50Hz 可视为低频。比较两个实例可以看出，不同的地区高频与低频的标准是不同的，若将一个地区的标准盲目推广到另一个地区，则会误判或漏判低频伴影现象。根据笔者的经验，可有两个方法帮助确定特定地区的高频或低频。第一，可用已钻井进行标定，如用该方法则区域内应有较多已钻井，且包括含不同流体的井和干井。第二，可对研究区的地震资料作频谱分析，高于主频视为高频，低于主频视为低频，高频与低频的差异应足够大。利用第一种方法对 YB 区进行流体识别，YB 区 Yb1 井未钻遇油气，而 Yb_c1 钻遇油气，利用这两口井进行标定，8Hz 为低频，30Hz 以上为高频。根据该标准，图 5-20（a～d）分别对应 8Hz、16Hz、22Hz、38Hz 的单频剖面，各单频图左为储层顶，右为储层底。黑色实线范围内 8Hz 为"上强下强"，38Hz 为"上强下弱"，据此判断黑色实线范围内为有利含气区。随后开钻的 Yb102、Yb104 等井验证了这一结论。

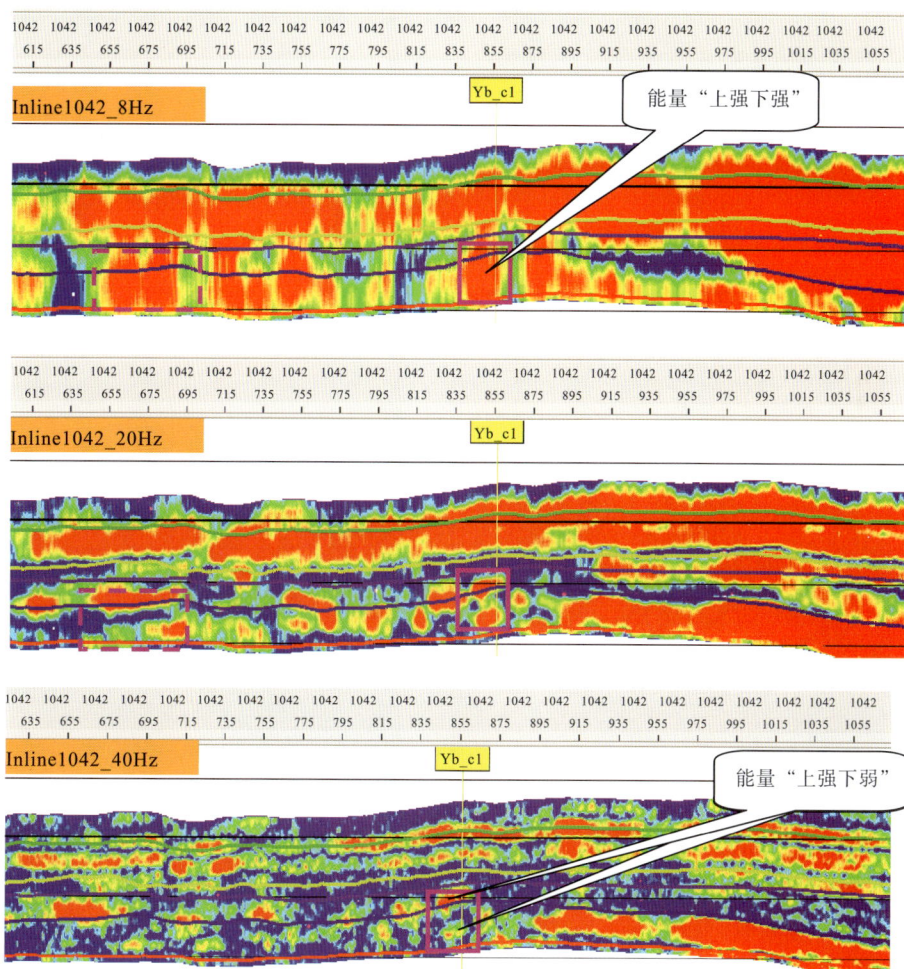

图 5-18　过 Yb_c1 井单频剖面

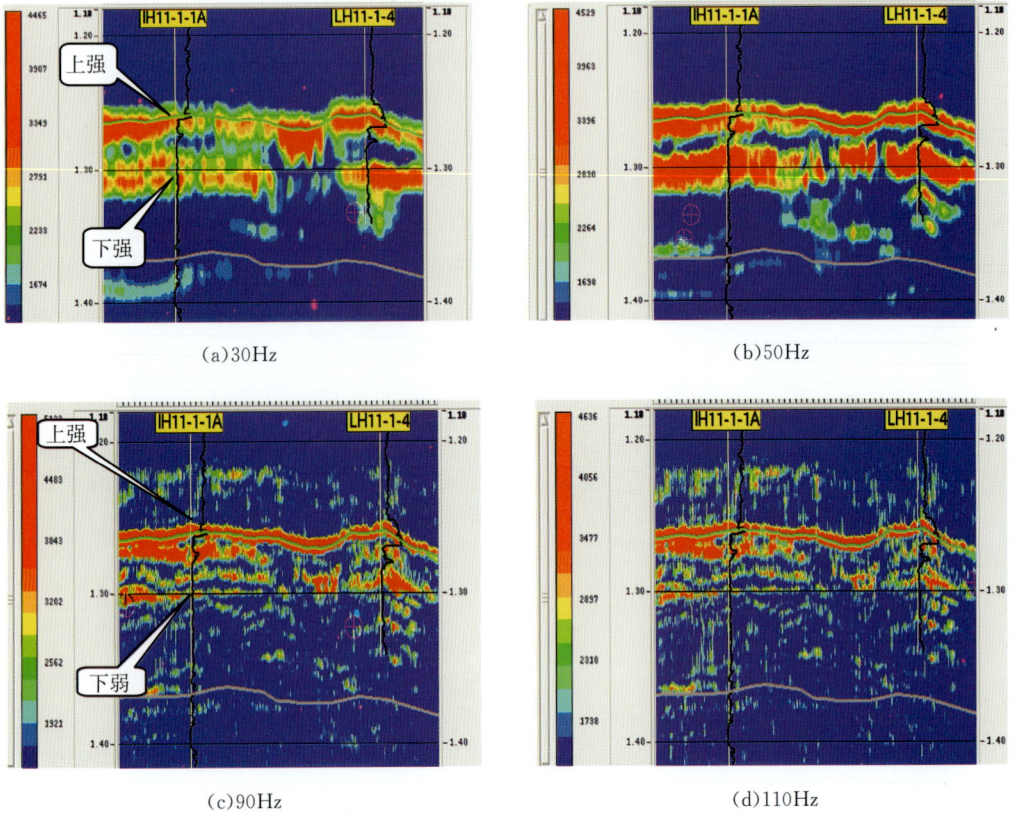

(a)30Hz

(b)50Hz

(c)90Hz

(d)110Hz

图 5-19　过 L11-1-1A 井单频剖面

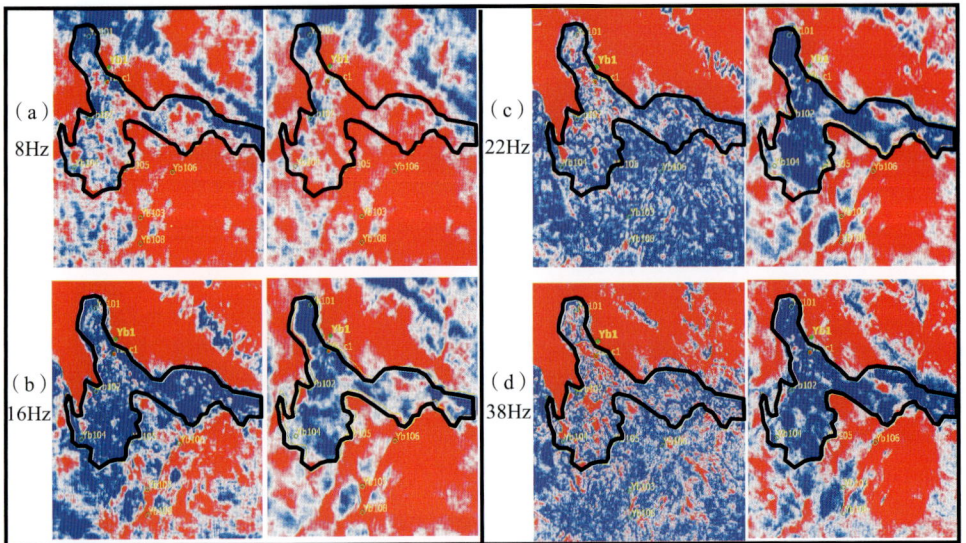

图 5-20　YB 区单频剖面及低频伴影识别

2)薄层的影响

在第三章，通过数值模拟已证实当储层变薄时，低频伴影现象不明显。为验证这一观点，我们选取了过 Yb12 和 Yb121 的剖面进行分析。据测井解释，Yb12 在长兴组约

90m 的气层，而 Yb121 长兴组约 6m 气层，从图 5-21 可看出，Yb12 井处低频伴影现象非常明显，而 Yb121 井无低频伴影现象。

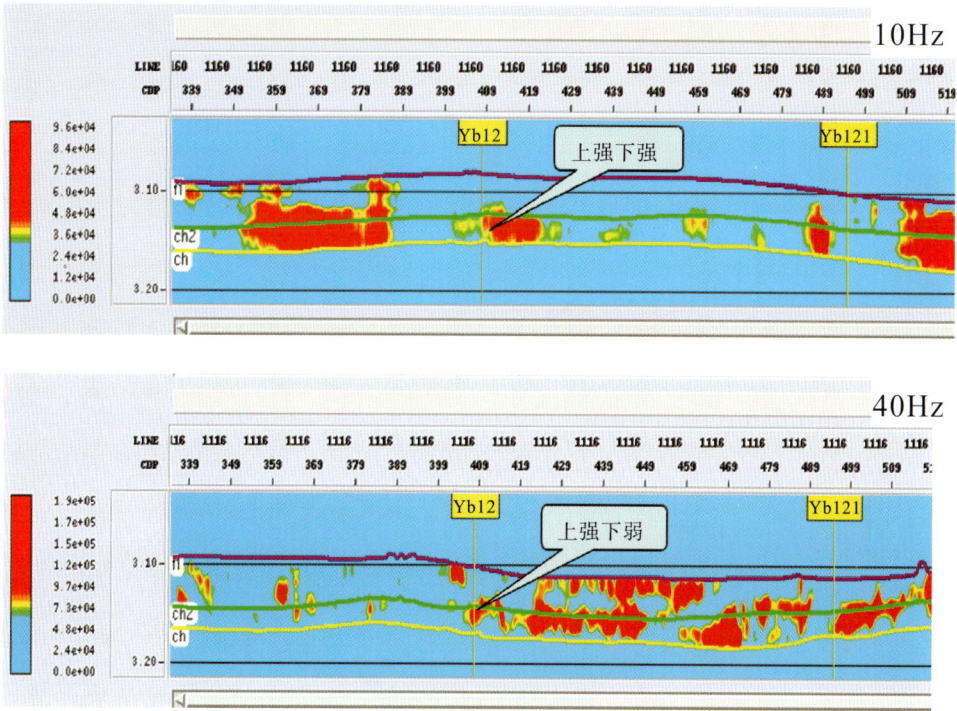

图 5-21 Yb12-Yb121 连井单频剖面

5.4 频率衰减梯度

衰减是地震波在地下介质传播中总能量的损失，是介质内在的属性。引起地震波衰减的因素有内部和外部两种因素：引起地震波衰减的内部因素是介质中固体与固体、固体与液体、液体与液体界面之间的能量耗损；外部因素则主要来自大尺度的不均匀性介质引起的散射。这种不均匀性介质的尺度相当于或大于地震波长时，外部因素占主导地位。还有其他一些影响因素，如薄层调谐，横向波阻抗和岩性变化等。

Domenic(1982)在做"声波在水中空气泡中的散射"实验时发现油气饱和度的变大增加了频率衰减。Dilay 和 Eastwood(1995)给出了有关储层内部以及储层上、下方地震资料的功率谱，分析了含油气层对地震信号功率谱的影响。图 5-22(a)是位于储层上方地震信号功率谱。实线为产气期采集的地震信号功率谱；虚线为注汽期采集的地震信号功率谱，两者功率谱基本一致。有效频带在 50～150Hz。

图 5-22(b)是位于储层两个时期采集的地震信号功率谱。从图 5-22(b)中不难看出高于 80Hz 的地震信号明显地衰减，产气期的高频衰减比注汽期的衰减更强烈。图 5-22(c)则是位于储层下方地震信号功率谱，高频衰减十分明显，两个时期资料的频谱略有差别，产气期的高频衰减比注汽期的衰减更强烈。这表明地震波穿过该气层后，能量发生损耗。上述实例充分表明在含油气层的内部及其下部，地震波的能量将发生明显的高频衰减。

　　基于这样一个事实，Mitchell 等(1996)提出一种计算地震信号能量衰减的分析方法
(FAA 技术)。下面简要介绍 FAA 技术的原理和实现方法。

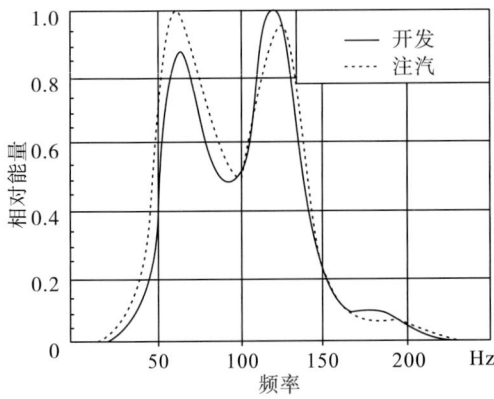

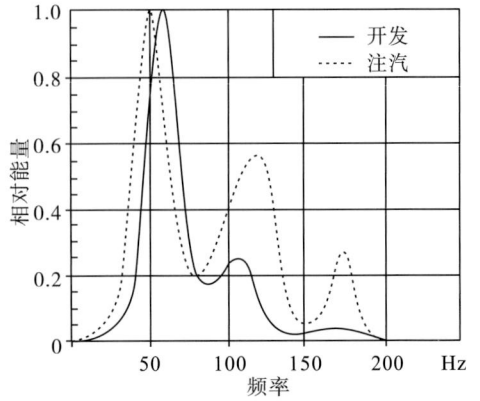

（a）储层上方地震信号频谱　　　　　　　　　　　　（b）储层内地震信号频谱

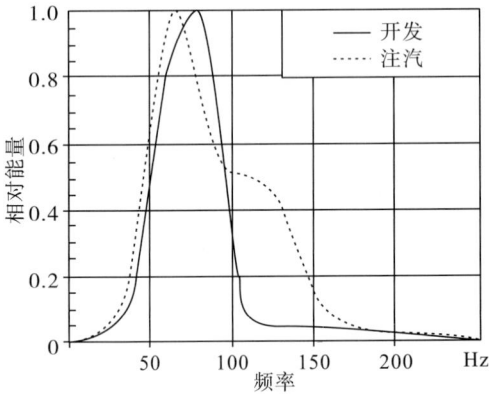

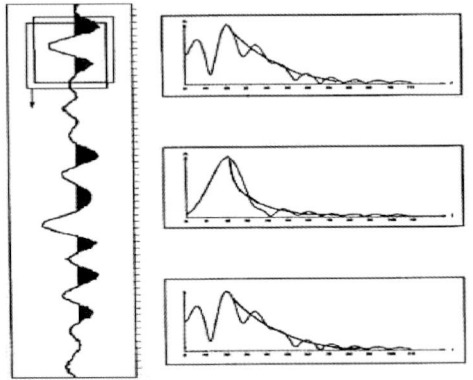

（c）储层下地震信号频谱　　　　　　　　　　　（d）FAA 能量衰减分析方法

图 5-22　储层对频谱的影响及衰减分析(Dilay，1995；Mitchell，1996)

5.4.1　方法原理

1. 原理

　　FAA 技术的核心是求取信号谱的高频指数衰减系数，指数衰减函数形式为 $\exp(\alpha，\omega)$，
α 为我们感兴趣的衰减系数(或吸收系数)。计算是以一系列小时窗对地震道连续作谱分析，
并且计算衰减系数时窗大小的选择以略大于地震波的周期为准则，连续计算使衰减系数成
为时间的函数。计算过程如图 5-22(d)所示。

　　该技术的重要指导思想是对背景(均匀)能量衰减的消除，因为我们只关心衰减的异常
部分。该方法假定背景衰减变化在层与层之间是缓慢的，消除缓慢变化的背景值，剩
下的异常就是有意义的。

　　这里采用高斯窗，高斯函数为

$$g(t) = \frac{1}{\sqrt{2\pi}b}\mathrm{e}^{\frac{-(t-\tau)^2}{2b^2}} \tag{5-19}$$

τ 为平滑因子，b 为尺度因子。

2. 影响因素

对地震道进行变换后，在频率域对每个样点进行振幅能量衰减分析。本书选用广义 S 变换的方法进行时频变换分析。张固澜（2005）对时窗长度及频率范围进行了讨论，得出以下结论。

1）时窗长度影响

实际上频率的衰减梯度值是一个相对值，随着所取的时窗长短的不同，不同层位的频率衰减梯度值会发生一定的变化。

研究中，为使频率衰减梯度属性能够比较突出地反映储层含气性的异常特征，对属性计算窗的选取进行"优化"试验，分别对不同时窗（以目标层为中心，向上和向下拾取一定的时窗）范围的含气层频率衰减梯度值进行选值和统计，结果表明：不同时窗大小时的含气层频率衰减梯度值呈周期性的变化。当时窗选取过大，尤其是时窗内包含强反射层时，气层的衰减异常特征会减弱以至消失，这是因为时窗选取过大，气层的衰减异特征受强反射层的影响而产生"屏蔽"效应。

2）有效信息

在处理实际资料时，可根据地震资料品质和研究目标，调节计算频率衰减梯度的有效频率范围。然后在这个频率范围内根据频率对应的能量值，拟合出能量与频率交汇图，得到振幅衰减梯度因子。

3. 实现过程

具体计算时，"衰减梯度"用的是频谱分解基础上的高频端振幅包络的拟合斜率。基于频谱分解技术可以得到多种频率域属性参数，如总能量、最大能量对应的频率（主频）、衰减梯度、65% 和 85% 能量对应的频率（$f_{65\%}$，$f_{85\%}$）等，主要反映地震波频率的变化。一般说来，对地震道进行频谱分解后，即可在频率域对每个样点进行振幅能量衰减分析：首先将检测到的最大能量频率作为初始衰减频率；然后再分别计算 65% 和 85% 的地震波能量对应的频率；最后在这个频率范围内根据频率对应的能量值，拟合出能量与频率域振幅衰减梯度关系，得到振幅衰减梯度因子，如图 5-23 所示。

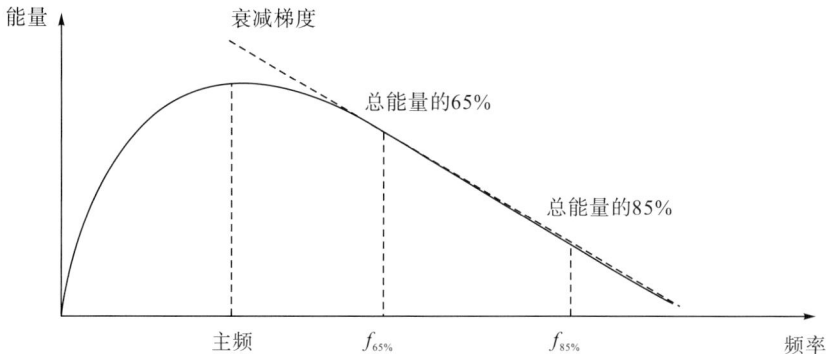

图 5-23　频率衰减梯度计算示意图

5.4.2 仿真模拟

设计一个四层地质概念模型，其中在第三层（目的层）中速度横向变化，分别为含气层，含油层、含水层和干层，厚度均相同。模型如图 5-24 所示。

v=3300m/s		165m	
v=3600m/s		180m	
气层 v=3600m/s Q=25	油层 v=2500m/s Q=30	60m 水层 v=3000m/s Q=40	干层 v=3400m/s
v=3540m/s			

图 5-24　含有不同填充物的地质概念模型

利用零相位雷克子波（主频率为 35Hz），采用上述 Hale 算法（Hale，1982）得到如图 5-25 所示正演记录。

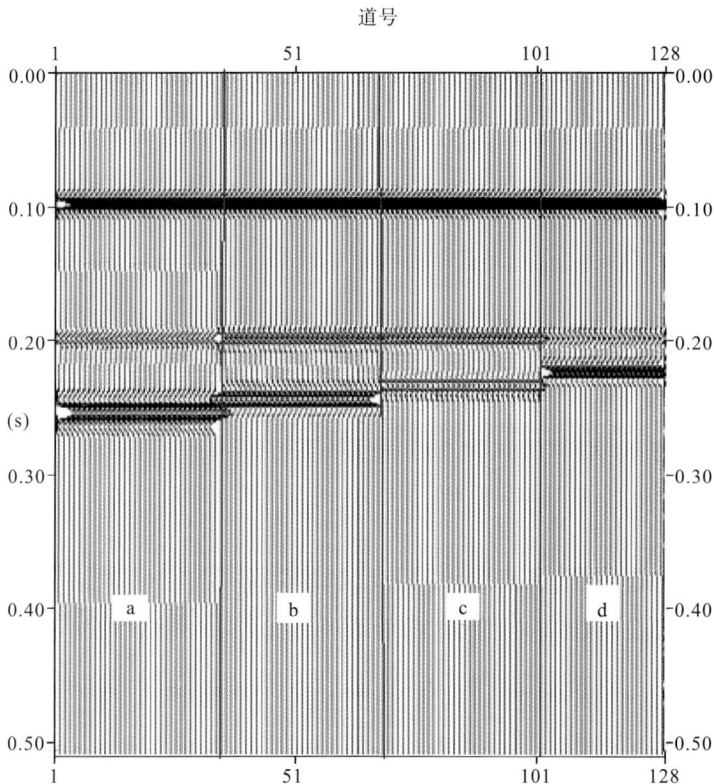

图 5-25　针对图 5-24 的数值模拟（张固澜，2005）

由图 5-25 可以看出：由于第三层中填充物属性不同，造成地震波传播的速度不同，地层的吸收作用不同，频率衰减程度也不同。因此，地震记录上第三层所对应的地震波旅行时也不同，能量强度也不尽相同。随着旅行时的增加，地震记录振幅衰减很严重，相位畸变，子波延续时间加长。含气层对应的旅行时最长，含油层对应的旅行时次之，含水层较次之，干层地震波传播速度最高，旅行时最短。

第三层所对应的地震记录频谱分析如图 5-26。由图 5-26 可看出：含气层对应的高频成分明显减少，含油层次之，含水层较次之，干层对应的高频成分最多。这与分析得到的各种流体吸收衰减强度吻合。

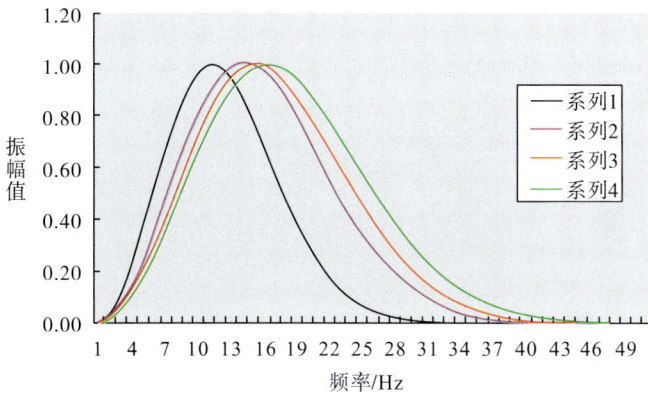

图 5-26　目的层对应的频谱分析（张固澜，2005）

系列 1 代表气层对应记录的频谱，系列 2 代表油层对应记录的频谱

系列 3 代表水层对应记录的频谱，系列 4 代表干层对应记录的频谱

根据 5.4.1 节的方法，计算了图 5-25 数值模拟结果的频率衰减梯度，见图 5-27。从图中可以看出，气层频率衰减梯度最大，油层次之，水层更小，干层最小。

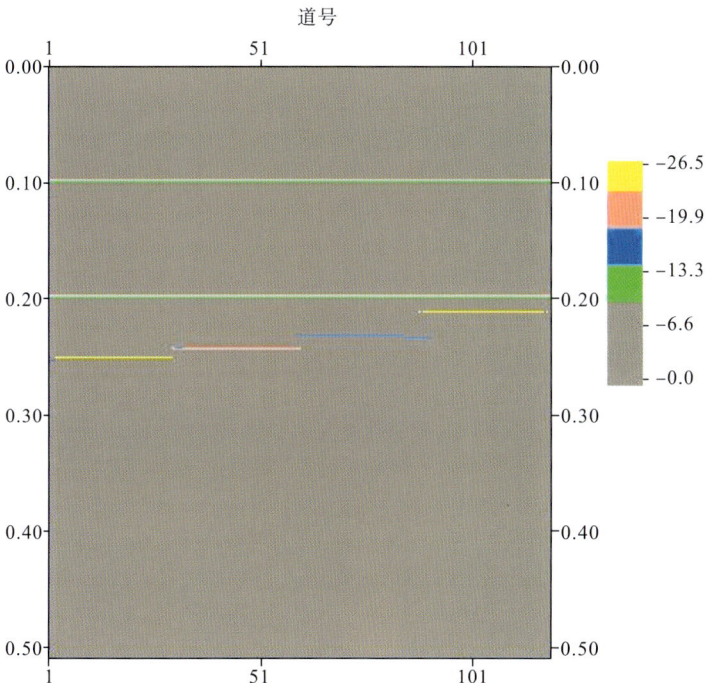

图 5-27　地质概念模型目的层频率梯度图（张固澜，2005）

5.4.3   应用实例分析

YB 地区气藏属于碳酸盐岩礁滩相岩性油气藏，长兴组是 YB 地区测井解释的主要产气层段，具有埋藏深、油气分布不均匀的特点。利用研究区重点井 Yb123、Yb16、Yb161、Yb12 和 Yb9 井做单井衰减梯度特征分析，如图 5-28，长兴组的气水层衰减梯度较大，水层衰减梯度较小，这进一步说明可以利用地震衰减梯度有效地识别 YB 地区储层的含油气性。

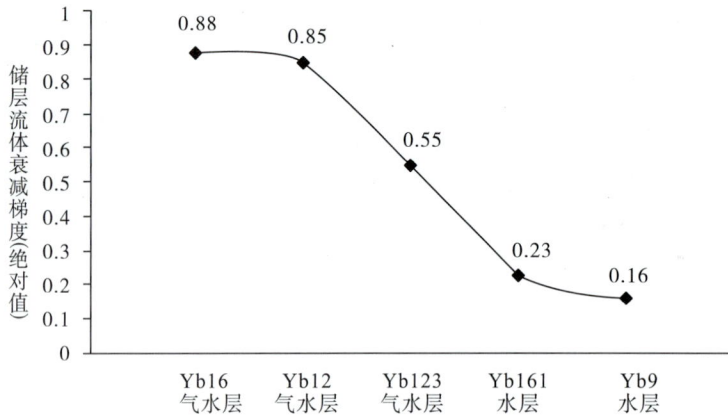

图 5-28   长兴组储层流体衰减特征

在计算频率吸收衰减属性之前，首先利用地震资料分析了含气井与非含气井的频谱特征。图 5-29 分别是 Yb12 井(产气井)和 Yb9(产水井)井旁道长兴组的频谱曲线，从曲线上可以看出 Yb12 井高频衰减快，Yb9 井高频衰减慢，即储层含气后，地震波的高频成分多被吸收，说明在 YB 地区利用衰减属性进行含气层识别具有可行性。

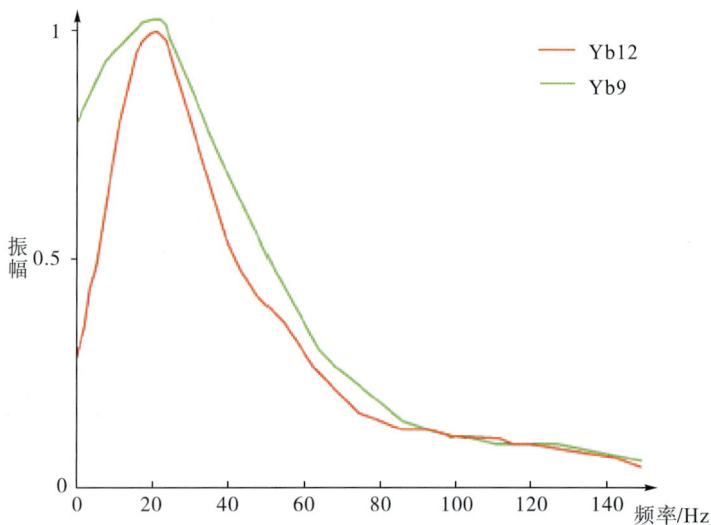

图 5-29   井旁道频谱分析

我们针对 YB 地区的上、下储层提取了频率衰减梯度(见图 5-30、图 5-31)。从图中可以看出，该区上储层有利含气区位于 Yb104 及其以北，Yb21 与 Yb22 间北西-南东条带（图中黑色虚线）。该区下储层有利含气区位于 Yb11-Yb121-Yb12 井区及 Yb124-Yb123-Yb16 井区，实钻也证实 Yb11、Yb121、Yb12、Yb124、Yb123、Yb16 等井具有良好的含气性，验证了该方法的有效性。此处需要注意的是，研究区东北角为陆棚相带，发育陆棚泥，泥质对地震波高频也有较强的吸收作用，频率衰减梯度切片也显示为高值（绝对值）。因此该方法具有多解性，在成果解释中应注意。

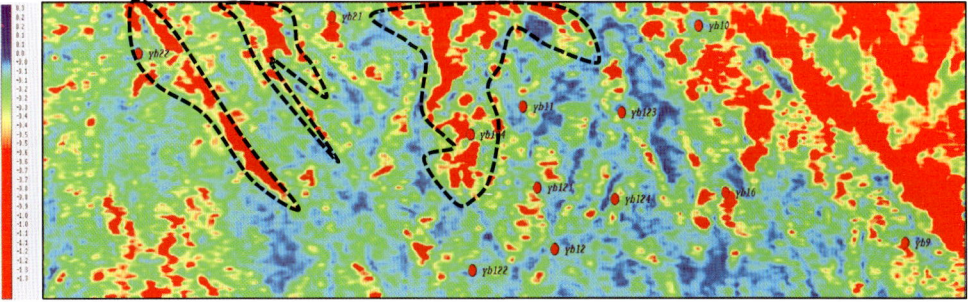

图 5-30　YB 地区上储层频率衰减梯度切片

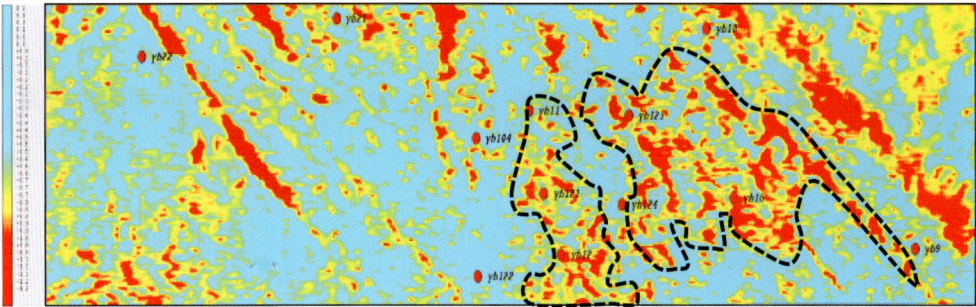

图 5-31　YB 地区下储层频率衰减梯度切片

5.5　流度属性及渗透率预测

近年来，地震低频信息一直是地球物理学家关注的重点，并出现了涉及储层特征（岩石渗透性、流体黏滞性）描述的定量化地震属性技术，即所谓的流度属性。Silin 等（2004）以滤波理论为基础推导了饱和流体弹性介质的波动方程，证明了该方程与试井分析常用的 Frenkel-Gassmann-Biot 多孔弹性模型、压力扩散模型相关，最终得到了饱和流体储层低频域反射系数渐近表达式，即低频反射系数正比于流体流度（Fluid Mobility，又称迁移率）、岩石体积密度、地震信号频率三者乘积的平方根。Goloshubin 等（2005，2006）利用双孔介质模型，研究低频地震波在裂缝储层可渗透层边界的地震反射特征，得到裂缝储层地震反射响应是一个小的无量纲幂级数形式，它是流体流度、流体密度、地震信号三者乘积的平方根，其表达式中的系数是储层中岩石和流体机理属性的复函数。陈学华等（2012）首先应用基于实际地震资料的流度属性进行流体识别，取得了较好的效果。

本书讨论了影响流度属性的关键参数，并给出了获取这些参数的相应方法，在此基础上，给出了利用流度属性进行储层预测的流程。将此流程用于元坝地区长兴组的储层预测中，取得了较好的效果。

5.5.1 流度属性的物理含义及提取方法

1. 流度属性的物理含义及提取方法

根据 Silin 等推导的饱和流体介质在低频域地震响应的线性渐近表达式，当流体和岩石的性质在一合理范围时，无量纲参数 $\varepsilon = \dfrac{\kappa \rho_b}{\eta}\omega$ 在低频时很小，在干岩与饱含流体弹性介质的界面上，某个角频率 ω 的平面纵波的反射系数 R 有以下形式

$$R = R_0 + R_1(1+\mathrm{i})\sqrt{\frac{\kappa \rho_b}{\eta}\omega} \tag{5-20}$$

其中，i 为虚数单位，R_0 和 R_1 是实系数，它们是岩石和流体特性的函数，包括孔隙度、密度和弹性系数。κ 是储层渗透率，η 是流体黏滞系数，ρ_b 是储层流体的密度；ω 是地震信号角频率。

定义成像属性

$$A(x,y) = \frac{\mathrm{d}R(\omega_{low})}{\mathrm{d}\omega} \propto \frac{\mathrm{d}a(\omega_{low})}{\mathrm{d}\omega} \tag{5-21}$$

它与反射系数在某个低频（固定的）的反射振幅 $a(\omega_{low})$ 对频率的一阶导数成正比，即利用(5-20)式对频率求导，

$$\frac{\mathrm{d}R}{\mathrm{d}\omega} = \frac{R_1(1+\mathrm{i})}{2}\sqrt{\frac{\rho_b}{\omega}}\sqrt{\frac{\kappa}{\eta}} \tag{5-22}$$

令 $C = \dfrac{R_1(1+\mathrm{i})}{2}\sqrt{\dfrac{\rho_b}{\omega}}$，则

$$A(x,y) \approx C(\kappa/\eta)^{\frac{1}{2}} = Cm^{\frac{1}{2}} \tag{5-23}$$

其中，上式中流体流度 m（定义为储层渗透率与流体黏滞系数的之比）与谱振幅 $a(\omega)$ 的函数成正比，即

$$m = \frac{\kappa}{\eta} \propto \frac{1}{C^2}\left(\frac{\partial a}{\partial \omega}\right)^2 \tag{5-24}$$

其中，系数 C 是孔隙流体和岩石骨架力学性质以及频率的复函数，$\dfrac{\kappa}{\eta}$ 即为流体流度。根据(5-24)式，我们可通过井资料获得 C，根据地震资料进行时频分析获得振幅对频率的一阶导数，最终可获得流体流度 m。

2. 优势频率的获得

Silin 和 Goloshubin(2010)推导了纵波反射系数与频率之间的关系，即

$$\psi(|\varepsilon|) = \sqrt{|\varepsilon|}\, \mathrm{e}^{-\frac{\eta}{\kappa}\sqrt{\frac{\gamma\beta+\gamma K^2}{2M\rho_f}}\sqrt{|\varepsilon|}H} \tag{5-25}$$

式中：$\gamma\beta = K\left(\beta_f\phi + \dfrac{1-\phi}{K_{fg}}\right)$，$\gamma K = 1 - \dfrac{(1-\phi)K}{K_{sg}}$。其中，$\phi$ 是孔隙度；K 是骨架体

积模量；K_{sg} 和 K_{fg} 是弹性模量，分别用于定量骨架的体应变和流体压力变化造成的颗粒压缩，它们把颗粒体应变与骨架应力及流体压力联系起来；H 为目的层地层厚度。$\varepsilon = i\lambda\omega$ 为一个与角频率 ω 有关的无量纲的小参数，其中 $\lambda = \rho_f \dfrac{\kappa}{\eta}$ 称为储层的运动学流体流度，$i = \sqrt{-1}$。

当 $\dfrac{\partial(\psi(|\varepsilon|))}{\partial(|\varepsilon|)} = 0$ 时，$(\psi(|\varepsilon|))$ 取极大值，此时可得

$$\sqrt{|\varepsilon|_{\max}} = \frac{1}{H}\frac{\kappa}{\eta}\sqrt{\frac{2M\rho_f}{\gamma\beta + \gamma K^2}} \tag{5-26}$$

式中 $M = \kappa + \dfrac{4}{3}\mu$。

对应的峰值频率是

$$f_{\max} = \frac{\kappa}{2\pi\eta H^2}\frac{2M}{\gamma\beta + \gamma K^2} \tag{5-27}$$

从(5-27)式可以看出，影响峰值频率的因素很多，其中最重要的一个影响因素是层厚，图 5-32 给出了 $M = 10^4\,\text{Pa}$，$\gamma\beta + \gamma K^2 \approx 5$，$\kappa = 5\,\text{mD}$，$\eta = 10^{-3}\,\text{Pa·s}$ 时，峰值频率与层厚的关系。从图中可以看出，当地层厚度增加时，峰值频率呈二次项衰减。因此在使用流度属性时要针对目的层的厚度选用合适的峰值频率。同时我们也可以看出，对于较厚的地层所需峰值频率很低，如 10m 的地层只需要不到 30Hz 的峰值频率，这是目前地震资料可以满足的条件。对于层厚，我们采用匹配追踪算法获得准确的反射界面并结合井中速度进行估算。对于匹配追踪算法的原理和计算流程在第四章已详述，此处不再赘述。

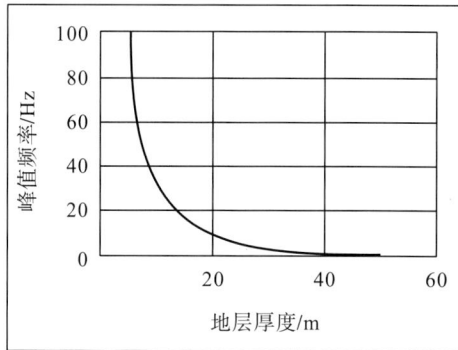

图 5-32　峰值频率与地层厚度的关系

3.流度属性计算流程

在流度属性计算过程中，有许多参数需要计算，其中渗透率、黏滞系数、孔隙度骨架体积模量及其他弹性模量可根据岩石物理测试、测井解释、开发等数据求取区域内的平均值。层厚通过匹配追踪反演获得，优势频率通过(5-27)式求得，最后我们利用(5-24)式求取优势频率附近的流度属性。具体流程见图 5-33。

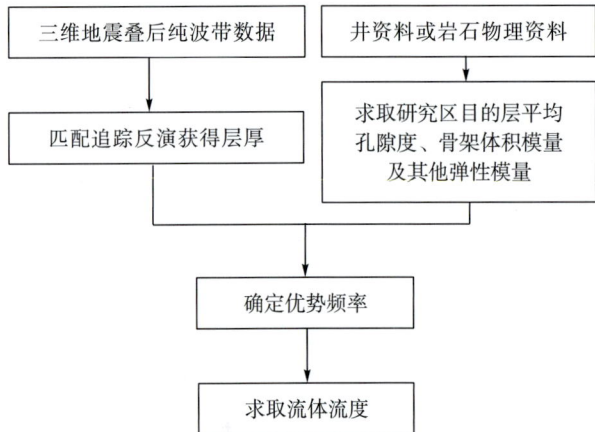

图 5-33　流度属性提取流程

5.5.2　模型试算

　　本节采用的数值模拟模型见图 5-35，其相应参数(黏滞系数、弥散系数选取参考了 Korneev 的文献，其他参数结合研究区的实际资料给出，研究区实钻井储层以含气为主，因此模型中储层设计了含气层)见表 5-1。对模型采用二维黏滞-弥散波动方程进行数值模拟后，再采用广义 S 变换对其分频并求得振幅随频率变化率(因已知模型的层厚，故在此处不需要层厚的求取)。图 5-35(a)为合成地震记录，图 5-35(b)为针对该记录求取的流度属性。从图中可以看出，储层顶部出现明显的流度属性异常。

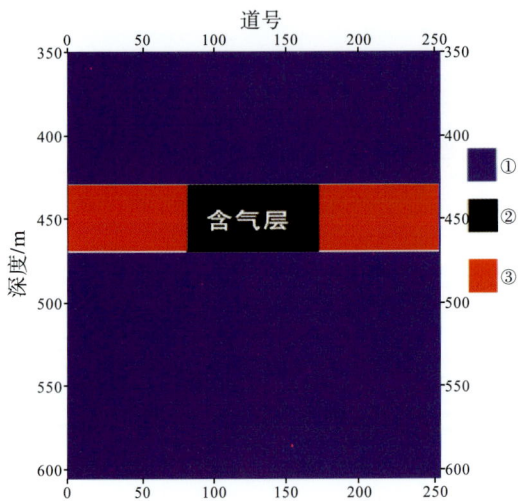

图 5-34　原始模型

表 5-1　对应图 5-35 模型的参数表

层号	V_p /(m/s)	ρ /(g/cm³)	ζ /Hz	η /(m²/s)
①	6300	2.72	0	0
②	5800	2.68	20	30
③	6300	2.72	0	0

注：表中 V_p、ρ、ζ、η 分别为纵波速度、密度、弥散系数、黏滞系数。为方便计算，此处黏滞系数按运动黏滞系数给出，等于动力黏滞系数除以密度。

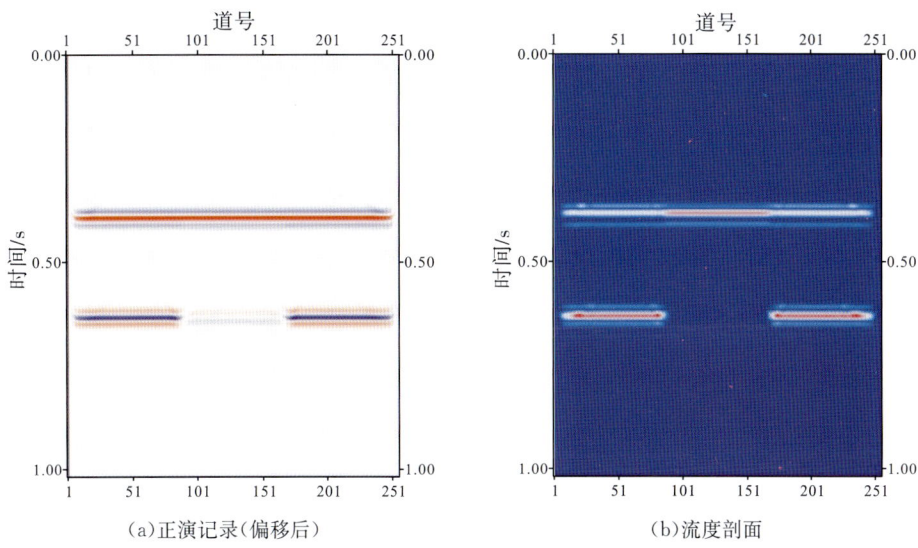

(a)正演记录(偏移后)　　　　　　　　　(b)流度剖面

图 5-35　针对图 5-34 模型的正演模拟

5.5.3　实例应用

图 5-36 为 Yb12 井 Inline 和 Crossline 两个方向的流度属性剖面(流度属性值为归一化后的结果)。图中 T_1f^1 和 TP_2ch 分别为飞仙关组和长兴组底。据井资料，Yb12 井在长兴组下部储层发育。从图可知，Yb12 井靠近长兴组底部流度属性值较大，原因在于 Yb12 井长兴组下部孔隙度较大，具有较好的渗透性，图 5-34 显示流度属性检测结果与该井实钻吻合度很好。

图 5-37 为长一段流度属性切片，从图中可以看出：①流度属性高的区域主要集中在 Yb11-Yb12-Yb16 井区(图中黑色虚线所示位置)，实钻证实，该区域在长一段属于台地边缘浅滩，有良好的孔隙度和渗透率，流体有较好的流通性，故流度属性较大。而开阔台地相(Yb22 井区、Yb10 井区)储层物性差，流度属性低。②图中的 Yb10 井、Yb122 井表现为低的流度属性值。测井解释结果显示，Yb10 井储层为三类气层、物性较差，渗透率多小于 0.01mD，因此流度属性较低。Yb122 井 GR 较高，泥质较重，物性也很差，因此流度属性同样很低。综上所述，流度属性检测结果与沉积相带分布和测井解释结果有很好的相关性，对钻井有重要的参考价值。

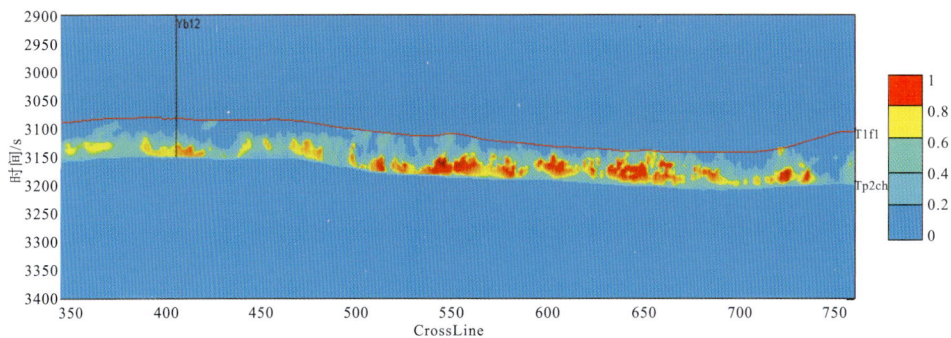

CrossLine 方向流度属性剖面

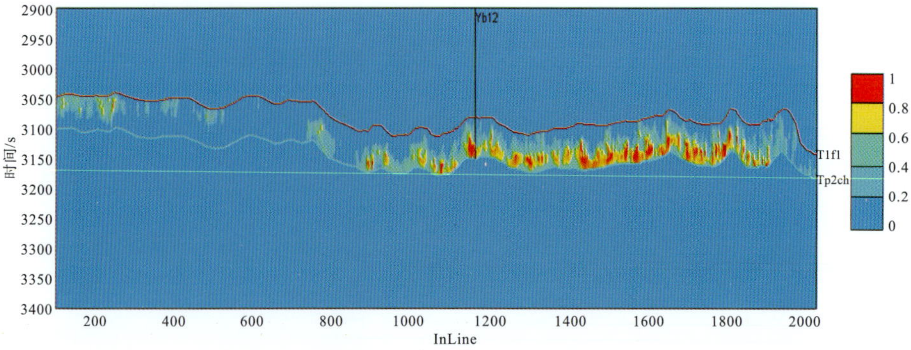

InLine 方向流度属性剖面

图 5-36 过 Yb12 井两个方向的流度属性剖面

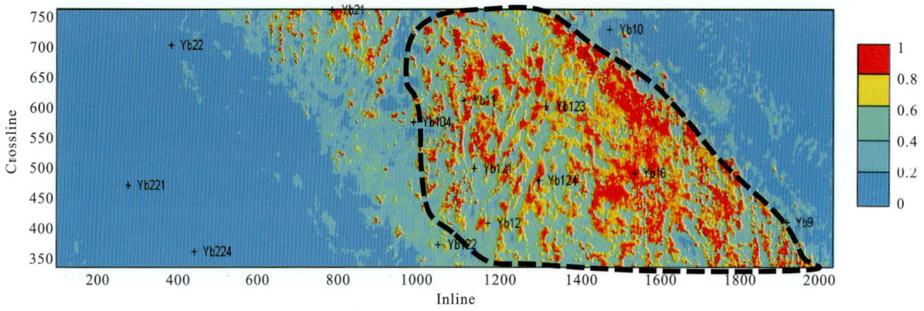

图 5-37 长兴组一段流度属性切片

5.5.4 黏滞系数反演

地震波在地下传播的过程中能量会发生衰减，尤其当地震波穿过储层时这种衰减尤为明显，地震波在储层中传播的衰减机制一直是近年来储层预测中的热点和难点，Korneev 等在 2004 年提出了地震波在储层中传播的弥散、黏滞机制，为解释低频伴影和地震波在储层中的衰减提供了合理的依据。

1. 不同流体黏滞系数的差异

前面提到，不同黏滞系数的储层(或介质)对地震波的衰减是不一样的。换句话说，我们有可能根据地震波的衰减情况反演出黏滞系数。更进一步，我们能否再根据反演出的黏滞系数定性地判断储层内的流体呢，答案是肯定的。高刚(2013)通过查阅文献，分析不同流体的黏滞系数差异。下面简要叙述一下这部分内容。

1)气体黏度

Batzle(1992)给出了理想气体的黏度计算公式，此公式共分两步，第一步需计算常压下气体的黏度，可通过关系式(5-28)计算，第二步计算任意压力下的气体的黏度(5-29)，公式中的黏度单位都为厘泊：

$$\eta_1 = 0.0001 \left[T_{pr}(28 + 48G - 5G^2) - 6.47G^{-2} + 35G^{-1} + 1.14G - 15.55 \right] \quad (5\text{-}28)$$

$$\eta/\eta_1 = 0.001 P_{pr} \left[\frac{1057 - 8.08 T_{pr}}{P_{pr}} + \frac{796 P_{pr}^{1/2} - 704}{(T_{pr} - 1)^{0.7}(P_{pr} + 1)} - 3.24 T_{pr} - 38 \right]$$

$$(5\text{-}29)$$

图 5-38 是为两种气体(轻气 $G=0.6$、重气 $G=1.2$)的黏度计算结果对比图,首先重气与轻气两种气体随温度变化趋势完全不同,轻气随温度变化不大而重气随温度先迅速下降然后温度大约在 150℃ 以后缓慢上升,两种气体随压力变化都很大,重气与轻气大约在小于 150℃ 范围时,压力变化能改变黏度温度曲线的变化趋势,因此与其他许多物理性质一样,为更好地计算实际地层中气体的黏度必须结合石油工程方面的资料。

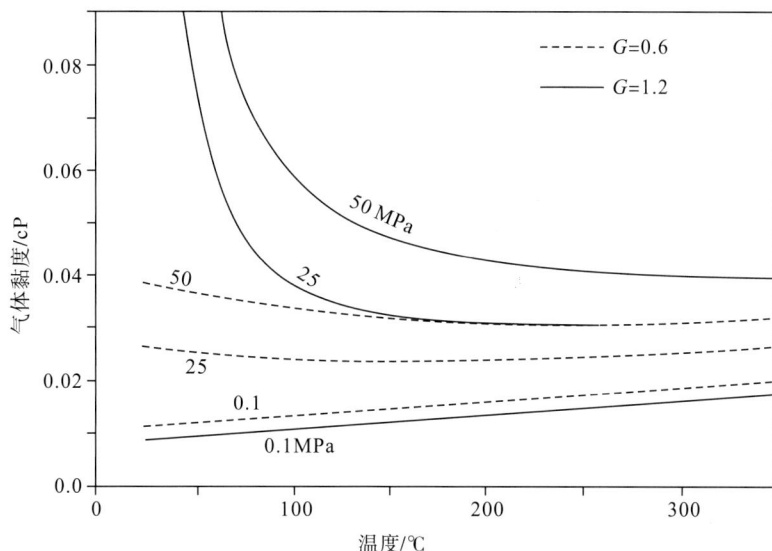

图 5-38 计算出的烃气黏度(Batzle and Wang,1992)

2)原油黏度

Beggs 和 Robinson(1975)根据实验得到不含气原油的黏度计算关系式 η_T:

$$\log_{10}(\eta_T + 1) = 0.505y(17.8 + T)^{-1.163} \tag{5-30}$$

式中:

$$\log_{10}(y) = 5.693 - 2.863/\rho_0 \tag{5-31}$$

从图 5-39 可看出原油的黏度随温度增加而减小,原油的密度对黏度影响很大,压力 50MPa、25MPa、0.1MPa 下黏度的数值差别很小,Beal(1946)给出了任意压力下的黏度计算公式

$$\eta = \eta_T + 0.145PI \tag{5-32}$$

式中

$$\log_{10}PI = 18.6[0.1\log_{10}(\eta_T) + (\log_{10}(\eta_T) + 2)^{-0.1} - 0.985] \tag{5-33}$$

3)盐水黏度

Matthews 和 Russel(1967)根据实验给出了盐水黏度与温度、压力和深度关系曲线,Kesein 等(1981)在温度小于 250℃ 情况下,给出了计算盐水的黏度公式

$$\eta = 0.1 + 0.333S + (1.65 + 91.9S^3)\exp\{-[0.42(S^{0.8} - 0.17)^2 + 0.045]T^{0.8}\} \tag{5-34}$$

利用以上关系式计算不同浓度盐水黏度结果对比图 5-40,从图中可得出在温度从 20~200℃ 范围内盐水黏度随温度增加而减小,随盐水浓度增加而增加,但不同温度范围变化幅度不同,盐水浓度在相对较低温度时比相对较高温度时影响要大,该关系式未考虑压力的影响,有实验表明压力对盐水黏度影响不大。

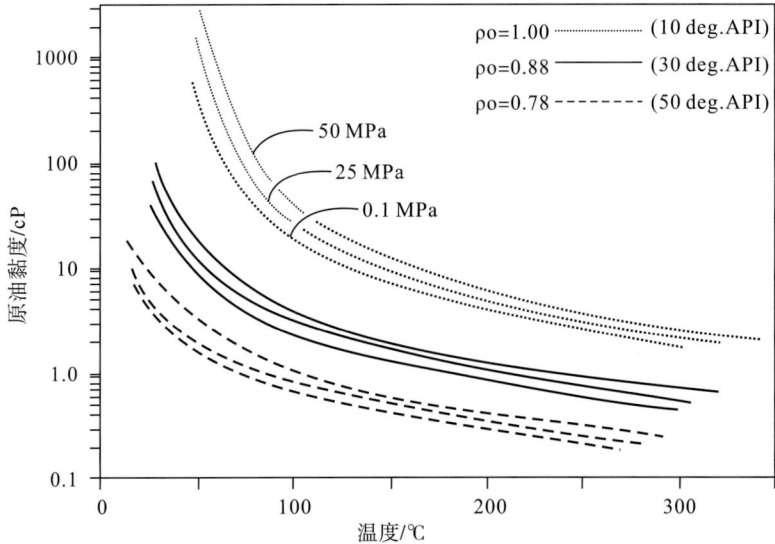

图 5-39 原油黏度与压力、温度和参考密度的函数关系（Batzle and Wang，1992）

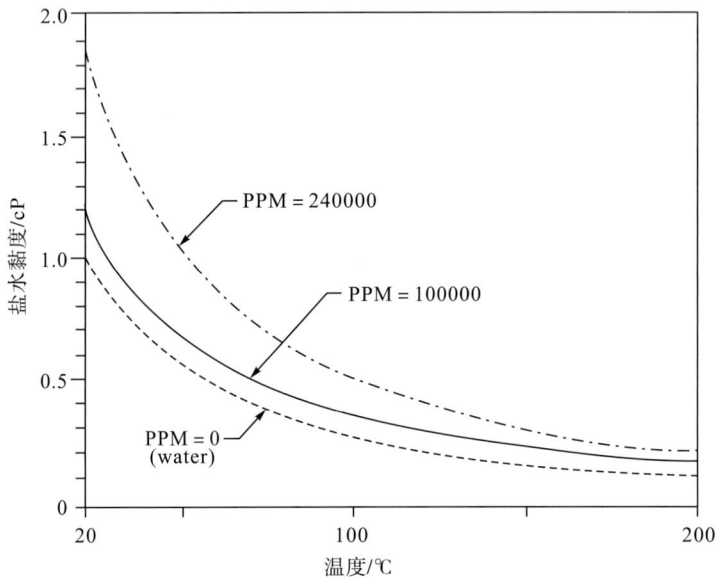

图 5-40 盐水黏度与压力、温度和浓度的函数关系曲线（Batzle and Wang，1992）

综合油气水的黏度经验公式可看出不同流体黏滞系数差别很大，考虑流体的相态至关重要，同时还要考虑温度、压力的影响。

2.黏滞系数的计算及流体性质分析

本书中，我们由储层流度属性与黏滞系数和渗透率之间的关系反演出了储层的黏滞系数，详见公式(5-24)。对于渗透率的求取难度较大。本书在第 4 章曾讨论过渗透率与品质因子之间的关系，但由于目前利用地震资料求取 Q 值本身难度较大，因此我们在研究中目前尚未采用该方法。本章采用的是通过井中孔隙度或阻抗与渗透率的拟合关系求取渗透率。以下为过 Yb9、Yb12 井的渗透率反演剖面（图 5-41、图 5-42）、黏滞系数反演剖面(图 5-43、图 5-44)。

图 5-43 中显示出 Yb9 井的黏滞系数值较低, Yb9 井主要为气水同层, 含水等差储层, 黏滞系数反演结果与测井解释是吻合的。由图 5-44 可以看出, Yb12 井的黏滞系数主要集中在长兴组的中部和下部, 这与 12 井的测井解释结果部分吻合。

本书针对 Yb12 井、Yb9 井南北向过井剖面作了黏滞系数反演实验。从结果来看, 虽取得了一定效果, 但在预测精度方面还存在问题。这主要是由以下两个原因造成的: 第一, 流度属性主要利用地震波的低频成分, 其分辨率比较低。第二, 黏滞系数反演需要先获得渗透率数据体, 而渗透率反演本身就是当今地球物理学界的热点难题。因此, 要想提高预测精度, 必须解决以上两个问题。

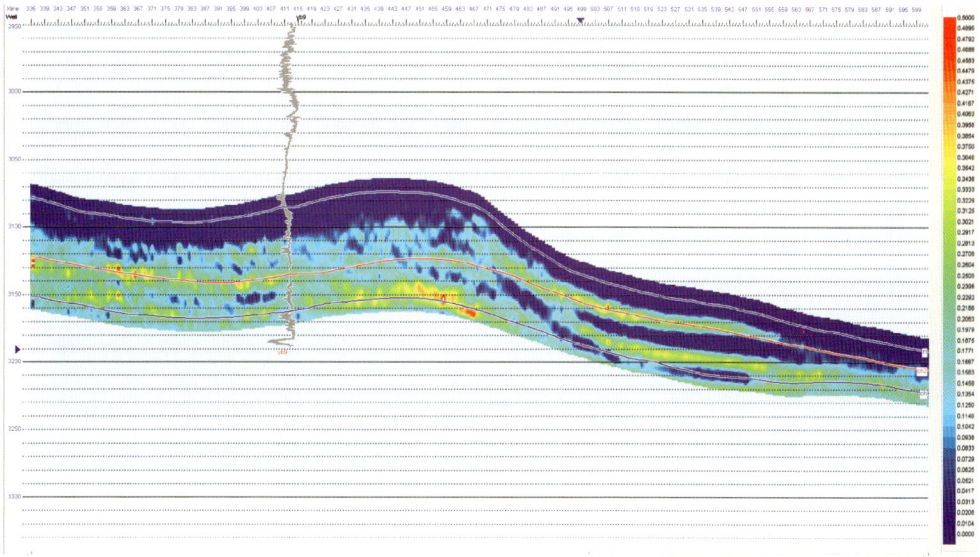

图 5-41 Yb9 井渗透率反演剖面

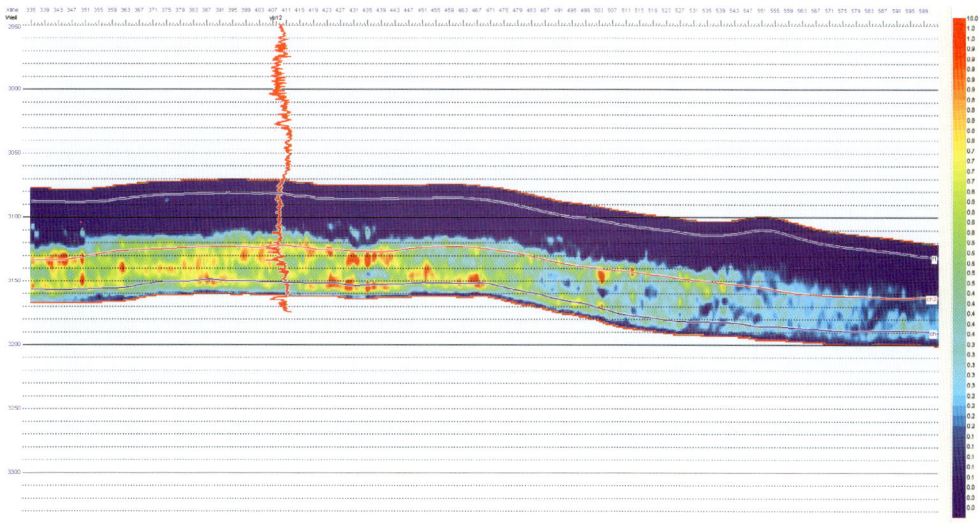

图 5-42 Yb12 井渗透率反演剖面

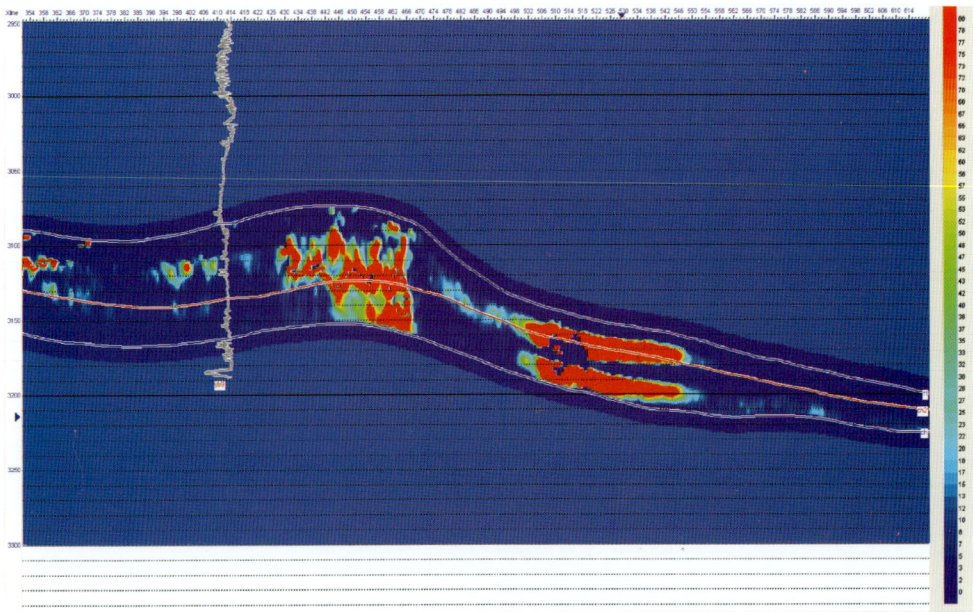

图 5-43　Yb9 井黏滞系数反演剖面

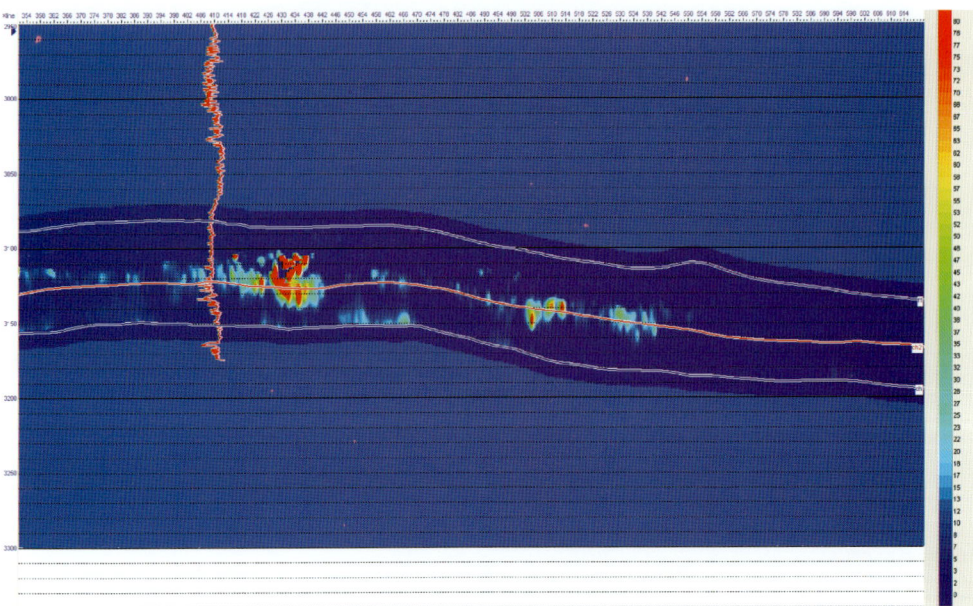

图 5-44　Yb12 井黏滞系数反演剖面

5.6　时频谱等效属性

当地层含油气后，地层对高频成分吸收增强，地震波振幅、频率发生明显变化，有效频带内的能量随地层吸收的强弱发生漂移，这就为利用某一有效频带内时频谱能量的梯度和截距来预测地层吸收特征提供了现实依据。

一般而言，地震波在地下以指数形式传播：

$$A(t,f) = A_0 \exp\left(-\frac{\pi f t}{Q}\right) \tag{5-35}$$

式中：Q 为品质因子。对该式两边取对数，可以得到一个关于频率的线性表达式，记作

$$\ln(A(t,f)) = P(t) + G(t)f \tag{5-36}$$

其中：$G(t)$ 为能量的自然对数和频率的梯度，$P(t)$ 为能量的自然对数和频率的截距。

选取合适的频带范围（如图 5-46 中 f_1 与 f_2 之间），当地层不含气时，对地震波能量的吸收较为微弱，此时低频能量低于高频能量，能量和频率大体成正比例关系，即 $G(t)$ 为正数；当地层含气时，对地震波高频能量的吸收明显增强，此时能量逐渐向低频移动，导致低频能量高于高频能量，$G(t)$ 为负数。如图 5-45 所示。

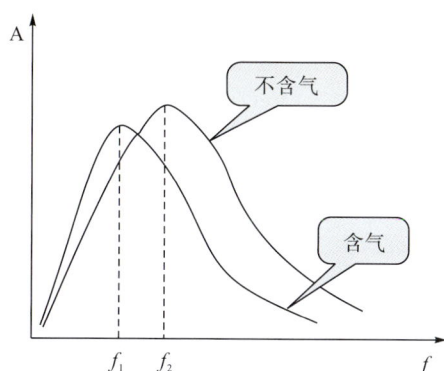

图 5-45　含气与不含气频谱特征差异

为了验证该方法的有效性，我们采用了第 3 章图 3-19 的地质模型，其数值模拟结果的彩色显示见图 5-46，该模型为三层水平层状模型，模型的第二层中间黑色虚线圈出部分为含气储层，该模型的详细参数见表 3-3。

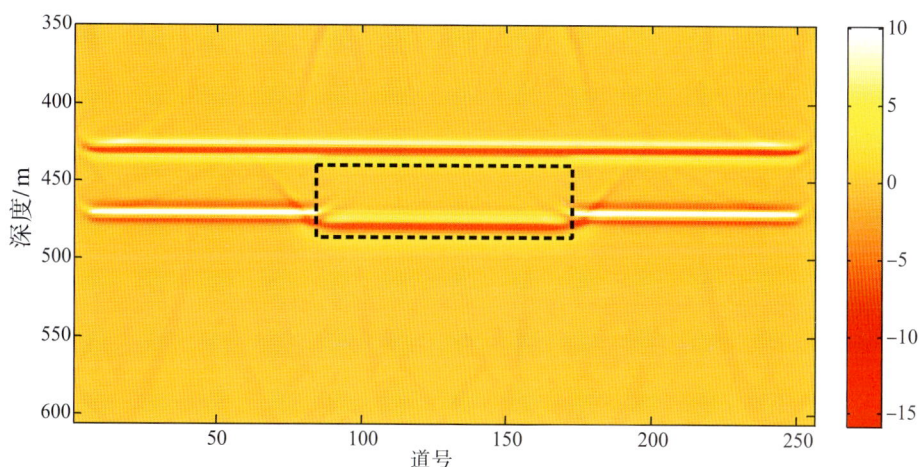

图 5-46　数值模拟剖面

计算该模型的等效吸收属性，我们得到了图 5-47 等效吸收梯度图形。从图 5-47 中我们可以清楚地看到饱和含气层梯度值小，地震波高频能量吸收强，能量移动到低频。干

层的梯度值略大于饱和含油气层的梯度值，对地震波高频能量的吸收低于饱和含气层。

为了更好地观察分析，我们选出了一条线（图 5-47 中黑色虚线标出部分上方同相轴）的梯度作为对比，如图 5-48，图中储层正下方位置梯度值明显小于储层两边不含油气层的梯度值，此数值模拟结果验证了储层含气时的梯度 $G(t)$ 值小于非油气储层的梯度 $G(t)$ 值。

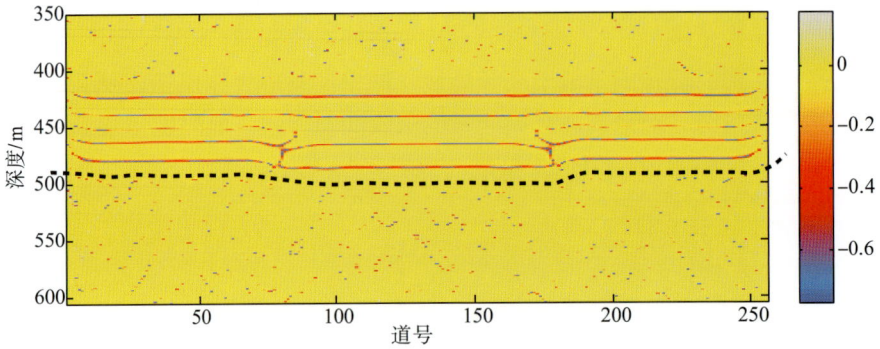

图 5-47　等效吸收梯度模型

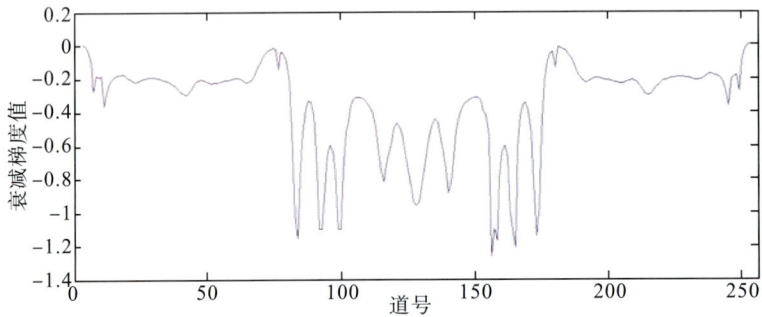

图 5-48　油气层和干层的衰减梯度曲线

图 5-49 为 Yb122-Yb12-Yb124-Yb123-Yb10 连井 $G(t)$ 剖面，从图中可以看出，Yb12、Yb124 井负斜率较大，Yb122、Yb123 井次之，Yb10 最小。实钻 Yb12、Yb124 井产气，Yb122 井含泥，Yb123、Yb10 井出水。验证了该方法在气水识别方面是有一定效果的。

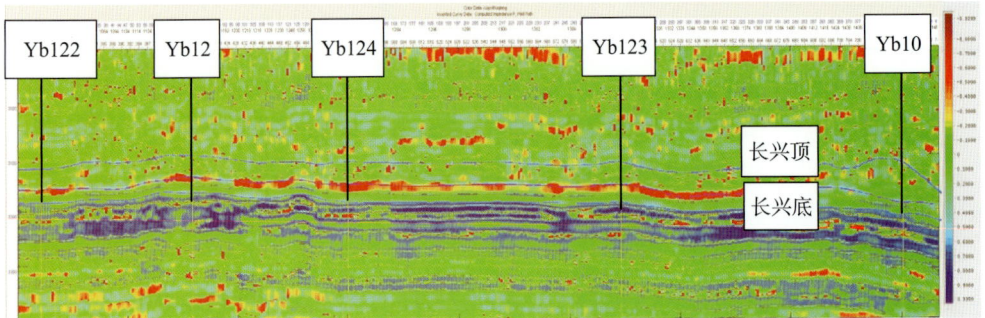

图 5-49　Yb122-Yb12-Yb124-Yb123-Yb10 连井 $G(t)$ 剖面

图 5-50 和 5-51 为长兴组上、下储层 $G(t)$ 切片，从切片中可以看出，Yb12、Yb124 等井含气性较好，Yb104、Yb11、Yb123、Yb121、Yb16 井次之，Yb9、Yb10 等井较差。检测结果与实钻较吻合。这里需要注意的是，Yb122 井含泥，也表现出较大的负斜率，即含泥对地震波的吸收也比较强。这与我们通常的认识是相符的，但却给含气性检测造成了一定的困难。

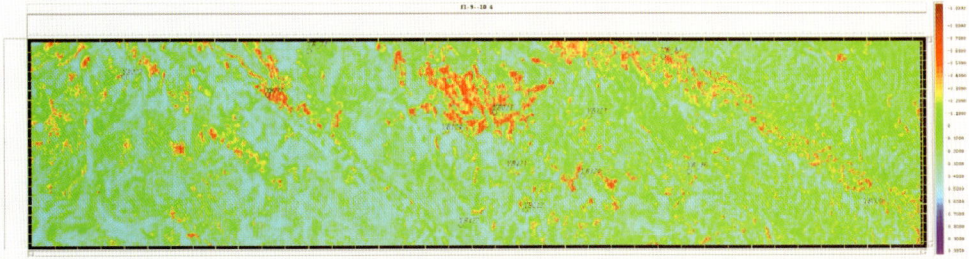

图 5-50 元坝上储层 $G(t)$ 切片

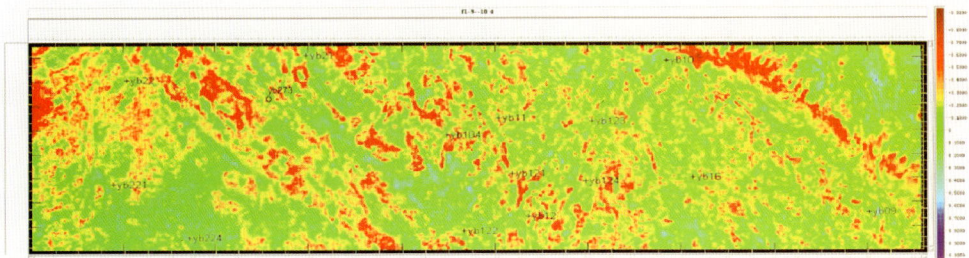

图 5-51 元坝下储层 $G(t)$ 切片

5.7 储层约束下的流体识别

数据融合作为一种数据综合和处理技术，实际上是许多传统学科和新技术的集成和应用，若从广义的数据融合定义出发，其中包括通信、模式识别、决策论、不确定性理论、信号处理、估计理论、最优化技术、计算机科学、人工智能和神经网络等。为了进行数据融合，所采用的信息表示和处理方法均来自这些领域。从信息融合的功能模型可以看到，融合的基本功能是相关、估计和识别，重点是估计和识别。

5.7.1 D-S 证据理论与信息熵结合的新算法

D-S 理论即 Dempster-Shafer 证据理论。Dempster 用一个概率范围去模拟不确定性，Shafer 改进了 Dempster 的工作，进一步的扩展称之为证据推理。该理论主要用来处理那些不确定、不精确记忆区间或不准确的信息，目前主要应用领域是决策和预测。

信息熵是从平均意义上表征信源总体信息测度的一个量，同时又是信源输出信息的不确定性和事件发生的随机性的量度。信息熵越大，信息量越多，信源越不确定。鉴于信息熵在不确定度的计算与评估方面效果显著，康健等（2011）利用信息熵的概念对已知证据进行计算，根据不确定度的大小对证据赋予权值，利用 Dempster-Shafer 理论的改良算法对证据进行融合。

5.7.2 应用实例

在实际应用中，考虑到孔隙度越大，流体识别的确定性越高，反之流体识别的可靠性越低。因此直接将孔隙度反演结果作为信息熵对流体识别结果进行融合。

图 5-52 为高灵敏度流体识别因子剖面（关于高灵敏度流体识别见 5.2 节）。图中钻井中砖红色的横杠为含气层位置，从图中可以看出，含气层位置为高灵敏度流体识别因子剖面部分吻合。以 Yb12 井为例，该井含气层主要位于长兴组中下部，但高灵敏度流体识别因子显示，长兴组顶部含气性也非常好，因此高灵敏度流体识别因子剖面与实钻井含气情况吻合程度不高。图 5-53 为储层约束下的流体识别连井剖面，从剖面上可看出，在储层约束下对多种流体识别结果进行融合可有效提高识别精度。地震流体识别结果与实钻吻合很好。

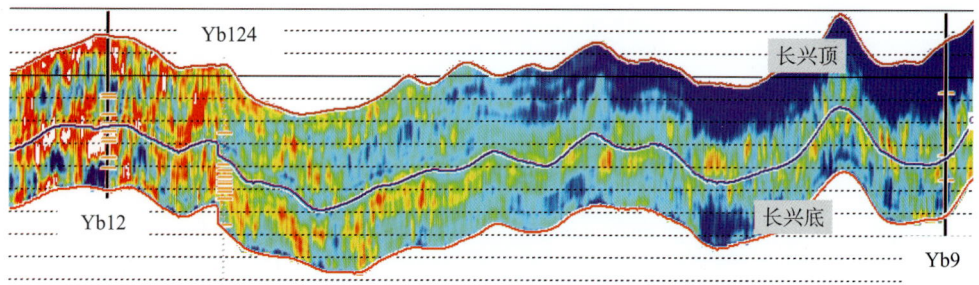

图 5-52 过 Yb12-Yb124-Yb9 连井高灵敏度流体识别因子剖面

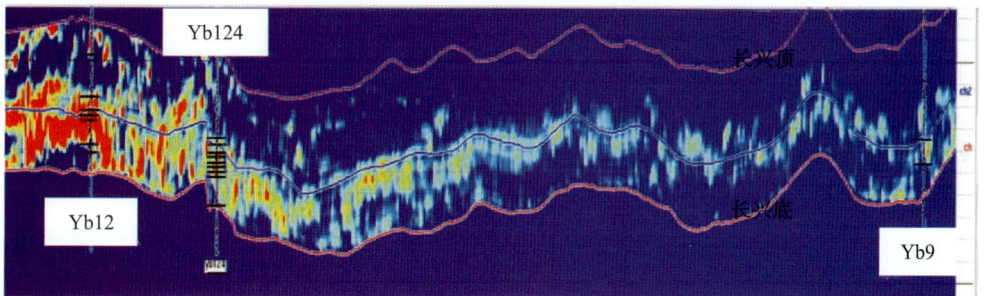

图 5-53 储层约束下的流体识别

第 6 章　应　用　实　例

6.1　HZ 地区礁滩储层预测及流体识别

6.1.1　区域构造特征

地质构造与油气的储集及运移有密不可分的关系。一般而言，深度构造图可准确地反映研究区的区域构造情况，但由于研究区的速度参数不够准确，因此深度构造图也存在一定的误差。鉴于此，本节将以 t_0 图为主来研究工区目标层的构造情况。

HZ 工区灰岩段共包含 2 个三级层序，即 SQ2、SQ1，在台内灰岩顶部为 SQ2 顶（SB3），而灰岩底则为 SQ1 的最大海泛面（MFS）。图 6-1 为研究区灰岩顶、MFS2（SQ2 内的最大海泛面）、SB2 的 t_0 图。从图中可看出如下规律：①研究区由西北向东南逐渐增高；②断层主要呈 NEE-SWW 向、NWW-SEE 向；③断层主要分布在工区东部，尤其是 HZ35-1-1 井附近。这里需要注意一点，HZ35-1-1 井北部的凹陷为海底淤泥造成的走时变长所致，实际并不存在，为更清楚地阐述该问题，我们可比较图 6-2 与图 6-3，图 6-2 可明显看出该处为一凹陷，但在深度图（图 6-3）中，该处无下凹现象。

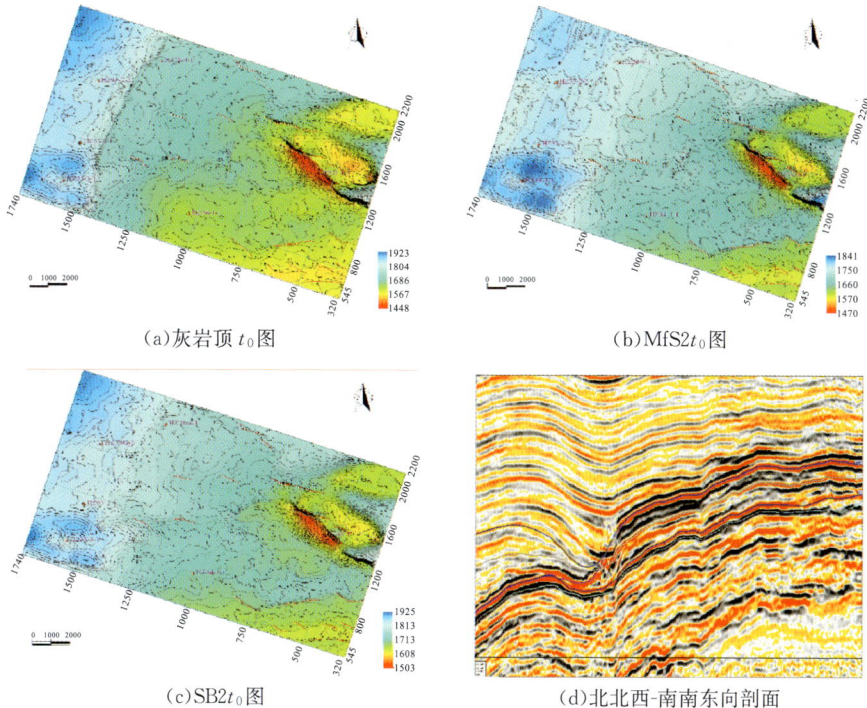

(a)灰岩顶 t_0 图

(b)MfS2 t_0 图

(c)SB2 t_0 图

(d)北北西-南南东向剖面

图 6-1　HZ 工区构造分析

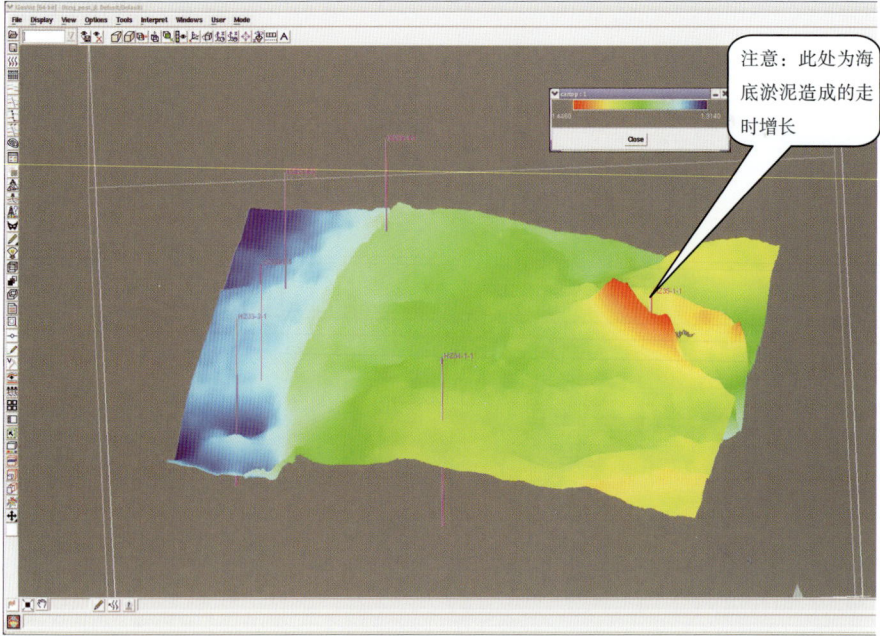

图 6-2　灰岩顶 t_0 图的三维立体显示

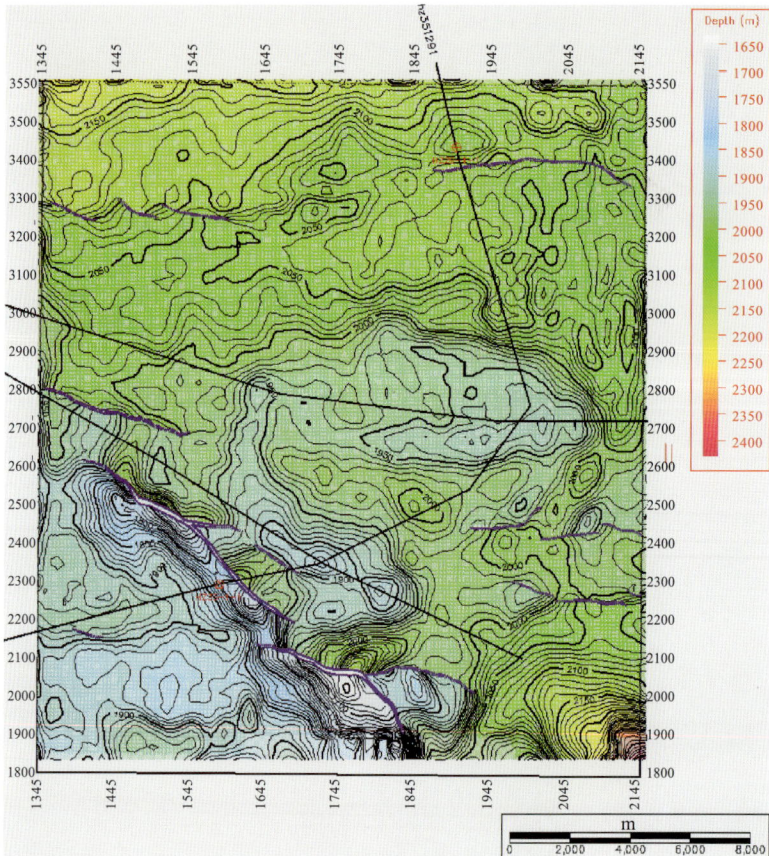

图 6-3　HZ35-1-1 井区灰岩顶深度图

6.1.2 沉积相特征

礁滩型储层严格受相带控制，一般而言，台缘礁滩相带储层物性较好。根据本区井资料，得出本区不同沉积相在地震剖面上的特征（见图 6-4）：

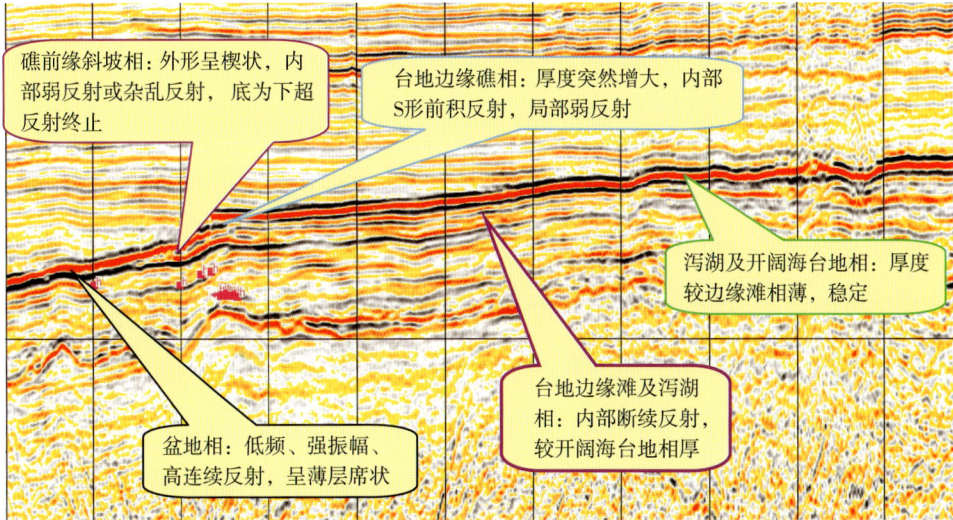

图 6-4 HZ 地区北西西-南东东向地震剖面

（1）盆地相：低频、强振幅、高连续反射，呈薄层席状。

（2）礁前缘斜坡相：外形呈楔状，内部弱反射或杂乱反射，底为下超反射终止。

（3）台地边缘礁相：厚度突然增大，内部 S 形前积反射，局部弱反射。

（4）台地边缘滩及泻湖相：内部断续反射，较开阔海台地相厚。

（5）泻湖及开阔海台地相：厚度较边缘滩相薄，稳定。

以此为标准，划分出灰岩顶部沉积相图见图 6-5，从图中可以看出，HZ 地区相带边界清楚。

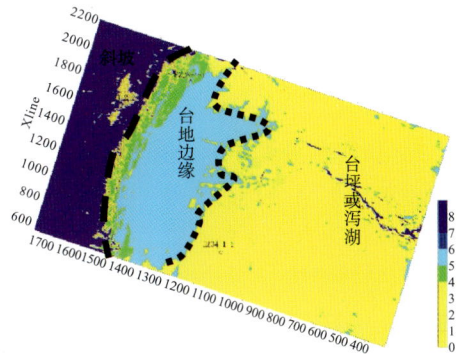

图 6-5 HZ 地区灰岩顶部波形分类图

6.1.3 油气运移通道

经油源研究，认为第三纪生物礁（滩）型油藏的油源来源于盆地形成早期（断陷阶段）下第三系恩平组及文昌组的陆相生油岩。惠洲及流花地区碳酸盐岩礁滩储层的油源主要来源于西北部的惠洲凹陷，研究区碳酸岩台地之下为广泛分布的珠江组海进砂岩，其储油物性好。恩平组及文昌组生成的油气首先运移到珠海组砂岩运载层，然后通过具渗透性的灰岩向生物礁内运移。考虑到油的密度相对水较小，因此一般沿着砂岩的高部位运移，因此灰岩下伏底砂岩的高部位即为油气运移通道。为此，我们研究了灰岩底的构造特征，图 6-6 为研究区西部灰岩 t_0 图，图中粉红色虚线为底部构造较高位置，即可能的油气运移通道。

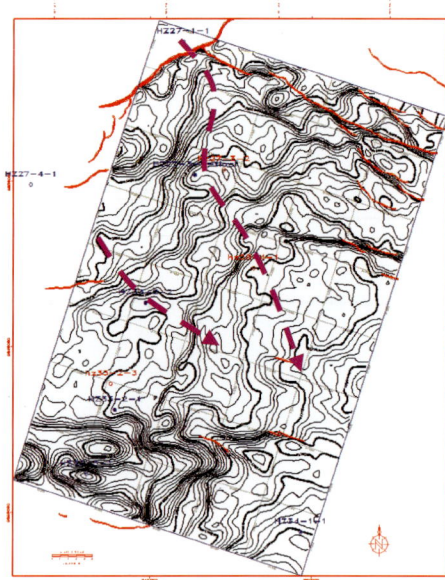

图 6-6 研究区西北部灰岩底 t_0 图

6.1.4 储层有利区带划分原则

在选择目标区时，需结合井、震、地质等多源信息综合考虑，根据研究区的具体情况，确定以下六条原则：

(1)有利相带。前已述及，相带对礁滩型储层影响较大，这一点已得到广泛的证实，如川东北二叠系长兴组及三叠系飞仙关组储层均发育在台地边缘相带。东沙碳酸盐台地断续分布长达百余里，并在 LH4-1 等边缘礁滩中找到了油藏。

(2)孔隙度较高或阻抗较低区域；研究区孔隙为主要储层，碳酸盐岩非均质性强，准确地划分出孔隙度相对发育带是进行储层预测的基础。但据井资料分析可知，当碳酸盐岩受水溶蚀后，白垩化严重，孔隙度非常大(可达 30％以上)，因此，应慎重对待孔隙度极大区域。

(3)构造局部高点(同时考虑古构造与今构造)，若为岩性圈闭，则需考虑侧封。虽然在研究区纯构造类型的碳酸盐岩圈闭已基本钻探，但岩性-构造复合圈闭仍是重点勘探目标之一。

(4)位于油气运移方向，且周围有油气上移通道，即有断层发育，使得底砂岩中的油气能进入灰岩内。如 HZ28-4-1 虽然孔隙发育(约 20％)，但由于灰岩段下部及侧翼(向斜坡方向)为低孔、低渗灰岩，阻碍了油气运移，因而该井虽在砂岩段有良好的油气显示，但灰岩段却未发现油气。

(5)多数地震储层检测方法显示的较有利区。地震方法是研究井间储层分布的重要手段，但单一的地震方法存在较强的多解性，因此需要结合多种方法的检测结果综合考虑。

（6）地震流体识别为含油有利区。由于已知许多钻井（如 HZ28-4-1、HZ35-1-1）虽然孔隙发育，但孔隙中含水，因此要充分应用流体识别结果。

6.1.5　有利区带

在 HZ 地区有利储集区见图 6-7 的粉红色虚线所示位置。其原因如下：

（1）该区域位于构造相对较高位置。从图 6-7 中可以看出，该区域内有两块构造局部高。从地震剖面来看，该区域的 SSW-NNE 向剖面构造位于高部位（图 6-8（a）中白色虚线），而在 NWW-SEE 向剖面上构造位置较低，但这并不妨碍该区域形成圈闭。原因在于：该区域 SEE 方向能侧封（见图 6-9～图 6-11）。

（2）该区域位于油气运移的优势方向（见图 6-12）。该区域北部灰岩底有小断层，有利于油气从底砂岩向上运移。该断层从图 6-8（a）中可看出（图中黑色虚线）。在裂缝检测的平面图上也有显示（见图 6-12）。

（3）在多属性回归的孔隙度切片中，该区域位于高孔隙区域，见图 6-13 黑色虚线所示范围。

（4）该区域有低频伴影现象（见图 6-14～图 6-15），证实该区域含油气可能性较大。

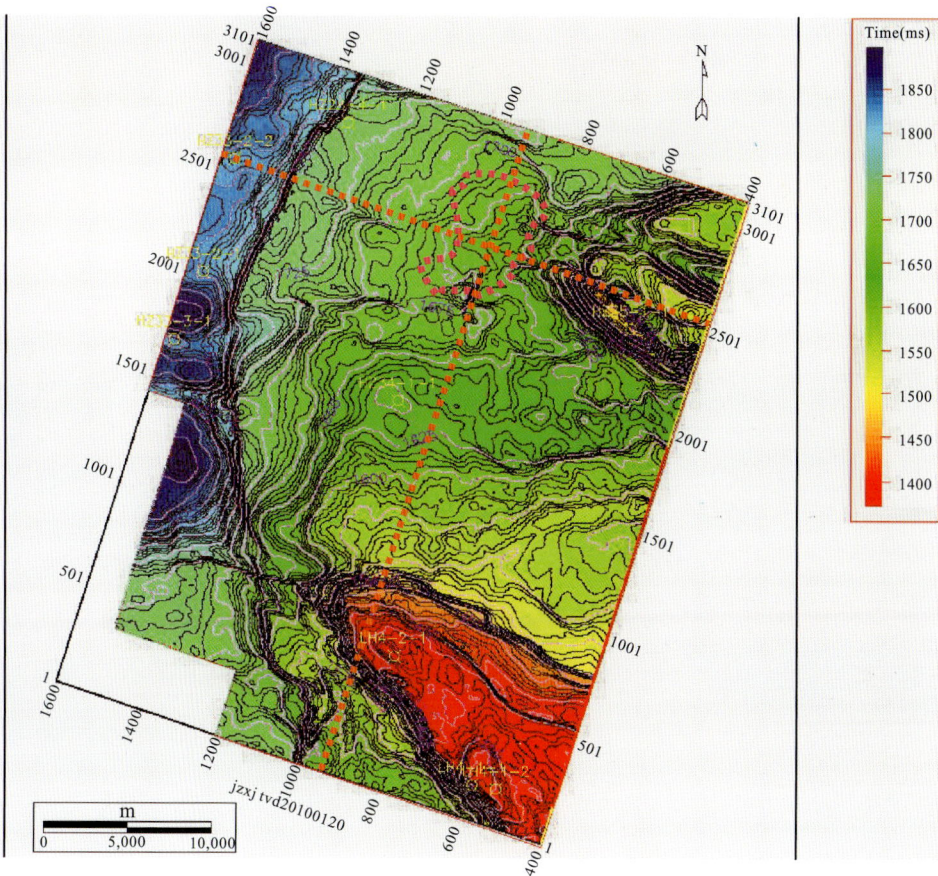

图 6-7　HZ 地区灰岩顶部 t_0 图

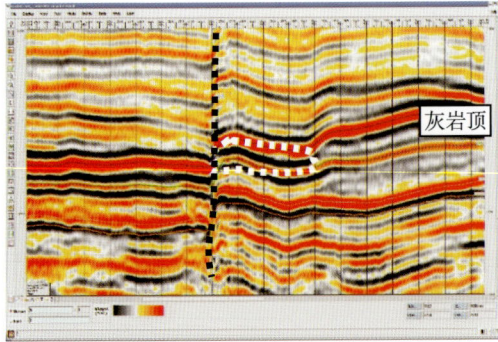

（a）SSW-NNE 向剖面（INLINE1127）　　　　　　　（b）NWW-SEE 向剖面（XLINE2111）

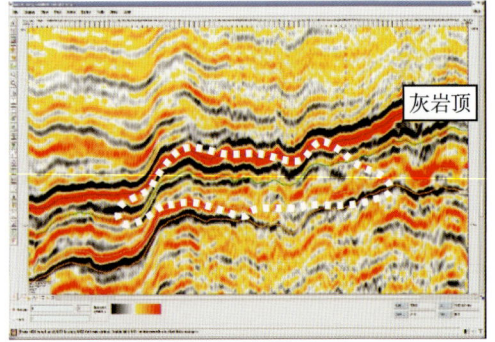

图 6-8　有利区地震剖面（位置与图 6-7 橙色虚线对应）

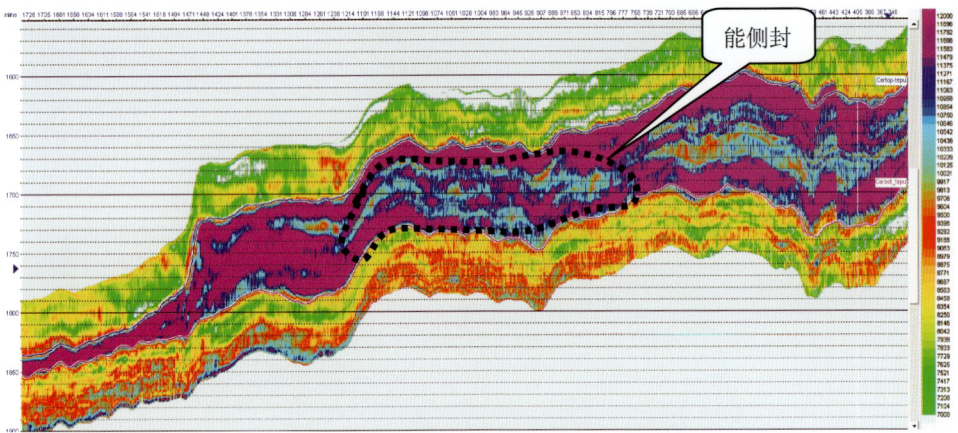

图 6-9　XLINE2111 叠前阻抗反演剖面

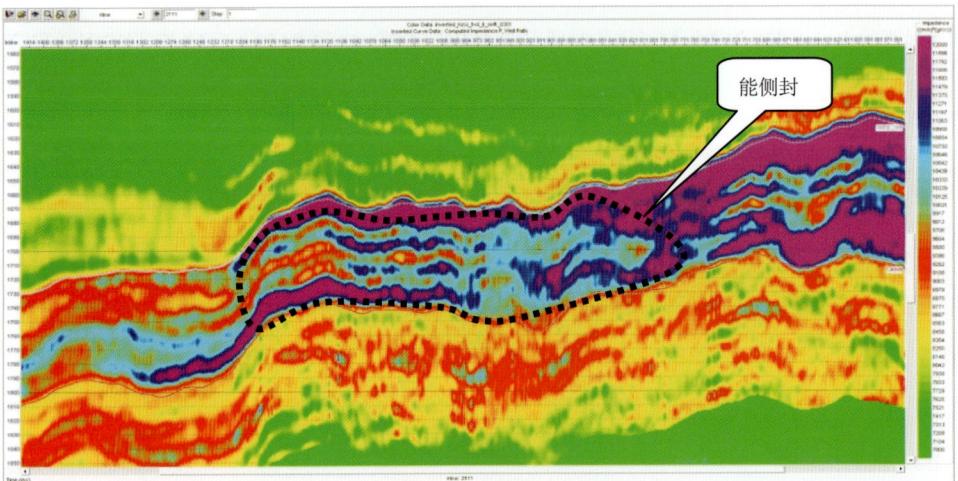

图 6-10　XLINE2111 叠后阻抗反演剖面

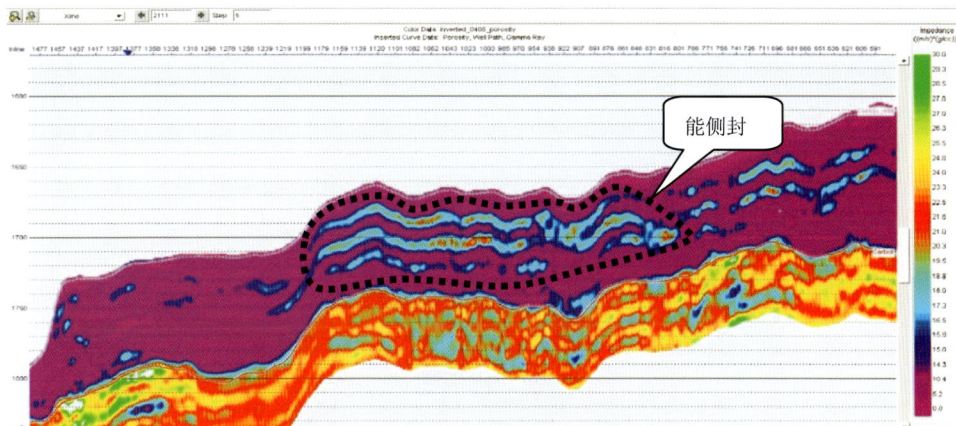

图 6-11　XLINE2111 孔隙度剖面

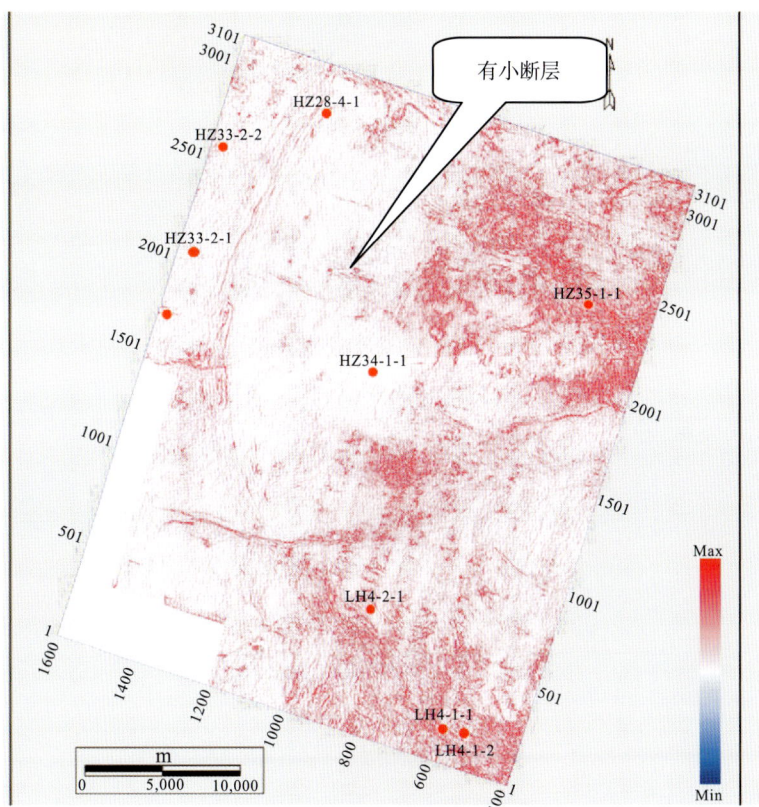

图 6-12　灰岩底曲率分析图

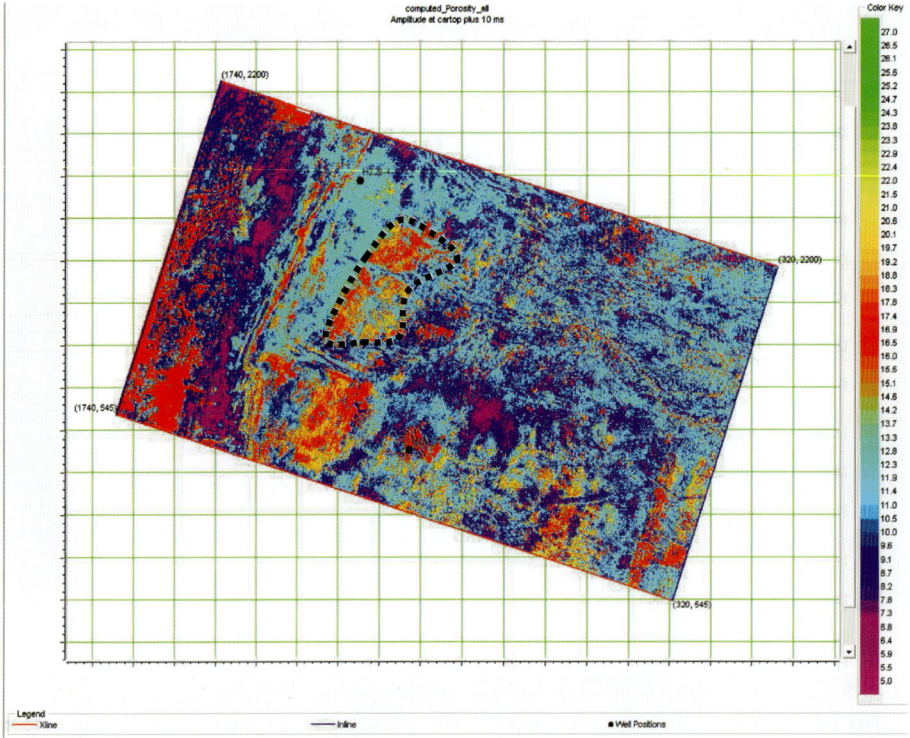

图 6-13　灰岩顶向下 5ms 多属性回归切片

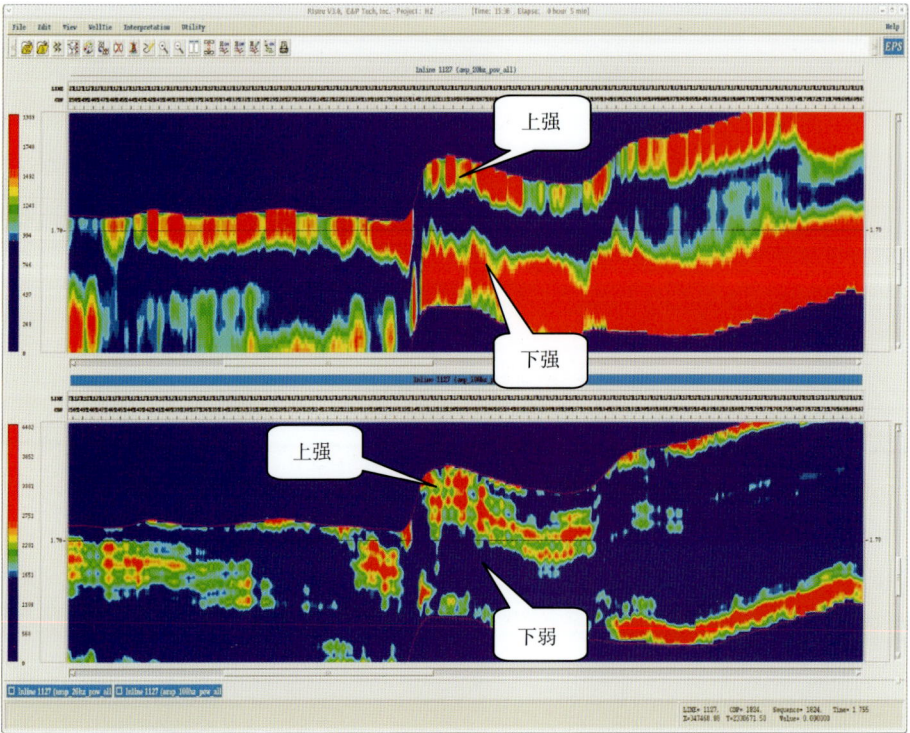

图 6-14　INLINE1127 线单频剖面(上：20Hz；下：100Hz)

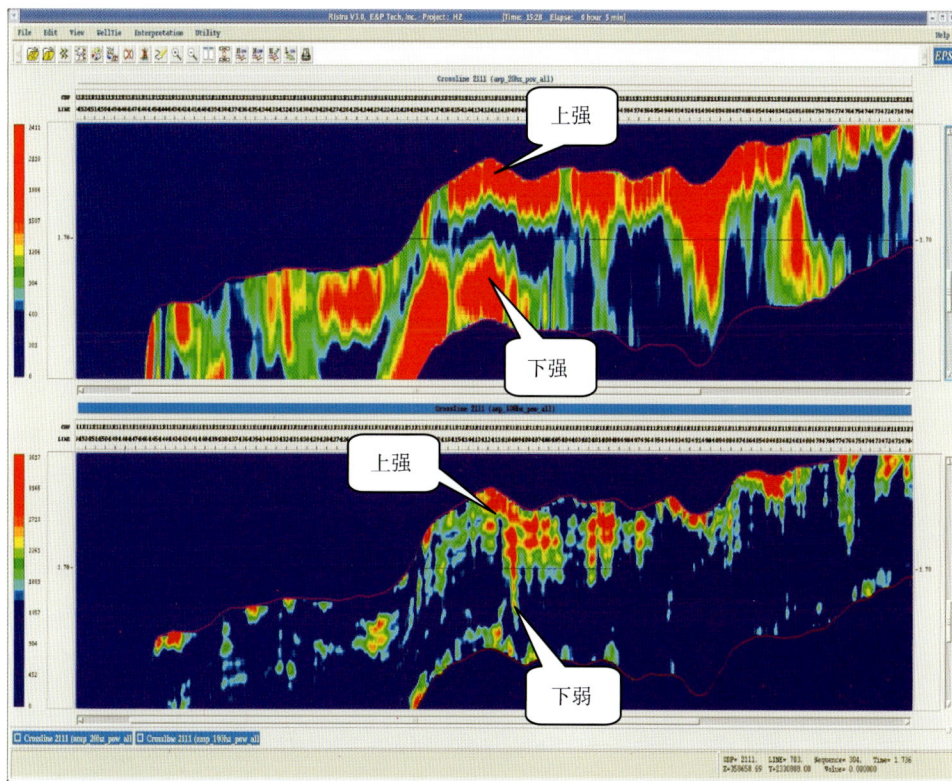

图 6-15　XLINE2111 线单频剖面(上：20Hz；下：100Hz)

6.2　YB 地区礁滩储层预测及流体识别

当区域地质资料不易获得时，我们将更多地依赖于三维地震资料和井资料。考虑到单一地震检测方法的多解性，我们在确定目标时应全方位、多方法综合考虑。此处以 YB 地区为例。

6.2.1　过已知井的地震联井剖面分析

从联井剖面中可综合分析各属性或方法与井的吻合情况，图 6-16 为过 Yb101、Yb1、Yb12、Yb102 井的波阻抗剖面。从图中可以看出，Yb101、Yb102 井在长兴组中上部，Yb1、Yb12 井在长兴组中部波阻抗较低。与录井资料对比分析，Yb101、Yb102 井长兴组中上部储层发育，Yb12 井长兴组中部储层发育，而 Yb1 井长兴组虽然储层不发育，但从 GR 曲线上可看出，该段 GR 较高，说明该段泥质含量较重，因而阻抗也可能较低。因此，总体来看，波阻抗反演的结果与井的吻合率较高。另外，从图中还可以看出，长兴组纵向上大致可分为三段，下段较连续，但阻抗高，储层可能不发育，已钻的五口井在下段储层均不发育。中段连续性不强，阻抗有高有低，但阻抗最低段在中段(图中黄色夹绿色区域)；上段连续性不强，阻抗有高有低，但整体较中段高。综观整条剖面，可以认为，储层基本发育在中上段。以上的规律从孔隙度反演图中也得到了印证(图 6-18)。据井资料，大部分井(Yb2、Yb102、Yb101、Yb_c1)的储层均集中在长兴组中上部，只有 Yb1 井在下部有 3 类储层。但值得注意的是，Yb1 井并不位于台缘礁滩相带内。因此，可以认为，在 Yb1 区台缘礁滩相带内储层主要集中在长兴组中上部。另外，从图 6-17（过井振幅剖面图）中可以发现，除 Yb101 井处振幅为强振幅外，其余井位置波场较为杂乱，为弱振幅或空白反射，因此，在该区仅凭地震剖面很难识别储层发育区。

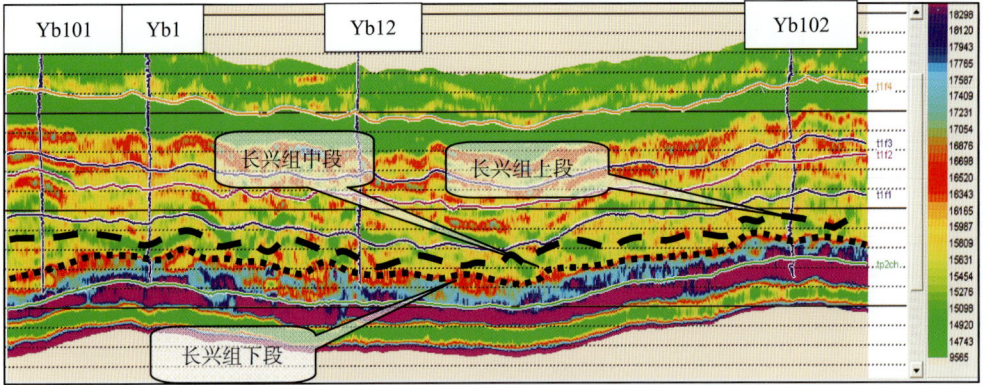

图 6-16　联井波阻抗剖面

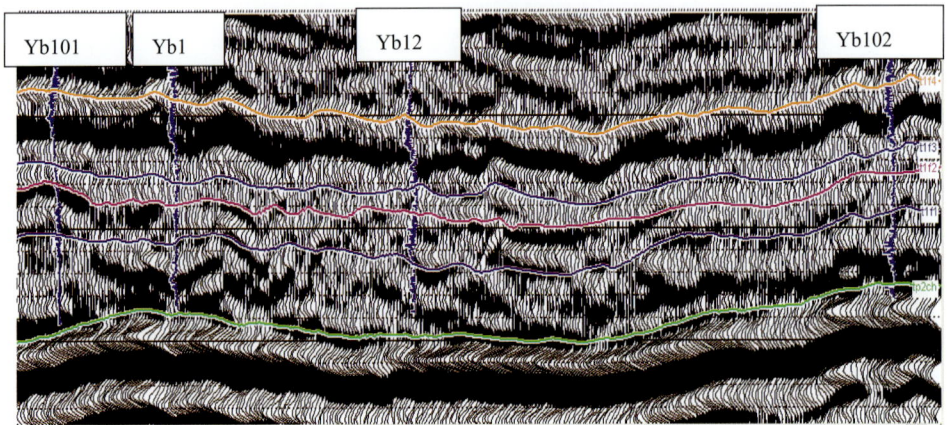

图 6-17　联井原始地震剖面

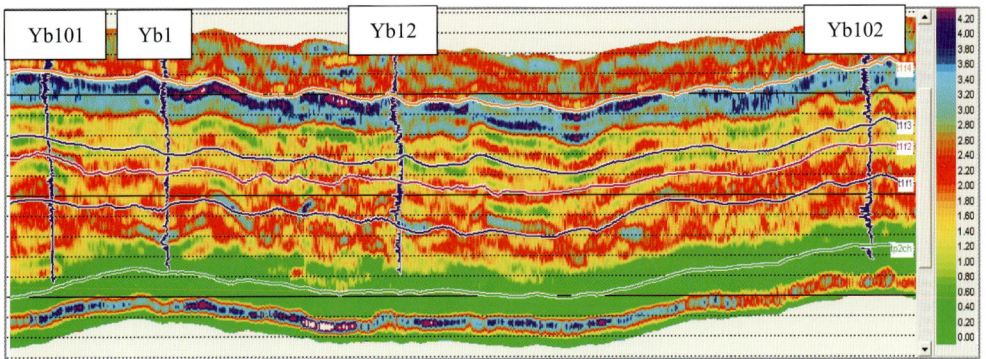

图 6-18　联井孔隙度剖面

6.2.2 有利储层的级别分类

从前面的分析可以看出，目前有一些地震属性和参数对储层比较敏感，但利用这些属性或参数进行储层级别的划分还需要注意以下两个问题：

第一，不同层段、不同相带储层级别的划分标准有所差异。以振幅类属性为例，由于不同层段、不同相带上下层的岩性有所差异，因此阻抗也会相应发生变化，最终导致振幅或能量的变化，但这种变化不是储层引起的。图 6-19(a~d)分别为长兴组、飞一、飞二、飞三段 28Hz 单频能量频数图。从图中可明显看出，各段能量分布差异较大，这种差异当然与储层有一定关系，但主要还是由于各层岩性引起的。

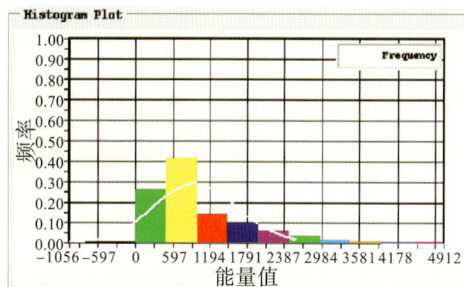

(a)长兴组 28Hz 能量频数图

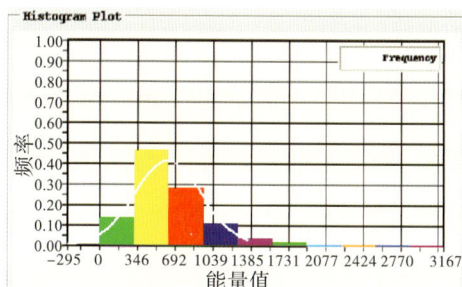

(b)飞一段 28Hz 能量频数图

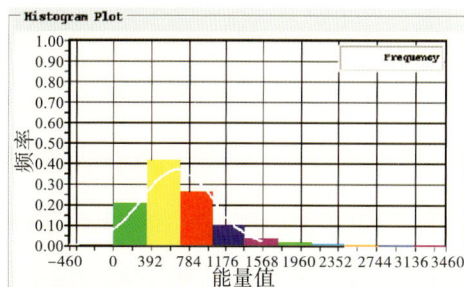

(c)飞二段 28Hz 能量频数图

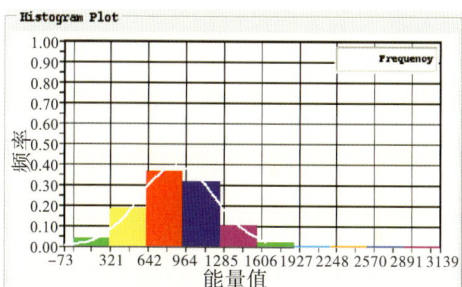

(d)飞三段 28Hz 能量频数图

图 6-19　飞仙关-长兴组 28Hz 单频能量频数图

第二，井资料与地震资料尺度匹配的问题。由于井中储层信息是已知的，根据井中资料建立的储层划分标准是用于对地震缝洞检测值分类的基本依据。但地震可分辨的尺度一般大于井中划分出的储层尺度。以测井资料为例，测井资料深度采样间隔一般为 0.10m 或 0.125m，而陆地地面地震目前常用的时间采样为 0.001s，深层碳酸盐岩的层速度一般为 5000~6000m/s，甚至更高，若以 6000m/s 速度计算，对应上述采样间隔所代表的深度间隔为 3m，这些数据是测井采样间隔的 24 倍，所以必须对测井资料进行粗化处理，才能解决测井与地震信息匹配的问题。

第三，孔隙度与阻抗(或地震波速度)存在一定的关系，同时孔隙度又是衡量储层物性好坏的重要指标。因此，孔隙度可作为井-震联合储层分级的桥梁。

综上所述，进行级别划分时需要遵循下面三条原则：①应分别给出不同层段、不同相带储层级别的划分标准；②依据井资料确定地震参数的储层级别的划分标准，但井资料需要依据地震可识别尺度进行粗化；③利用孔隙度作为井-震联合储层分级的桥梁。根据以上三条原则，储层的级别划分标准如表 6-1 和表 6-2。

表 6-1　长兴组礁滩相储层级别划分标准

储层级别	速度/(m/s)	孔隙度/%
有利储层	<5400m/s	>5%
较有利储层	5400~6000m/s	2%~5%
非储层	>6000m/s	<2%

表 6-2　飞二段鲕粒滩储层级别划分标准

储层级别	速度/(m/s)	孔隙度/%
有利储层	<5500m/s	>5%
较有利储层	5500~5800m/s	2%~5%
非储层	>5900m/s	<2%

6.2.3　储层综合预测

1.长兴组储层综合预测

(1)从 6.2.1 的分析可知，纵向上长兴组可分为上、中、下三段，储层主要分布在中上部。地震预测结果与钻井吻合良好，唯一不吻合段为 Yb102 井下段，该段从阻抗剖面来看位于高阻，从速度剖面来看位于高速，而该段有二类、三类气层。

(2)Yb1 区长兴组上部有利储层主要位于 Yb_c1 井、Yb104 井、Yb106 井构成的三角带内(见图 6-20)。原因在于：第一，从多属性聚类分析图(图 6-21)中可看出，该区域储层发育情况与已钻 Yb_c1 井同属一类。第二，从多参数回归分析计算的速度图(图 6-22)中可看出该区域以有利、较有利储层为主(按表 6-1 的标准)；第三，该区域位于台缘礁滩相带内；第四，该三角带内已钻两口井，均证实了该区储层优良。较有利储层位于 Yb101 井周围，依据如下：第一，从多参数回归分析计算的速度图(图 6-22)中可看出该区域以较有利类储层为主(按表 6-1 的标准)；第二，该区域位于台缘礁滩相带内；第三，该区带内已钻的 Yb101 井，均证实了该区储层较优良。具体平面分布见图 6-20。第四，该区位于构造局部高点，有利于气的聚集(见图 6-24)。

(3)Yb1 区长兴组中部储层大面积发育，主要集中在台缘礁滩相带南部(图 6-25)。但值得注意的是，潮道内虽然阻抗较低，但可能与泥质含量重有关，储层发育带应在潮道外，潮道分布见图 6-26。

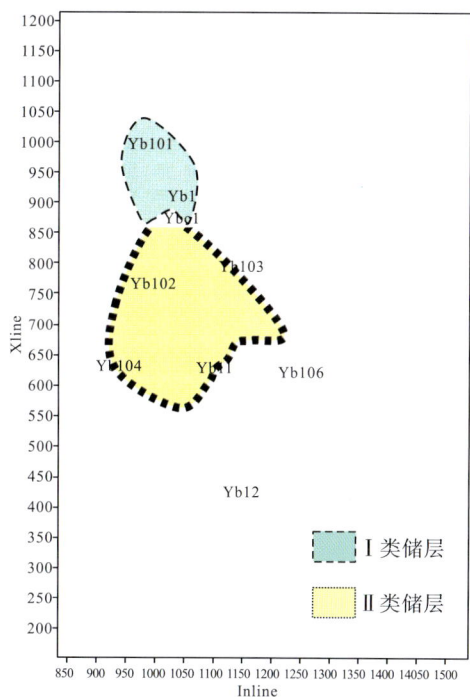

图 6-20　长兴组上部有利储层分布

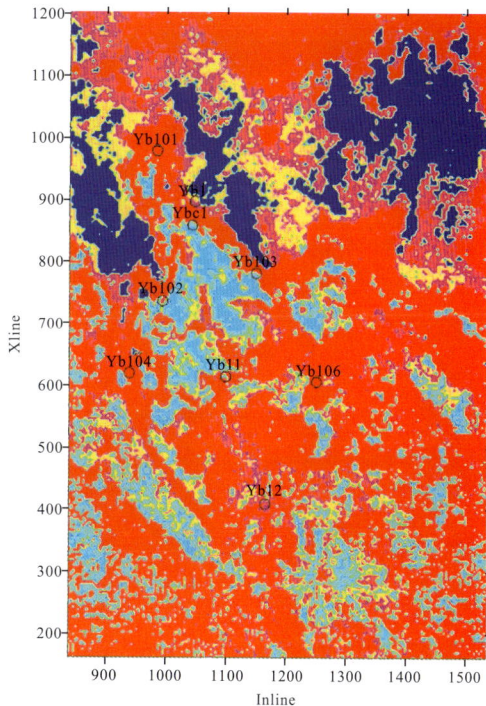

图 6-21　长兴组顶部多参数聚类分析图

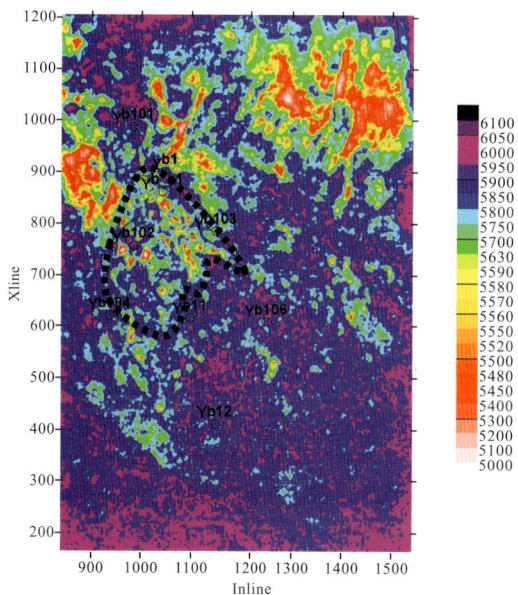

图 6-22　长兴顶向下 10ms 速度切片

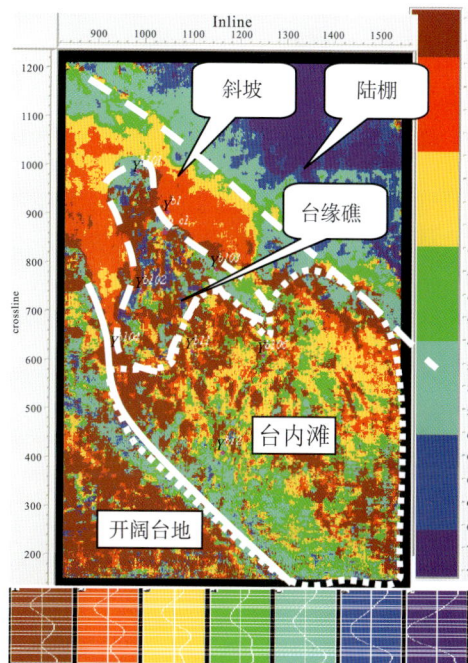

图 6-23　Yb1 区长兴组波形分类图

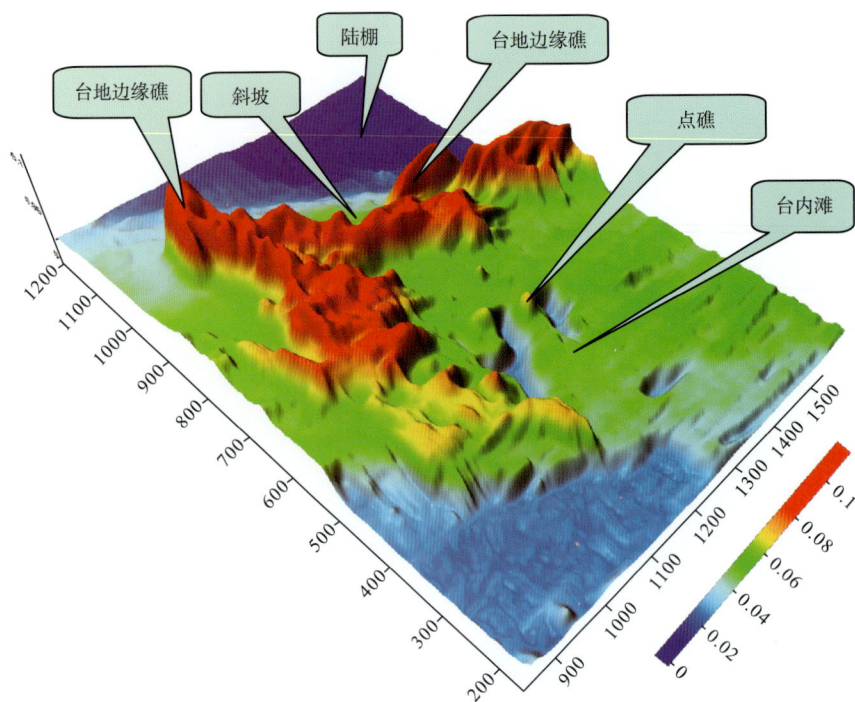

图 6-24　根据三维地震资料绘制的生物礁的空间展布图

该生物礁在二叠系长兴组地层中，现今埋深大于 6000m。较大的台地边缘礁，

其高度有时可达 300 m 以上，延伸 10 余千米

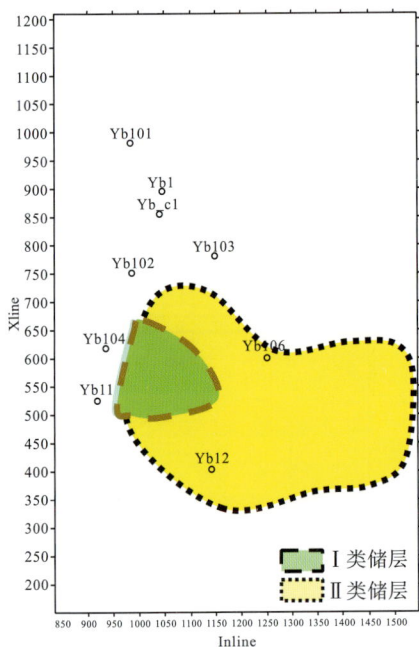

图 6-25　长兴组下部有利储层分布

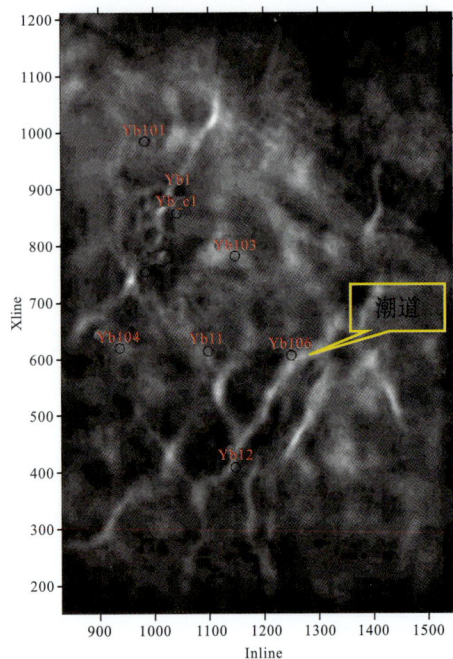

图 6-26　长兴组下部有利储层分布

2.飞仙关二段储层综合预测

该段储层主要位于以下几个区域(见图 6-27):

1)Inline:1300-1400;Xline:320-600

原因如下:

第一,该区域位于低阻区(图 6-28),研究区南部整体阻抗偏低,但低阻区域非均值性仍然比较强;图 6-28 中用虚线标出了阻抗极低区域,这些区域的孔隙度可能比较高;

第二,该区域位于多属性回归分析的低速区内(图 6-29),按表 6-2 给出的标准,该区域属于较有利储层;

第三,该区域频率衰减梯度大(图 6-30),研究区 Yb102、Yb103 井以南频率衰减梯度整体较大,有利区域也在此范围内。

2)Inline:880-1100;Xline:700-950

原因如下:

第一,该区域低频伴影明显(图 6-31);图中黑色虚线范围内表现为低频上强下强,高频上强下弱的低频伴影现象;

第二,该区域位于多属性回归分析的低速区内(图 6-29),按表 6-2 给出的标准,该区域属于较有利储层;

第三,已钻的 Yb102 井证实了该区域储层较发育。

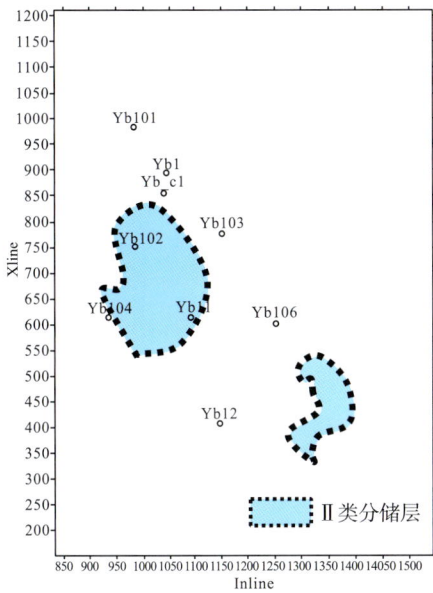

图 6-27 飞二段有利储层分布

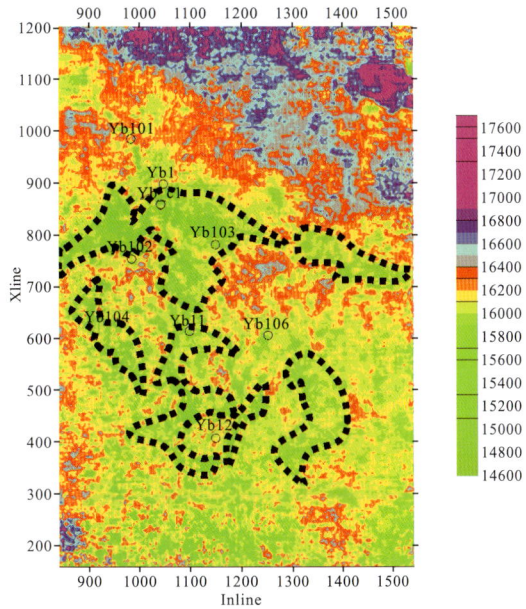

图 6-28 飞 2 顶 30ms 内波阻抗反演切片

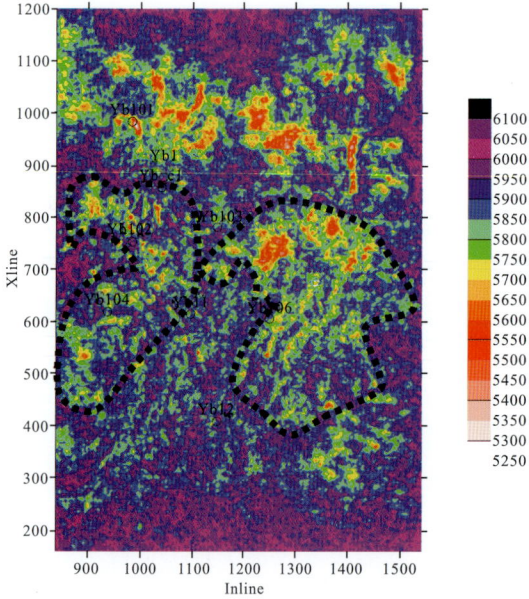

图 6-29　飞二段多参数分析图

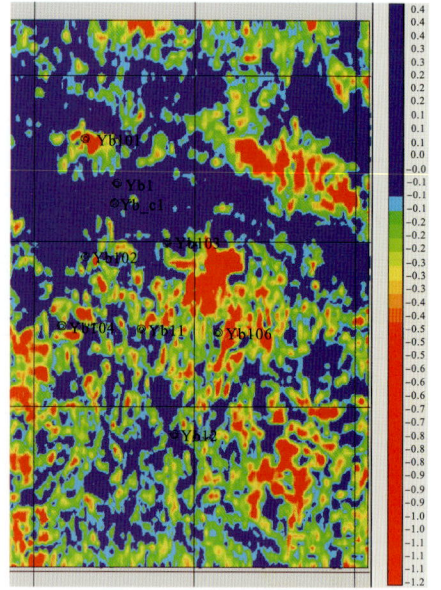

图 6-30　飞二段频率衰减梯度切片

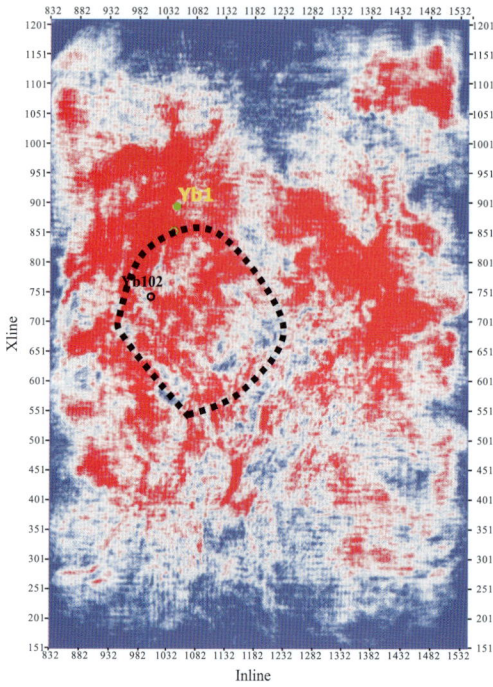

（a）飞二顶 14Hz 切片

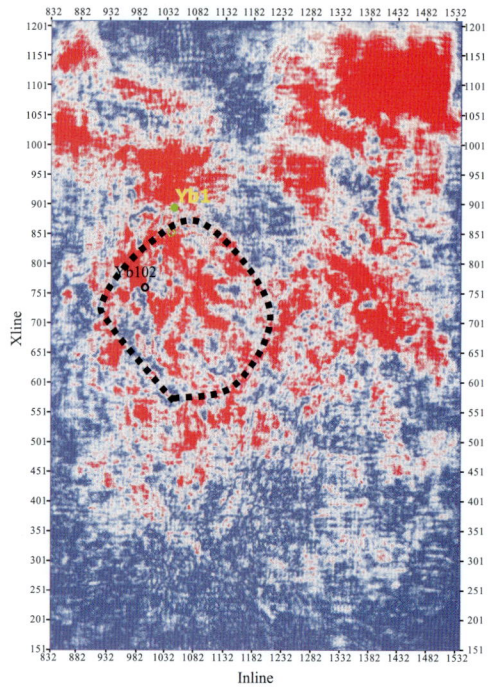

（b）飞二顶以下 50ms14Hz 切片

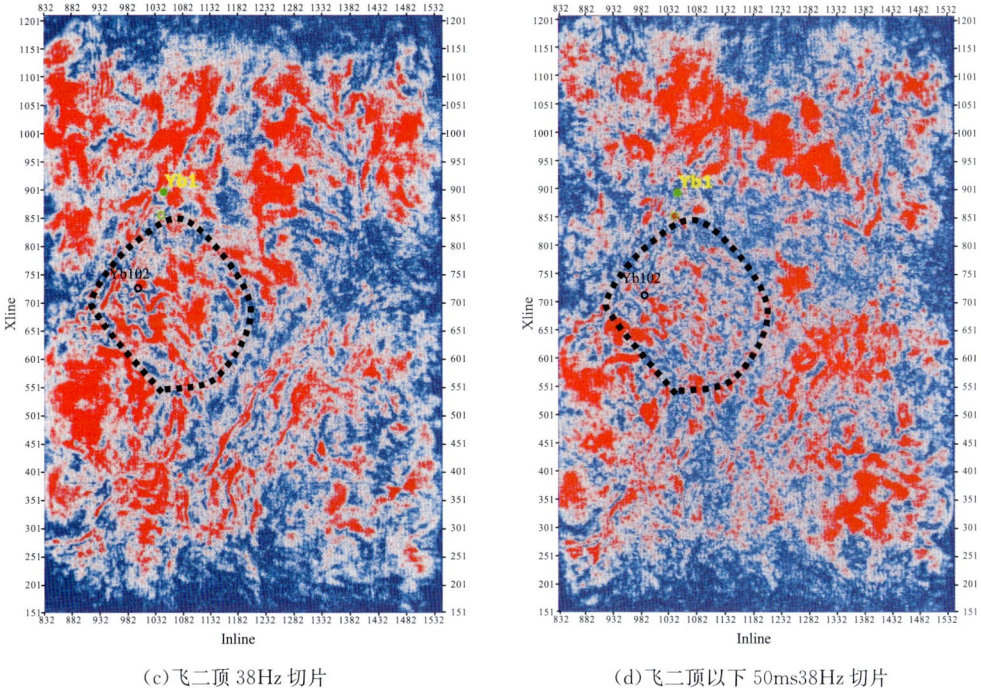

（c）飞二顶 38Hz 切片　　　　　　　　　　（d）飞二顶以下 50ms38Hz 切片

图 6-31　飞二段低频伴影现象

6.3　LH 地区礁滩储层预测及流体识别

　　LH 研究区碳酸盐岩段共包含 3 个三级层序，即 SQ3、SQ2、SQ1，在台内碳酸盐岩顶部为 SQ3 顶（SB4），而碳酸盐岩底则为 SQ1 的最大海泛面（mfs）。目前研究认为，LH 地区有统一的油水界面，油水界面的深度约 1247m。因此，在该区进行有利储层预测时，应首先考虑构造位置。由于该区目前尚未有可靠的深度构造图，因此储层预测存在较大风险。

　　1）LH 地区目标一

　　由于本区区域地质资料较全，因此目标选取仍按照 6.1.4 节给出的原则。通过对该地区沉积相的深入分析和了解，然后根据孔隙度的大小变化，可以基本确定上倾方向的相带变化。图 6-32 为 LH11-1 及 LH11-1E 地区碳酸盐岩顶 t_0 图三维显示，图中黑色虚线为有利区块，该区块从构造位置上看处于局部高部位；图 6-33 为孔隙度与 t_0 时间构造叠合图，从图上可以看出有利区块具有较有利的构造背景，与构造相匹配。图 6-34 为基于多属性的地震相分析，有利区块与已钻井证实的含油井区的地震相极为相似，表明该有利区块具备含油的可能性。

　　为更加合理和有效地评价有利区块的圈闭情况，我们选取了过有利区块的一条测线进行研究和分析。图 6-35 为过有利区块的，处于构造背景上的原始地震剖面，分析它们的地震响应特征及其构造情况。黑色虚线为可能的含油圈闭，从剖面图上可以看出有利区块处于较有利的构造背景上，与构造相匹配；从沉积环境分析可以推测出该区块可能为台地边缘礁滩相沉积。图 6-36 和图 6-37 分别为 LH11-1 及 LH11-1E 地区碳酸盐岩顶波阻抗的平面图和过有利区块的孔隙度反演剖面（其位置见图 6-36 中黑色实线），在有利区块所处的位置阻抗较低，剖面上储层物性较好，具备了形成岩性-构造复合圈闭的基本条件，可能形成含油圈闭。图 6-38 和图 6-39 为该测线的低频伴影检测效果图。从图中可以看出 20Hz(左)、100Hz(右)单频剖面上低频时上强下强，高频时上强下弱，即低频伴影现象，说明该处含油气的可能性比较大，符合目标的选取原则，即地震流体识别为含油有利区。

通过以上分析，该目标基本符合目标的选取原则，可能成为含油的岩性-构造复合圈闭。

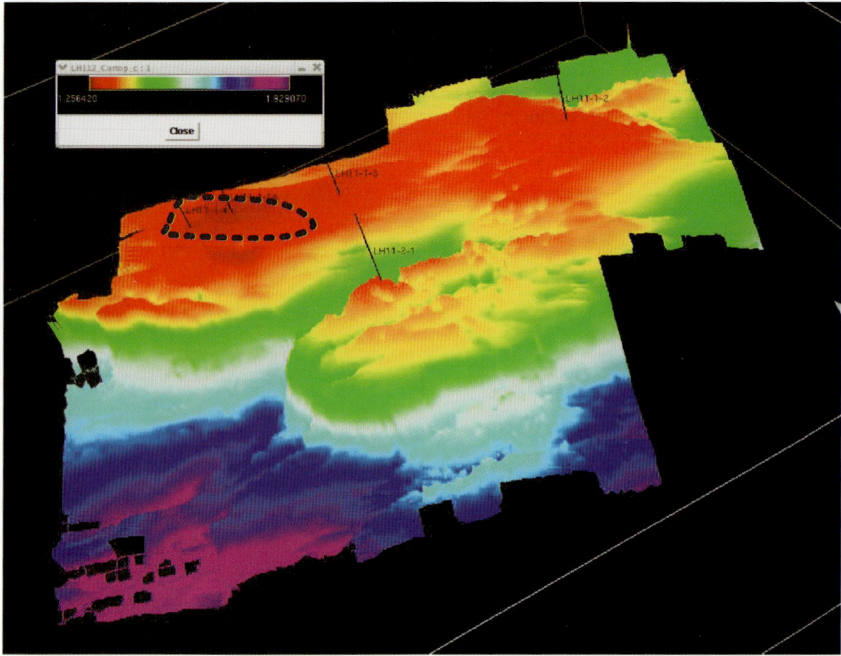

图 6-32　LH11-1 及 LH11-1E 地区灰岩顶 t_0 图三维显示

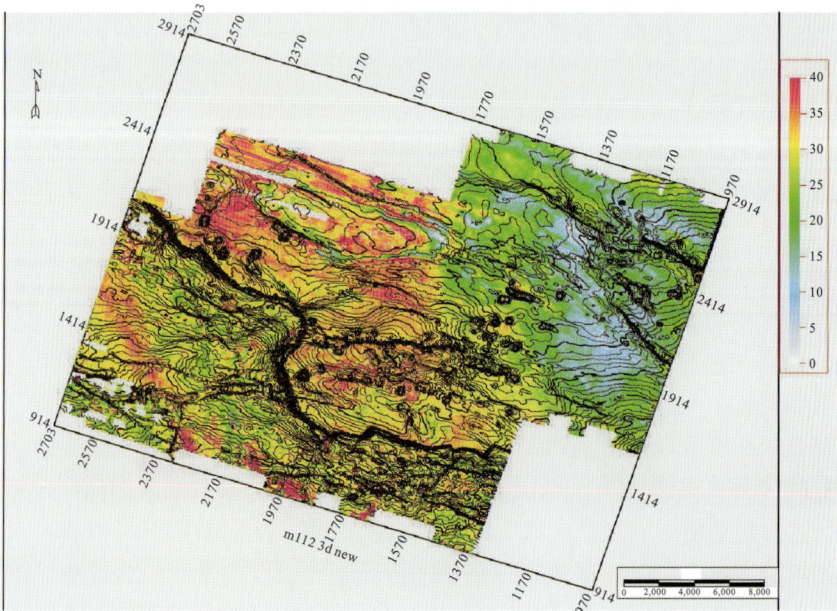

图 6-33　LH11-1 及 LH11-1E 地区灰岩顶 t_0 等值线与孔隙度叠合图

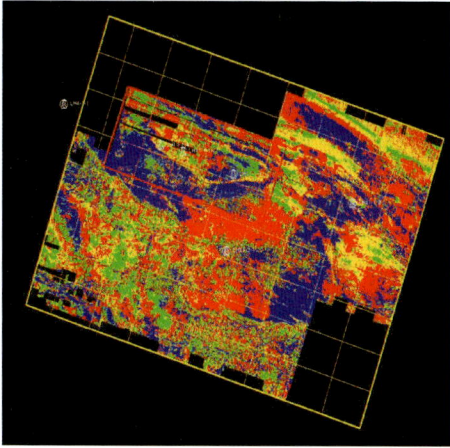

图 6-34 LH11-1 及 LH11-1E 地区多属性
地震相分析

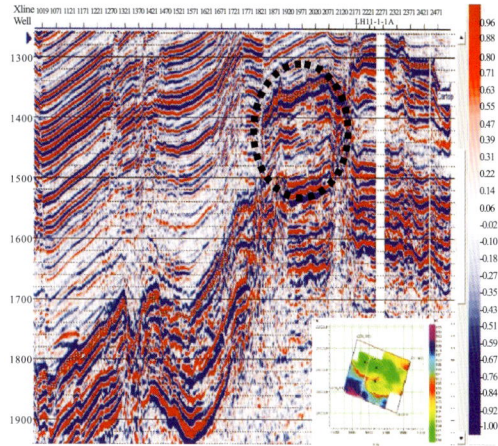

图 6-35 过目标区块的原始地震剖面

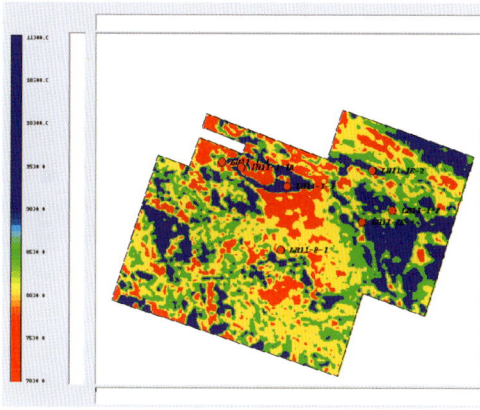

图 6-36 LH11-1 及 LH11-1E 地区灰岩顶
波阻抗平面图

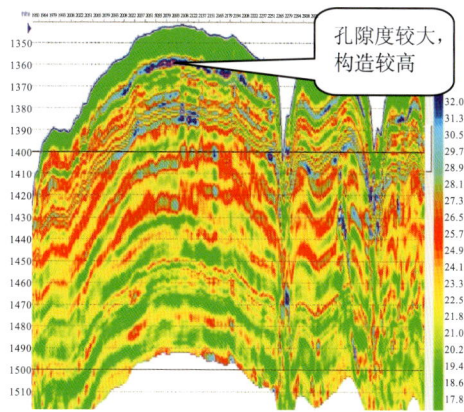

图 6-37 过目标区块测线的孔隙度反演剖面

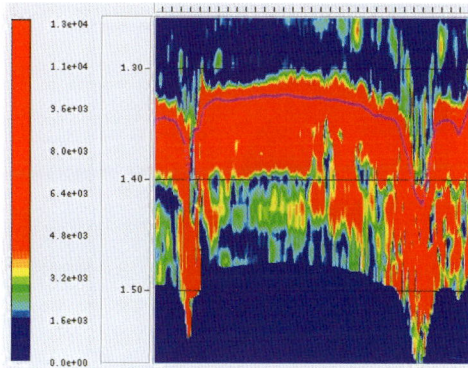

图 6-38 过目标区块测线的单频剖面(20Hz)

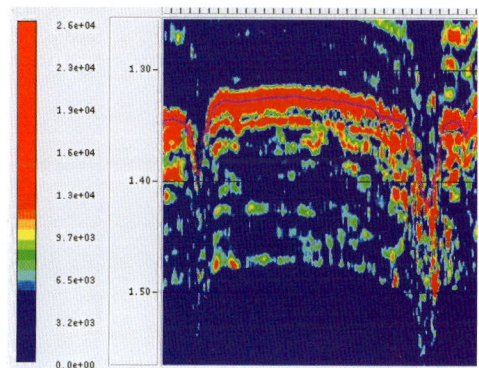

图 6-39 过目标区块测线的单频剖面(100Hz)

2)流花地区目标二

根据目标的选取原则，我们对预钻井位(LH11-1E-1、LH11-1E-2)进行了深入分析，最后认为两口井均处于有利圈闭位置，其原因如下：

(1)从相带上看(见图6-40)，LH11-1E-1 和 LH11-1E-2 均处于台缘礁、滩复合相带，且从其地震剖面上也可以看出其地震响应特征与生物礁、滩的地震响应特征很相似。

(2)从区域上看 LH11-1E-1、LH11-1E-2 均位于 LH11-1 油田油运移方向(见图6-41)。

(3)从构造图上来看(见图6-40)，LH11-1E-1 略高于 LH11-1E-2。从层拉平的时间剖面上来看，LH11-1E-1 也高于 LH11-1E-2，证明设计井位1古构造偏高。若构造准确，建议首先考虑在 LH11-1E-1 井区实施钻探，然后考虑钻探 LH11-1E-2 井区。

(4)从地震相分析结果来看(见图6-41)，LH11-1E-1 处地震相类似于 LH11-1-1A，可能储层物性好。

(5)从单频振幅来看(见图6-42)，两口井都处于弱振幅区，说明可能由于孔隙偏大造成阻抗减小，与上覆泥岩阻抗差异减小。

另外，虽然从孔隙度反演剖面上(图6-43)可看出 LH11-1E-2 井 A、B 段孔隙度相对于 LH11-1E-1 更大一些，但由于构造位置稍低于 LH11-1E-1，因此 LH11-1E-2 井含水的可能性大一些。

综上所述，两口井均处于有利圈闭位置，相对而言，LH11-1E-1 井更有利些。

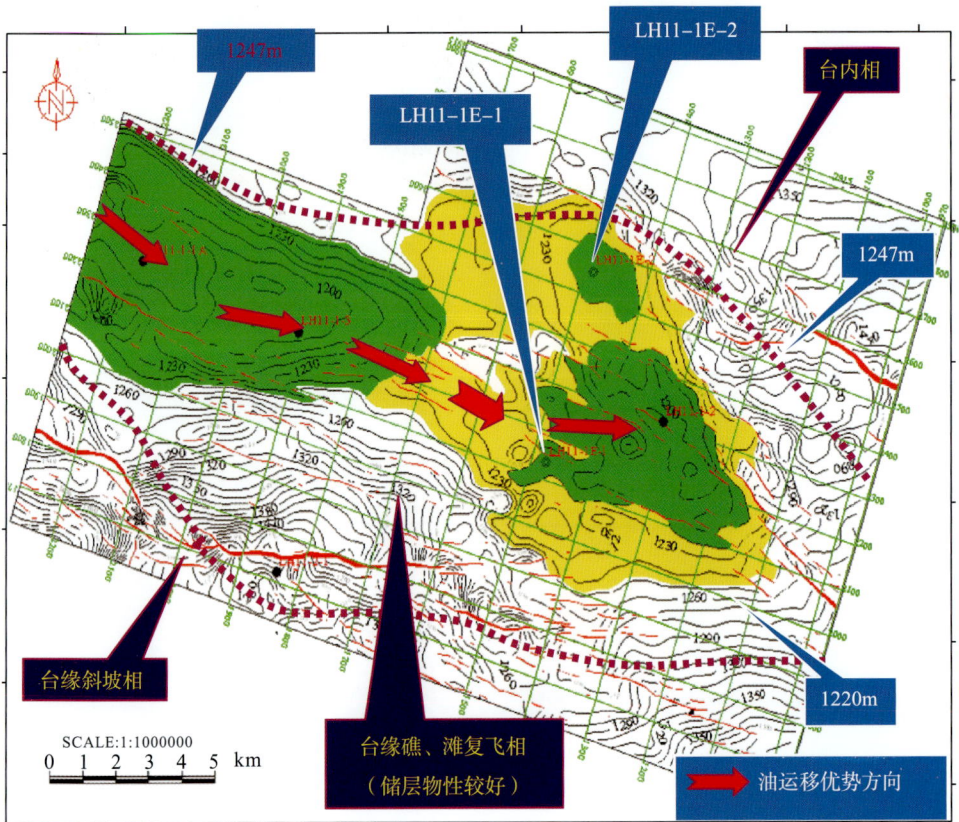

图 6-40　LH11-1 及 LH11-1E 地区碳酸盐岩顶综合分析

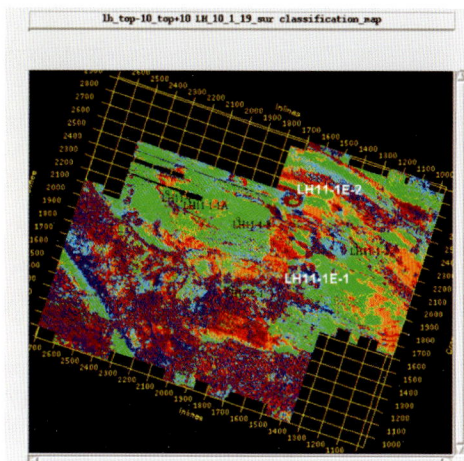

图 6-41 LH11-1 及 LH11-1E 地区
碳酸盐岩顶地震

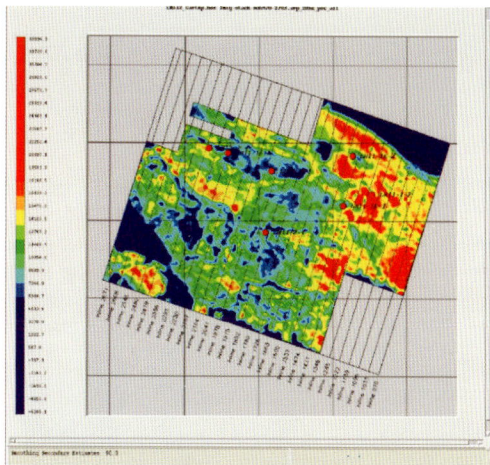

图 6-42 LH11-1 及 LH11-1E 地区
碳酸盐岩顶单频振幅

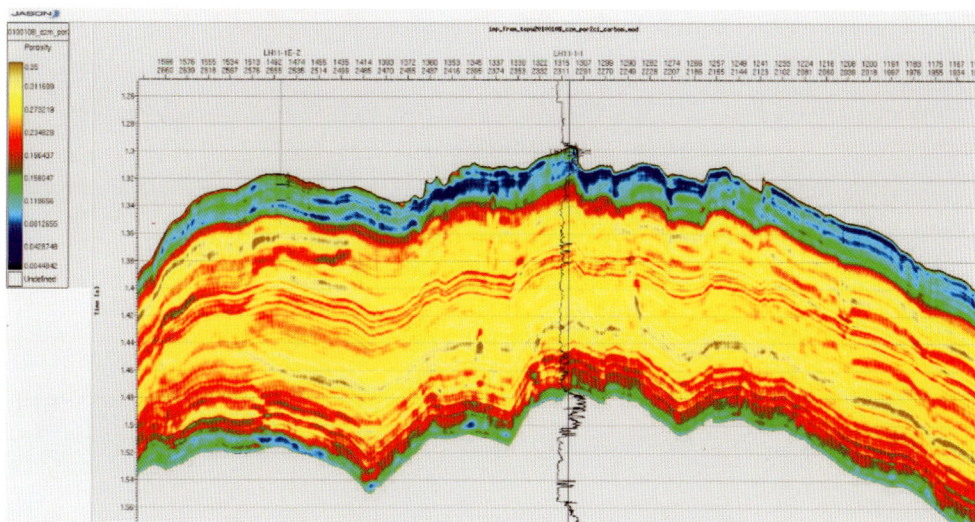

图 6-43 过 LH11-1E-1 及 LH11-1E-2 井孔隙度剖面

第7章 结论与建议

7.1 结 论

本书以碳酸盐岩礁滩储层的地震检测和流体识别方法研究为重点，结合沉积相、构造地质、钻井、测井资料进行研究区内的碳酸盐岩储层综合预测研究，形成了碳酸盐岩礁滩储层的地球物理预测方法组合，探索了针对礁滩储层行之有效的流体识别方法，为发现岩性圈闭或构造-岩性复合圈闭提供了技术支撑。本书的创新性成果有以下几点：

A. 通过测井参数的统计分析，得到了一些有益的新认识：

(1)地震储层预测往往需要借助一些不同参数之间的拟合关系间接地预测储层物性，但不同地区测井参数之间的关系差异很大。因此在进行储层预测之前需针对研究区目的层进行深入细致的分析，以获得较准确的关系。比较各种拟合方法后发现，最小二乘拟合获得的拟合结果相关系数很高，能较准确地反映各测井参数之间的关系。

(2)某些单参数如V_p、Z_p、λ虽对流体有所响应，但岩性的变化同样可引起以上参数的变化，为此，需结合V_s、Z_s、μ等参数，采用组合参数进行流体识别，经统计分析，V_p/V_s、泊松比、纵、横波阻抗差及纵、横波阻抗平方差等在相同有效孔隙度含不同流体时(油层、水层)存在较大差异，以上参数可作为流体识别的依据。

(3)孔隙度对速度、密度、阻抗的影响非常明显，因此，可利用地震阻抗反演间接地获得孔隙度数据体。

(4)岩石物理测试与测井参数统计在基础数据方面虽有一定的差异，但基本规律是一致的，两者可相互印证。

以上的这些结论对于海相碳酸盐岩礁滩储层的储层预测及流体识别工作具有重要指导意义。

B. 基于地震资料的礁滩储层预测方法很多，本书通过数值模拟和实例分析，得出了以下认识：

(1)在储层预测方面，本书所涉及的孔隙度预测方法有以下优势：①除孔隙度外，孔隙结构也对地震波速度有较大影响，在进行孔隙度反演时若考虑孔隙结构这一因素，会有效地提高反演精度。基于孔隙结构的孔隙度反演较好地解决了这一问题。②阻抗-孔隙度关系较为复杂，如用简单的线性或非线性关系进行拟合，阻抗-孔隙度相关性相对差些，文中提出的非规则曲线拟合可得到较高的相关性。③由于碳酸盐岩横向的非均质性较强，因此不能用统一的拟合公式反算孔隙度，基于距离加权的孔隙度预测法以井作为约束，考虑到离井距离越远，与井的相似性越差，采用了横向变化的权系数，可有效地提高预测精度。④一般而言，礁滩型油气藏的储集性能严格受相带的控制。对于不同相带，即使距离相距很近，由于沉积环境和沉积物性质的变化，也会造成储集性能较大的变化。因此，简单的基于距离加权的孔隙度预测法不再适合礁滩型储层的孔隙度预测。本书提出的相约束+基于距离加权的孔隙度预测法首先进行相带划分，对同一相带采用基于距离加权的孔隙度预测法，不同相带之间互不影响，有效地解决了这一问题。

(2)近年来广泛应用的匹配追踪反演分辨率较高，但横向稳定性差。双极子匹配追踪反演可在一定程度上缓解这一问题。

(3)礁滩储层的储集空间以孔隙为主，但由于构造应力产生的裂缝也不容忽视。传统的基于地震资料的裂缝检测方法也可用于礁滩储层的裂缝检测。鉴于裂缝的多尺度性，本书新提出的多种多尺度的裂缝检测方法可供借鉴。

(4)礁滩储层信噪比较低，为突出地质现象，本书新提出了"基于值域变换的地质异常体显示"、"基于各向异性扩散滤波的地质异常体显示"等方法，这些方法对河道(或潮道)的突出显示有较好效果。

C. 利用地震资料进行流体识别难度很大，需注意以下问题：

(1)AVO分析是一种较好的流体识别方法，但由于受储层厚度、岩性的多因素影响，该方法多解性较强。因此在利用该方法进行礁滩储层流体识别时，应首先根据井资料建立较准确的模型并进行正演模拟，再根据模拟获得的地震响应特征进行流体性质的判断。

(2)叠前地震资料含有较多的流体信息，在进行流体识别时应尽量利用叠前资料。

(3)目前常用的一些流体识别方法(如低频伴影、频率衰减梯度等)对厚储层有一定效果，但对薄储层的流体识别难度较大。

(4)相对单因子而言，组合的高灵敏度流体识别因子对流体的识别能力得到了明显提高。

(5)利用地震资料进行储层预测难度相对小，且可靠性较强。而利用地震资料进行流体识别难度大、精度低。若以储层预测结果对流体识别结果进行约束，可有效提高流体识别精度。

D. 地震反演及基于地震资料的储层预测和流体识别具有多解性，为减少多解性，需充分利用其他信息，包括沉积相、构造、油气运移方向等。即使缺少这些信息，也要注意充分利用地震多属性、多方法的检测结果。

7.2　建　议

尽管我国碳酸盐岩礁滩储层的分布广、层位多、资源量大，有着广阔的勘探开发前景，但遇到的难题仍然不少。概括起来有三大问题需要解决：

1. 针对薄储层的高分辨研究

滩相储层与生物礁储层相比虽然面积大，但储层较薄。本书虽然在高分辨反演等方面提供了一些可供借鉴的思路，但这些方法还存在横向稳定性差、计算速度慢等不足，因此针对薄储层的高分辨研究还需进一步加强。

2. 储层内部的气-水或油-水识别

本书在气-水及油-水识别方面做了大量探索性研究，也取得了一些成果，但目前还存在以下问题：①饱水、饱气、饱油三种情况引起的地震响应特征差异明显，但不同饱和度流体引起的地震响应特征差异较小。②许多方法在特定地区不满足应用条件。如川东北礁滩储层埋藏深（部分储层埋深 7000m 以上），在这样的地区只能获得近角道集，因此弹性反演难度大或无法进行。以上的一些问题使得我们还需大力发展高精度的流体识别方法。

3. 储层内部连通性问题

一些小裂缝或微裂缝对油气的运移和孔隙空间的连通都会起到至关重要的作用，因此发展高精度的渗透率预测方法迫在眉睫。目前国内外部分学者从正演模拟和岩石物理出发对渗透率的地震响应特征做了探索性研究，但要将这些成果应用于生产实践还有很长的路要走。

参 考 文 献

蔡涵鹏.2012.基于地震资料低频信息的储层流体识别[D].成都：成都理工大学.

陈发宇，杨长春.2007.基于MP方法的地震信号快速分解算法[J].地球物理学进展，6(22)：1692-1697.

陈学华，贺振华，黄德济，等.2009.时频域油气储层低频阴影检测[J].地球物理学报，52(1)：215-221.

陈颙，黄庭芳，刘恩儒.2009.岩石物理学[M].合肥：中国科学技术大学出版社.

傅恒.2010.珠江口盆地(东部)碳酸盐岩层序地层及有利储层分布[R].成都：成都理工大学.

甘利灯，赵邦六，杜文辉，等.2005.弹性阻抗在岩性与流体预测中的潜力分析[J].石油物探，44(5)：504-508.

高刚.2013.含流体空隙介质地震响应特征分析及流体识别方法[D].成都：成都理工大学.

高静怀，陈文超，李幼铭，等.2003.广义S变换与薄互层地震响应分析[J].地球物理学报，46(4)：526-531.

高强，张发启，孙德明，等.2003.遗传算法降低匹配追踪算法计算量的研究[J].振动.测试与诊断，22(3)：11-13，73-74.

郭旭升，胡东风.2011.川东北礁滩天然气勘探新进展及关键技术[J].天然气工业，31(10)：6-11.

贺锡雷.2012.烃类预测的岩石物理基础和地震孔隙度反演[D].成都：成都理工大学.

贺振华，李琼，黄德济，等.2007.单孔洞缝模型超声波实验测试与分析[J].石油物探，1(46)：101-104.

胡平忠，王金中.1996.珠江口盆地第三纪生物礁//范嘉松主编.中国生物礁与油气[M].北京：海洋出版社.

黄捍东，郭飞，汪佳蓓，等.2012.高精度地震时频谱分解方法及应用[J].石油地球物理勘探，47(5)：773-780.

蒋东，高培丞，曹刚，等.2009.黄龙场地区长兴生物礁储层预测[J].西南石油大学学报，2(31)：5-7.

蒋炼.2011.碳酸盐岩储层结构刻画与流体识别——以DW地区珠江组地层为例[D].成都：成都理工大学.

解梅，顾德仁.1996.使用小波变换的图象边缘检测算法[J].电子科技大学学报，25(4)：353-356.

康健，李一兵，谢红，等.2011.D-S证据理论与信息熵结合的新算法[J].弹箭与制导学报，31(1)：197-200.

李福强，贺振华，文晓涛，等.2012.改进的曲率计算方法及其效果分析[J].石油物探，51(2)：147-149.

李福强.2013.多方位多尺度裂缝预测方法研究[D].成都：成都理工大学.

李娟，陈颙.2001.地震活动性参数的变尺度(R/S)分析[J].地震学报，2(23)：143-150.

李来运，贺金胜.2009.哈萨克斯坦A油田盐下多参数储层预测技术[J].石油地球物理勘探，44(增刊1)：90-97.

李如山.2012.地震层序地层格架下的地震波数值模拟[D].成都：成都理工大学.

刘洪，李幼铭.2008.油气勘探二次创业的油储地球物理方法研究回顾[J].石油与天然气地质，29(5)：648-653.

刘小龙，刘天佑，王华，等.2010.基于匹配追踪算法的频谱成像技术及其应用[J].石油地球物理勘探，45(6)：850-855.

马劲风.2003.地震勘探中广义弹性阻抗的正反演[J].地球物理学报，46(1)：118-124.

马永生.2012.中国海相油气勘探[M].北京：地质出版社.

倪逸.2003.弹性波阻抗计算的一种新方法[J].石油地球物理勘探，38(2)：147-155.

宁忠华，贺振华，黄德济.2006.基于地震资料的高灵敏度流体识别因子[J].石油物探，45(3)：239-241.

邵君，尹忠科，王建英.2006.基于FFT的MP信号稀疏分解算法的改进[J].西南交通大学学报，41(4)：466-470.

唐博文，赵波，吴艳辉，等.2010.一种实现谱模拟反褶积的新途径[J].石油地球物理勘探，45(S1)：66-70.

唐琪凌，苏波，王迪，等.2009.蚂蚁算法在断裂系统解释中的应用[J].特种油气藏，16(6)：30-33.

王保丽，印兴耀，张繁昌.2005.弹性阻抗反演及应用研究[J].地球物理学进展，20(1)：89-92.

王惠文.2006.偏最小二乘回归的线性与非线性方法[M].北京：国防工业出版社.

王俊骏，桂志先，谢晓庆，等.2013.苏里格气田储层识别敏感参数分析及应用[J].断块油气田，20(2)：175-177.

王香文，于常青，董宁，等.2006.储层综合预测技术在鄂尔多斯盆地定北区块的应用[J].石油物探，45(3)：267-271.

文晓涛，贺振华，黄德济，等.2011.基于值域变换的地质异常体突出显示[J].石油地球物理勘探，46(1)：110-114.

文晓涛，贺振华，黄德济.2006.基于置信度分析的多方法综合检测裂缝[J].石油地球物理勘探，41(2)：207-210.

文晓涛，贺振华，黄德济.2008.小波域尺度积在裂缝检测中的应用[J].吉林大学学报(地球科学版)，38(4)：

703-707.

武国宁，曹思远，孙娜. 2012. 基于复数道地震记录的匹配追踪算法及其在储层预测中的应用[J]. 地球物理学报，55
　(6)：2027-2034.

严哲，顾汉明，蔡成国，等. 利用方向约束蚁群算法识别断层[J]. 石油地球物理勘探，46(4)：614-620.

杨昊，李勇根，徐佑平，等. 2011. 四川盆地简阳-大足区块地震技术应用效果分析及适用技术评价[J]. 中国石油勘探，
　5-6(18)：125-138.

杨昊，郑晓东，李劲松，等. 2013. 基于匹配追踪的薄层自动解释方法[J]. 石油地球物理勘探，48(3)：429-435.

杨璐. 2013. 基于频率衰减的储层流体识别方法[D]. 成都：成都理工大学.

杨培杰，穆星，张景涛. 2010. 方向性边界保持断层增强技术[J]. 地球物理学报，12(2)：2992-2997.

杨绍国，周熙襄. 1994. Zoeppritz 方程的级数表达式及近似[J]. 石油地球物理勘探，29(4)：399-412.

杨小江. 2013. 含流体介质的波动方程数值模拟研究[D]. 成都：成都理工大学.

殷积峰，李军，谢芬，等. 2007. 川东二叠系生物礁油气藏的地震勘探技术[J]. 石油地球物理勘探，42(1)：70-75.

尹陈. 2008. 地震波衰减与流体预测研究[D]. 成都：成都理工大学.

尹忠科，邵君，Pierre V. 2006. 利用 FFT 实现基于 MP 的信号稀疏分解[J]. 电子与信息学报，(4)：614-618.

张繁昌，李传辉，印兴耀. 2010. 基于动态匹配子波库的地震数据快速匹配追踪[J]. 石油地球物理勘探，45
　(5)：667-673.

张繁昌，李传辉，印兴耀. 2012. 三角洲砂岩尖灭线的地震匹配追踪瞬时谱识别方法[J]. 石油地球物理勘探，47
　(1)：82-88.

张繁昌，李传辉. 2012. 基于正交时频原子的地震信号快速匹配追踪[J]. 地球物理学报，1(55)：277-283.

张固澜，贺振华，李家金，等. 2011. 基于广义 S 变换的吸收衰减梯度检测[J]. 石油地球物理勘探，46(6)：905-910.

张固澜. 2008. 地震波吸收特性及应用研究[D]. 成都：成都理工大学.

张金强，曲寿利，孙建国，等. 2010. 一种碳酸盐岩储层中流体替换的实现方法[J]. 石油地球物理勘探，45(3)：
　406-409，422.

张永刚，贺振华，等. 2011. 中国典型海相礁滩储层[M]. 北京：科学出版社.

赵伟. 2009. 基于蚁群算法的三维地震断层识别方法研究[D]. 南京：南京理工大学.

郑晓东. 1991. Zoeppritz 方程的近似及其应用[J]. 石油地球物理勘探，26(2)：129-144.

邹冠贵，彭苏萍，张辉，等. 2009. 地震波阻抗反演预测采区孔隙度方法[J]. 煤炭学报，34(11)：1507-1511.

Aki K I，Richards P G. 1980. Quantitative seismology[M]. U. S：University Science Books.

Avseth P，Bachrach R. 2005. Seismic properties of unconsolidated sands：tangential stiffness，V_p/V_s ratios and diagene-
　sis[J]. SEG Expanded Abstracts，1(24)：1473-1479.

Bai Z M，Zhang Z J，Wang Y H. 2007. Crustal structure across the dabie-sulu orogenic belt revealed by beismic velocity
　profiles[J]. Journal of Geophysics And Engineering，4(4)：436-442.

Bake R S，Lars R，Stefan B，et al. 2011. Seismic geomorphology and growth architecture of a miocene barrier reef，
　browse basin，new-Australia[J]. Marin Petroleum Geology，2211-2222.

Batzle M，Wang Z. 1992. Seismic properties of pore fluids[J]. Geophysics，57(11)：1396-1408.

Beal C. 1946. The viscosity of air，water，natural gas，crude oil and its associated gases at oil field temperatures and
　pressures[J]. Transactions of the American Institute of Mining and Metallurgical Engineers，165：94-115.

Beggs H D，Robinson J R. 1975. Estimating viscosity of crude-oil systems[J]. Journal of Petroleum Technology，27(9)：
　1140-1141.

Biot M. 1956a. Theory of propagation of elastic waves in a fluid saturated porous solid. ii. higher frequency range[J].
　acoust. Soc. Am，28：179-191.

Biot M. 1956b. Theory of propagation of elastic waves in a fluid saturated porous solid. i. low frequency range[J]. acoust.
　Soc. Am，28：168-178.

Bortfeld R. 1961. Approximations to the reflection and transmission coefficients of plane longitudinal and transverse wave
　[J]. Geophysical Prospecting，9(4)：485-502.

Carcione J M，Picotti S. 2006. P-wave seismic attenuation by slow wave diffusion：effects of inhomogeneous rock properties[J]. Geophysics, 71(3): 01-08.

Castagna J, Sun S, Siegfried R. 2003. Instantaneous spectral analysis: detection of low-frequency shadows associated with hydrocarbons[J]. The Leading Edge, 22(2): 120-127.

Cerepi A, Barde J, Labat N, et al. 2003. High-resolution characterization and integrated study of a reservoir formation: the danian carbonate platform in the aquitaine basin (France) [J]. Marine and Petroleum Geology, 20 (10): 1161-1183.

Chen X H, He Z H, Zhu S X, et al. 2012. Seismic low-frequency-based calculation of reservoir fluid mobility and its applications[J]. Applied Geophysics, 9(3): 326-332.

Christian H, Gijs F. 2002. Fast structural interpretation with structure-oriented filtering[J]. The Leading Edge, 3(21): 238-243.

Churlin V V, Sergeyev L A. 1963. Application of seismic surveying to recognition of productive part of gas-oil strata[J]. Geologiya Nefti I Gaza, 7(11): 363.

Connolly P. 1999. Elastic impedance[J]. The Leading Edge, 18(4): 438-452.

Dan Ebrom. 2004. The low-frequency gas shadow on seismic sections[J]. The Leading Edge, 23(8): 772-772.

Dilay A, Eastwood J. 1995. Spectral analysis applied to seismic monitoring of thermal recovery[J]. The Leading Edge, 14(11): 1117-1122.

Dorigo M, GambardellaL M. 1996. A Study of some properties of ant-Q[M]. Parallel Problem Solving from Nature-PPSN IV. Springer Berlin Heidelberg, 656-665.

Ebrom D. 2004. The low-frequency gas shadow on seismic sections[J]. The Leading Edge, 23(8): 772-772.

Eshelby J D. 1957. The determination of the elastic field of an ellipsoidal inclusion, and related problems[J]. Proceedings of the Royal Society A: Mathematical, Physical And Engineering Sciences, 1226(241): 376-396.

Fatti J L, Strauss P J, Stallbom K. 1994. A 3-D seismic survey over the offshore F-A gas field[J]. S. Afr. Geophys. Rev, 1(2): 1-22.

Futterman W I. 1962. Dispersive body wave[J]. Geophysics Reprint Series, 67(52): 5279-5291.

Gassmann F. 1951. Über mechanische empfänger von seismographen und schwingungsmessern[J]. Meteorology and Atmospheric Physics, 3(5): 408-422.

Gazdag J, Sguazzero P. 1984. Migration of seismic data by phase shift plus interpolation [J]. Geophysics, 49 (2): 124-131.

Gazdag J. 1978. Wave equation migration with the phase shift method[J]. Geophysics, 43: 1342-1351.

Gijs C F, Christian F W, Hoecker. 2003. Fast structural interpretation with structure-oriented filtering[J]. Geophysics, 4(68): 1286-1293.

Goloshubin G M, Chabyshova E. 2012. A possible explanation of low frequency shadows beneath gas reservoirs[C]. SEG Las Vegas 2012 Annual Meeting.

Goloshubin G M, Connie V A, Korneev V A, et al. 2006. Reservoir imaging using low frequencies of seismic reflections [J]. The Leading Edge, 25(5): 527-531.

Goloshubin G M, Korchagin S A. 1996. Mechanisms of transverse fluid flow in general biot models[J]. Fizika Zemli, (5): 14-18.

Goodway B, Chen T, Downton J. 1997. Improved Avo fluid detection and lithology discrimination using lamé petrophysical parameters: "$\lambda\rho$", "$\mu\rho$", & "λ/μ fluid stack", from P and S Inversions[C]. SEG Technical Program Expanded Abstracts, 183-186.

Guerrero F, Sevostianov I, Giraud A. 2008. On a possible approximation of changes in elastic properties of a transversely isotropic material due to an arbitrarily oriented crack[J]. International Journal of Fracture, 153(2): 169-176.

Hampson D P, Schuelke J S, Quirein J. 2001. A use of multiattribute transforms to predict log properties from seismic data[J]. Geophysics, 66(1): 220-236.

Han D H, Nur A, Morgan D. 1986. Effects of porosity and clay content on wave velocities in sandstones[J]. Geophysics, 51(11): 2093-2107.

He X L，He Z H，Wang X B，et al. 2012. Rock skeleton model and seismic porosity inversion[J]. Applied Geophysics，9(3)：349-358.

Henrique A，Fraquelli，Robert R，et al. 2013. A multicomponent seismic framework for estimating reservoir oil volume [J]. The Leading Edge，32(1)：80-84.

Hilterman F J. 2009. 地震振幅解释[M]. 孙夕平等译. 北京：石油工业出版社.

Hilterman F，Sherwood J W C，Schellhorn R，et al. 1998. identification of lithology in the gulf of Mexico[J]. The Leading Edge，17(2)：215-222.

Huuse M，Feary D A. 2005. Seismic inversion for acoustic impedance and porosity of cenozoic cool-water carbonates on the upper continental slope of the great australian bight[J]. Marin Geology，215(3-4)：124-134.

Johnson D L. 2001. Theory of frequency dependent acoustics in patchy saturated porous media[J]. Acoust. Soc. Am，110：682-694.

Korneev V A，Goloshubin G M，Daley T M，et al. 2004. seismic low-frequency effects in monitoring fluid-saturated reservoirs[J]. Geophysics，69(2)：522-532.

Kozlov E. 2007. Seismic signatures of a permeable，dual-porosity layer[J]. Geophysics，72：SM281-SM291.

Kuster G T，Toksoz M N. 1974. Velocity and attenuation of seismic-waves in 2-phase media. 1. theoretical formulations [J]. Geophysics，5(39)：587-606.

Li H B，Zhang J J. 2010. Modulus ratio of dry rock based on differential effective-medium theory[J]. Geophysics，75(2)：N43-N50.

Li Y D，Zheng X D，Zhang Y. 2011. High-frequency anomalies in carbonate reservoir characterization using spectral decomposition[J]. The Leading Edge，76(3)：V47-V57.

Liu J，Marfurt K J. 2005. Matching pursuit decomposition using morlet wavelets[J]. SEG Expanded Abstracts，24(1)：786.

Liu J，Wu Y，Han D，et al. et al. 2004. Time-frequency decomposition based on ricker wavelet[J]. SEG Expanded Abstracts，23(1)：1937.

Lu W K，Zhang Q. 2009. Deconvolutive short-time fourier transform spectrogram[J]. Signal Processing Letters，IEEE，16(7)：576-579.

Luo Y，Marhoon M，Dossary S A，et al. 2002. Edge-preserving smoothing and applications[J]. The Leading Edge，21(2)：136-141.

Ma Y B，Wu S G，Lv F L，et al. 2011. Seismic charateristics and development of the xisha carbonate platforms，norther margin of the south china sea[J]. Journal of Asian Earth Sciences，40(3)：770-783.

Mallat S G，Zhang Z. 1993. Matching pursuits with time-frequency dictionaries[J]. IEEE Transactions on Signal Processing，41：2297-3415.

Marc-André Lambert，Erik H，Saenger，et al. 2013. Numerical simulation of ambient seismic wave field modification caused by pore-fluid effects in an oil reservoir[J]. Geophysics，78(1)：T41-T52.

Matthews L S，Ellis D. 1968. Viscoelastic properties of cat tendon：effects of time after death and preservation by freezing[J]. Journal of Biomechanics，1(2)：65-71.

Mindlin R D. 1949. A Mathematical theory of photo-viscoelasticity[J]. J. Appl. Phys，20(2)：206-216.

Minh N D，Martin V. 2005. The contourlet transform：an efficient directional multiresolution image representation[J]. IEEE Transactions On Image Processing，14(12)：2091-2106.

Mitchell M. Withers，Richard C. 1996. High-frequency analysis of seismic background noise as a function of wind speed and shallow depth[J]. Bulletin of the Seismological Society of America，86(5)：1507-1515.

Mohamed S，IbraHim，Fugro J. 2010. Crosswell seismic imaging of acoustic and shear impedance in a michigan reef[J]. The Leading Edge，29(6)：706-711.

Molotkov L A，Bakulin A V. 1998. The effective model of a stratified solid-fluid medium as a special case of the biot model[J]. Journal of Mathematical Sciences，91(2)：2812 2827.

Muller T M，Gurevich B. 2004. One-dimensional random patchy saturation model for velocity and attenuation in porous rocks[J]. Geophysics, 69: 1166-1172.

Norden E, Huang. 1998. The empirical mode decomposition and the hilbert spectrum for nonlinear and non-stationary time series analysis[J]. Proceedings: Mathematical, Physical and Engineering Sciences, 454(1971): 903-995.

Parra J, Hackert C. 2009. Porosity and permeability images based on crosswell seismic measurements integrated with fmi logs at the port mayaca aquifer, south florida[J]. The Leading Edge, 28(10): 1212-1219.

Partyka G, Gridley J, Lopez J. 1999. Interpretational applications of spectral decomposition in reservoir characterization [J]. The Leading Edge, 18(3): 353-360.

Perona P, Malik J. 1990. Scale-space and edge detection using anisotropic diffusion[J]. Pattern Analysis and Machine Intelligence, IEEE Transactions on, 7(12): 629-639.

Peyton L, Bottjer R, Partyka G. 1998. Interpretation of incised valleys using new 3-d seismic techniques: a case history using spectral decomposition and coherency[J]. The Leading Edge, 17(9): 1294-1298.

Pinnegar C R, Mansinha L. 2003. The bi-Gaussian s-Transform[J]. SIAM Journal on Scientific Computing, 24 (5): 1678-1692.

Pride S R, Harris J M, Johnson D L, et al. 2003. Permeability dependence of seismic amplitudes[J]. The Leading Edge, 22: 518-525.

Ren H, Goloshubin G, Hilterman F. 2009. Poroelastic analysis of permeability effects in thinly layered porous media [J]. Geophysics, 74: N49-N54.

Richards P G, Frasier C W. 1976. Scattering of elastic waves from depth-dependent inhomogeneities[J]. Geophysics, 41 (3): 441-458.

Rubino J G, Velis D R, Holliger K. 2012. Permeability effects on the seismic response of gas reservoirs[J]. Geophysical Journal International, 189(4): 448-468.

Russell B H, Hedlin K, Hilterman F J, et al. 2003. Fluid-property discrimination with avo: a Biot-Gassmann perspective[J]. Geophysics, 68(1): 29-39.

Russell B H, Lines L R, Hirsche K W, et al. 2001. The AVO modelling volume[J]. Exploration Geophysics, 4 (32): 246-270.

Shaoming L, McMechan G A. 2004. Elastic impedance inversion of multichannel seismic data from unconsolidated sediments containing gas hydrate and free gas[J]. Geophysics, 69(4): 164-179.

Shapiro S A, Muller T M. 1999. Seismic signatures of permeability in heterogeneous porous media[J]. Geophysics, 64 (4): 99-103.

Sheriff R E. 1984. Encyclopedic dictionary of exploration geophysics[M]. Houston, Texas: The Society of Exploration Geophysicists.

Sheriff R E. 1999. Encyclopedic dictionary of exploration geophysics[M]. Houston, Texas: The Society of Exploration Geophysicists.

Shuey R. 1985. A simplication of the zoeppritz equations[J]. Geophysics, 50(4): 609-614.

Silin D, Goloshubin G M. 2010. An asymptotic model of seismic reflection from a permeable layer[J]. Transport in Porous Media, 83(1): 233-256.

Smith G C, Gidlow P M. 1987. Weighted stacking for rock property estimation and detection of gas[J]. Geophysical Prospecting, 35(9): 993-1014.

Stockwell R G, Mansinha L. 1996. Localization of the complex spectrum: the s transform[J]. Signal Processing, IEEE Transactions on, 44(4): 998-1001.

Stolt R H. 1978. Migration by fourier transform[J]. Geophysics, 43(1): 23-48.

Sun Y F. 2004. Seismic signatures of rock pore structure[J]. Applied Geophysics, 7(5): 42-48.

Sun Z, Xu Y, Gong J, et al. 2011. A multicast routing algorithm based on searching in directed graph[J]. Applied Mathematics and Computation, 218(7): 3723-3732.

Taner M T, Koehler F, Sheriff R E. 1979. Complex Seismic Trace Analysis[J]. Geophysics, 44(6): 1041-1063.

Thang N, Castagna J. 2000. Matching pursuit of two dimensional seismic data and its filtering application[J]. SEG Expanded Abstracts，19(1)：2067-2073.

Tsukrov I，Kachanov M. 1994. Stress concentrations and microfracturing patterns for interacting elliptical holes[J]. International Journal of Fracture，3(68)：R89-R92.

Vernik L，Kachanov M. 2010a. Modeling elastic properties of sands and sandstones[J]. SEG Expanded Abstracts，1 (29)：2411-2416..

Vernik L，Kachanov M. 2010b. Modeling elastic properties of siliciclastic rocks[J]. Geophysics，6(75)：E171-E178.

Vernik L. 1998. Acoustic velocity and porosity systematics in siliciclastics[J]. The Log Analyst，39(4)：179-191.

Walsh J B. 1965. The effect of cracks on the uniaxial elastic compression of rocks[J]. Journal of Geophysical Research，70(2)：399-411.

Wang J，Chen Y H，Qiao Y. L. 2009. Structure-oriented edge-preserving smoothing based on accurate estimation of orientation and edges[J]. Applied Geophysics，6(4)：367-376.

Wang Y H. 2007. Seismic time-frequency spectral decomposition by matching pursuit[J]. Geophysics，72(1)：13-20.

Wang Y H. 2010. Multichannel matchingpursuit for seismic trace ecomposition[J]. Geophysics，4(75)：v61-v66.

Wen X T，He Z H，Huang D J，et al. 2011. Highlighting display of geologic bodies based on directivity filtering[J]. Applied Geophysics，8(4)：355-362.

Wen X T，He Z H，Huang D J. 2009. Reservoir detection based on EMD and correlation dimension[J]. Applied Geophysics，6(1)：70-76.

Whitcombe D，Connolly P，Reagan R，et al. 2002. Extended elastic impedance for fluid and lithology prediction[J]. Geophysics，67(1)：63-67.

White J E. 1975. Computed seismic speeds and attenuation in rocks with partial gas saturation[J]. Geophysics，40 (2)：224-232.

Wu S G，et al. 2009. Seismic characteristics of a reef carbonate reservoir and implications for hydrocarbon exploration in deepwater of the qiongdongnan basin，northern south china sea[J]. Marine and Petroleum Geology，26(6)：817-823.

Wyllie M R J，Gregory A R，Gardner L W. 1956. Elastic wave velocities in heterogeneous and porous media[J]. Geophyeics，21(1)：41-70.

Yang H，Zheng X D，Ma S F，et al. 2011. Thin-bed reflectivity inversion based on matching pursuit[C]. SEG San Antonio 2011 Annual Meeting.

Zampetti V，Schlager W，Konijnenburg J H，et al. 2004. Architecture and growth history of a miocene carbonate platform from 3d seismic reflection data：luconia province，offshore sarawak，malaysia[J]. Marine and Petroleum Geology，21(5)：517-534.

Zeng H L，Stephen C H，John P R. 1998. Strata slicing：Part II real 3-D seismic data[J]. Geophysics，63 (2)：514-522.

Zhang R. 2008. Basis pursuit seismic inversion[D]. Houston：University of Houston.

Zimmerman R W，King M S. 1986. The effect of the extent of freezing on seismic velocities in unconsolidated permafrost [J]. Geophysics，51(6)：1285-1290.

索　引

A

AVO 近似方程　　　　　　　　65
AVO 正演　　　　　　　　　　68

B

泊松比　　　　　　　　　　　6
波阻抗　　　　　　　　　　　17
波动方程数值模拟　　　　　　39
波形分类　　　　　　　　　　108
波阻抗反演　　　　　　　　　116
边缘检测　　　　　　　　　　147

C

沉积相带　　　　　　　　　　19

D

地震波场　　　　　　　　　　36
地震地层格架　　　　　　　　43
叠前单程波　　　　　　　　　45
低频伴影　　　　　　　　　　57
地震属性　　　　　　　　　　90
地震相　　　　　　　　　　　108
等效吸收梯度　　　　　　　　204
D-S 证据理论　　　　　　　　205

E

EMD 经验模态分解　　　　　　113
EI 弹性阻抗反演　　　　　　　170
EEI 弹性阻抗反演　　　　　　171

F

非零相位雷克子波原子库　　　119
非规则曲线拟合　　　　　　　140
复数道分析　　　　　　　　　152
反褶积短时傅里叶变换　　　　179
FFA 能量衰减分析技术　　　　188

G

高分辨研究　　　　　　　　　2
Gardner 经验公式　　　　　　15
古潜山　　　　　　　　　　　81
古地貌恢复　　　　　　　　　85
关联维　　　　　　　　　　　113
Gassmann 方程　　　　　　　131
各向异性扩散滤波　　　　　　158

H

含流体介质　　　　　　　　　54
火成岩岩隆　　　　　　　　　78
HSFIF 高灵敏度流体识别因子　177

J

礁滩储层　　　　　　　　　　1
均方根振幅　　　　　　　　　93
Johnson 模型　　　　　　　　165

K

孔隙度反演　　　　　　　　　129
孔隙结构　　　　　　　　　　129
孔隙结构参数　　　　　　　　132
扩散门限　　　　　　　　　　159
扩散系数　　　　　　　　　　159

L

流体识别　　　　　　　　　　3
流体识别因子　　　　　　　　28
流度属性　　　　　　　　　　193

M

蚂蚁追踪　　　　　　　　　　40
弥散-黏滞介质　　　　　　　55
弥散系数　　　　　　　　　　60

N

黏滞系数 59
泥岩穿刺 81
黏滞系数反演 198

P

频率-波数域 44
品质因子 Q 60
偏最小二乘法 104
匹配追踪 116
频率衰减梯度 187

Q

切比雪夫曲线拟合 13
曲率属性 94
奇、偶原子库 125

S

生物礁 1
生物滩 1
神经网络 109
双极子匹配追踪 124
瞬时频率 152
瞬时相位 152
瞬时振幅 152

渗透率 165
渗透率反演 201
时频等效属性 202

T

跳点法 98

X

相移加差值正演 44
相速度频散关系 56
相带约束反演 145
小波变换 147
小波尺度积 149
信息熵 205

Y

有效孔隙度 7
优势频率 194

Z

自然伽马（GR） 6
中子孔隙度 9
最小二乘曲线拟合 13
Zoeppritz 方程 64
属性优化 102
值域变换 153